全国技工院校“十二五”系列规划教材

机械设计基础
（任务驱动模式）

主　编　王增荣
副主编　李万春　杨振平　王　英
参　编　黄春永　李晓娟　郑　耘
　　　　武　鹏
主　审　武开军

机械工业出版社

本教材分为十三个单元，内容包括：静力学基础、材料力学基础、平面连杆机构、凸轮机构、其他常用机构、齿轮传动、蜗杆传动、轮系、摩擦轮传动和挠性件传动、联接、螺纹联接与螺旋传动、轴、轴承。每一个单元由若干个任务组成，每个任务又包括任务描述、任务分析、相关知识、任务实施、特别提醒及练习题等。

本教材可供广大技工院校、各类职业院校师生使用，也可作为职业教育的培训教材，参考学时为120个左右。为便于教学，本教材配有电子课件。

图书在版编目（CIP）数据

机械设计基础：任务驱动模式/王增荣主编．—北京：机械工业出版社，2012.5

全国技工院校“十二五”系列规划教材

ISBN 978-7-111-37700-9

Ⅰ.①机… Ⅱ.①王… Ⅲ.①机械设计—技工学校—教材 Ⅳ.①TH122

中国版本图书馆CIP数据核字（2012）第043152号

机械工业出版社（北京市百万庄大街22号 邮政编码100037）

策划编辑：马 晋 责任编辑：马 晋 赵磊磊

版式设计：霍永明 责任校对：陈延翔

封面设计：张 静 责任印制：乔 宇

三河市宏达印刷有限公司印刷

2012年6月第1版第1次印刷

184mm×260mm·19.75印张·484千字

0001—3000册

标准书号：ISBN 978-7-111-37700-9

定价：38.00元

凡购本书，如有缺页、倒页、脱页，由本社发行部调换

电话服务

社服务中心：（010）88361066

销售一部：（010）68326294

销售二部：（010）88379649

读者购书热线：（010）88379203

网络服务

门户网：http：//www.cmpbook.com

教材网：http：//www.cmpedu.com

封面无防伪标均为盗版

全国技工院校“十二五”系列规划教材
编审委员会

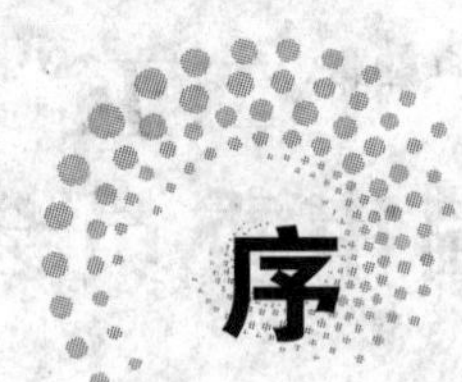

序

“十二五”期间，加速转变生产方式，调整产业结构，将是我国国民经济和社会发展的重中之重。而要完成这种转变和调整，就必须有一大批高素质的技能型人才作为后盾。根据《国家中长期人才发展规划纲要（2010—2020年）》的要求，至2020年，我国高技能人才占技能劳动者的比例将由2008年的24.4%上升到28%（目前一些经济发达国家的这个比例已达到40%）。可以预见，作为高技能人才培养重要组成部分的高级技工教育，在未来的10年必将会迎来一个高速发展的黄金期。近几年来，各职业院校都在积极开展高级工培养的试点工作，并取得了较好的效果。但由于起步较晚，课程体系、教学模式都还有待完善与提高，教材建设也相对滞后，至今还没有一套适合高级技工教育快速发展需要的成体系、高质量的教材。即使一些专业（工种）有高级工教材也不是很完善，或是内容陈旧、实用性不强，或是形式单一、无法突出高技能人才培养的特色，更没有形成合理的体系。因此，开发一套体系完整、特色鲜明、适合理论实践一体化教学、反映企业最新技术与工艺的高级工教材，就成为高级技工教育亟待解决的课题。

鉴于高级技工教材短缺的现状，机械工业出版社与中国机械工业教育协会从2010年10月开始，组织相关人员，采用走访、问卷调查、座谈等方式，对全国有代表性的机电行业企业、部分省市的职业院校进行了历时6个月的深入调研。对目前企业对高级工的知识、技能要求，各学校高级工教育教学现状、教学和课程改革情况以及对教材的需求等有了比较清晰的认识。在此基础上，他们紧紧依托行业优势，以为企业输送满足其岗位需求的合格人才为最终目标，组织了行业和技能教育方面的专家精心规划了教材书目，对编写内容、编写模式等进行了深入探讨，形成了本系列教材的基本编写框架。为保证教材的编写质量、编写队伍的专业性和权威性，2011年5月，他们面向全国技工院校公开征稿，共收到来自全国22个省（直辖市）的110多所学校的600多份申报材料。在组织专家对作者及教材编写大纲进行了严格评审后，决定首批启动编写机械加工制造类专业、电工电子类专业、汽车检测与维修专业、计算机技术相关专业教材以及部分公共基础课教材等，共计80余种。

本系列教材的编写指导思想明确，坚持以达到国家职业技能鉴定标准和就业能力为目标，以各专业的工作内容为主线，以工作任务为引领，由浅入深，循序渐进，精简理论，突出核心技能与实操能力，使理论与实践融为一体，充分体现“教、学、做合一”的教学思想，致力于构建符合当前教学改革方向的，以培养应用型、技术型、创新型人才为目标的教材体系。

本套教材重点突出了如下三个特色：一是“新”字当头，即体系新、模式新、内容新。

体系新是把教材以学科体系为主转变为以专业技术体系为主；模式新是把教材传统章节模式转变为以工作过程的项目为主；内容新是教材充分反映了新材料、新工艺、新技术、新方法。二是注重科学性。教材从体系、模式到内容符合教学规律，符合国内外制造技术水平实际情况。在具体任务和实例的选取上，突出先进性、实用性和典型性，便于组织教学，以提高学生的学习效率。三是体现普适性。由于当前高级工生源既有中职毕业生，又有高中生，各自学制也不同，还要考虑到在职人群，教材内容安排上尽量照顾到了不同的求学者，适用面比较广泛。

此外，本系列教材还配备了电子教学课件，以及相应的习题集，实验、实习教程，现场操作视频等，初步实现教材的立体化。

我相信，本系列教材的出版，对深化职业技术教育改革，提高高级工培养的质量，都会起到积极的作用。在此，我谨向各位作者和所在单位及为这套教材出力的学者表示衷心的感谢。

原机械工业部教育司副司长

中国机械工业教育协会高级顾问

郝广发

2011 年 12 月

前 言

本教材以人力资源和社会保障部培训就业司2008年颁发的高级技工学校专业教学计划与教学大纲为参考，以“注重实践、强化应用”为指导思想，采用“任务驱动”的模式编写而成。

本教材紧紧围绕着国家职业标准中的机械基础知识要求和一线高级技术人员的需要，以培养应用型、技术型、革新型人才，达到国家职业技能鉴定考核标准和提升就业能力为目标，以本专业的工作内容为主线，以工作任务为引领，由浅入深，循序渐进，精简理论，突出核心技能与实操能力，使理论与实践融为一体，充分体现了“教、学、做合一”的教学思想。

本教材分为十三个单元，内容包括：静力学基础、材料力学基础、平面连杆机构、凸轮机构、其他常用机构、齿轮传动、蜗杆传动、轮系、摩擦轮传动和挠性件传动、联接、螺纹联接与螺旋传动、轴、轴承。每一个单元由若干个任务组成，每个任务又包括任务描述、任务分析、相关知识、任务实施、特别提醒及练习题等。本教材可供广大技工院校、各类职业院校师生使用，也可作为职业教育的培训教材，参考学时为120个左右。为便于教学，本教材配有电子课件。

本书由王增荣任主编，李万春、杨振平、王英任副主编，黄春永、李晓娟、郑耘、武鹏参加编写。武开军老师对本教材进行了认真、细致的审阅，并提出了宝贵意见。本教材在编写过程中得到了主编和主审老师所在单位的领导和有关同志的大力支持和帮助，在此一并表示感谢。

由于作者水平有限，教材中难免存在错误和不足之处，欢迎读者批评指正。

编 者

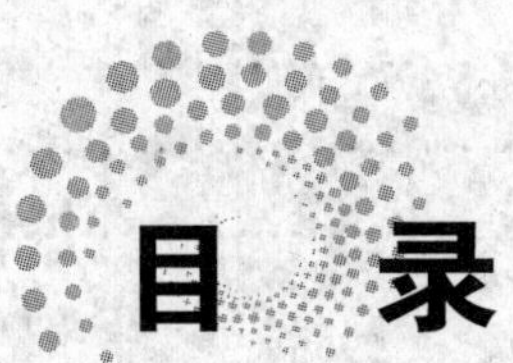

目 录

绪　论

在人们的生产和生活中广泛地使用着各种机器，用以减轻或代替人们的劳动。如图 0-1 所示的小汽车、数控机床、洗衣机、摩托车、仪表车床、挖掘机等就是常见的机器。

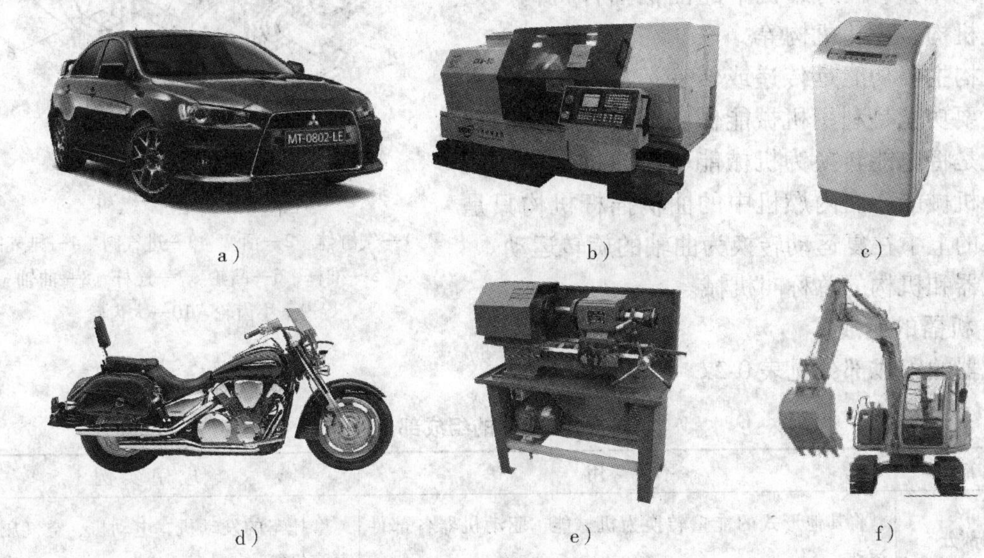

图 0-1　机器

a）小汽车　b）数控机床　c）洗衣机　d）摩托车　e）仪表车床　f）挖掘机

一、机器、机构、机械、构件和零件

1. 机器和机构

如图 0-2 所示为单缸内燃机，它是由气缸体 1、活塞 2、进气阀 3、排气阀 4、推杆 5、凸轮 6、连杆 7、曲轴 8、小齿轮 9、大齿轮 10 组成。通过气缸体内的进气—压缩—爆燃—排气的过程，将热能转换为机械能。

从单缸内燃机的工作过程可以发现机构是由零件组成的，机构能传递或改变运动的形式，能进行能量转换。具有确定的相对运动，可实现能量转换、信息转化和传递，又能做有用机械功的实物组合体称为机器。

机器种类繁多，结构形式和用途各不相同，但总的来说机器有三个特征：

1）任何机器都是人为的实物组合。

2）组成机器的各实体之间具有确定的相对运动。

3）可代替或减轻人的劳动，完成有用的机械功或实现能量转换。

常见机器的类型及应用举例见表 0-1。

表 0-1　常见机器的类型及应用举例

机器类型	应用举例
能量转换	发电机、电动机、汽油机、柴油机等
变换物料	机床、轧钢机、起重机、挖掘机、运输车辆等
变换信息	计算机、录音机、复印机、摄像机、手机等

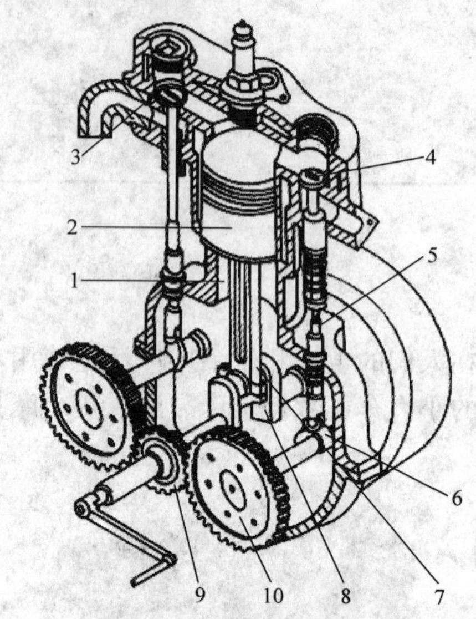

图 0-2　单缸内燃机

1—气缸体　2—活塞　3—进气阀　4—排气阀　5—推杆　6—凸轮　7—连杆　8—曲轴　9—小齿轮　10—大齿轮

机构是具有确定相对运动的构件组合，它具有机器的前两个特征，不能实现机械能的转换，如图 0-2 所示单缸内燃机中的曲柄摇杆机构、凸轮配气机构、齿轮机构等。

机构主要功能是传递或转变运动形式，而机器的主要功能是利用机械能做功或能量转换。如电动机是将电能转换为机械能、内燃机是将热能转换为机械能，而内燃机中的曲柄摇杆机构只是将活塞的上下往复运动转换为曲轴的旋转运动。

机器和机构的总称叫机械。

2. 机器的组成

机器的组成部分见表 0-2。

表 0-2　机器的组成部分

组成部分	作　用	应用实例
动力部分	将其他形式的能量转换为机械能，驱动机器各部件运动	摩托车的发动机、电动机、空气压缩机、蒸汽机等
传动部分	将原动机的运动和动力传递给执行部分的中间环节	摩托车的传动链、带传动、螺旋传动、齿轮传动、连杆机构等
执行部分	直接完成机器的工作任务，处于整个运动装置的终端，其结构形式取决于机器的用途	摩托车的车轮
控制部分	包括自动检测部分和自动控制部分，其作用是显示和反映机器的运行位置和状态，控制机器正常运行和工作	摩托车的把手、节气门、仪表等

3. 零件和构件

零件是机器及各种设备的制造单元。有些零件是在各种机器中常用的，称之为通用零件；有些零件只有在特定的机器中才用到，称之为专用零件。

机构是由许多具有相对运动的构件组成的，构件是机构中的运动单元体。它可以是单个零件，也可以是多个零件的组合体。

零件和构件的区别见表 0-3。

表 0-3　零件和构件的区别

类型		图例	作用	区别
零件	通用零件	螺母　螺栓　齿轮　链轮	各种类型的机器中都可能使用	制造单元
	专用零件	凸轮轴　活塞	特定类型的机器中使用	
构件	独立零件	曲轴	单一零件	运动单元
	若干零件	连杆	多个零件的组合	

部件是由若干装配在一起的零件所组成的。在机械装配过程中，这些零件先被装配成部件，然后才进入总装配。如滚动轴承车床的主轴箱、进给箱，各种机器的减速箱、离合器等。

4. 机械传动的分类

利用机械传递运动或动力的传动方式叫机械传动，按传递运动或动力的方式不同分类如下：

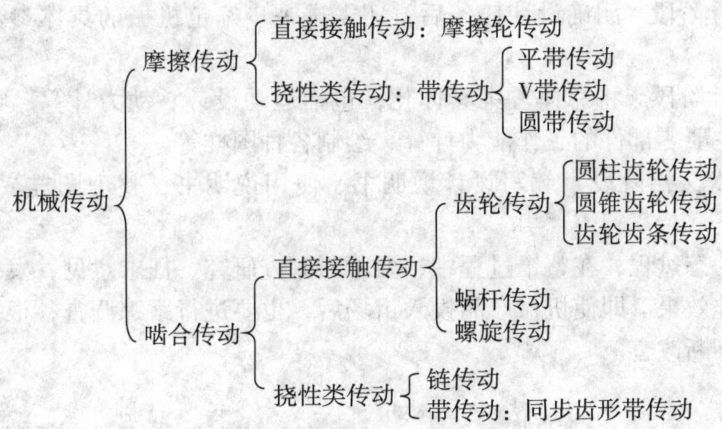

二、本课程的性质、内容与基本要求

1. 本课程性质

本课程为机械类专业的一门专业基础课程，为学习专业技术课程和培养专业岗位能力服务。

2. 课程内容

本课程主要研究机械中力学基础常用机构、机械传动和常用零部件的原理、结构特点、基本的设计计算、一些零部件的选用与维护。

3. 本课程的基本要求

通过学习达到以下基本要求：

1）基本掌握机械工程力学知识，会进行一些简单力学问题的分析和计算。

2）熟悉常用机构及通用零部件的工作原理、类型、特点及应用。

3）掌握常用零、部件和常用机械传动的选用原则、基本设计方法。

4）初步掌握测绘、装拆、调整、检测一般机械装置的技能。

5）具有初步运用和维护机械传动装置的能力。

6）具有初步分析和处理机械中一些简单问题的能力。

三、机械设计的基本要求和一般过程

1. 机械设计应满足以下基本要求

（1）产品要满足使用和维护要求　机械产品在规定的工作期限内能实现预定的功能并且操作方便、安全可靠、维护简单。

（2）要保证产品的工艺性　在保证工作使用性能的前提下，尽量使机械的结构简单、便于加工、容易装配、方便维修。

（3）要使产品的经济性效益高、社会效益好　产品在设计、制造方面周期短、成本低；在使用方面效率高、能耗少、生产率高、维护与管理费用开支少。

（4）其他要求　在保证产品功能的前提下，使产品的功能最优，有创造性和创新理念。

2. 机械设计的一般过程

机械设计是一个复杂的过程，大致可分为三个阶段：

（1）定任务做准备阶段　通过对社会需求的调查、对问题的全面综合确定设计任务。

（2）方案设计阶段　明确设计任务后，还需进一步确定机械的具体参数，并进行总体方案的设计。

（3）技术设计阶段　将总体方案具体化，包括运动设计、动力计算、零部件材料的选择、结构设计和主要零部件的工作能力计算、绘制各种图样等。

（4）整理技术文档阶段　编写设计说明书、使用说明书，整理图样、图样装订成册、编写图样目录。

设计是一个动态过程，在整个过程中，要不断调查研究、征求意见，发现问题并及时修改，以期取得最佳效果。即使机械产品投入市场后，也要进行跟踪调查，根据用户反馈的信息，对产品进行不断改善。

1

单元1 静力学基础

任务1 绘制构件的受力图

知识目标：

1. 了解刚体、力、约束及力的三要素的概念
2. 掌握静力学公理应用方法
3. 掌握各种常见典型约束的性质

技能目标：

1. 学会对构件进行受力分析的方法
2. 能正确画出构件的受力图

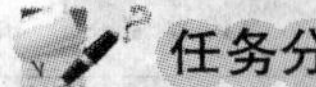

如图 1-1 所示为重量为 G 的梯子 AB，放置在光滑的水平地面上，并靠在铅直墙上，在 D 点用一根水平绳索与墙相连。试分析并绘制梯子的受力图。

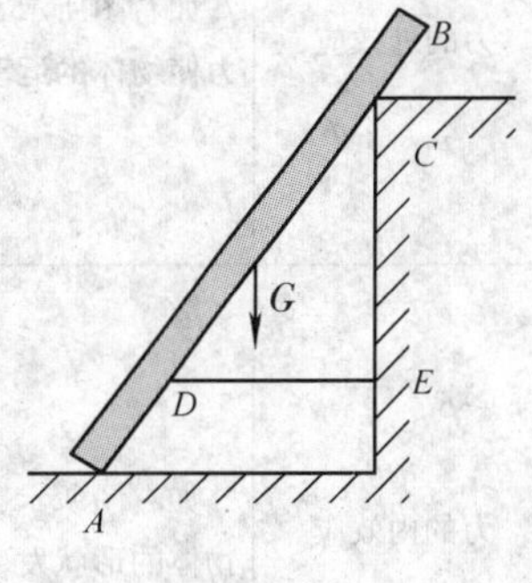

图 1-1 梯子

任务分析

确定梯子为研究对象，从图 1-1 中可以看出梯子所受重力为主动力，有向下运动的趋势，但由于受到光滑地面和墙的支撑，不能向下移动，同时又受到水平绳索的作用，不能沿水平方向滑动。显然地面、墙和绳子都对梯子的运动有限制作用，但他们的作用形式和效果有所不同。失去地面、墙和绳索的限制作用，梯子将不能保持原来的静止状态。如何将物体对梯子的这些作用通过图形清楚地表达出来呢？我们首先要了解有关静力学的基本知识和受力图的画法。

1. 静力学的概念

静力学主要研究的两个基本问题：一是力系的简化；二是物体在力系作用下的平衡条件及其应用。静力学常用概念见表 1-1。

表 1-1　静力学常用概念

名　称	概　念	图　例
刚体	在工程实践中，任何物体在力的作用下都会发生形变，为了将问题简化我们可以忽略不计，近似认为在受力状态下是不变形的刚体。如右图所示，受力的木板可以抽象为刚体。在力的作用下形状和大小都保持不变的物体称为刚体	
力的定义	如右图所示，人向前推墙时，墙对人有相反方向的作用力，使人向后运动。力是物体间相互的机械作用	
力的三要素及矢量表示	力的三要素： 力的大小、方向和作用点。 力的矢量表示： 力是一个具有大小和方向的矢量，称为力矢量。本书用粗黑体字母表示矢量（例如 $\boldsymbol{F}$） 可以用一个有向线段表示力，线段的长度按一定的比例表示力的大小；线段箭头的指向表示力的方向；线段的始端或末端表示力的作用点	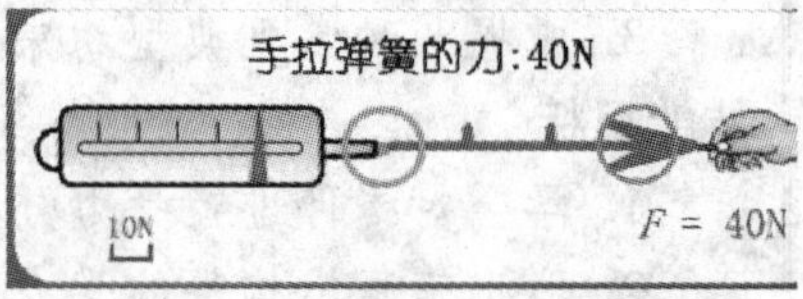 手拉弹簧的力:40N 10N F = 40N
力的外效应	如右图所示，足球受力后运动状态发生改变。我们将力使物体的运动状态发生改变的效应称为力的外效应	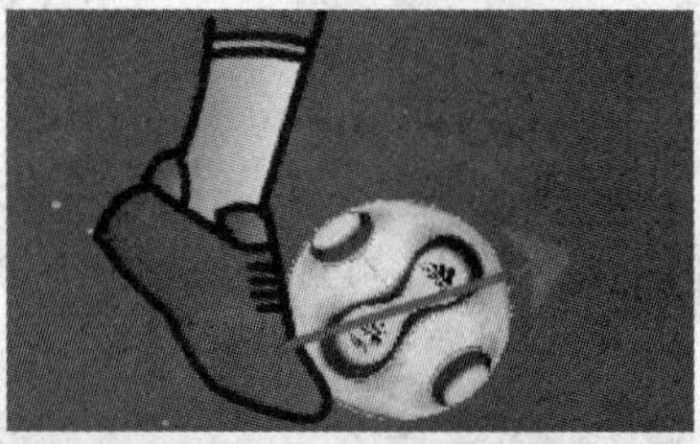
力的内效应	如右图所示，弹簧受压后发生压缩变形。我们将力使物体的形状发生变化的效应称为力的内效应	

2. 静力学公理

人们在长期的生活实践和生产实践中，发现和总结出来一些最基本的力学规律，又经过实践的反复检验，证明是符合客观实际的普遍规律，于是就把这些规律作为力学研究的基本出发点，这些规律称为静力学公理。

作用力和反作用力（公理一）：物体 A 向物体 B 施加作用力时，B 对 A 具有反作用力。

这两个力在同一作用线上，力的大小相等、方向相反。

二力平衡（公理二）：作用于同一物体上的两个力，刚体平衡的充要条件是，这两个力的大小相等、方向相反、作用在同一条直线上。

公理一与公理二的区别：公理一描述的是两个物体间的相互作用关系，作用力和反作用力等值、反向、共线，分别作用在两个不同的物体上。研究的是“两个物体”。公理二描述的是作用在同一个物体上的二力平衡条件，研究的是“同一个物体”。

加减平衡力系公理（公理三）：在一个刚体上加上或减去一个平衡力系，并不改变原力系对刚体的作用效果。

力的平行四边形公理（公理四）：作用于物体上的同一点的两个力，可以合成为一个力，合力也作用于该点上，其大小和方向可以用以这两个力为邻边所构成的平行四边形的对角线来表示。

静力学公理受力分析及应用见表1-2。

表1-2　静力学公理受力分析及应用

公　理	示 意 图	应　用
公理一： 作用力和反作用力	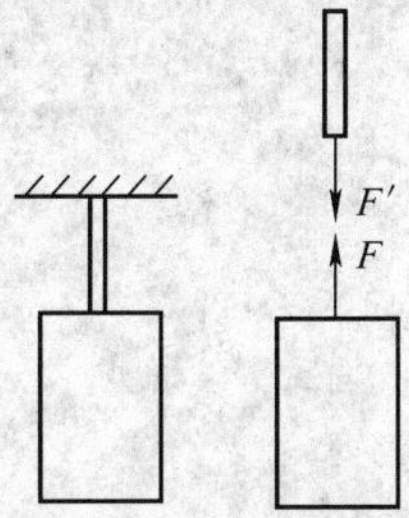 F'　F	人在划船离岸时，常把桨向岸上撑。这就是利用了作用力和反作用力的原理
公理二： 二力平衡	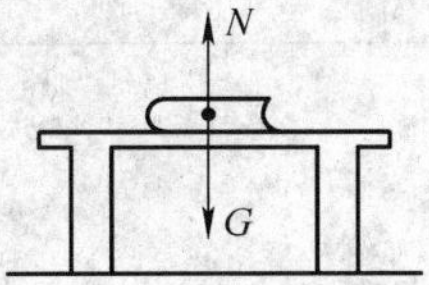 N　G	下图中的杆 CD 若不计自重，就是一个二力杆。图a中有 $F_C=-F_D$；在图b中 $F_1=-F_2$，作用线必与受力两点重合 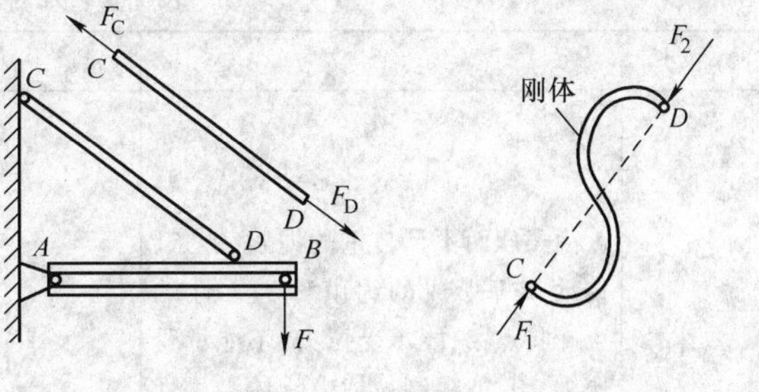 F_C　C　C　F_D　D　D　A　B　F a) F_2　刚体　D　C　F_1 b)
公理三： 加减平衡力系公理	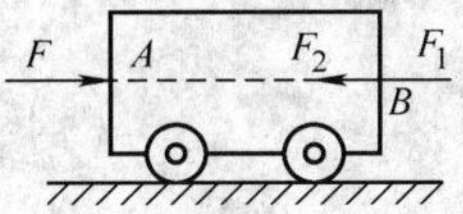 F　A　F_2　F_1　B	力的可传性原理——作用于刚体的力可以沿其作用线滑移至刚体的任意点，不改变原力对该刚体的作用效应 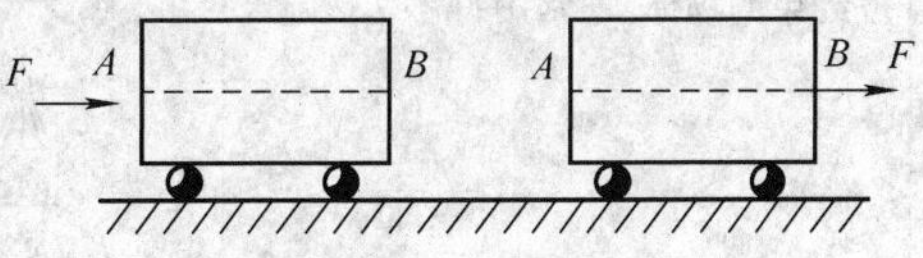 F　A　B　A　B　F

（续）

公　理	示意图	应　用
公理四：力的平行四边形公理	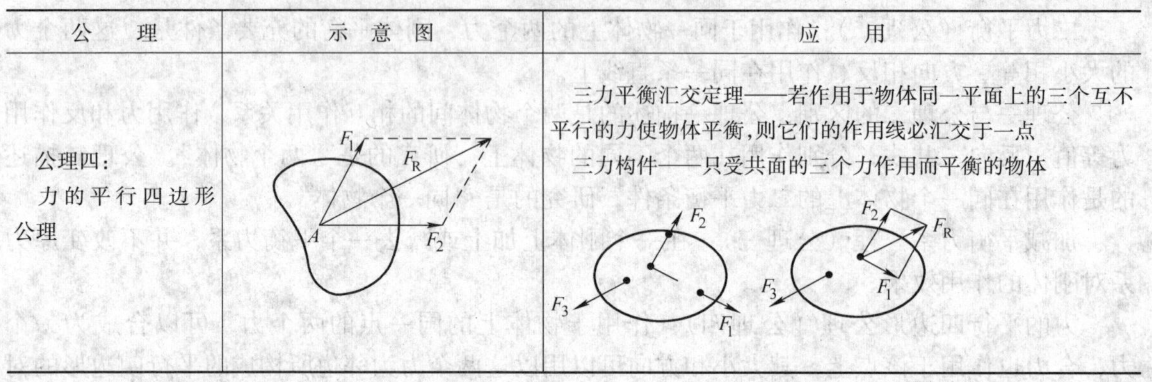	三力平衡汇交定理——若作用于物体同一平面上的三个互不平行的力使物体平衡，则它们的作用线必汇交于一点 三力构件——只受共面的三个力作用而平衡的物体

3. 约束与约束反力

约束：物体（或构件）受到周围物体（或构件）限制时，这种限制就称为约束。

约束反力：当某一物体沿某一方向的运动受到限制时，约束必然对该物体有力的作用，这种力称为约束反力。如图 1-2 所示为滚动轴承中的滚动体在保持架和内外圈的槽内的运动受限制，物体在空间的运动受到某些限制。

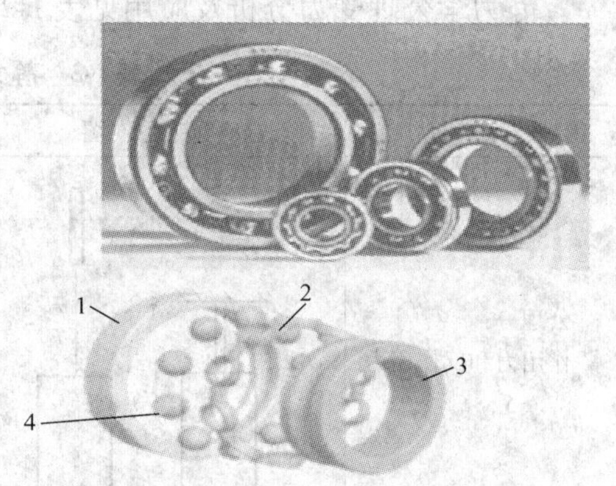

图 1-2　滚动轴承中的滚动体
1—外圈　2—保持架　3—内圈　4—滚动体

在工程实践中，物体间的连接方式有的可能很复杂，为了分析和解决实际力学问题，我们对物体间的各种复杂的连接方式进行抽象简化。下面介绍工程中常见的几种典型的约束模型。几种常见的约束见表 1-3。

表 1-3　几种常见的约束

分　类	定　义	实例图
柔性约束	由柔软而不计自重的绳索、链条、传动带等形成的约束称为柔性约束。特点：只能承受拉力，不能承受压力。只能限制被约束物体沿柔性约束中心线离开约束的运动，而不能限制被约束物体沿其他方向的运动，因此柔性约束反力作用于连接点，方向沿着柔性件的中心线背离被约束的物体，通常用符号 T 表示	S　P　P　a) T_1　T_1'　T_2　T_2'　b)

（续）

分类		定义	实例图
光滑面约束		两个相互接触的物体，不计摩擦，它们之间的约束称为光滑面约束。受此类约束的物体可在光滑的支撑面上自由地滑动，也可以离开支撑面的方向运动。光滑面约束反作用力通过接触点，方向总是沿接触面公法线而指向受力物体，通常用符号 N 或 F_N 表示此类约束反力	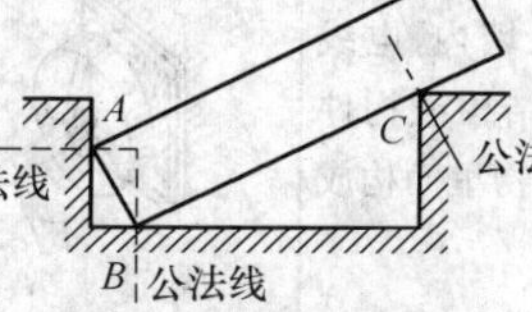 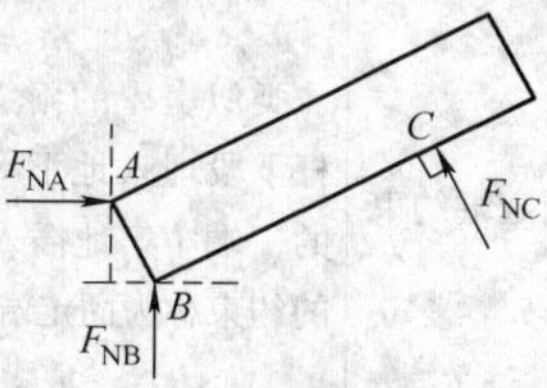 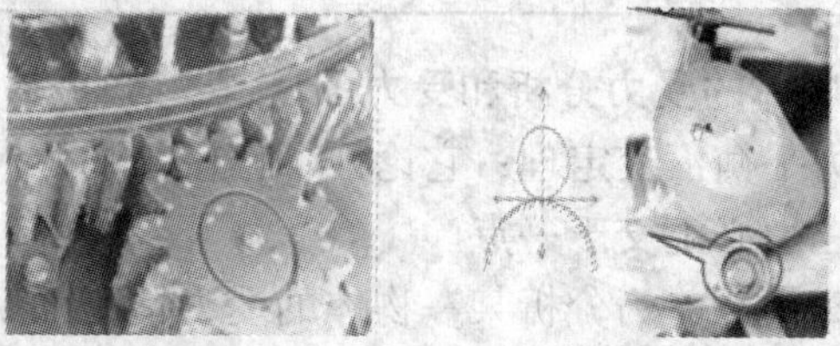
光滑圆柱铰链约束		用销钉将两个具有相同直径圆柱孔的物体连接起来，如右图所示，如果不计销钉与销钉孔壁之间的摩擦，简称铰链约束。工程中通过铰链中心的相互垂直的两个分力为 F_{AX}、F_{AY}。	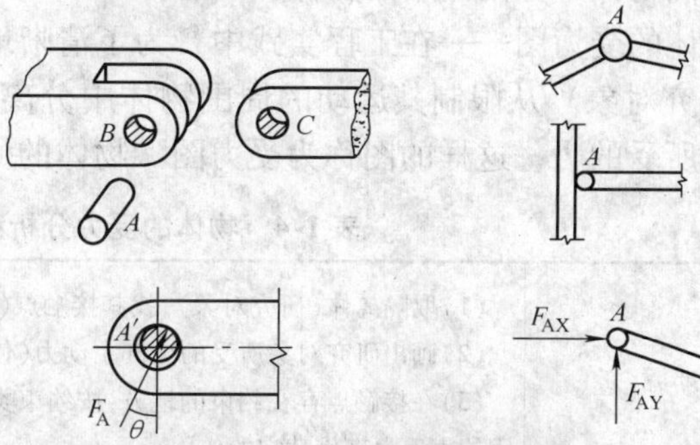 
铰链支座约束	固定铰链支座	圆柱销连接的两构件中，有一个是固定构件	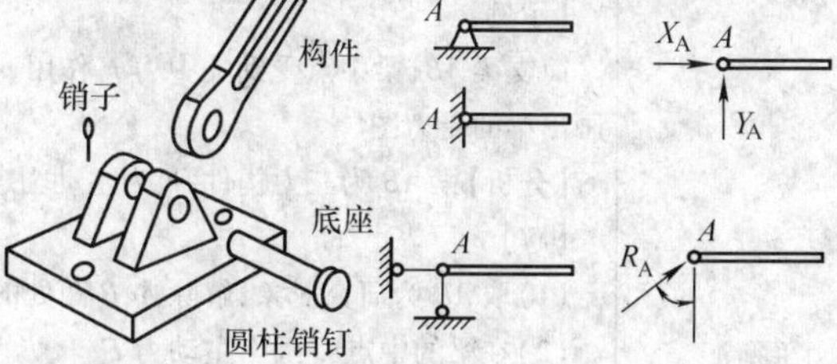
	活动铰链支座	铰链将桥梁、房屋等结构连接在有几个圆柱形滚子的活动支座上，支座在滚子上可作左右相对运动，两支座间的距离可稍有变化	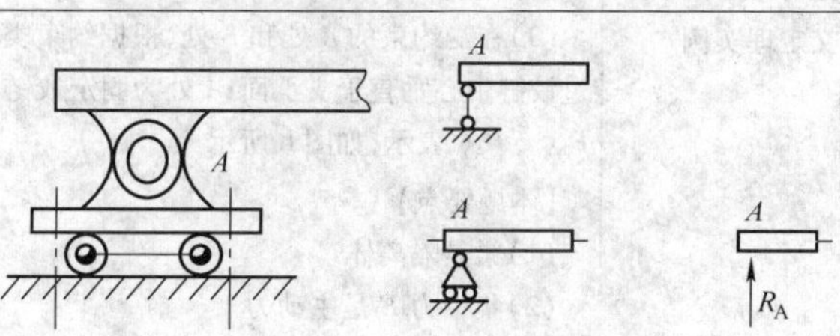 a)　b)　c)

（续）

分　类	定　义	实 例 图
固定端约束	类似房屋的雨篷嵌入墙内、电线杆下段埋入地下等，其结构或构件的一端牢牢地插入支承物里而构成的约束称为固定端约束	F a)　F b)　F c)　M_d F_{AY} F_{AX} A d)

4. 物体的受力分析和受力图

三力平衡汇交定理：它论证了作用于物体同一平面内的三个互不平行的力平衡的必要条件，即三力必汇交于一点。

隔离体——为分析某一物体的受力情况而解除限制该物体运动的全部约束，将其从相联系的周围物体中分离出来的物体。

物体的受力图——在工程实践中，为了清晰地表示物体的受力情况，常需把所研究的物体（研究对象）从限制其运动的周围物体中分离出来，单独画出它的简图，然后在上面画出物体所受的力，这样的图称为受力图。物体的受力分析和受力图画法见表1-4。

表1-4　物体的受力分析和受力图画法示例

步骤	（1）取隔离体（研究对象），找其接触点（研究对象与周围物体的连接关系） （2）画出研究对象所受的全部主动力（使物体产生运动或运动趋势的力） （3）在接触点存在约束的地方，按约束类型逐一画出约束反力。画约束反力时，应取消约束，而用约束反力来代替它的作用
解题前须知	（1）若机构中有二力构件，应先分析二力构件的受力，然后再画出其他物体的受力图 （2）凡题目没说明或图中未画出重力的就是不计重力，凡没有提及摩擦时视为光滑 （3）一对作用力和反作用力要用同一字母表示，在其中一个力的字母上加上一撇以示区别。作用力的方向和反作用力的方向一定要符合作用力与反作用力公理
三力平衡汇交定理实例	【示例】 简支梁AB，梁中点受到集中力F作用，A端为固定铰链支座约束，B端为活动铰链支座约束。试画出梁的受力图 【分析】梁AB为三力构件，F为主动力，A、B两点为铰链约束 【解】 （1）取AB为研究对象，解除A、B两处的约束，画出其隔离体简图 （2）在梁的中点C画出主动力F （3）在受约束的A处和B处，根据约束类型画出约束反力。B处为活动铰链支座约束，其反力通过铰链中心垂直于支承面；A处为固定铰链支座约束，其反力可用通过铰链中心且相互垂直的分力F_{AX}、F_{AY}表示，如图b所示 【本题要点】 （1）梁是隔离体 （2）集中力F是主动力 （3）A处为固定铰链支座约束，B处为活动铰链支座约束

（续）

三力平衡汇交定理实例	(4)B 处活动铰链支座约束只能定方位，指向是假设的 (5)A 处约束反力，用 F_{AX}、F_{AY} 两个互相垂直的分力表示 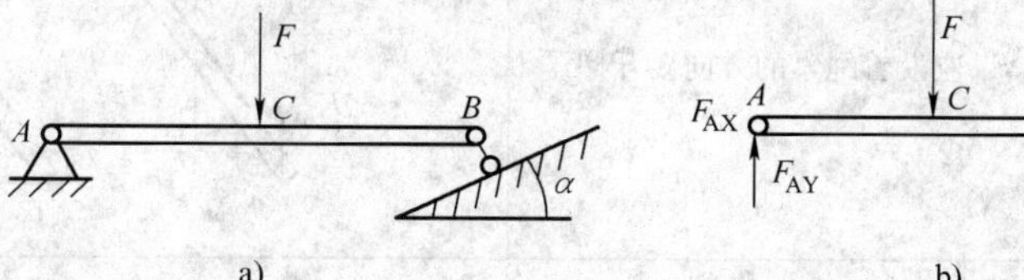 a)　　b) 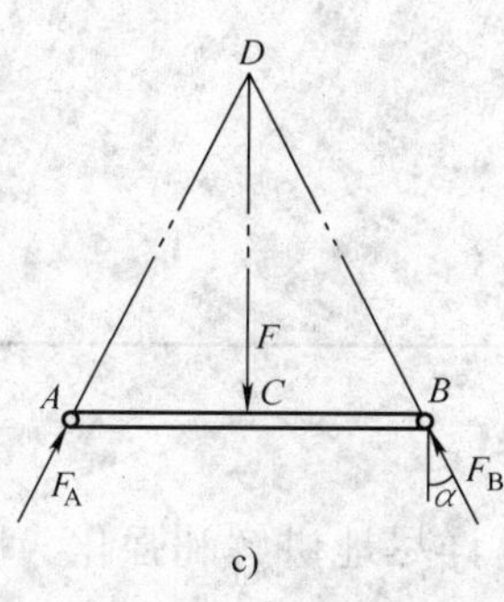 c) 【注意】利用三力平衡汇交定理可画出如图 c 所示的受力图

任务实施

图 1-1 所示梯子的受力分析见表 1-5。

表 1-5　梯子的受力分析

步　骤	图　示
1. 将梯子从周围物体中分离出来，作为研究对象画出其隔离体	
2. 画出主动力，即梯子所受重力 G，作用于梯子重心（几何中心），方向垂直向下	
3. 画墙和地面对梯子的约束反力。根据光滑接触面约束的特点，A、C 处的约束反力 F_{NA}、F_{NC} 分别与地面、梯子垂直并指向梯子	

（续）

步　骤	图　示
4. D 点绳索提供的约束反力 F_T 应沿着绳索的方向离开梯子	

［任务要点］

(1)梯子是隔离体

(2)一般先画主动力,本题中梯子所受重力 G 是主动力

(3)A、C 两处为光滑面约束,其约束反力可以直接画出方向

(4)D 处为柔性约束,其约束反力可以直接画出方向

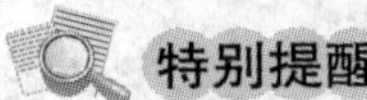

特别提醒

1）公理一与公理二容易混淆，应多学习实例，详尽地讲解和强化，增强直观意识，提高分析能力。

2）画受力分析图是难点，应掌握画图步骤，加大训练力度。

3）建立平衡方程时，应牢记平衡条件，由已知平衡力求解未知力。

练　习　题

1. 填空题

（1）刚体是对物体的合理________的力学模型，它是指在力作用下形状和________均保持不变的物体。

（2）力是物体之间相互的________作用，力的作用效果应是使物体的________发生改变，也可使物体的________发生变化。

（3）柔索约束的约束特点是只能承受________；不能承受________。

（4）作用力和反作用力是两物体间的相互作用，它们同时存在，同时消失，且大小________、方向________，其作用线沿________，分别作用于________。

2. 判断题

（1）作用力和反作用力是作用在同一个物体上的。（　）

（2）用力三角形法则和用力平行四边形法则求合力，结果是一样的。（　）

（3）凡是处于平衡状态的物体，相对于地球都是静止的。（　）

（4）二力平衡公理、加减平衡力系公理、力的可传性原理只适用于刚体。（　）

（5）根据力的可传性原理，力可在刚体上任意移动而不改变该力对刚体的作用效应。（　）

（6）凡是两端用铰链连接的直杆都是二力杆。（　）

（7）画某物体的受力图时，该物体对其他物体的反作用力不应画出。（　）

3. 选择题

（1）在我国法定计量单位中，力的单位名称是________。

A. 千克力　　B. 牛顿　　C. 吨力

（2）物体上某点同时受到几个力的作用，当这些力的________时，物体处于平衡状态。

A. 大小相等　　B. 方向相同　　C. 合力为零

（3）工程上常见的约束类型有柔性约束、光滑接触面和________约束。

A. 固定铰链支座　　B. 活动铰链支座　　C. 圆柱形铰链

（4）物体的受力效果取决于力的________。

A. 大小、方向　　B. 大小、作用点

C. 大小、方向、作用点　　D. 方向、作用点

（5）静力学研究的对象主要是________。

A. 受力物体　　B. 施力物体　　C. 运动物体　　D. 平衡物体

（6）作用力和反作用力是________。

A. 平衡二力　　B. 物体间的相互作用力　　C. 约束反力

（7）光滑面约束的约束反力总是沿接触面的________方向，并指向被约束的物体。

A. 任意　　B. 铅垂　　C. 公切线　　D. 公法线

4. 简答题

（1）力的三要素是什么？

（2）什么是力的平行四边形法则？

（3）二力平衡条件是什么？

（4）作用力与反作用力的关系是什么？

（5）什么叫约束及约束反力？

（6）常见的约束类型有哪些？

（7）受力图的含义是什么？

5. 作图与读图题

（1）画出如图1-3所示物体 A 的受力图。

（2）画出如图1-4所示物体 AB 的受力图（AB 杆的自重不计）。

（3）画出如图1-5所示物体 AB 的受力图（AB 杆的自重不计）。

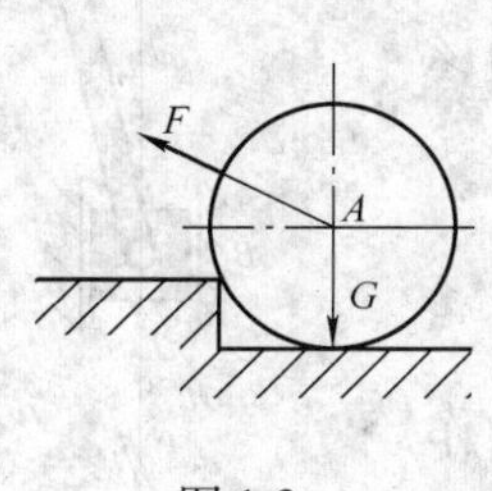

图1-3

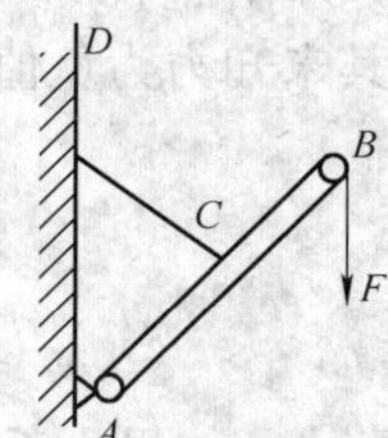

图1-4

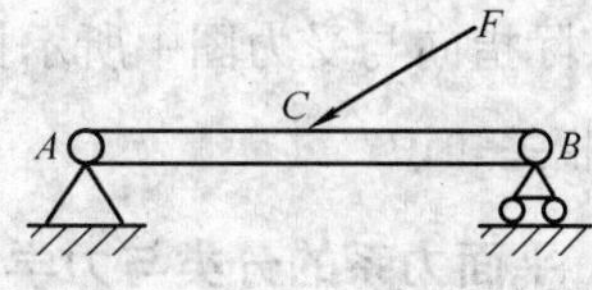

图1-5

（4）画出如图1-6所示物体 C 和 BE 杆的受力图（BE 杆的自重不计）。

（5）画出如图1-7所示结构中 AB 杆和 BC 杆的受力图（二杆的自重均不计）。

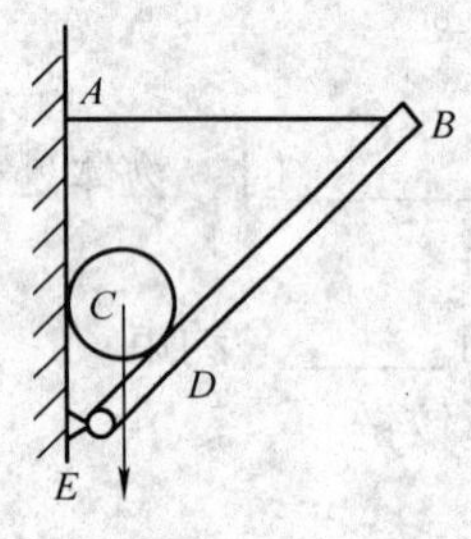

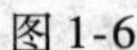

图1-6

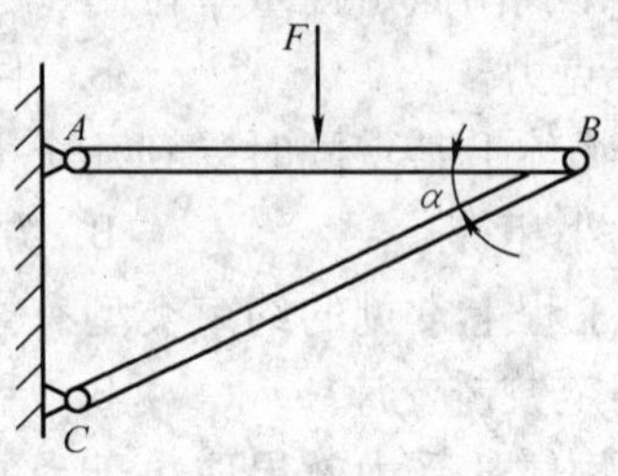

图1-7

任务2　绘制平面汇交力系受力图

知识目标：

1. 理解平面汇交力系的概念及力的合成与分解
2. 重点掌握力在坐标轴上的投影
3. 合力投影定理

技能目标：

1. 学会用力的投影计算公式及合力投影定理解决工程实例中的应用
2. 能熟练应用平衡方程求解平面汇交力系平衡问题

任务描述

如图1-8所示曲柄冲压机冲压工件时冲头 B 受到工件的阻力 $F=30\text{kN}$，试求当 $\alpha=30°$ 时连杆 AB 所受的力及导轨的约束力。

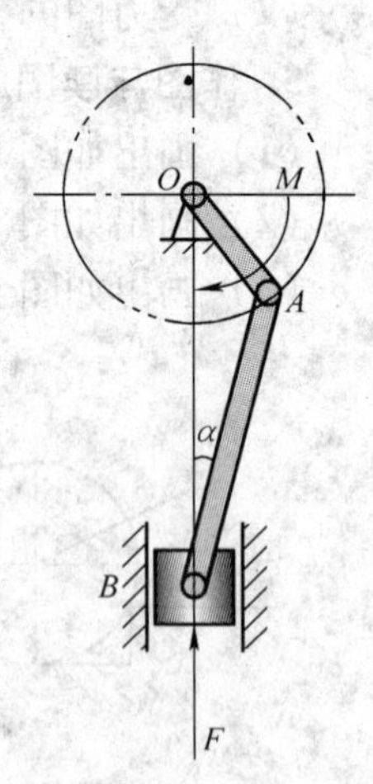

图1-8　曲柄冲压机

任务分析

1）选定冲头为研究对象，按要求画出其受力图。

2）选定适当的坐标轴，画在受力图上，并作各个力的投影。

3）列平衡方程并解出未知量。如求出其未知力为负值，则表明该力的实际指向与受力图中所示指向相反。

相关知识

1. 平面力系的分类与力学模型

在工程中作用在物体上的力系有多种形式。如果力系中各力的作用线在同一个平面内，则称为平面力系。平面力系又分为平面汇交力系、平面平行力系和平面一般力系。如果力系中各力的作用线不在同一个平面内，则称为空间力系。我们主要研究平面力系的简化与合成，以及应用平衡方程求解物体平衡问题的方法。平面力系的分类与力学模型见表1-6。

表 1-6 平面力系的分类与力学模型

分 类	概念描述	工程实例	力学模型
平面汇交力系	作用在物体上的各力的作用线都在同一平面内，且都相交于一点	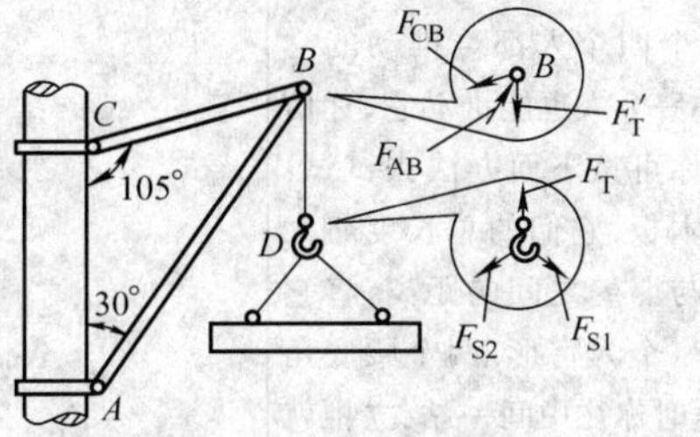 B C A D 105° 30° F_{CB} F_{AB} F'_T F_T F_{S2} F_{S1}	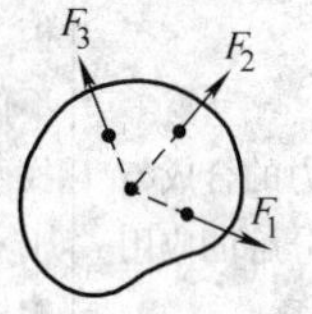 F_3 F_2 F_1
平面平行力系	平面力系中各力的作用线互相平行	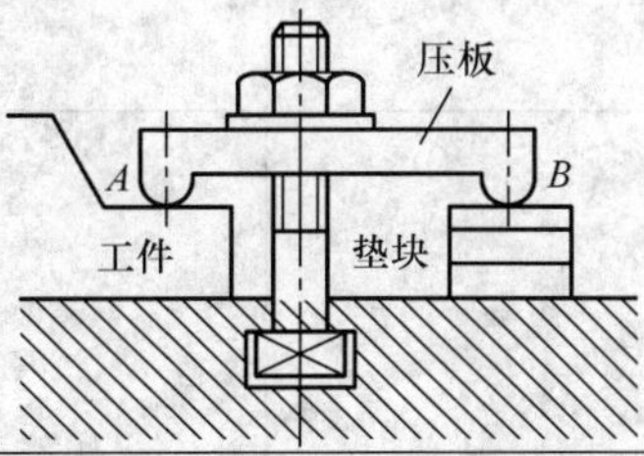 压板 A B 工件 垫块	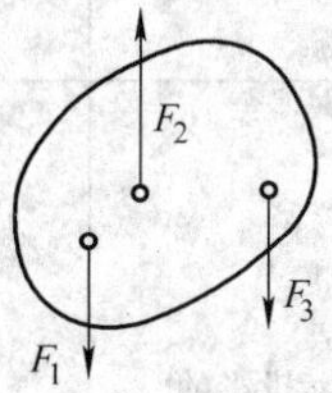 F_2 F_1 F_3
平面一般力系	作用在物体上的力的作用线都在同一平面内，且任意分布	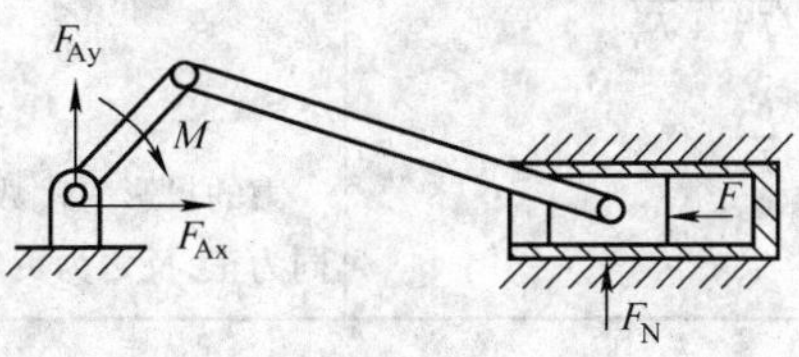 F_{Ay} M F_{Ax} F F_N	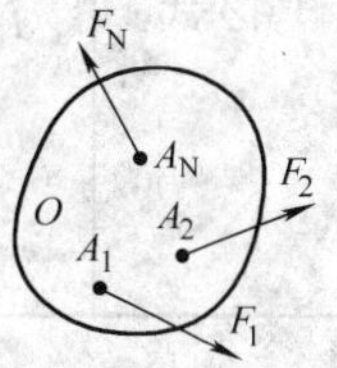 F_N A_N F_2 O A_2 A_1 F_1

2. 力在直角坐标轴上的投影

空间物体在灯光的照射下，会在地面或墙壁上出现它的影子，投影法就是根据这一自然现象经过科学抽象所总结出来的。为了用代数计算方法求合力，需引入力在直角坐标轴上的投影，见表 1-7。

表 1-7 力在直角坐标轴上的投影

名 称	描 述	示 意 图
投影法	用投射在平面上的图形表示空间物体形状的方法	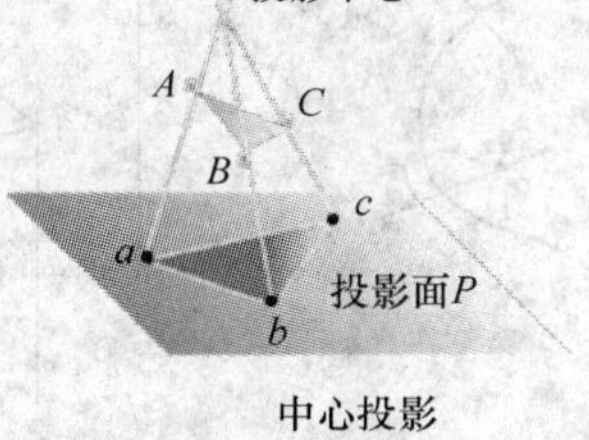 投影中心S A C B a c b 投影面P 中心投影；A C B a c b 平行投影 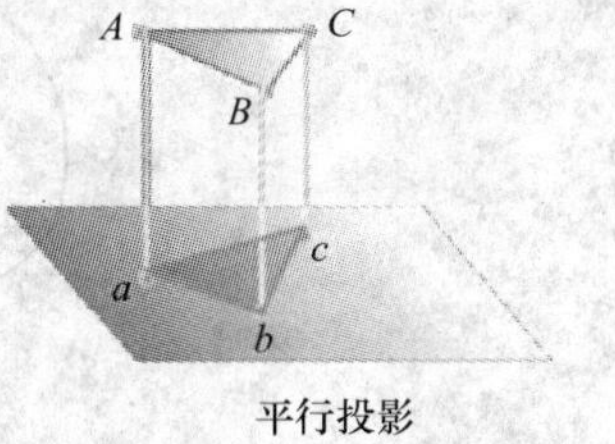
力的合成	合力——用一个力代替几个力的共同作用，且效果完全相同 力的合成——已知几个力，求其合力的过程	从已知力 F 的终点分别作两个互相垂直的分力平行线，且交于两垂直分力的作用线，得到一个矩形，这个矩形的两个邻边即为力 F 的两个分力 F_1 和 F_2。若力 F 与分力 F_1 的夹角 α 为已知，则 $F_1 = F\cos\alpha$ $F_2 = F\sin\alpha$ 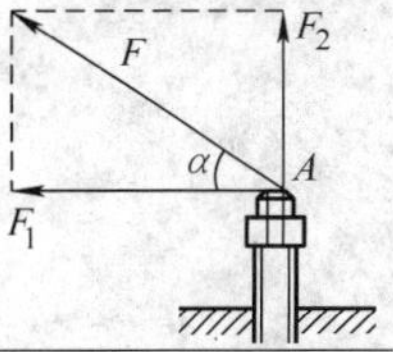 F_2 F α A F_1
力的分解	力的分解——将一个已知力分解为两个分力的过程	

（续）

名　称	描　述	示 意 图
力的合成与分解的应用	有一个四个人都难推动的立柜，仅你一个人也能推动它，你信不信？你可按下面办法去试试：找两块木板，它们的总长度略大于立柜与墙壁之间的距离，将它们搭成一个人字形，两个腰底角要小，这时你往中间一站，立柜就被推动了	A　B
投影的计算公式	$F_X = F\cos\alpha$ $F_Y = F\cos\beta$ $= F\sin\alpha$ $F = \sqrt{F_X^2 + F_Y^2}$ $\tan\alpha = \dfrac{F_Y}{F_X}$	y　D　B　F_Y　F_Y　F　β　α　A　C　F_X　O　F_X　x 力的投影为代数量，其正负号规定为：投影的指向与坐标轴的方向相同为正，反之为负

3. 合力投影定理

合力投影定理：合力在任意坐标轴上的投影，等于各分力在同一坐标轴上投影的代数和。如图 1-9 所示，已知 $F = F_1 + F_2 + F_3$，根据合力投影定理可知：

$$F_{1X} = ab,\ F_{2X} = bc,\ F_{3X} = -dc,\ F_X = ab + bc - dc = ad$$

$F_X = F_{1X} + F_{2X} + F_{3X} = \sum F_{iX}$，同理可得　$F_Y = F_{1Y} + F_{2Y} + F_{3Y} = \sum F_{iY}$

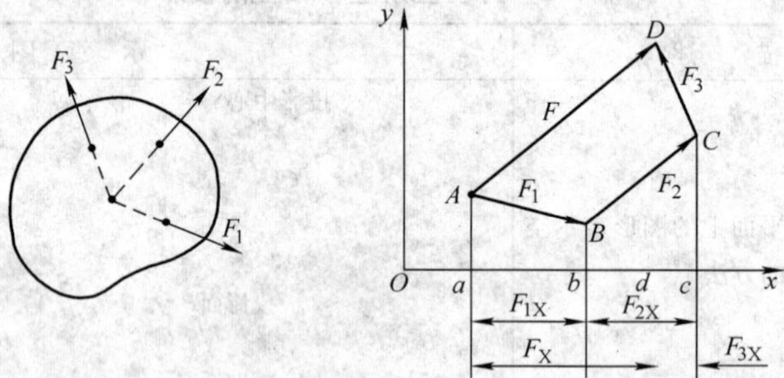

图 1-9　合力投影定理示意图

合力投影定理揭示了合力投影与各分力投影关系的表达式，即

$$\begin{cases} F_X = F_{1X} + F_{2X} + \cdots + F_{nX} = \sum\limits_{i=1}^{n} F_{iX} \\ F_Y = F_{1Y} + F_{2Y} + \cdots + F_{nY} = \sum\limits_{i=1}^{n} F_{iY} \end{cases}$$

若已知力在两坐标轴上的投影，应用合力投影定理可求得合力的大小和方向。

$$F = \sqrt{F_X^2 + F_Y^2} = \sqrt{(\sum F_{iX})^2 + (\sum F_{iY})^2}$$

$$\cos\alpha = \frac{F_X}{F} = \frac{\sum F_{iX}}{F},\ \cos\beta = \frac{F_Y}{F} = \frac{\sum F_{iY}}{F}$$

式中 α 和 β 分别表示力 F 与 F_X 和 F_Y 的正向夹角。通常，$\alpha + \beta = \frac{\pi}{2}$

4. 平面汇交力系

作用于物体上的各力的作用线都在同一平面内且汇交于一点的力系称为平面汇交力系。平面汇交力系在实际工程中经常遇到，例如作用在型钢上的力系（见图 1-10），作用在吊环上的力系如图 1-11 所示。

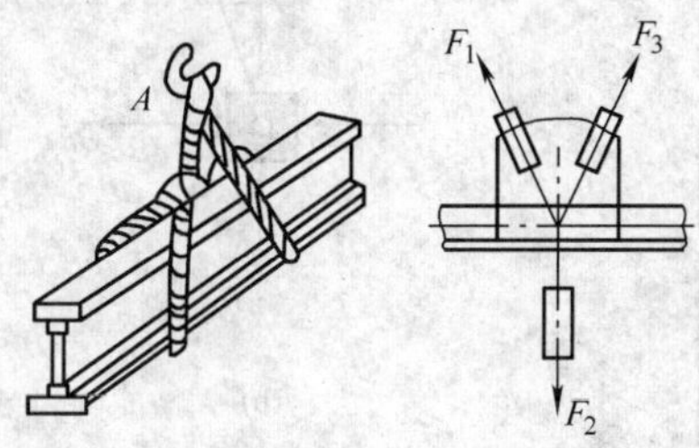

图 1-10　作用在型钢上的力系

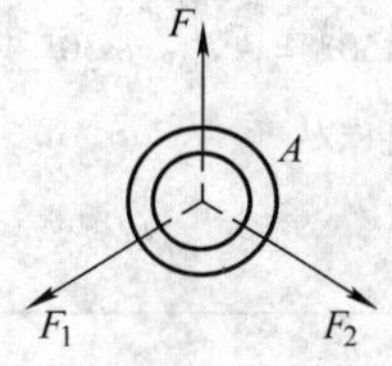

图 1-11　作用在吊环上的力系

平面汇交力系的平衡方程：力系中所有力在任意两个坐标轴上投影的代数和均为零。

$$\begin{cases} \sum F_{iX} = 0 \\ \sum F_{iY} = 0 \end{cases}$$

平衡的充要条件：该力系的合力 F 的大小等于零，即

$$F = \sum F_i = \sqrt{(\sum F_{iX})^2 + (\sum F_{iY})^2} = 0$$

平面汇交力系平衡求解步骤如下：

1）选定研究对象（即确定所要计算的平衡物体），按要求画出其受力图。

2）选定适当的坐标轴，画在受力图上，并作各个力的投影。

3）列平衡方程并解出未知量。如求出其未知力为负值，则表明该力的实际指向与受力图中所示指向相反。遇到这种情况，不必改正受力图，但在答案中必须说明。

4）在受力图上选择坐标轴时，坐标轴尽量与未知力垂直或与多数力平行，将坐标原点放在汇交点处。

任务实施

由平面汇交力系平衡方程及平面汇交力系的解题条件可知，在解题时未知力的方向不明时可先假设，若计算结果为正，则表示所设指向与力的实际指向相同；若为负值，则表示所设指向与力的实际方向相反。曲柄冲压机受力分析见表 1-8。

表 1-8　曲柄冲压机受力分析

步　　骤	实　例　图
1. 取冲头 B 为研究对象，其受力图如图 a 所示	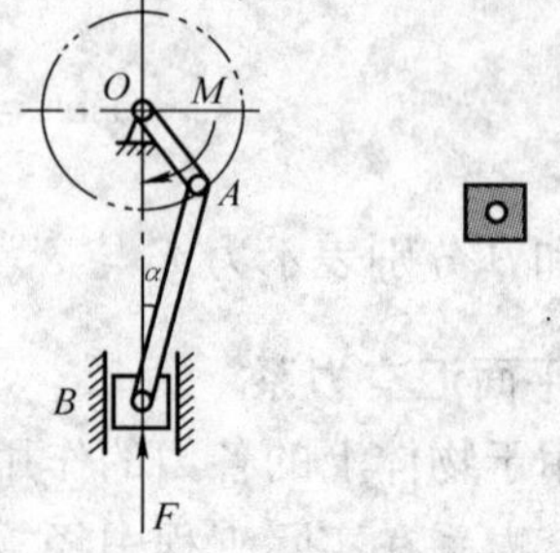 a)
2. 作用于冲头的力有工件阻力 F、导轨约束力 F_N 和连杆作用力 F_{AB}。因连杆 AB 为二力杆。连杆受压力（图 c）为压杆，F_{AB} 沿连杆轴线。建立坐标系如图 b 所示	
3. 作投影 $F_{ABX}=F_{AB}\cos120°=-F_{AB}\cos60°$ $F_{ABY}=F_{AB}\cos150°=-F_{AB}\cos30°$ $F_{NX}=F_N,\ F_{NY}=0$	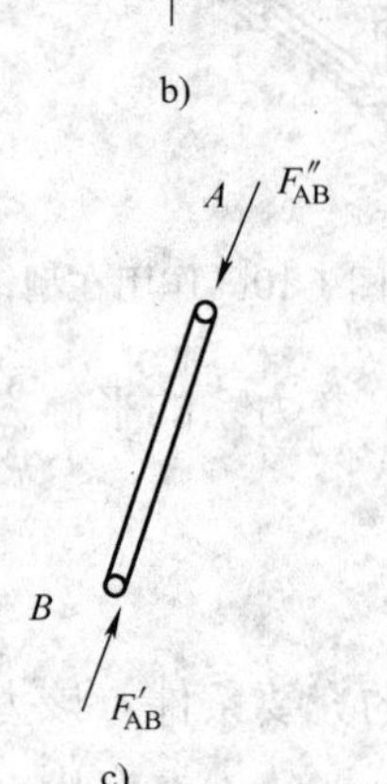 b)
4. 按图示坐标列方程 $\sum F_{iX}=0,\ F_N+F_{ABX}=0,\ F_N-F_{AB}\cos60°=0$ $\sum F_{iY}=0,\ F+F_{ABY}=0,\ F-F_{AB}\cos30°=0$ 解得 $F_{AB}=\dfrac{F}{\cos30°}=\dfrac{30\text{kN}}{\cos30°}=\dfrac{30\text{kN}}{0.866}=34.64\text{kN}$ $F_N=F_{AB}\cos60°=34.64\text{kN}\times\dfrac{1}{2}=17.32\text{kN}$ （力的方向与图示方向相同）	A　F''_{AB} B　F'_{AB} c)

练　习　题

1. 填空题

（1）平面力系分为________力系、________力系和________力系。

（2）合力在任意一个坐标轴上的投影，等于________在同一轴上投影的________，此定理称为合力投影定理。

（3）平面汇交力系平衡的解析条件为：力系中________在任意两坐标轴上投影的代数和________。其表达式为________和________，此表达式又称为平面汇交力系的________。

（4）利用平面汇交力系平衡方程解题的步骤是：

1）选定________，并画出受力图。

2）选定________，画在受力图上；并作出各力的________。

3）________，求解未知量。

（5）平面汇交力系的两个平衡方程可解________未知量。若求得未知力为负值，表示该力的实际指向与受力图所示方向________。

2. 判断题

（1）同一平面内作用线汇交于一点的三个力一定平衡。（　　）

（2）平面汇交力系的合力一定大于任何一个分力。（　　）

3. 简答题

（1）平面汇交力系的简化结果是什么？

（2）试举出几个工程或生活中常见的平面汇交力系的实例。

（3）在什么情况下由平衡方程计算出来的未知力是负值？负号的意义是什么？

4. 计算题

如图1-12所示，重物W悬挂在铰接点B处，质量$m=10\text{kg}$，若忽略两杆重量，求平衡时AB、BC杆的内力。

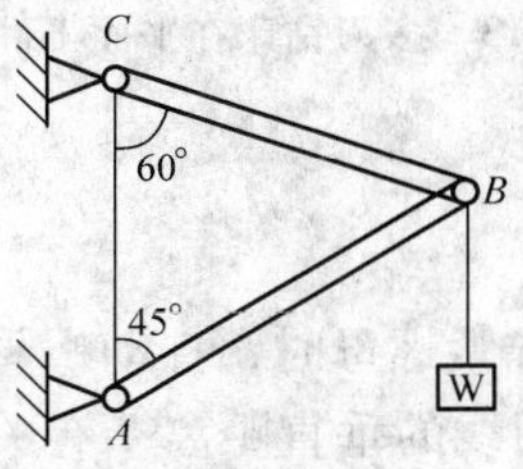

图1-12

任务3　绘制平面力偶系受力图

知识目标：

1. 理解力矩、力偶的概念
2. 力偶的性质及力偶的表示方法
3. 重点掌握合力矩定理、平面力偶系的简化、平面力偶系的平衡条件

技能目标：

能根据平面力偶系平衡条件求解多刀钻床在水平工件上钻孔时固定螺栓的受力分析

任务描述

多刀钻床在水平工件上钻孔，每个钻头的切削刃作用于工件上的力在水平面内构成一力偶。已知切制三个孔时对工件的力偶矩分别为$M_1=M_2=13.5\text{N}\cdot\text{m}$，$M_3=17\text{N}\cdot\text{m}$，求工件受到的合力偶矩。如果工件在$A$、$B$两处用螺栓固定，$A$和$B$之间的距离$l=0.2\text{m}$，试求两个螺栓在工件平面所受的力。

任务分析

如图 1-13 所示，工件受到三个钻头的切削刃在水平面内构成的三个主动力偶的作用，同时还受到两个螺栓的约束反力的作用而平衡。故两个螺栓的约束反力 F_A 与 F_B 必然组成为一力偶，这两个力就构成平面力偶系。那么平面力偶系能否用一个简单的力系等效替换？若平衡应满足什么条件？

图 1-13 多刀钻床在平面工件上钻孔

相关知识

1. 力矩

如图 1-14a、b 所示：用扳手拧紧螺母时，拧动螺母的作用不仅与力 F 的大小有关，而且与转动中心（O 点）到力的作用线的垂直距离 h 有关。我们用 F 与 h 的乘积来度量力使螺母绕点 O 转动效应的大小，O 点称为力矩中心，简称矩心。O 点到 F 作用线的垂直距离 h 称为力臂。

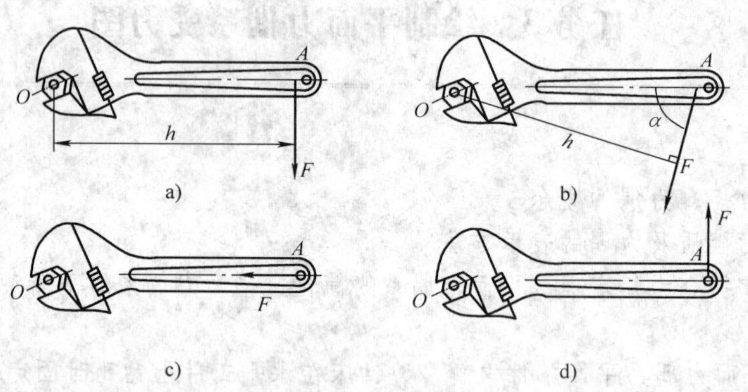

图 1-14 扳手旋转螺母

（1）力 F 对 O 点之矩 力的大小 F 与力臂 h 的乘积冠以适当的正负号，以符号 $M_O(F)$ 表示。$M_O(F) = \pm Fh$。

（2）正负规定 力使物体绕矩心逆时针方向转动时，力矩为正，反之为负。力矩的单位名称为牛顿 · 米，符号为 N · m。

力矩为零的两种情况：力等于零；力的作用线通过矩心，即力臂等于零。

在日常生活中，常会遇到绕定点（轴）转动物体（这种物体通常称为杠杆）平衡的情况。力矩的平衡条件见表1-9。

表1-9 力矩的平衡条件

名 称	描 述	实例图
力矩的平衡条件	各力对转动中心 O 点的矩的代数和等于零，即合力矩为零。用公式表示为 $\sum M_O(F_i) = 0$ $M_O(F_1) + M_O(F_2) + \cdots + M_O(F_n) = 0$	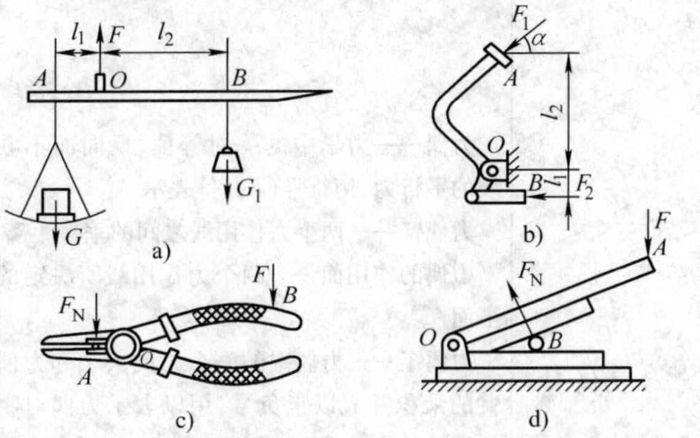 a) b) c) d)
杠杆平衡	以汽车制动踏板为例，在具有固定转动中心的物体上作用有两个力，各力对转动中心 O 点之矩分别为 $M_O(F_A) = F_A \cdot \alpha$ $M_O(F_B) = -F_B \cdot b$ 由于物体平衡，顺时针方向转动效果与逆时针方向转动效果相同，所以有 $F_A \cdot a = F_B \cdot b$ $F_A \cdot a - F_B \cdot b = 0$ $M_O(F_A) + M_O(F_B) = 0$	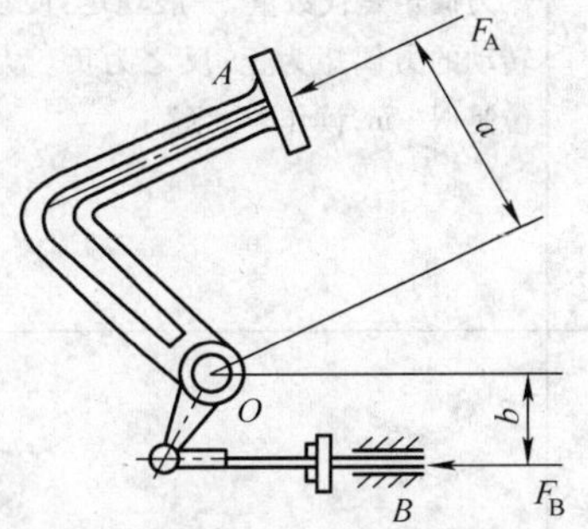

2. 合力矩定理

在计算力矩时，力臂一般可以通过几何关系确定，但有时由于几何关系比较复杂，直接计算力臂比较困难。这时将力作适当的分解，可使各分力的力臂计算变得方便。

合力矩定理：平面汇交力系的合力对平面内任一点的矩，等于力系中各分力对于同一点力矩的代数和。即

$$M_O(F) = M_O(F_1) + M_O(F_2) + \cdots + M_O(F_n) = \sum M_O(F_i)$$

解题前的须知：

1）求解力对点之矩时应注意首先确定矩心，再由矩心向力的作用线作垂线求出力臂，根据力矩计算公式进行计算。

2）计算力矩时应注意力矩正负的确定，以矩心为中心，沿力的箭头方向绕动，逆时针为正，反之为负。

3）根据已知条件分析力矩计算方法时，可采用两种不同的方法进行计算：直接公式法（即按力矩公式进行计算）和力矩定理法（即按合力矩定理对力进行分解再计算）。

3. 力偶和力偶矩

在日常生活中和工程实际中经常遇到物体受到两个大小相等、方向相反，但不在同一直

线上的两个平行力的作用情况。力偶和力偶矩见表 1-10。

表 1-10　力偶和力偶矩

名　称	描　述	实　例　图
力偶	力偶——力学中的一对等值、反向而不共线的平行力，用符号(F,F')表示 力偶臂——两个力作用线之间的垂直距离 力偶的作用面——两个力作用线所决定的平面 力偶矩——力偶中的一个力的大小和力偶臂的乘积并冠以正负号，用以表示力偶对物体转动效应的量度。用 M 或 $M(F,F')$ 表示 $M = F \cdot d$ 力偶矩是代数量，一般规定：使物体逆时针转动的力偶矩为正，反之为负。力偶矩的单位是 N·m，读作"牛米"	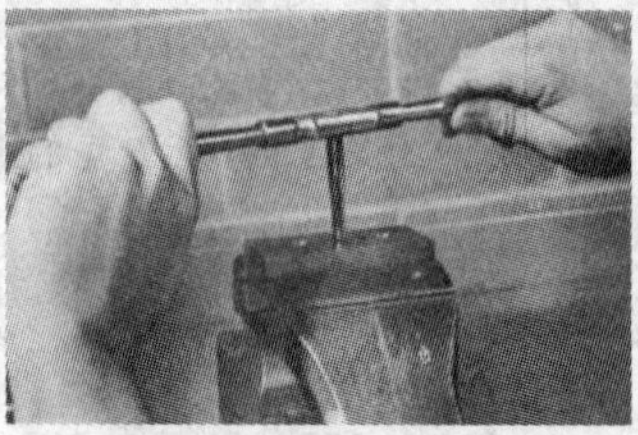 攻螺纹  拆卸汽车轮胎紧固螺栓
力偶的特征	(1)力偶无合力，同时也不能和一个力平衡，只能用力偶来平衡 (2)力偶对其作用面内任一点之矩恒为常数，且等于力偶矩，与矩心的位置无关 推论 1：力偶可在它的作用面内任意移动和转动，而不改变它对物体的作用效果 推论 2：同时改变力偶中力的大小和力偶臂的长短，只要保持力偶矩的大小和力偶的转向不变，就不会改变力偶对物体的作用效果	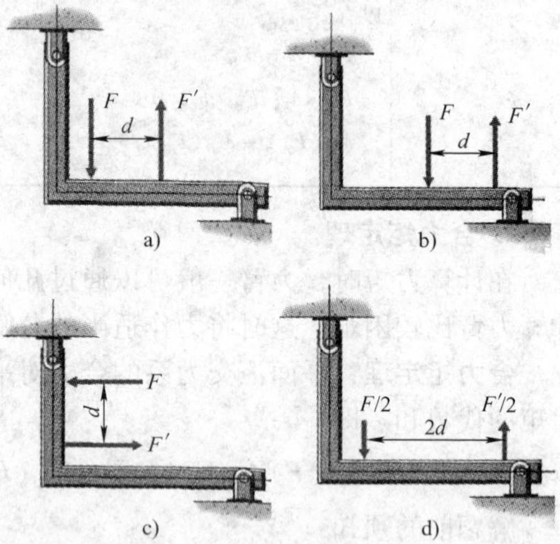
力偶的表示方法	力偶可用力和力偶臂来表示，或用带箭头的弧线表示，箭头表示力偶的转向，M 表示力偶的大小。	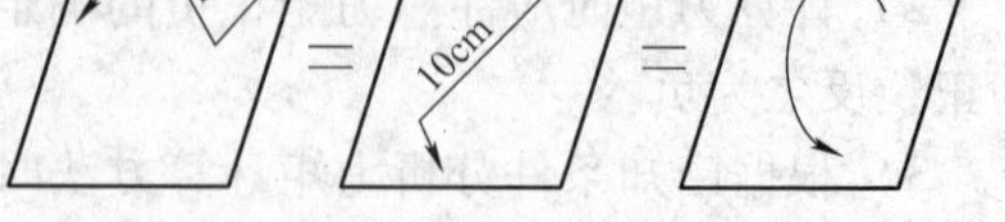

4. 力偶的合成与平衡

（1）平面力偶系的简化　作用在物体上同一平面内由若干个力偶所组成的力偶系叫做

平面力偶系。如图 1-15 所示，平面力偶系的简化结果为一合力偶，合力偶矩等于各分力偶矩的代数和，即

$$M = M_1 + M_2 + \cdots + M_n = \sum M_i$$

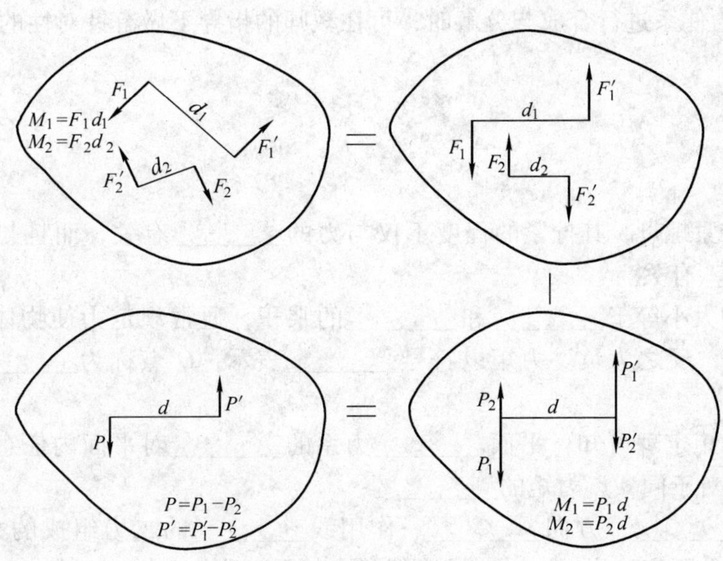

图 1-15　平面力偶系的简化

（2）平面力偶系的平衡　平面力偶系平衡的充要条件是所有力偶矩的代数和等于零。

$$\sum M_i = 0$$

任务实施

多刀钻床在平面工件上钻孔实施过程见表 1-11。

表 1-11　多刀钻床在平面工件上钻孔实施过程

步　骤		示 意 图
1	求出三个主动力偶的合力偶矩 $M = \sum M = -M_1 - M_2 - M_3$ $= -13.5\text{N}\cdot\text{m} - 13.5\text{N}\cdot\text{m} - 17\text{N}\cdot\text{m} = -44\text{N}\cdot\text{m}$	
2	选取工件为研究对象，工件受三个主动力偶作用和两个螺栓的反力作用而平衡，故两个螺栓的反力 F_A、F_B 必然组成为一力偶，设它们的方向如右图所示	F_A A M_1 M_2 M_3 l B F_B
3	求两个螺栓所受的力 由平面力偶系的平衡条件 $\sum M_i = 0$ 得 $F_A l - M_1 - M_2 - M_3 = 0$ $F_A = \dfrac{M_1 + M_2 + M_3}{l} = \dfrac{44}{0.2}\text{N} = 220\text{N}$ （力的方向与图示方向一致）	

特别提醒

1）应用力矩的平衡条件解题时，应熟练掌握力矩的平衡条件，多做针对性练习。

2）分析和判断平面力偶系时，可多参考生活中的实例。

3）对平面力偶系进行合成与分解时，可在教师的指导下做有针对性的专项训练。

练　习　题

1. 填空题

（1）用力拧紧螺母，其拧紧的程度不仅与力的________有关，而且与螺母中心到力的作用线的________有关。

（2）力矩的大小等于________和________的乘积，通常规定力使物体绕距心________转动时力矩为正，反之为负。力矩以符号________表示，O 点称为________，力矩的单位是________。

（3）由合力矩定理可知，平面________力系的________对平面内任意点的力矩，等于力系中________对于同一点力矩的________。

（4）大小________、方向________、作用线________的二力组成的力系，称为力偶。力偶中二力之间的距离称为________。力偶所在的平面称为________。

2. 判断题

（1）力对物体的转动效果用力矩来度量，其常用单位符号为 N·m。（　）

（2）力矩使物体绕定点转动的效果取决于力的大小和力臂的大小两个方面。（　）

（3）只要正确列出平衡方程，则无论坐标轴方向及矩心位置如何取定，未知量的最终计算结果总应一致。（　）

（4）力偶矩的大小和转向决定了力偶对物体的作用效果，而与矩心的位置无关。（　）

（5）如图 1-16 所示，刚体受两力偶（F_1，F'_1）和（F_2，F'_2）作用，其力多边形恰好闭合，所以刚体处于平衡状态。（　）

3. 选择题

（1）如图 1-17 所示的________正确表示了力 F 对 A 点之矩为 $M_A(F)=2FL$。

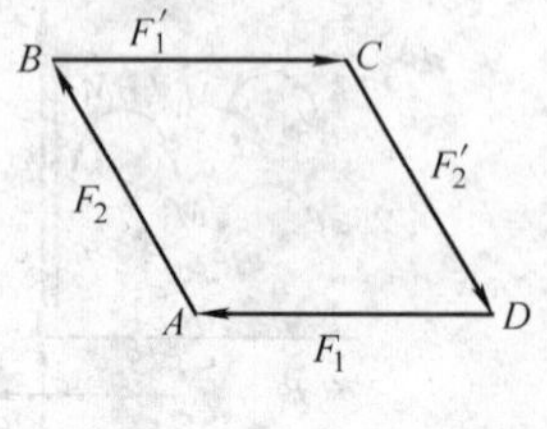

图 1-16

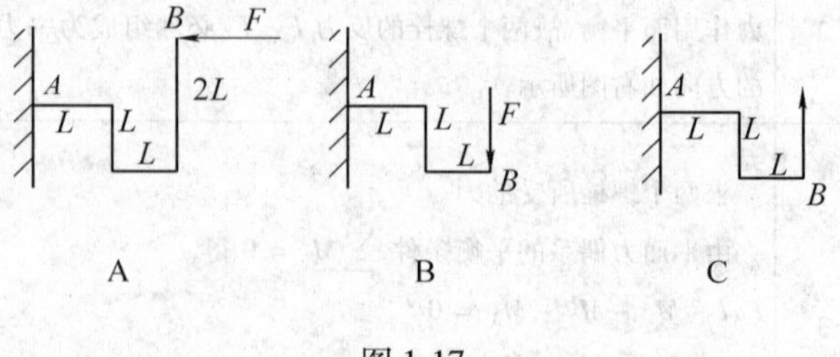

图 1-17

（2）力偶可以用一个________来平衡。

A. 力　　B. 力矩　　C. 力偶

（3）力矩平衡的条件是：作用在物体上的各力对转动中心 O 力矩的________等于零。

A. 矢量和　　B. 代数和　　C. 平方和

（4）我国法定计量单位中，力矩的单位名称是________。

A. 牛顿·米　　B. 千克力·米　　C. 公斤力·米

（5）一个力向新作用点平移后，新点上有________。

A. 一个力　　B. 一个力偶　　C. 一个力与一个力偶

（6）力偶在________的坐标轴上的投影之和为零。

A. 任意　　B. 正交　　C. 与力垂直　　D. 与力平行

4. 简答题

（1）力矩的概念是什么？

（2）力矩的平衡条件是什么？

（3）平面力偶系的简化结果是什么？

（4）力偶的两个力大小相等、方向相反，这个作用力和反作用力有什么不同？与二力平衡又有什么不同？

5. 计算题

（1）计算图1-18所示力 F 对 B 点的力矩。已知 $F=80\text{N}$，$a=0.5\text{m}$，$\alpha=30°$。

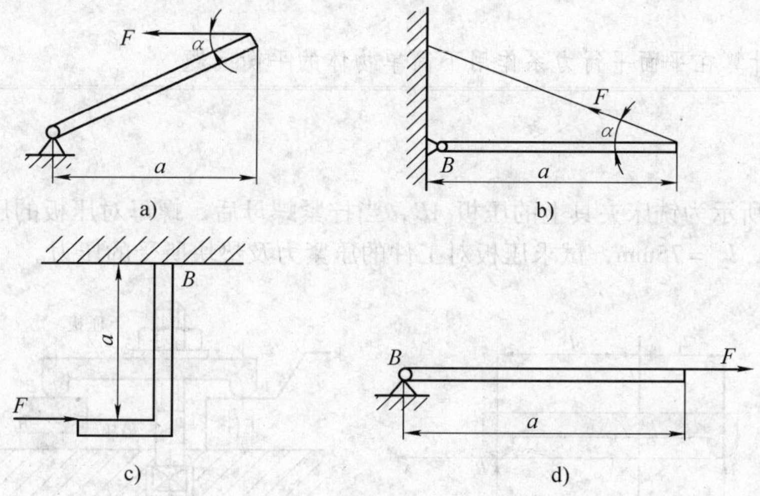

图1-18

（2）某机床夹具用杠杆压板压紧工件如图1-19所示。设 $a=50\text{mm}$，$b=120\text{mm}$，在螺钉处力 $F=250\text{N}$。求在工件处产生的夹紧力 Q 有多大？

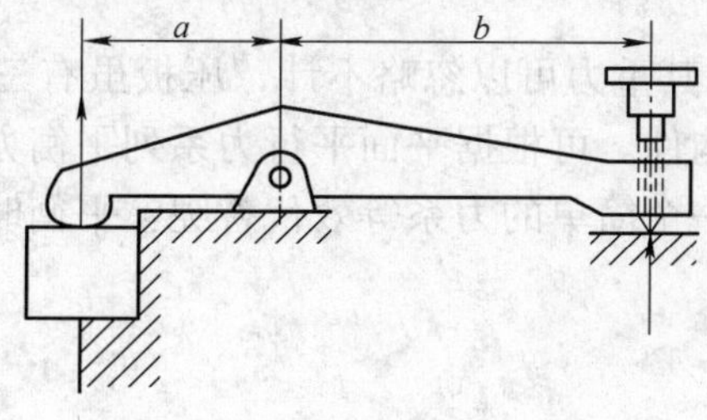

图1-19

（3）已知垂直于手柄的作用力 $F=80\text{N}$，如图 1-20 所示，问拔起钉子的力 Q 有多大？

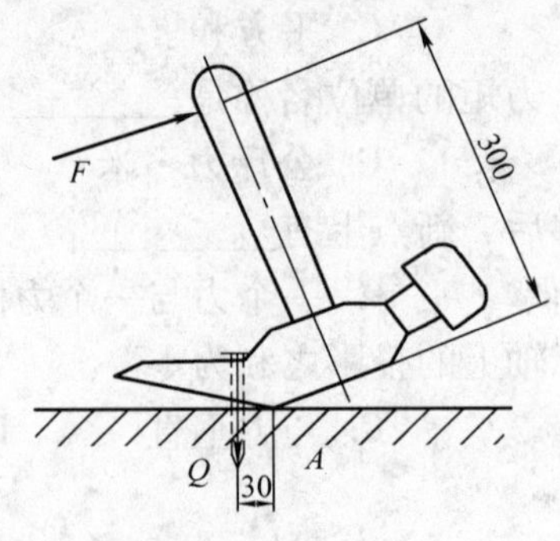

图 1-20

任务 4　绘制平面任意力系受力图

知识目标：

1. 理解力偶的平移定理及应用
2. 重点掌握平面任意力系平衡条件及平衡方程的应用

技能目标：

能熟练计算在平面平行力系作用下简单物体的平衡问题

任务描述

如图 1-21 所示为铣床夹具上的压板 AB，当拧紧螺母后，螺母对压板的压力 $F=4000\text{N}$，已知 $l_1=50\text{mm}$，$l_2=75\text{mm}$，试求压板对工件的压紧力及垫块所受的压力。

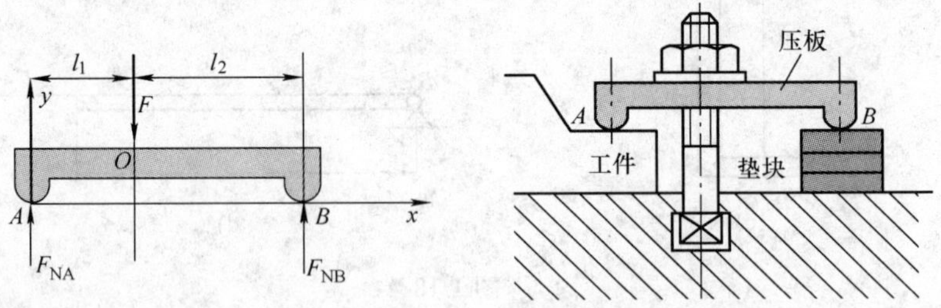

图 1-21　铣床夹具上的压板

任务分析

取压板 AB 为研究对象，其重力可以忽略不计，压板虽有三个接触点，但其受力构成平面平行力系，并不属于三力构件。可根据平面平行力系列平衡方程的一般式求解未知量。这种力系如何简化呢？能否由一个简单的力系等效代替呢？平衡时又应满足什么条件？

相关知识

1. 平面任意力系

工程中经常遇到作用在物体上的力的作用线都在同一平面内（或近似地在同一平面

内），且任意分布的力系，这样的力系称为**平面一般力系**（如图 1-22 所示）。当物体所受的力均对称于某一平面时，也可视作平面一般力系问题。

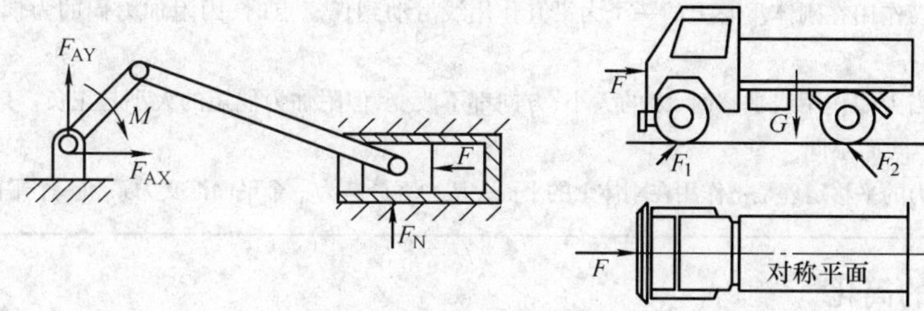

图 1-22 平面一般力系

2. 力的平移定理

如图 1-23a 所示，设 F 是作用在刚体上点 A 的一个力，点 O 是刚体上力作用面内的任意点，在点 O 加上两个等值反向的力 F' 和 F''，并使这两个力与力 F 平行且 $F = F' = -F''$，如图 1-23b 所示。显然，由力 F、F' 和 F'' 组成的新力系与原来的一个力等效。

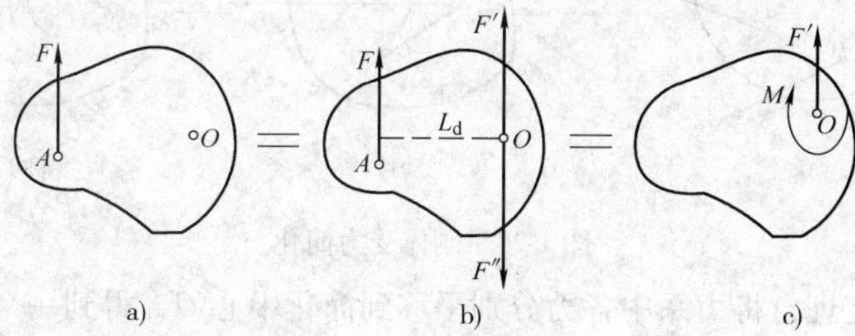

图 1-23 力的等效

由此可见，把作用在点 A 的力 F 平移到 O 点时，若使其与作用在点 A 时等效，必须同时加上一个相应的力偶 M，这个力偶成为附加力偶，如图 1-23c 所示。此附加力偶矩的大小为

$$M = M_O(F) = -F \cdot L_d$$

上式说明，附加力偶矩的大小及转向与力 F 对点 O 之矩相同。由此可得到力的平移定理，见表 1-12。

表 1-12 力的平移定理

名 称	描 述	实 例 图
力的平移定理	若将作用在刚体上某点的力平移到刚体上任意点而不改变原力的作用效果，则必须同时附加一个力偶，这个力偶的力偶矩等于原来的力对新作用点之矩	说明：作用于点 A 上的力 F 与作用于点 O 上的力 F' 和力偶矩 M 等效

（续）

名 称	描 述	实 例 图
力矩的平移性质	1. 当作用在刚体重心上的一个力沿其作用线滑动到任意点时，因附加力偶的力偶臂为零，故附加力偶矩为零 2. 当力的作用线平移时，力的大小、方向都不改变，但附加力偶矩的大小与正负一般会随指定点 O 的位置的不同而不同 3. 力的平移定理是把作用在刚体上的平面一般力系分解为一个平面汇交力系和一个平面力偶系的依据	

3. 平面力系的简化

如图 1-24 所示，设刚体上作用有平面一般力系（F_1、F_2、…、F_n），在平面内任取一点 O，O 点称为简化中心。

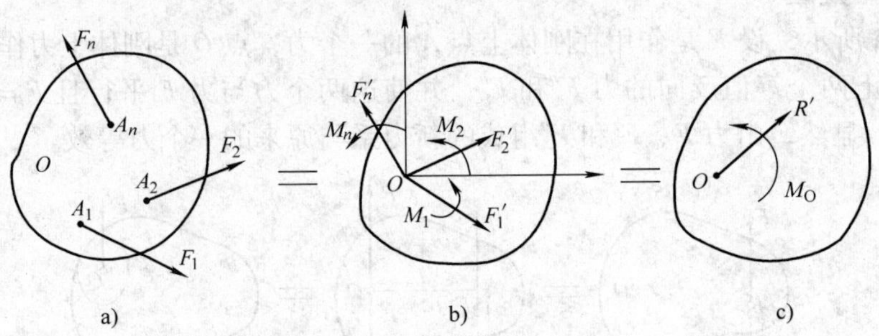

图 1-24　刚体受力简化

根据力的平移定理，将力系中各力分别平移到简化中心 O，得到一个平面汇交力系和一个平面力偶系，见表 1-13。

表 1-13　平面力系的简化

名 称	描 述	工程实例
平面任意力系的简化	平面汇交力系： 平面汇交力系中各力的大小和方向分别与原力系中对应的各力相同，平面汇交力系可以进一步合成为一个力，此合力的作用线通过简化中心 O，其大小和方向取决于原力系中各力的矢量和，即 $R' = F'_1 + F'_2 + \cdots + F'_n$	a)　b)　c)　d)
	平面力偶系： 由各力相对应的附加力偶（M_1、M_2、M_3、…、M_n）组成。各附加力偶矩的大小分别等于原力系中各力对简化中心 O 之矩，即 $M_1 = M_O(F_2)$，…，$M_n = M_O(F_n)$。平面力偶系可以进一步合成为一合力偶，其合力偶矩等于各附加力偶矩的代数和，即 $M_O = M_1 + M_2 + \cdots + M_n$ 或 $M_O = M_O(F_1) + M_O(F_2) + \cdots + M_O(F_n)$	

由上述简化过程不难看出，当所选的简化中心改变时，力系的合力不变；而在一般情形下，力系的附加力偶会因简化中心不同而改变。因此，对于附加力偶，应指明是对哪个简化中心而言的。由此可知，平面一般力系向已知中心点简化后得到一个力和一个力偶。

4. 平面任意力系的平衡条件及平衡方程

若平面任意力系平衡，则作用于简化中心的平面汇交力系和附加力偶系也必须同时满足平衡条件。平面任意力系的平衡必须同时满足三个平衡方程，见表1-14。

表1-14　平面任意力系的平衡条件及平衡方程

<table>
<tr><th>名　称</th><th colspan="3">描　述</th></tr>
<tr><td>平面任意力系的平衡条件</td><td colspan="3">物体在一般力系作用下,既不发生移动,又不发生转动的静力平衡条件为:
各力在任意两个相互垂直的坐标轴上的分量的代数和均为零,且力系中各力对平面内任意点的力矩的代数和也等于零</td></tr>
<tr><td>平面任意力系的平衡方程及说明</td><td>基本形式
$\begin{cases}\sum F_X = 0\\ \sum F_Y = 0\\ \sum M_O(F) = 0\end{cases}$
前两个方程为投影方程,后一个方程为力矩方程</td><td>二力矩式
$\begin{cases}\sum F_X = 0\\ \sum M_A(F) = 0\\ \sum M_B(F) = 0\end{cases}$
使用条件:AB 连线与 X 轴不垂直,前一个方程为投影方程,后两个方程为力矩方程</td><td>三力矩式
$\begin{cases}\sum M_A(F) = 0\\ \sum M_B(F) = 0\\ \sum M_C(F) = 0\end{cases}$
使用条件:A、B、C 三点不共线,三个方程为力矩方程</td></tr>
<tr><td>解题前须知</td><td colspan="3">1. 用平面一般力系的平衡方程解题,步骤与平面汇交力系大致相同,但需选择矩心和计算各力之矩。解题的主要步骤如下:
1)选取一个或多个研究对象
2)进行受力分析,画出受力图
3)选取坐标系,计算各力的投影;选取矩心,计算各力之矩
4)列平衡方程,求解未知量。必要时列出补充方程
2. 恰当选取矩心的位置和坐标轴的方向,可使计算简化。矩心可选在两未知力的交点,坐标轴尽量与未知力垂直或与多数力平行</td></tr>
<tr><td>平面平行力系</td><td colspan="2">平面平行力系——力系中的各力作用线在同一平面内且相互平行
平衡条件——各力在坐标轴上投影的代数和为零,且力系中各力对平面内任意点的力矩的代数和也等于零</td><td>y, F_2, F_3, F_1, O, x</td></tr>
<tr><td>平面平行力系的平衡方程</td><td colspan="2">基本形式:
$\begin{cases}\sum F_Y = 0\\ \sum M_O(F) = 0\end{cases}$</td><td>二力矩式:
$\begin{cases}\sum m_A(F) = 0\\ \sum m_B(F) = 0\end{cases}$
使用条件:A、B 连线不能与各力作用线平行</td></tr>
</table>

任务实施

通过分析可知，铣床夹具压板所受的力构成平面平行力系，平面平行力系是平面任意力系的特例，可根据平面任意力系的平衡条件及平衡方程求解未知量。解题步骤见表1-15。

表1-15 解题步聚

步	骤	示意图
1	取板 AB 为研究对象，其受力分析图及坐标的建立如图b所示	工件　垫块　压板　A　B a)
2	列平衡方程： $\sum F_Y = 0 \rightarrow F_{NA} + F_{NB} - F = 0$ ① $\sum M_A(F) = 0 \rightarrow F_{NB}(l_1 + l_2) - Fl_1 = 0$ ②	
3	解方程：由式②得 $F_{NB} = \frac{Fl_1}{l_1 + l_2} = \frac{4000N \times 50mm}{50mm + 70mm} = 1600N$ 将 F_{NB} 代入式①得 $F_{NA} = F - F_{NB} = 4000N - 1600N = 2400N$ 根据作用力与反作用力公理，压板对工件的压紧力为2400N，垫块所受的压力为1600N	l_1　l_2　y　F　O　A　B　x　F_{NA}　F_{NB} b)

练　习　题

1. 填空题

（1）平面一般力系向已知中心点简化后得到________和________。

（2）平面一般力系平衡方程中，两个投影式为________和________。

（3）物体不发生________；一个力矩式________保证物体不发生________。三个独立的方程，可以求解________未知量。

（4）平面平行力系有________独立方程，可以解出________未知量。

（5）为便于解题，力的平衡方程的坐标轴方向应尽量与________。

2. 判断题

（1）作用于物体上的力，其作用线可在物体上任意平移，其作用效果不变。（　）

（2）对于受平面一般力系作用的物体系统，最多只能列出三个独立方程，求解三个未知量。（　）

（3）各力作用线互相平行的力系，都是平面平行力系。（　）

（4）只要正确列出平衡方程，则无论坐标轴方向及矩心位置如何取定，未知量的最终计算结果总应一致。（　）

（5）平面一般力系的平衡方程可用于求解各种平面力系的平衡问题。（　）

（6）平面一般力系中的各力作用线必须在同一平面上任意分布。（　）

3. 选择题

（1）如图1-25所示的悬臂梁，一端固定，其上作用有共面且垂直于杆轴线的力，主动力和约束反力一般构成平面________力系。

A. 汇交　　B. 平行　　C. 一般

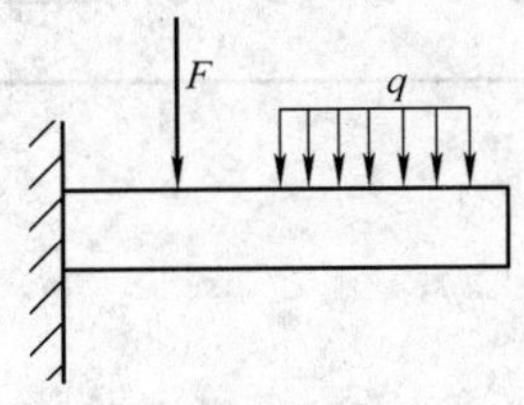

图1-25

（2）一个力向新作用点平移后，新点上有________。

A. 一个力　　B. 一个力偶　　C. 一个力与一个力偶

（3）若平面一般力系向某点简化后合力矩为零，则其合力________。

A. 一定为零　　B. 不一定为零　　C. 一定不为零

（4）一力作平行移动后，新点的附加力偶矩一定________。

A. 存在且与平移距离无关　　B. 存在且与平移距离有关　　C. 不存在

（5）力矩平衡方程中的每一个单项必须是________。

A. 力　　B. 力矩　　C. 力偶　　D. 力在坐标轴上的投影

（6）若刚体在平面一般力系作用下平衡，则此力系中各力对刚体________之力矩的代数和必为零。

A. 特定点　　B. 重心　　C. 任意点　　D. 坐标原点

（7）为了便于解题，力矩平衡方程的矩心应取在________上。

A. 坐标原点　　B. 未知力作用点　　C. 任意点　　D. 未知力作用线交点

（8）为了便于解题，力矩平衡方程的矩心应取在________上。

A. 水平或铅垂线　　B. 任意点　　C. 与多数未知力平行或垂直的直线

4. 简答题

（1）简述力的平移性质？

（2）简述平面力系平衡问题的解题要点。

（3）简述平面一般力系的平衡条件。

5. 计算题

如图1-26所示，悬臂梁长度 $l=3\mathrm{m}$，其上作用力偶 $M=2\mathrm{kN\cdot m}$，力 $F=1\mathrm{kN}$。

试求固定端 A 的约束反力。

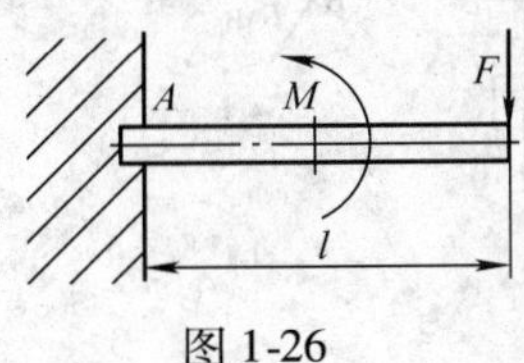

图1-26

单元2　材料力学基础

2

任务1　拉伸与压缩强度计算

知识目标：

1. 轴向拉伸和压缩的概念
2. 拉伸和压缩的特点及变形特征
3. 内力的概念
4. 材料在拉伸和压缩时的力学性能
5. 轴向拉伸和压缩强度的计算

技能目标：

1. 掌握轴向拉伸和压缩横截面上正应力的计算
2. 掌握轴向拉伸和压缩强度的计算

任务描述

某车间自制一台简易吊车，如图2-1a所示，根据给定的条件（见表2-1），试校核 BC 杆的强度，并确定 AB 杆的直径 d_{ab}（不计杆自重）。

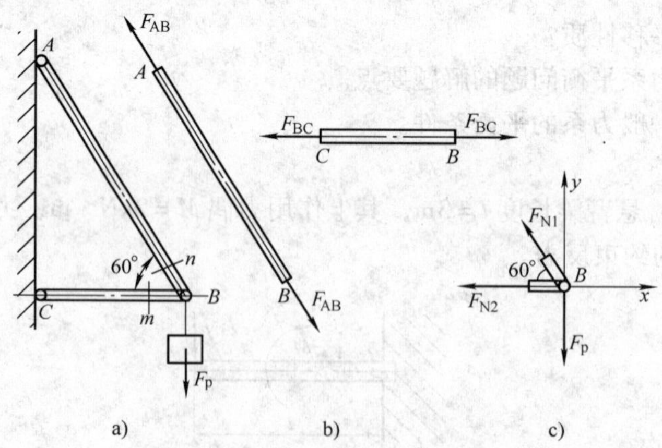

图2-1　简易吊车

表 2-1 给定的条件

在铰接点 B 处吊起重物	$F_P = 20kN$
杆 AB 与 BC 均用圆钢	$d_{bc} = 20mm$
材料的许用应力	$[\sigma] = 58MPa$

任务分析

要对轴向拉伸和压缩杆件进行分析计算，就必须首先应掌握直杆内力、应力、变形、应变，轴向拉伸和压缩的受力变形特点，以及直杆轴向拉伸和压缩的计算。

相关知识

直杆轴向拉伸和压缩是直杆件变形的形式之一，如图 2-2 所示的弹簧拉伸和压缩图。分析其变形特点和力学性能在工程实践中有着重要的意义。

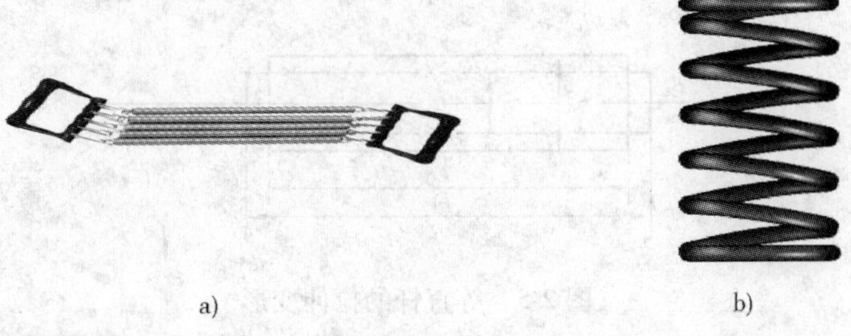

图 2-2 弹簧拉伸和压缩图
a）弹簧拉力器 b）机器中的压缩弹簧

1. 拉伸与压缩的概念

工程上经常见到承受拉伸与压缩的零件。图 2-3 所示为直杆拉伸和压缩受力示意图。

这类受力零件的共同特点是：零件承受外力的作用线与零件的轴线重合，零件如是拉伸变形则沿着轴线方向伸长；零件如是压缩变形则沿着轴线方向缩短，可把拉伸和压缩的变形进行简化，如图 2-4 所示。

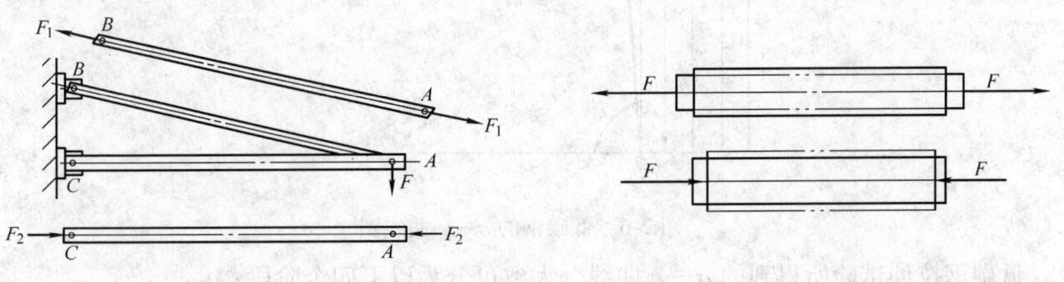

图 2-3 直杆拉伸和压缩受力示意图　　图 2-4 直杆拉伸和压缩简化图

2. 内力与应力

（1）内力 工程上的零件受到外力作用时，由于内部各质点之间相对位置的变化，材料内部会产生一种附加内力，使各质点恢复其原来的位置。内力就是指这种附加内力。

（2）应力　单位面积上的内力称为应力，它所反映的是内力在截面上的分布集度，其单位为 Pa，工程上常用 MPa，$1\text{MPa} = 10^6\text{Pa}$。

3. 直杆拉伸与压缩变形及应变

当直杆受轴向拉伸与压缩时，将发生轴向尺寸和横向尺寸的变化，这种变化称为直杆变形，直杆单位长度的变形量称为应变。

例 2-1　设等直杆的原长为 L_0，横向尺寸为 d_0。受到拉伸（压缩）后，杆件的长度变为 L_1，横向尺寸变为 d_1，如图 2-5 所示。求该等直杆的变量。

解　（1）等直杆受到拉伸时：

轴向变形为：$\Delta L = L_1 - L_0$　（ΔL 为正值）

横向变形为：$\Delta d = d_1 - d_0$　（Δd 为负值）

（2）等直杆受到压缩时：

轴向变形为：$\Delta L = L_1 - L_0$　（ΔL 为负值）

横向变形为：$\Delta d = d_1 - d_0$　（Δd 为正值）

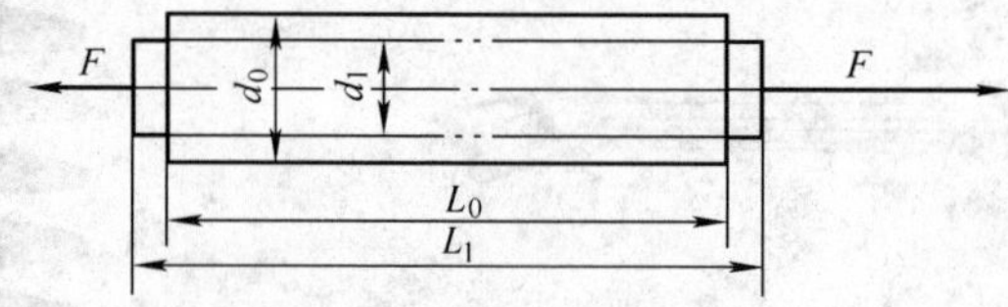

图 2-5　等直杆的拉伸变形

4. 零件拉伸与压缩时的强度计算

力学性能是指材料在外力作用下表现的有关强度、变形方面的特性。

如图 2-6 所示为低碳钢的 σ—ε 曲线（应力-应变曲线）图，其纵坐标实质上是名义应力，并不是横截面上的实际应力。

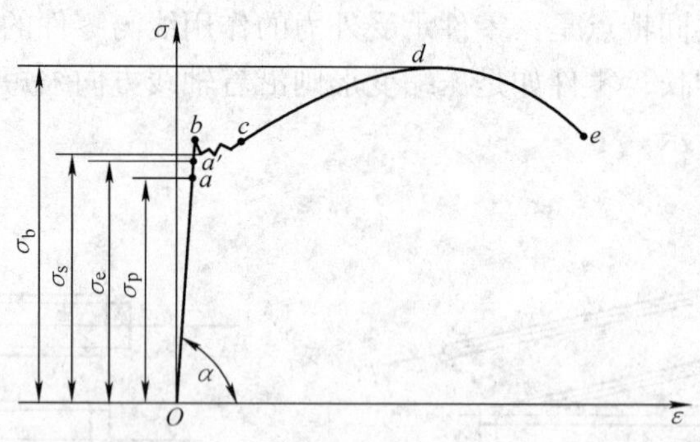

图 2-6　低碳钢的 σ—ε 曲线图

低碳钢拉伸试验所得到的 σ—ε 曲线，大致可分为以下四个阶段：

1）第 Ⅰ 阶段——弹性阶段。试件的变形完全是弹性的，全部卸除荷载后，试件将恢复其原长，因此称这一阶段为弹性阶段。

在弹性阶段内，a 点是应力与应变成正比的最高限，与之对应的应力则称为材料的比例极限，用 σ_p 表示。弹性阶段的最高点 b 是卸载后不发生塑性变形的极限，而与之对应的应力则称为材料的弹性极限，并以 σ_e 表示。

2）第Ⅱ阶段——屈服阶段。超过弹性极限以后，应力 σ 有幅度不大的波动，应变急剧增加，这一现象通常称为屈服，这一阶段则称为屈服阶段。在此阶段，试件表面上将可看到大约与试件轴线成45°方向的条纹，它们是由于材料沿试件的最大切应力面发生滑移而出现的，故通常称为滑移线。

在屈服阶段里，其最高点 d 的应力称为上屈服极限，而最低点 c 的应力则称为下屈服极限，上屈服极限的数值不稳定，而下屈服极限的数值则较为稳定。因此，通常将下屈服极限称为材料的屈服极限，并用 σ_s 表示。

$$\sigma_s = \frac{P_s}{A}$$

式中 P_s——工作在下屈服 D 点时杆件横截面上的力（N）；

A——杆件横截面面积（m^2）。

3）第Ⅲ阶段——强化阶段。应力经过屈服阶段后，由于材料在塑性变形过程中不断发生强化，使试件主要产生塑性变形，且比在弹性阶段内的变形大得多，可以较明显地看到整个试件的横向尺寸在缩小。因此，这一阶段称为强化阶段。σ—ε 曲线中的 d 是该阶段的最高点，即试件中的名义应力达到了最大值，d 点的名义应力称为材料的强度极限，用 σ_b 表示。

$$\sigma_b = \frac{P_b}{A}$$

式中 P_b——杆件在拉断前横截面上所能承受的最大拉力（N）；

A——杆件横截面面积（m^2）。

4）第Ⅳ阶段——局部变形阶段。当应力达到强度极限后，试件某一段内的横截面面积显著地收缩，出现如图2-4所示的“颈缩”现象。颈缩出现后，使试件继续变形所需的拉力减小，σ—ε 曲线相应呈现下降趋势，最后导致试件在颈缩处断裂。

5. 强度计算和校核计算

零件由于变形或破坏而失去正常工作的能力称为失效。零件在失效前，允许材料承受的最大应力称为许用应力，常用［σ］表示。为了确保零件的安全可靠，需要有一定的强度储备，为此用极限应力除以一个大于1的系数（安全系数）所得商作为材料的许用应力［σ］。

对于塑性材料，当应力达到屈服点时，零件将发生显著的塑性变形而失效。考虑到其拉、压时的屈服点相同，故拉、压许用应力同为

$$[\sigma] = \frac{\sigma_s}{n_s}$$

式中 n_s——塑性材料的屈服安全系数。

对于脆性材料，在无明显塑性变形时即出现断裂而失效（如铸铁）。考虑到其拉伸与压缩时的强度极限值一般不同，故有

$$[\sigma_1] = \frac{\sigma_{b1}}{n_b} \quad [\sigma_y] = \frac{\sigma_{by}}{n_b}$$

式中 n_b——脆性材料的断裂安全系数；

［σ_1］、［σ_y］——拉伸许用应力和压缩许用应力（MPa）；

σ_{b1}、σ_{by}——材料的抗拉强度和抗压强度（MPa）。

6. 强度条件

安全系数可从有关工程手册中查到。一般 $n_s=1.3\sim2.0$，$n_b=2.0\sim3.5$。

为了保证零件有足够的强度，就必须使其最大工作应力 σ_{max} 不超过材料的许用应力 $[\sigma]$。即

$$\sigma_{max}=\frac{F_N}{A}\leqslant[\sigma]$$

式中　F_N——危险截面上的轴向力（N）；

　　　A——危险截面面积（m^2或mm^2）。

上式称为拉（压）强度条件式，是拉（压）零件强度计算的依据。

根据强度条件式，可以解决以下三类问题：

（1）强度校核　若已知零件的尺寸、所承受的载荷以及材料的许用应力，可校核零件是否满足强度条件。若满足，表示强度足够；反之，则强度不够。

（2）设计截面　若已知零件所承受的载荷和材料的许用应力，可确定横截面尺寸。$A\geqslant F_N/[\sigma]$，由此确定拉（压）杆所需要的横截面面积，然后根据所需截面形状设计截面尺寸。

（3）确定许可载荷　若已知零件的尺寸及材料的许用应力，可计算杆件能承受的最大载荷。$F_N\leqslant[\sigma]A$，由此求得拉（压）杆能承受的最大轴向力，再通过内外力的平衡条件，确定许可载荷。

任务实施

直杆的强度、直径设计步骤见表2-2。

表2-2　直杆的强度、直径设计步骤

步　骤	计算过程	计算结果
已知：$F_P=20kN$、$d_{bc}=20mm$、$[\sigma]=58MPa$		
1. 确定 AB、BC 两杆的轴力	选择研究对象，其受力图如右图所示，可得：$F_{N1}=F_{BC}$，$F_{N2}=F_{AB}$。列平衡方程： $\sum F_Y=0\quad F_{N1}\sin60°-F_P=0$ $F_{N1}=\frac{F_P}{\sin60°}=\left(\frac{20\times10^3}{0.866}\right)N=23.09kN$ $\sum F_X=0\quad -F_{N2}-F_{N1}\cos60°=0$ $F_{N2}=-F_{N1}\cos60°$ $=-23.09kN\times0.5=-11.55kN$ （受力图：y、x、F_{N1}、C、$60°$、B、F_{N2}、A、F_P）	$F_{N2}=-11.55kN$

（续）

步 骤	计算过程	计算结果
2. 校核 BC 杆的强度	$\sigma_{bc}=\frac{F_{N2}}{A_{BC}}=\frac{F_{N2}}{\pi d_{bc}^2/4}$ $=\frac{4\times11.55\times10^3}{3.14\times(20\times10^{-3})^2}\text{Pa}$ $=36.76106\text{Pa}=36.76\text{MPa}<[\sigma]$	$\sigma_{bc}=36.76\text{MPa}$
3. 确定 AB 杆的直径	$A\geqslant\frac{F_S}{[\sigma]}$ $A_{AB}=\pi d_{ab}^2/4$ $d_{ab}\geqslant\sqrt{\frac{4F_{N1}}{\pi[\sigma]}}=\sqrt{\frac{4\times23.09\times10^3}{\pi\times58\times10^6}}\text{m}=22.5\times10^{-3}\text{m}$ $=22.5\text{mm}$	取 $d_{ab}=23\text{mm}$

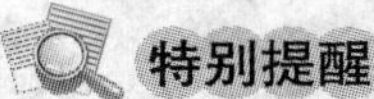
特别提醒

1）轴向拉伸和压缩的受力特点是所有外力与轴线重合。

2）轴向拉伸和压缩的变形特征是拉杆的变形是轴向伸长横截面面积缩小，压杆的变形是轴向缩短横截面面积增大。

3）应解决以下三方面的强度计算问题：校核强度、设计截面尺寸、确定许可载荷。

4）构件的承载能力包括三个指标：强度、刚度和稳定性。

扩展知识

对低碳钢来讲，屈服极限 σ_s 和强度极限 σ_b 是衡量材料强度的两个重要指标。

为了衡量材料塑性性质的好坏，通常以试样断裂后标距的残余伸长量 Δl_1（即塑性伸长）与标距 l 的比值 δ 来表示，即

$$\delta=\frac{\Delta l_1}{l}\times100\%$$

式中，δ 为伸长率，低碳钢的 δ 为 20%～30%。此值的大小表示材料在拉断前能发生的最大塑性变形程度，它是衡量材料塑性的一个重要指标。工程上一般将 $\delta<5\%$ 的材料定为脆性材料，而将 $\delta\geqslant5\%$ 的材料称为塑性材料。

另一个衡量材料塑性性质好坏的指标是断面收缩率 ψ。

$$\psi=\frac{A-A_1}{A}\times100\%$$

式中 A_1——拉断后颈缩处的截面面积（m^2）；

A——变形前标距范围内的截面面积（m^2）。

ψ——断面收缩率，低碳钢一般为 60%～70%。

钢材的压缩试件通常做成圆柱体，其高度为直径的 1.5～3 倍。试验时将试件放在试验机的两个压座间，施加轴向压力，如图 2-7 所示。

由试验绘出的压力 P 与 Δl 之间的关系曲线称为试件的压缩图。像拉伸试验那样，若使 $\sigma=P/A$、$\varepsilon=\Delta l/l$，也可将压缩图整理为钢材在压缩时的 σ—ε 曲线。如图 2-8 所示的一条

粗实线即为低碳钢在压缩时的 σ—ε 曲线。为了比较低碳钢在拉伸时和压缩时的力学性质，在图 2-8 中还用另一条粗实线绘出了低碳钢在拉伸时的 σ—ε 曲线。从这两条曲线可以看出：在屈服阶段以前，它们基本上是重合的，这说明低碳钢在压缩时的比例极限、屈服极限和弹性模量都与拉伸时相同。但在超过屈服极限以后，因低碳钢试件被压成鼓形（图 2-7），受压面积越来越大，不可能产生断裂，也无法测定材料的压缩强度极限，故一般说来，钢材的力学性质主要是用拉伸试验来确定。

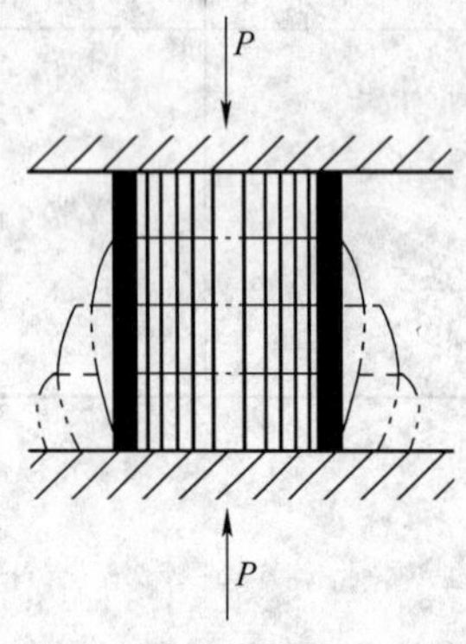

图 2-7　低碳钢试件的压缩试验

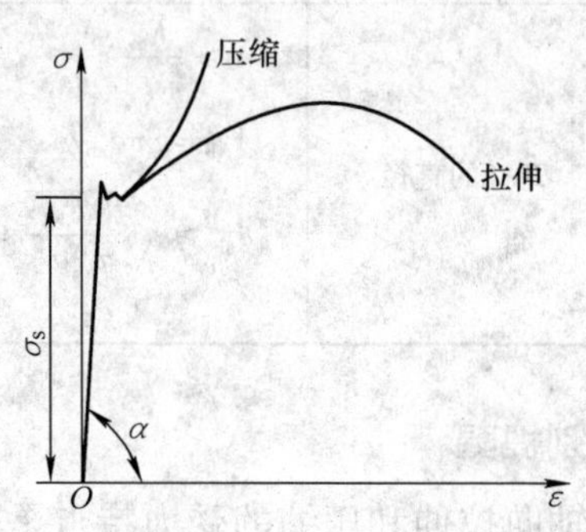

图 2-8　低碳钢压缩时的 σ—ε 曲线图

练　习　题

1. 名词解释

（1）内力

（2）应力

（3）变形

（4）屈服极限

2. 判断题

（1）使杆件产生轴向拉压变形的外力必须是沿杆件轴线的集中力。（　）

（2）轴力越大，杆件越容易被拉断，因此轴力的大小可以用来判断杆件的强度。（　）

（3）同一截面上，σ 必定大小相等、方向相同。（　）

（4）杆件某个截面上，若轴力不为零，则各点的正应力均不为零。（　）

3. 选择题

（1）超过弹性极限以后，应力 σ 有幅度不大的波动，应变急剧地增加，这一现象通常称为（　）。

A. 弹性阶段　　B. 屈服阶段

C. 强化阶段　　D. 局部变形阶段

（2）轴向拉伸杆件如图 2-9 所示，关于应力分布的正确答案是（　）。

A. 1-1、2-2 面上应力皆均匀分布

B. 1-1 面上应力非均匀分布

C. 1-1 面上应力均匀分布；2-2 面上应力皆非均匀分布

D. 1-1、2-2 面上应力皆非均匀分布

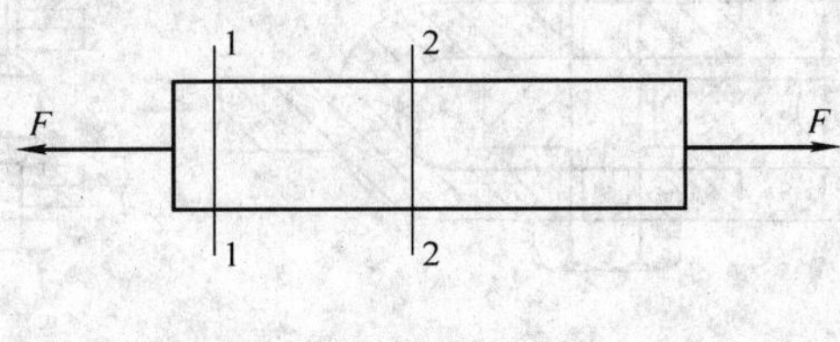

图 2-9

4. 简答题

（1）直杆轴向拉伸、压缩有哪些特点？

（2）杆件在怎样的受力情况下才会产生轴向拉伸或压缩？其变形的特点是什么？

（3）两根不同材料的等截面杆，承受相同的轴向拉力，它们的横截面积和长度都相等，试判断：1）横截面上的应力是否相等；2）强度是否相同；3）绝对变形是否相同。为什么？

（4）低碳钢拉伸时分为几个阶段？符号 σ_p、σ_e、σ_s、σ_b 各代表什么？

（5）试指出下列概念的区别：外力与内力，内力与应力，轴向变形与线应变，正应力与切应力。

任务 2　剪切与挤压强度计算

知识目标：

1. 剪切与挤压的概念。
2. 受力特点及变形特征。
3. 剪切与挤压的实用计算。

技能目标：

掌握剪切与挤压变形的内力-剪切与挤压力的实用计算。

 **任务描述**

如图 2-10 所示为汽车拖车挂钩中的螺栓联接，根据给定的条件（见表 2-3），试校核螺栓的强度。

表 2-3　给定的条件

挂钩厚度	$t = 16\text{mm}$
螺栓的直径	$d = 10\text{mm}$
螺栓材料的许用剪应力	$[\tau] = 100\text{MPa}$
许用挤压应力	$[\sigma_{jy}] = 200\text{MPa}$
拖车的牵引力	$F = 15\text{kN}$

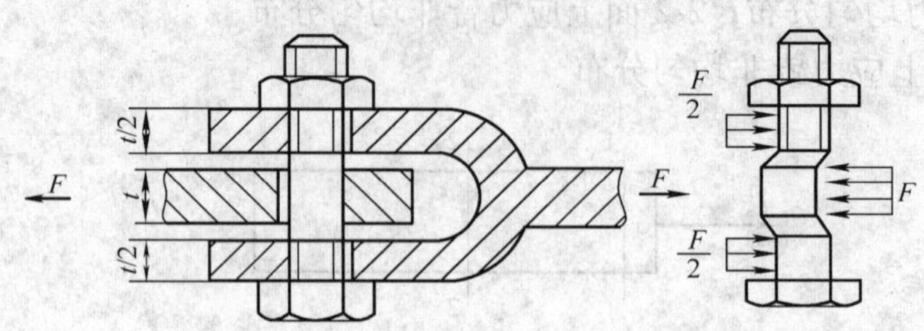

图 2-10　汽车拖车挂钩中的螺栓连接

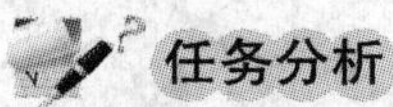

任务分析

汽车拖车挂钩中的连接属于螺栓连接。连接件螺栓受力作用时会发生剪切变形和挤压变形，必须掌握连接件的受力、变形及强度破坏的基本知识，从而对连接件进行强度计算。

相关知识

在工程中经常遇到剪切与挤压变形。连接件在起连接作用的同时，将在剪切力和挤压力的作用下发生剪切和挤压变形，如图 2-11 和图 2-12 所示，了解和掌握剪切与挤压变形是机械设计的重要基础。

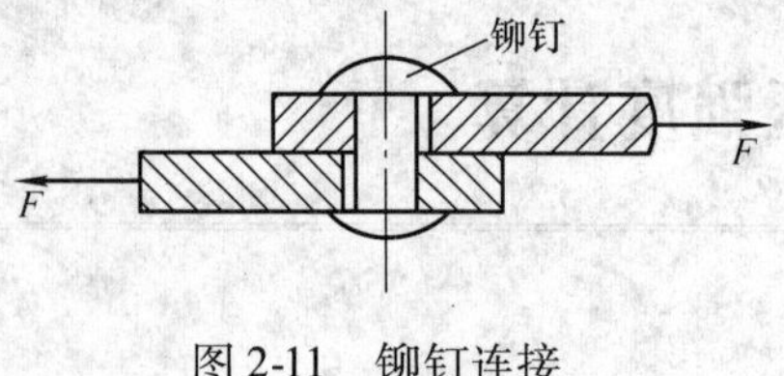

图 2-11　铆钉连接

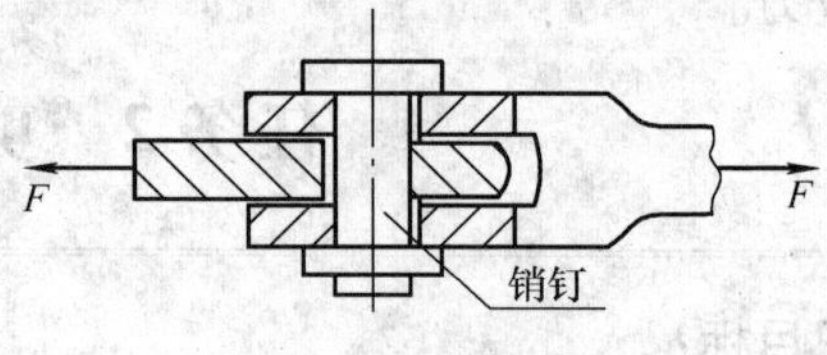

图 2-12　销轴连接

1. 剪切

（1）剪切变形　剪切变形是杆件的基本变形之一，如图 2-13a 所示，当杆件受到一对垂直于杆，大小相等、方向相反，作用线相距很近的力 F 作用时，力 F 作用线之间的各横截面都将发生相对错动，即剪切变形。若力 F 过大，杆件将在力 F 作用线之间的某一截面 n-n 处被剪断，n-n 称为剪切面。如图 2-13b 所示，截面 b-b 相对于截面 a-a 发生错动，最终产生了 n-n 处的剪切面。

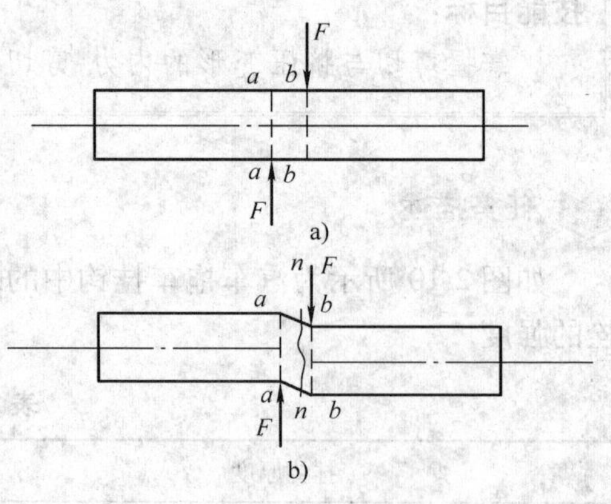

图 2-13　剪切变形

（2）剪切变形的特点　如图 2-14 所示为铆钉受力分析图，其剪切变形特点如下：

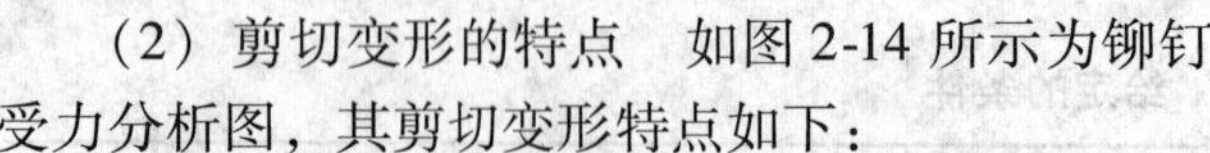

1）受力特点。构件受两组大小相等、方向相反、作用线相距很近的力 F 作用。

2）变形特点。构件沿两组平行力系的交界面发生相对错动。

3）剪切面。剪切面为构件将发生相互错动的平面，如 n-n。

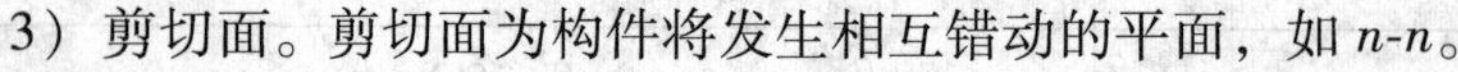

4）剪切面上的内力。即剪力 Q，其作用线与剪切面平行，如图 2-15 所示

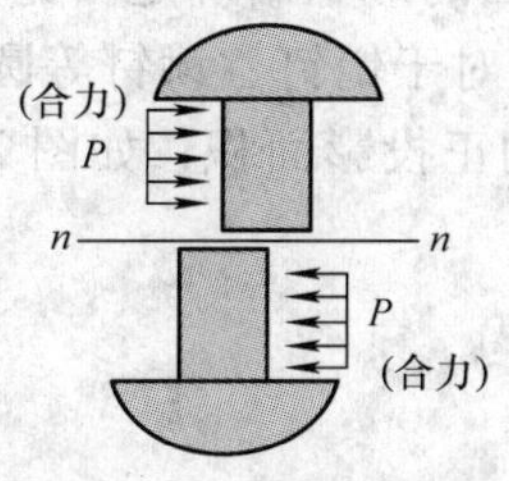

图 2-14　铆钉受力分析图

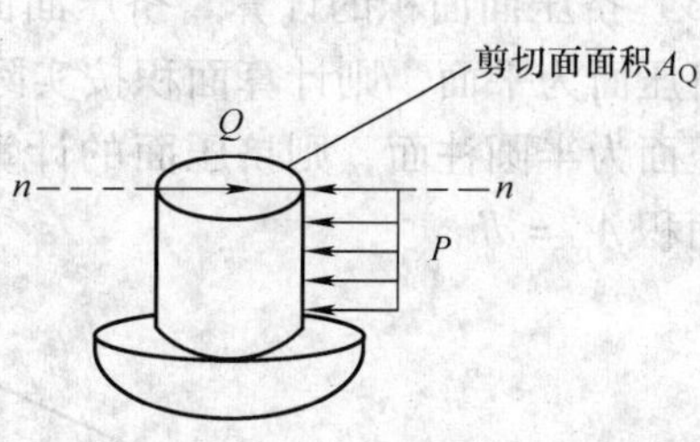

图 2-15　剪力分析图

（3）剪切的计算

1）实用计算方法。根据构件被破坏的可能性，采用能反映受力的基本特征，并简化计算的假设，计算其名义应力。然后根据直接试验的结果，确定其相应的许用应力，以进行强度计算。

2）适用对象。适用于构件体积不大，真实应力相当复杂的情况，如直杆连接件等。

3）实用计算假设。假设剪应力在整个剪切面上均匀分布，等于剪切面上的平均应力。

如图 2-15 所示，已知剪切面为 n-n 面（也称为错动面），剪力为 Q（剪切面上的内力）。假设该剪切面受到的切应力是均匀分布的，求该剪切面上的切应力 τ，并说出其剪切面上的强度条件。

（1）该剪切面上的切应力 τ 为

$$\tau = \frac{Q}{A_Q}$$

式中，τ——切应力（MPa）；

Q——剪切面上的剪力（N）；

A_Q——剪切面面积（mm^2）。

（2）剪切强度条件

$$\tau = \frac{Q}{A_Q} \leqslant [\tau]$$

式中，$[\tau]$ 为材料的许用切应力（单位为 MPa）。工作面上的切应力不得超过材料的许用切应力。

2. 挤压

（1）挤压变形　连接件在发生剪切变形的同时，还伴随着局部受压现象，这种现象称为挤压。作用在承压面上的压力称为挤压力，用 F_{jy} 表示。在承压面上由于挤压作用而引起的应力称为挤压应力，用 σ_{jy} 表示。

（2）挤压变形的基本计算　挤压应力在挤压面上的分布也是比较复杂的，和剪切一样，也采用实用计算，即假设挤压应力在挤压面上是均匀分布的，于是有：

$$\sigma_{jy} = \frac{F_{jy}}{A_{jy}}$$

式中　σ_{jy}——挤压面上的挤压应力（MPa）；

F_{jy}——挤压面上的挤压力（N）；

A_{jy}——挤压面的面积（mm^2）。

（3）挤压面面积的计算　挤压面面积 A_{jy} 需根据挤压面的形状来确定。比如：在键连接中，挤压面为平面，则计算面积按实际接触面面积计算；对于销钉、铆钉等圆柱形连接件，其挤压面为半圆柱面，则挤压面的计算面积为半圆柱面的正投影面积，如图 2-16 所示，其挤压面积 $A_{jy}=dh$。

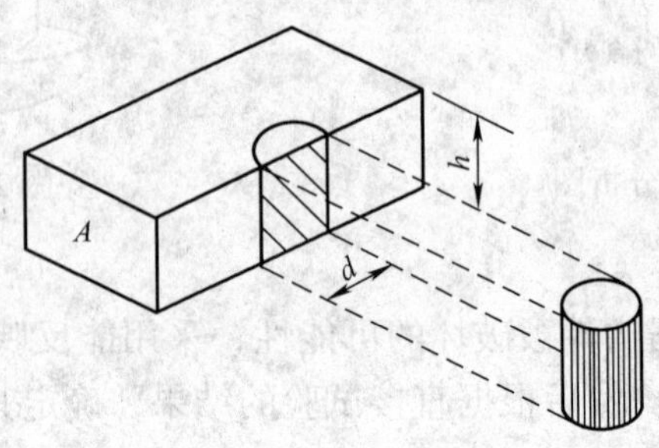

图 2-16　半圆柱挤压面

任务实施

挂钩中螺栓的强度设计步骤见表 2-4。

表 2-4　挂钩中螺栓的强度设计步骤

步　骤	计算过程	计算结果
已知：$t=16\text{mm}$、$d=10\text{mm}$、$[\tau]=100\text{MPa}$、$[\sigma_{jy}]=200\text{MPa}$、$F=15\text{kN}$		
1. 螺栓剪切和挤压的分析	螺栓有两个受剪面称为双剪，每个剪切面上的剪力为 $F/2$，每个剪切面的面积为螺栓的横截面面积，即 $A_Q=\pi D^2/4$ 螺栓剪切和挤压的分析 螺栓有三个挤压面，挤压的两接触面是半圆柱面，其中：上、下两挤压面上的挤压力为 $F/2$，挤压面面积为 $A_{jy}=(t/2)d$；中间挤压面上的挤压力为 F，挤压面面积 $A_{jy}=td$	剪力为 $F/2$，横截面面积 $A_Q=\pi D^2/4$ 挤压力为 $F/2$，挤压面面积 $A_{jy}=(t/2)d$
2. 螺栓的剪切强度计算	运用剪切强度条件可得 $\tau=\frac{Q}{A_Q}=\frac{F/2}{\pi d^2/4}=\frac{2F}{\pi d^2}=\frac{2\times15\times10^3}{3.14\times10^2}\text{MPa}$ $=96\text{MPa}\leqslant[\tau]=100\text{MPa}$	$\tau=96\text{MPa}$，满足剪切强度
3. 螺栓的挤压强度计算	运用挤压强度条件 $\sigma_{jy}=\frac{F_{jy}}{A_{jy}}=\frac{F}{td}=\frac{15\times10^3}{16\times10}\text{MPa}=94\text{MPa}\leqslant[\sigma_{jy}]=200\text{MPa}$	$\sigma=94\text{MPa}$，满足挤压强度要求

特别提醒

1）剪切面与外力方向不平行时，应作用在两连接件的错动处。

2）挤压面与外力方向不垂直时，应作用在连接件与被连接件的接触处。

练　习　题

1. 名词解释

剪切变形

2. 思考题及练习题

（1）剪切变形有何特点？

（2）如图2-17所示连接中，钢拉杆和木板之间放置的金属垫圈起何作用？

（3）销钉连接如图2-18所示，已知钢板受拉力 $F=200\text{kN}$ 作用，钢板厚度分别为 $t=20\text{mm}$，$t_1=15\text{mm}$，销钉材料的剪切许用应力为 $[\tau]=80\text{MPa}$，钢板和销钉材料的挤压许用应力均为 $[\sigma_{jy}]=240\text{MPa}$，试设计销钉直径 d。

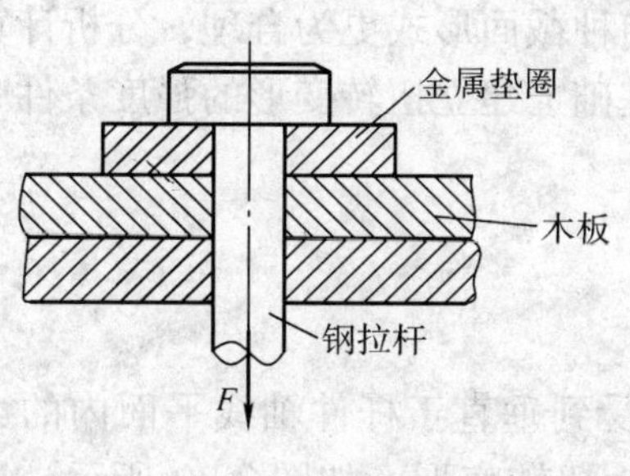

图2-17

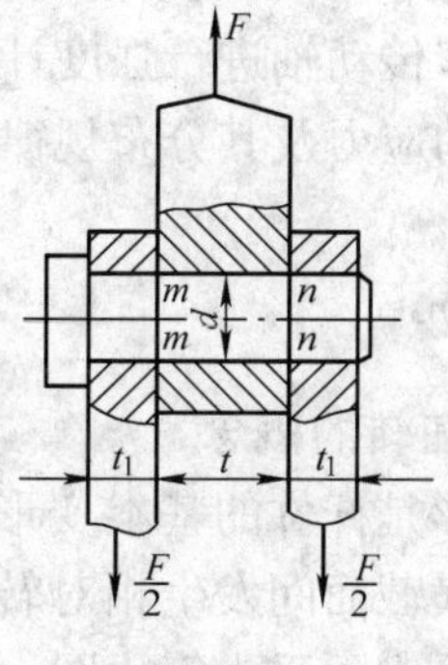

图2-18

任务3　圆轴扭转强度计算

知识目标：

1. 圆轴扭转变形概念、特点
2. 扭矩及扭矩图的绘制
3. 圆轴扭转应力的计算

技能目标：

1. 掌握扭矩图的绘制方法
2. 掌握圆轴扭转应力的计算方法

任务描述

如图2-19所示，汽车传动轴由无缝钢管制成，根据给定的条件（见表2-5），①试校核轴的强度；②若改用相同材料的实心轴，并和原传动轴的强度相同，试计算其直径 D_1；③比较空心轴与实心轴的质量。

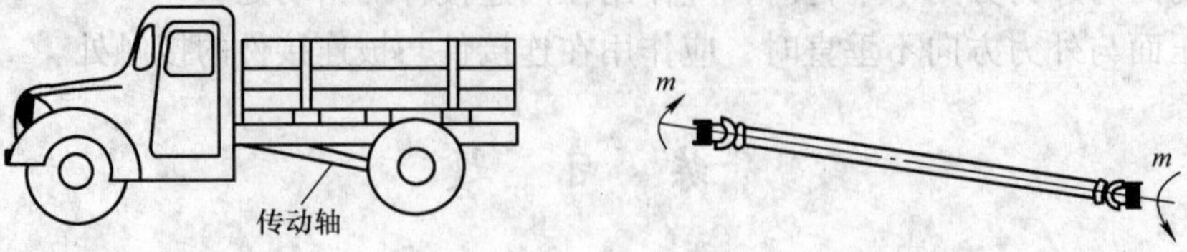

图 2-19　汽车传动轴

表 2-5　给定的条件

外　　径	$D=90$mm
壁厚	$t=2.5$mm
材料为	45 钢
许用剪应力	$[\tau]=60$MPa
承受的最大外力偶矩	$M=1.5$kN·m

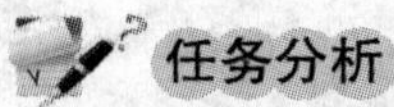

任务分析

要对汽车传动轴进行强度计算，需要讨论选择何种截面形式更为合理，分析计算圆轴扭转横截面上的应力及其分布规律，并在应力分析的基础上建立扭转变形的强度条件，进行强度计算。

相关知识

1. 圆轴扭转的概念

扭转变形是杆件的基本变形形式之一，当直杆受到垂直于杆件轴线平面内的力偶作用时，杆件各横截面间发生相对转动，这种变形式称为扭转变形，如图 2-20 所示。如图 2-21 所示为扭转受力的受力简化图。

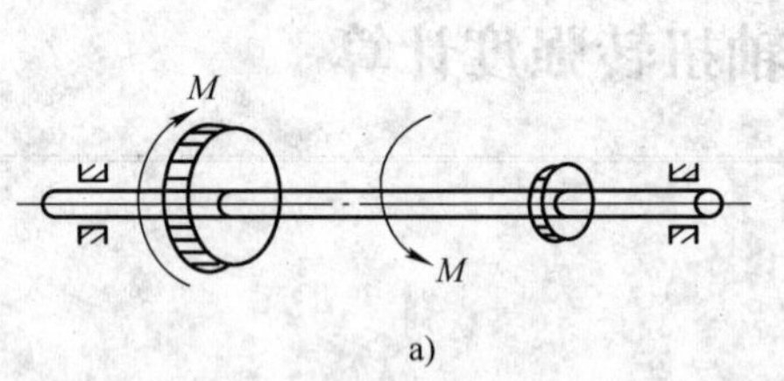

图 2-20　圆轴扭转

a）机器中的传动轴　b）汽车上的转向轴

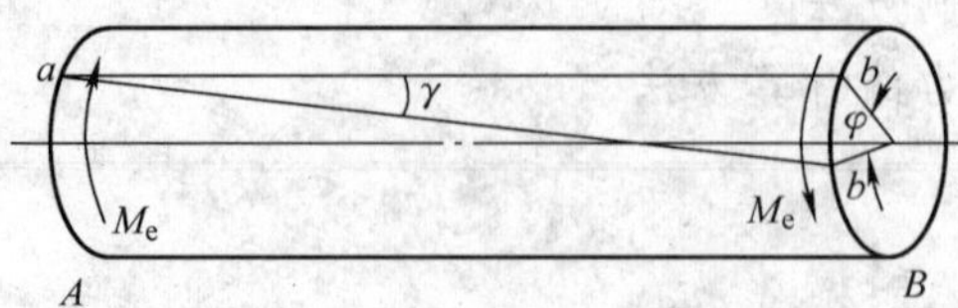

图 2-21　扭转受力的受力简化图

扭转变形的特点如下：

（1）受力特点　在杆件两端垂直于杆轴线的平面内作用一对大小相等、方向相反的外力偶。

（2）变形特点　横截面绕轴线发生相对转动，出现扭转变形。

2. 扭矩和扭矩图

首先计算作用于轴上的外力偶矩，再分析圆轴横截面的内力，然后计算轴的应力和变形，最后进行轴的强度及刚度计算。

（1）外力偶矩的计算

$$M_e = 9.55 \times 10^6 \frac{P}{n}$$

式中　M_e——外力偶矩（N·mm）；

P——功率（kW）；

n——转速（r/min）。

主动轮的输入功率所产生的力偶矩转向与轴的转向相同。

从动轮的输出功率所产生的力偶矩转向与轴的转向相反。

（2）圆轴扭转时横截面上的内力—扭矩　圆轴在外力偶矩作用下，横截面上将产生抵抗扭转变形和破坏的内力时，求内力时仍用截面法。如图2-22a所示，一圆轴AB在一对大小相等、转向相反的外力偶矩M_e作用下产生扭转变形，并处于平衡状态。取左段为研究对象，如图2-22b所示。由平衡关系可知，扭转时横截面上内力合成的结果必定是一个力偶，其内力偶矩称为扭矩或转矩，用符号T表示。由平衡条件知

$$T - M_e = 0$$

即

$$T = M_e$$

如果取右段为研究对象，也得到同样的结果。为使从左、右两段所求得的扭矩正负号相同，通常采用右手螺旋法则来规定扭矩的正负号。如图2-23所示，如果以右手四指表示扭矩的转向，则大拇指的指向离开截面时的扭矩为正；反之为负。

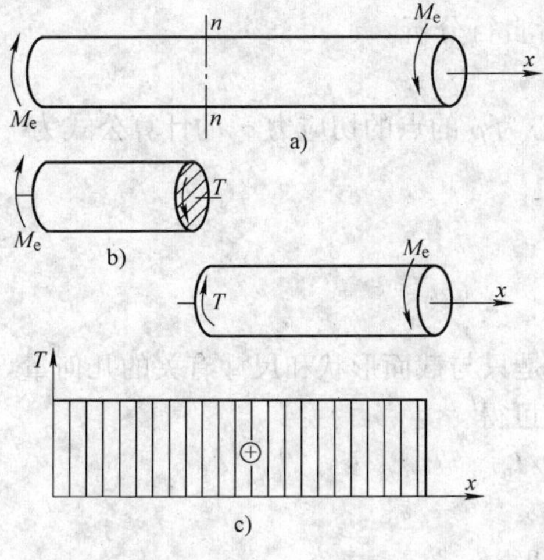

图2-22　扭矩图

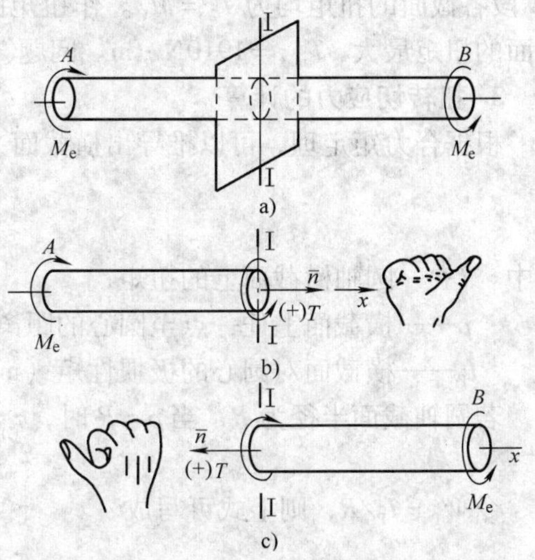

图2-23　扭矩的正负号规定

为了形象地表示各截面扭矩的大小和正负，常需画出扭矩随截面位置变化的图像，这种图像称为扭矩图。其画法与轴力图相同，取平行于轴线的横坐标 x 表示各截面的位置，垂直于轴线的纵坐标 T 表示相应截面上的扭矩，正扭矩画在 x 轴的上方，负扭矩画在 x 轴的下方（见图 2-24d）。

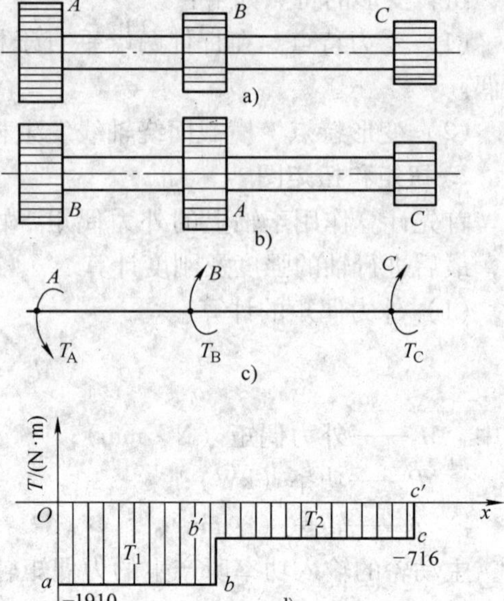

图 2-24　传动轴的扭矩

例 2-2　如图 2-24a 所示的传动轴，转速n = 200r/min，功率由 A 轮输入，B、C 轮输出，已知 $P_A = 40\text{kW}$，$P_B = 25\text{kW}$，$P_C = 15\text{kW}$。要求：①画出传动轴的扭矩图；②确定最大扭矩 T_{max} 的值；③假设将 A 轮与 B 轮的位置对调（图 2-24b），试分析扭矩图是否变化，最大扭矩 T_{max} 值为多少，两种不同的载荷分布形式哪一种更为合理？

解

（1）计算外力偶矩　各轮作用于轴上的外力偶矩分别为

$$M_A = 9550\frac{P_A}{n} = \left(9550 \times \frac{40}{200}\right)\text{N}\cdot\text{m} = 1910\text{N}\cdot\text{m}$$

$$M_B = 9550\frac{P_B}{n} = \left(9550 \times \frac{25}{200}\right)\text{N}\cdot\text{m} = 1194\text{N}\cdot\text{m}$$

$$M_C = 9550\frac{P_C}{n} = \left(9550 \times \frac{15}{200}\right)\text{N}\cdot\text{m} = 716\text{N}\cdot\text{m}$$

（2）计算扭矩、画轴的扭矩图　由图 2-24c 可知，轴 AB 段各截面的扭矩均为 $T_1 = M_A$；BC 段各截面的扭矩均为 $T_2 = M_C$。作扭矩图，如图 2-24d 所示。由扭矩图可知，轴 AB 段各截面的扭矩最大，$T_{max} = 1910\text{N}\cdot\text{m}$。问题③请读者自行分析。

3. 扭转切应力的计算

根据合力矩定理，可以推导出横截面上距圆心为 ρ 的点的切应力 τ_P的计算公式为

$$\tau_P = \frac{T\rho}{I_P}$$

式中　T——圆轴横截面上的扭矩；

ρ——横截面上任一点至圆心的距离；

I_P——横截面对圆心的极惯性矩（m^4），它是只与截面形状和尺寸有关的几何量。

若圆轴截面半径为 R，当 $\rho = R$ 时，$\tau = \tau_{max}$，可得

$$\tau_{max} = TR/I_P$$

令 $W_P = I_P/R$，则上式可写成

$$\tau_{max} = T/W_P$$

式中，W_P是仅与截面尺寸有关的几何量，称为抗扭截面系数，单位为 m^3。当 T 一定时，W_P

越大，则 τ_{max} 越小，说明载荷在横截面上产生的破坏效应越小。

对于实心圆轴（如图 2-25 所示），有

$$I_P = \pi D^4 \approx 0.1D^4$$

$$W_P = \frac{I_P}{R} = \frac{\pi D^4/32}{D/2} = \frac{\pi D^3}{16} \approx 0.2D^3$$

对于 $\alpha = \frac{d}{D}$ 的空心圆轴（如图 2-26 所示），有

$$I_P = \frac{\pi D^4}{32} - \frac{\pi d^4}{32} \approx 0.1D^4(1 - d^4)$$

$$W_P = \frac{I_P}{R} = \frac{\pi D^3(1 - \alpha^4)}{16} \approx 0.2D^3(1 - \alpha^4)$$

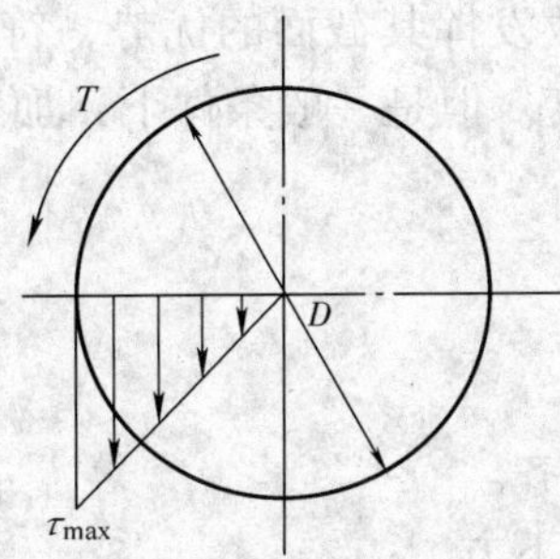

图 2-25 实心圆轴切应力分布

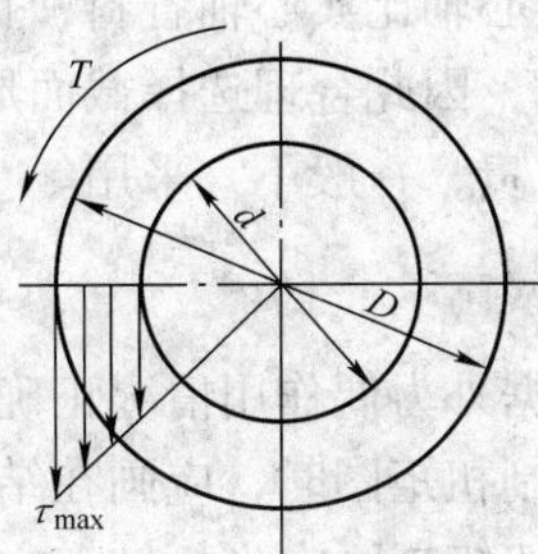

图 2-26 空心圆轴切应力分布

 **任务实施**

传动轴强度、直径 D_1 的设计步骤见表 2-6。

表 2-6 传动轴强度、直径 D_1 的设计步骤

步 骤	计算过程	计算结果
已知：$t = 16\text{mm}$、$d = 10\text{mm}$、$[\tau] = 60\text{MPa}$、$[\sigma_{jy}] = 200\text{MPa}$、$F = 15\text{kN}$		
1. 校核轴的强度	由已知条件可得 $M_n = M = 1.5\text{KN} \cdot \text{m}$ $\alpha = \frac{d}{D} = \frac{90 - 2 \times 2.5}{90} = 0.944$ $W_n = \frac{\pi D^3}{16}(1 - \alpha^4) = \frac{3.14 \times 90^3}{16}(1 - 0.944^4)$ $= 29500\text{mm}^3$ $\tau_{max} = \frac{M_n}{W_n} = \frac{1.5 \times 10^6}{29500}\text{MPa} = 50.8\text{MPa} < [\tau] = 60\text{MPa}$	$W_n = 29500\text{mm}^3$，$\tau_{max} = 50.8\text{MPa}$，传动轴的强度满足要求
2. 确定实心轴直径 D_1	由于空心轴和实心轴的材料相同，强度不变，则它们的抗扭截面系数相等。即 $W_{n空} = W_{n实} = 29500\text{mm}^3$ $\frac{\pi \times {D_1}^3}{16} = 29500$ $D_1 = \sqrt{\frac{16 \times 29500}{3.14}}\text{mm} = 53.2\text{mm}$	$D_1 = 53.2\text{mm}$

（续）

步 骤	计算过程	计算结果
3. 比较空心轴和实心轴的质量	由静力学可知，两轴材料相同、长度相同，它们的质量之比就等于截面积之比。设实心轴截面积为 A_1，空心轴截面积为 A_2，则有 $A_1 = \frac{\pi {D_1}^2}{4}, A_2 = \frac{\pi D^2}{4}(1-\alpha^2)$ $\frac{A_2}{A_1} = \frac{\frac{\pi D^2}{4}(1-\alpha^2)}{\frac{\pi}{4}{D_1}^2} = \frac{90^2 \times (1-0.944^2)}{53.2^2} = 0.31$ 在强度相同的条件下，空心轴质量仅为实心轴质量的31%，采用空心轴可节约近2/3的材料	$\frac{A_2}{A_1} = 0.31$

采用空心轴比实心轴省料，且重量轻。空心轴能有效发挥其截面的优势，符合剪应力 τ 的分布规律，因此合理选择截面形状，可以提高轴的强度。但是一般条件下，加工长的空心轴时价格昂贵，一般不宜采用。

特别提醒

1）根据外力偶作用情况正确分段。

2）绘制扭矩图时，应画在结构图下方，截面位置对齐。

3）正扭矩应画在坐标轴上方，负扭矩应画在坐标轴下方。

4）在各截面变化处标出扭矩值的大小及单位。

扩展知识

1. 圆轴扭转刚度

衡量扭转变形大小可用扭转角或单位长度扭转角 θ。

（1）扭转角　两个截面间绕轴线旋转时的相对转角称为扭转角，单位为 rad（弧度）。扭转角公式为

$$\varphi = \frac{M_n L}{GI_P}$$

式中　GI_P——抗扭刚度，它反映材料抵抗扭转变形的能力。

（2）单位长度扭转角　为了便于设计，采用单位长度的扭转角来表示扭转变形。单位长度扭转角 θ 是相距一个单位长度的两个横截面间的相对转角，单位为 rad/m。

$$\theta = \frac{\varphi}{L} = \frac{M_n}{GI_P}$$

工程中若以°/m 为单位，则上式写为

$$\theta = \frac{M_n}{GI_P} \times \frac{180^\circ}{\pi}$$

（3）圆轴扭转时的刚度条件　圆轴正常工作时，除了满足强度要求外，若轴的变形过大，会直接影响机器的加工、运行精度，甚至产生扭转振动。例如，车床丝杠扭转变形过大，将直接影响切削加工精度。因此在传动轴的设计中，除须考虑强度要求外，还需将其变形限制在一定范围内，从而保证轴工作时安全可靠。因此，工程上要求轴的最大单位长度扭

转角 θ 不得超过规定的许用值［θ］。即

$$\theta = \frac{M_n}{GI_P} \leqslant [\theta]$$

$$\theta = \frac{M_n}{GI_P} \times \frac{180°}{\pi} \leqslant [\theta]$$

式中，［θ］可查阅有关工程手册。一般按轴的精度要求规定各种轴应满足：

1）精密机器轴［θ］=0.15～0.5°/m。

2）一般传动轴［θ］=0.5～1°/m。

3）精度要求不高的轴［θ］=1～2.5°/m。

4）精度较低的传动轴［θ］=2.0～4.0°/m。

圆轴扭转时的刚度条件同样可以解决刚度校核、设计截面尺寸和求许可传递的功率和外力偶矩三类问题。为工作可靠，设计圆轴直径时，在满足强度和刚度的条件下，应该选取直径较大值，求许可外力偶矩时要选取较小值。

2. 提高圆轴抗扭能力的措施

轴是各种机器上的重要零件。汽车中的传动轴，减速器中的输入轴、输出轴、半轴等，车床、钻床、铣床、涡轮机等的主轴，一般都是圆轴。轴用来支承机器中的转动零件（如齿轮、带轮等），使转动零件具有确定的工作位置，所有作回转运动的转动零件都必须安装在轴上才能进行运动及动力传递。所以，研究圆轴受扭转变形时的强度和刚度问题，对于保证轴类零件安全工作具有重要意义。

（1）合理安排转动零件位置，降低最大扭矩　为了保证圆轴扭转时能安全可靠地工作，就必须满足强度要求。即圆轴工作时横截面上的最大剪应力不超过材料的许用剪应力，在其他条件不变的情况下，可以通过合理调整转动零件位置的方法达到降低最大扭矩的目的，从而就减小了最大剪应力，使结构受力合理、工作安全。如图2-24所示，*AB* 轴段的扭矩为1910N·m；*BC* 轴段的扭矩为716N·m，两者相差近3倍。这样，在等值轴的前提下，*AB* 轴段的剪应力与 *BC* 轴段的剪应力也会相差近3倍，而实际轴径是按照最大剪应力设计的，那么 *BC* 段材料不能被同等利用，就会造成不必要的浪费。如果将齿轮 *A* 和 *B* 位置对调，如图2-27a所示，观察轴力图如图2-27b所示，最大扭矩减小为460N·m，有效地降低了扭矩值，也可以减小轴径，使载荷分布合理。

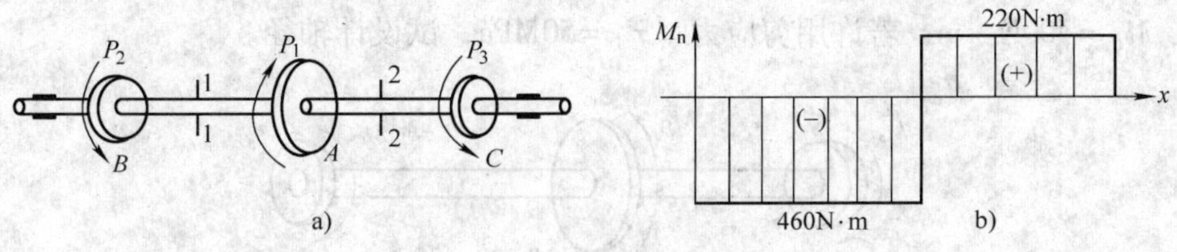

图2-27　汽车齿轮轴扭矩图

（2）采用阶梯轴，使各轴段达到等强度　在工程实际中，常将轴做成阶梯轴，即轴各截面的直径不等。因为大部分轴各轴段上的扭矩是不相等的，如果做成等截面的轴，扭矩较小的轴段材料不能被充分利用，容易造成浪费。将轴设计成阶梯形，使轴各截面接近等强度，既能满足强度的要求，又节省材料，同时轴上零件容易定位，便于装拆。

（3）选用合理截面，提高轴的抗扭截面系数 W_n　圆轴扭转时，横截面上的剪应力呈三角形分布，如图 2-25 所示，越靠近轴心应力越小，在轴的边缘处应力值最大。如果做成实心轴，当边缘处材料的剪应力已经达到了许用剪应力［τ］时，靠近轴心的那部分材料还远未达到［τ］。为了充分利用材料，可将实心轴的中心部分挖掉，使它变成空心轴。这样，横截面的强度并未削弱多少，但却大大减轻了机器的重量、节省了材料。

总之，提高圆轴抗扭能力的措施在具体工程实际中的运用并不是孤立的，需要综合考虑机械总体的使用和工作要求。

练　习　题

1. 两根轴的直径 d 和长度 L 相同，而材料不同，在相同的扭矩作用下，它们的最大剪应力是否相同？为什么？

2. 判断如图 2-28a、b、c 所示剪应力分布图是否正确。

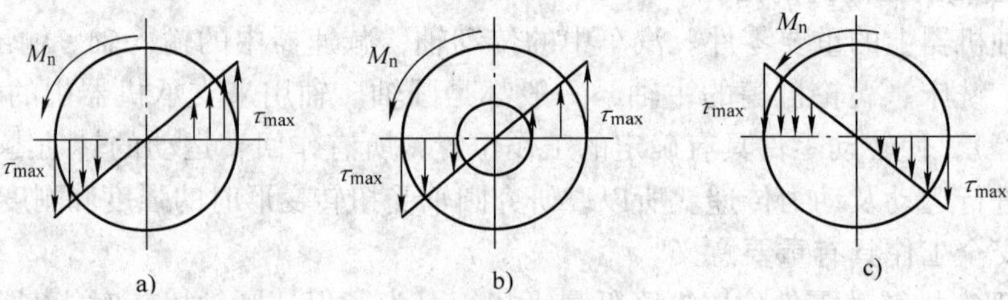

图 2-28

3. 如图 2-29 所示传动轴转速 $n=250\text{r/min}$，主动轴输入功率 $P_B=8\text{kW}$，从动轮 A、C、D 输出功率 $P_A=5\text{kW}$、$P_C=2\text{kW}$，$P_D=1\text{kW}$，试画该轴扭矩图。

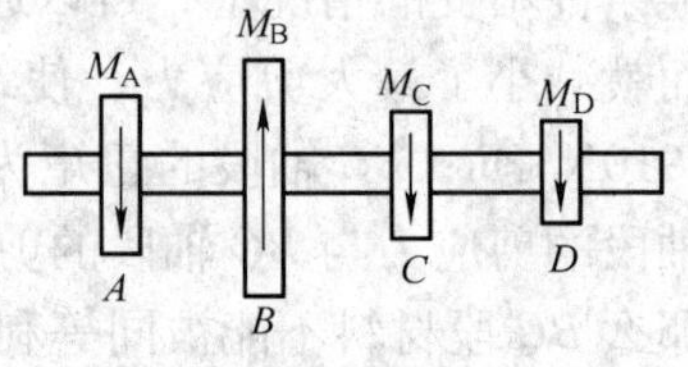

图 2-29

4. 圆轴直径 $d=50\text{mm}$，转速 $n=120\text{r/min}$，若该轴横截面上的最大剪应力 $\tau_{max}=60\text{MPa}$，圆轴传递的功率为多大？

5. 某轴直径 $d=100\text{mm}$，材料的许用剪应力 $\tau=50\text{MPa}$，当轴传递的功率 $P=250\text{kW}$ 时，轴的转速为多少？

6. 如图 2-30 所示，圆轴 AB 的输入外力偶矩 $M_B=1200\text{N}\cdot\text{m}$，输出外力偶矩 $M_A=800\text{N}\cdot\text{m}$、$M_C=400\text{N}\cdot\text{m}$，若许用剪应力［$\tau$］$=50\text{MPa}$，试设计轴径。

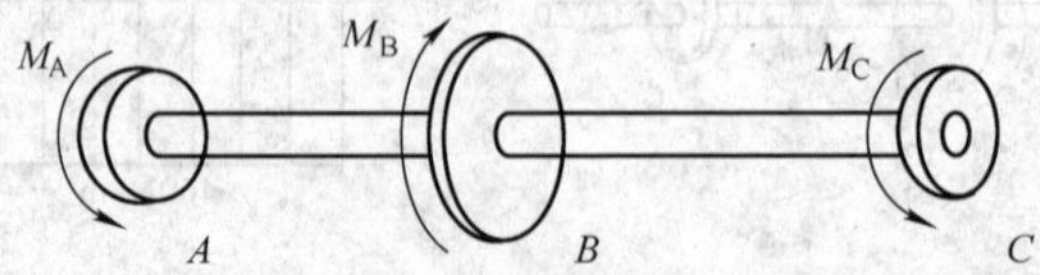

图 2-30

7. 传动轴如图 2-31 所示，轴的转速 $n=300\text{r/min}$，主动轮输出功率 $P_C=30\text{kW}$，从动轮输出功率 $P_A=5\text{kW}$，$P_B=10\text{kW}$，$P_D=15\text{kW}$，轴的直径 $d=44\text{mm}$，材料的许用剪应力［τ］$=40\text{MPa}$，试校核轴的强度。

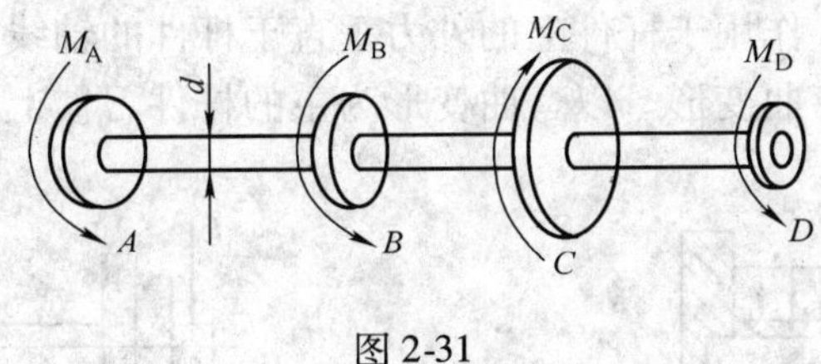

图 2-31

任务4　直梁弯曲强度计算

知识目标：

1. 直梁弯曲的概念
2. 剪力图与弯矩图
3. 弯曲强度的计算

技能目标：

1. 学会绘制剪力图和弯矩图
2. 掌握弯曲强度的计算方法

任务描述

如图 2-32 所示为矩形截面钢梁受力分析，根据给定的条件（见表 2-7），试绘制弯矩图并校核梁的强度。

表 2-7　给定的条件

钢梁所用材料	$[\sigma]=160\text{MPa}$
钢梁受力	$q=20\text{kN}\cdot\text{m}$
钢梁长度	$L=8\text{m}$

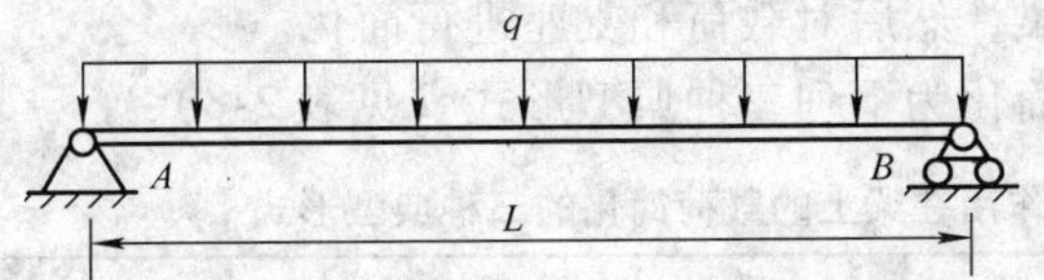

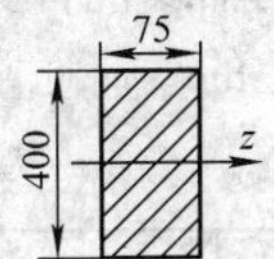

图 2-32　矩形截面钢梁受力分析

任务分析

校核梁的强度，就需要对矩形截面梁进行正应力强度的计算，这就必须掌握梁弯曲正应力强度条件，并能应用强度条件对结构进行分析、计算。

相关知识

1. 直梁平面弯曲的概念

在工程中，经常会遇到像车轮轴、刀具和轧辊这样的直杆类零件，如图 2-33、图 2-34

所示，其受力变形特点为：作用于杆件上的外力垂直于杆件的轴线，使杆的轴线变形后成曲线，这种形式的变形称为弯曲变形。以弯曲变形为主的杆件习惯上称为梁。

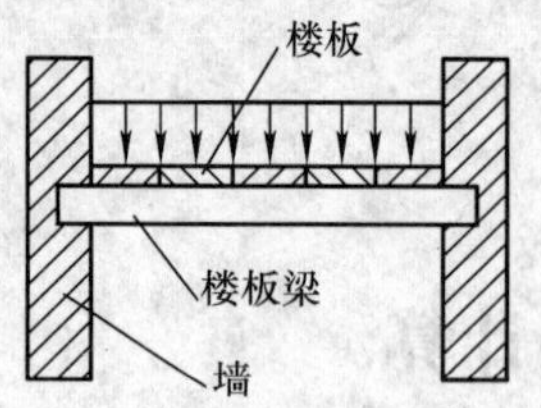

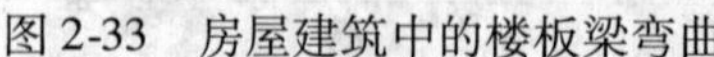

图 2-33　房屋建筑中的楼板梁弯曲

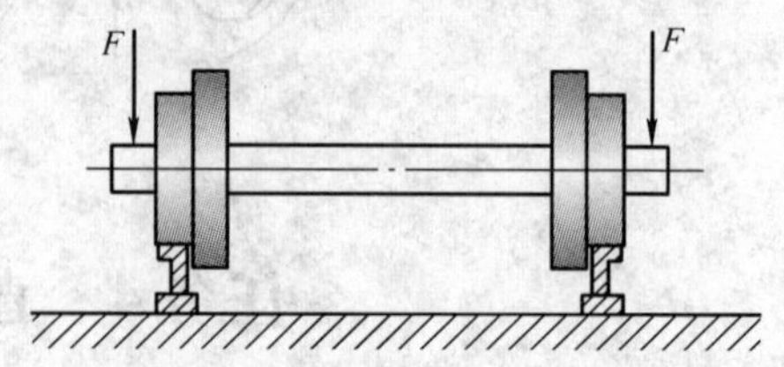

图 2-34　火车轮轴弯曲

机器中大多数的梁，其横截面上都有一对称轴（y 轴），如图 2-35a，通过对称轴和梁的轴线（z 轴）构成一个纵向对称面，如图 2-35b，当作用在梁上的所有载荷都在纵向对称面内时，则弯曲变形后的轴线也将是位于这个对称面内的一条平面曲线，这种弯曲称为平面弯曲。

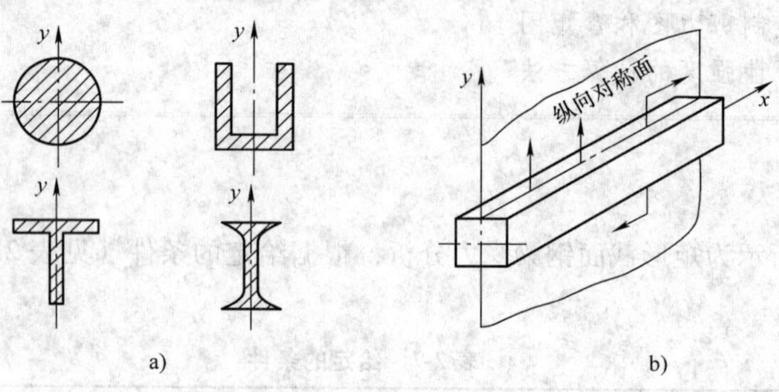

图 2-35　有对称轴的梁

2. 梁的计算简图

梁的支承情况和载荷作用形式往往比较复杂。为了便于分析计算，常进行简化。简化时，首先用梁的轴线代替实际的梁，然后对载荷和支座进行简化。

作用在梁上的载荷通常可以简化为下列三种典型形式（见表 2-8）：

表 2-8　作用在梁上的载荷简化的三种典型形式

集中力	当力的作用范围相对于梁的长度很小时，可简化为作用于一点的集中力。如各种传动轮上的径向力、轴承的反力和车刀所受的切削力
集中力偶	当力偶作用的范围远小于梁的长度时，可简化为作用在某一横截面上的集中力偶
分布载荷	当载荷连续分布在梁的全长或部分长度上时，形成分布载荷。分布载荷的大小用载荷集度 q 表示，单位为 N/m。沿梁的长度均匀分布的载荷，称为均布载荷。均布载荷的 q 为常数，如均质等截面梁的自重在梁上属均布载荷

如图 2-36a 所示锥齿轮上的径向力 F_r 与轴向力 F_a，传到轴上时可简化成集中力与集中力偶，如图 2-36b 所示，其力偶矩 $M = F_a d_m / 2$。

梁可简化为三种典型形式（见表 2-9）。

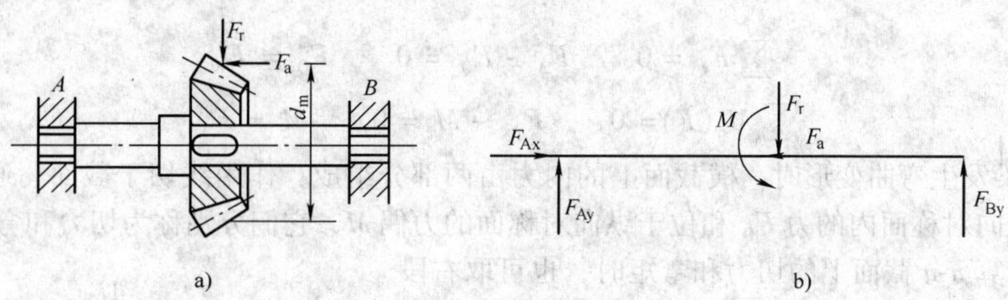

图 2-36 轴的受力简化

表 2-9 梁简化的三种典型形式

简支梁	梁的一端为固定铰链支座,另一端为活动铰链支座
外伸梁	外伸梁的支座与简支梁完全一样,所不同的是梁的一端或两端伸出支座以外
悬臂梁	一端固定,另一端自由的梁

以上三种梁的未知约束反力最多只有三个，应用静力平衡条件就可以确定。

3. 梁横截面上的内力——剪力和弯矩

分析梁横截面上的内力时仍用截面法。设 AB 梁，如图 2-37a 所示其跨度为 l，在纵向对称平面的 C 处作用集中力 F_p，取 A 点为坐标原点，坐标轴为 x、y，其方向如图 2-37a 所示。

根据静力平衡方程，求出支座反力 $F_A = F_p b/l$ 和 $F_B = F_{pa}/l$ 。为了分析距原点为 x 的横截面 n-n 上的内力，用截面沿 n-n 将梁分为左、右两段，如图 2-37b、c 所示。

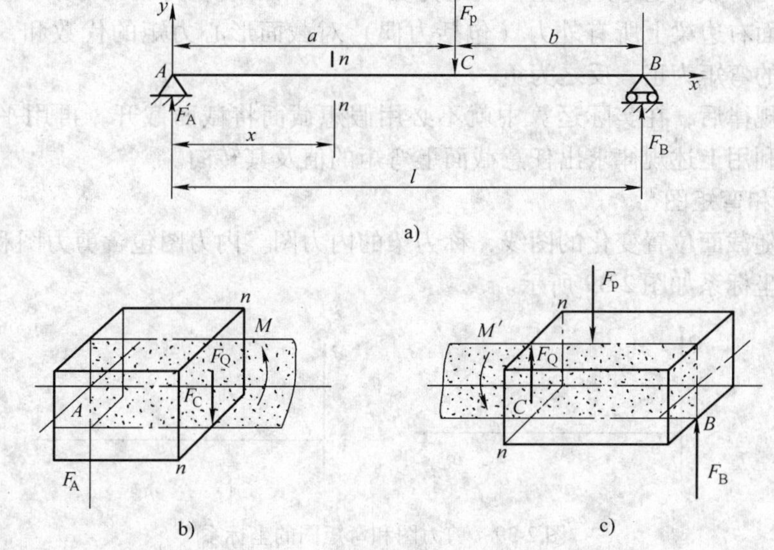

图 2-37 梁横截面上的内力

由于整个梁是平衡的，它的任一部分也应处于平衡状态。若以左段为研究对象，由于外力 F_A有使左段上移和顺时针转动的作用，因此，在横截面 n-n 上必有垂直向下的内力 F_Q和逆时针转动的内力偶矩 M 与之平衡，如图 2-37b 所示。由静力平衡方程即可求出 F_Q与 M

之值。

$$\sum F_y = 0 \qquad F_A - F_Q = 0 \qquad F_Q = F_A$$

$$\sum M_c(F) = 0 \qquad F_A x - M = 0 \qquad M = F_A x$$

AB 梁发生弯曲变形时，横截面上的内力由两部分组成：作用线切于截面、通过截面形心并在纵向对称面内的力 F_Q 和位于纵向对称面的力偶 *M*，它们分别称为切力和弯矩。

在计算 *n-n* 截面上的切力和弯矩时，也可取右段为研究对象，显然，取右段所求的切力和弯矩与取左段求得的切力和弯矩大小相等、方向相反，它们是作用与反作用的关系，如图 2-37c 所示。

工程中，对于一般的梁（跨度与横截面高度之比 $l/h>5$），弯矩起着主要的作用，而切力则是次要因素，在强度计算中可以忽略。因此，下面仅讨论有关弯矩作用的一些问题。

为了使同一截面两边的弯矩在正负符号上统一起来，根据梁的变形情况作如下规定：梁变形后，若凹面向上，截面上的弯矩为正；若凹面向下，截面上的弯矩为负，如图 2-38 所示。

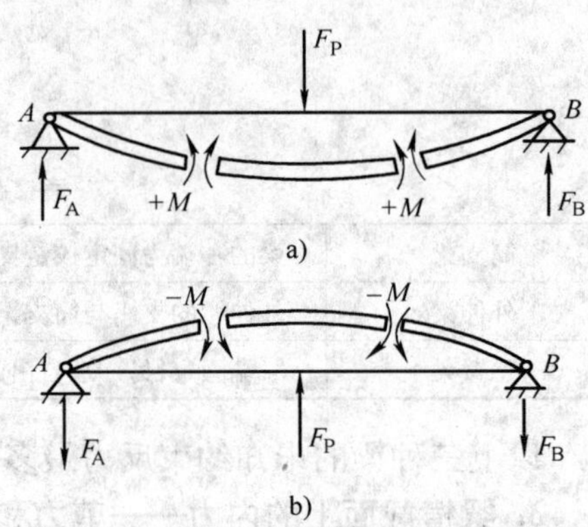

图 2-38　梁上弯矩的符号

根据弯矩正、负号的规定，弯矩的计算有以下的规律：若取梁的左段为研究对象，横截面上弯矩的大小等于此截面左边梁上所有外力（包括力偶）对截面形心力矩的代数和，外力矩为顺时针时，截面上弯矩为正，反之为负。若取梁的右段为研究对象，横截面上弯矩的大小等于此截面右边梁上所有外力（包括力偶）对截面形心力矩的代数和，外力矩为逆时针时，截面上的弯矩为正，反之为负。

有了上述规律后，在实际运算中就不必用假想截面将截面截开，再用平衡方程去求弯矩，而可直接利用上述规律求出任意截面上弯矩的值及其转向。

4. 剪力图和弯矩图

梁的内力随截面位置变化的图线，称为梁的内力图。内力图包含剪力图和弯矩图。剪力图和弯矩图的坐标系如图 2-39 所示。

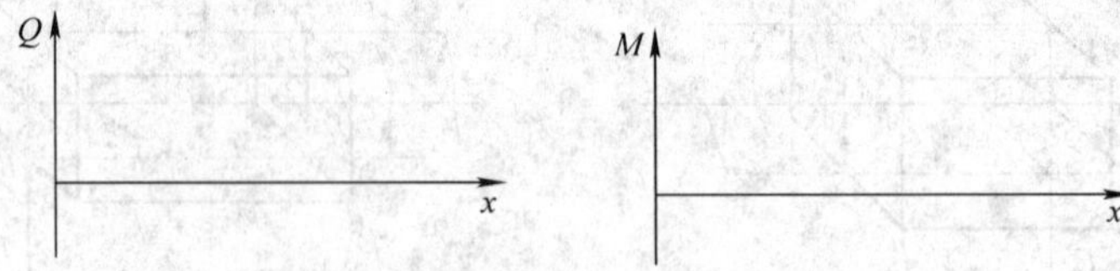

图 2-39　剪力图和弯矩图的坐标系

绘制梁内力图的方法有很多，常用的基本方法有以下三种：

（1）方程法　从内力的求解中，可以看到一般情况下，梁横截面上的剪力、弯矩随截面位置而变化。若以梁的轴线为 *z* 轴，则坐标 *z* 表示梁上横截面的位置。那么剪力和弯矩可表示为 *z* 的函数，即

$$Q = Q(z)$$

$$M = M(z)$$

这两个方程分别称为剪力方程和弯矩方程。

对所要分析的梁，通过列出剪力方程和弯矩方程并根据方程绘制出剪力图和弯矩图的方法称为方程法。

方程法是绘制剪力图和弯矩图最基本的方法，但此方法不适合于梁上载荷较复杂的情况，而且绘图过程也较繁琐。

（2）简捷法　利用梁上载荷与剪力、弯矩的微分关系绘制剪力图和弯矩图的方法称为简捷法。用简捷法绘制内力图简单、快捷，而且可以很容易地掌握。因此，在绘制梁的内力图时经常使用，本部分主要讲解并要求掌握简捷法。

（3）叠加法　在线弹性范围内和小变形条件下的平面弯曲梁，任一载荷产生的支座反力、弯矩和变形，不受其他载荷的影响。若梁上同时承受几个载荷作用而产生的支座反力、内力和变形，等于各个载荷单独作用时引起的支座反力、内力和变形的代数和，称为叠加原理。利用叠加原理求支座反力、内力和变形的方法称为叠加法。事实上，在求解梁的支座反力、内力和变形时都可以采用叠加法。

采用叠加法绘制内力图需要在掌握和记忆一定数量内力图的基础上进行，对于初学者来说难度较大。

为了形象地表示弯矩沿梁长的变化情况，以便确定梁的危险截面（往往是最大弯矩值所在位置），常需画出梁各截面弯矩的变化规律的图像，这种图像称为弯矩图。其表示方式是：以与梁轴线平行的坐标 z 表示横截面位置，纵坐标表示各截面上相应弯矩大小，正弯矩画在 z 轴的上方，负弯矩画在 z 轴的下方。

下面举例说明弯矩图的作法。

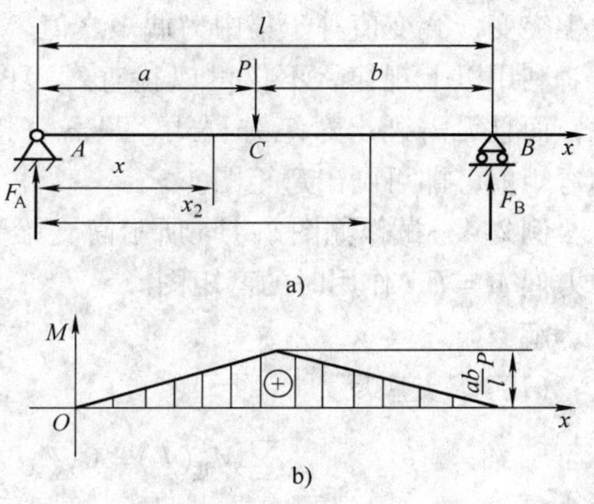

图 2-40　简支梁的弯矩图

例 2-3　简支梁如图 2-40 所示。在跨度内某一点受集中力的作用，试作此梁的弯矩图。

解

（1）求支座反力　设支座反力 F_A 和 F_B 均向上。

$$\sum M_A = 0, F_B l—P_A = 0, F_B = \frac{a}{l}P$$

$$\sum M_B = 0, F_A l—P_B = 0, F_A = \frac{b}{l}P$$

（2）建立弯矩方程　因为梁在 C 点处受集中力作用，故 AC 和 BC 两段梁的弯矩方程不同，必须分别列出。

在 AC 和 BC 段内，任取距原点为 x_1。和 x_2 的截面，并皆取截面左段为研究对象，则 AC 段的方程为

$$M_1 = F_A x_1 = \frac{b}{l}Pa \quad (0 \leqslant x_1 \leqslant a)$$

BC 段的方程为

$$M_2 = F_A x_2 - P(x_2 - a) = \frac{Pa}{l}(l - x_2) \quad (a \leqslant x_2 \leqslant l)$$

（3）画出弯矩图　因 M_1 和 M_2 都是一次函数，故弯矩图在 AC 段和 BC 段均为一条斜直线，各段内先定出两点即可连出直线。

当 $x_1 = 0$ 时，$M_A = 0$；当 $x_1 = 0$ 时，$M_C = \frac{ab}{l}P$

当 $x_2 = 0$ 时，$M_C = \frac{ab}{l}P$；$x_2 = l$ 时，$M_B = 0$

由此可画出梁的弯矩图，如图 2-40b 所示。

实际上，弯矩图与载荷之间存在下列几点规律：

1）在两集中力之间的梁段上，弯矩图为斜直线。

2）在均布载荷作用的梁段上，弯矩图为抛物线。

3）在集中力作用处，弯矩图出现折角。

4）在集中力偶作用处，其左右两截面上的弯矩值发生突变，突变值等于集中力偶矩之值。

利用以上规律，不仅可以检查弯矩图形状的正确性，而且无需列出弯矩方程式，只需直接求出几个点的弯矩值，即可画出弯矩图。

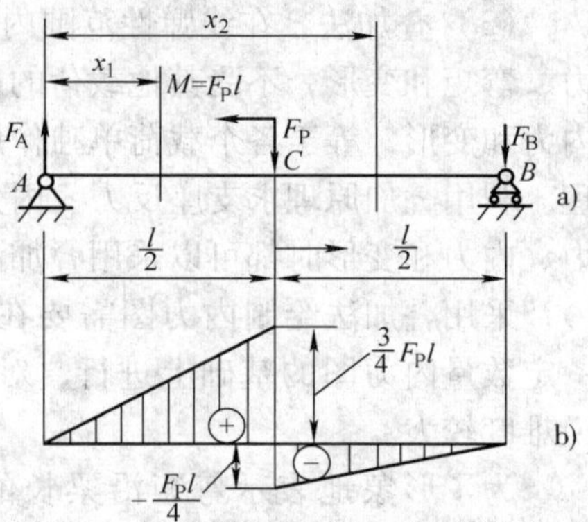

图 2-41　集中力与集中力偶作用时简支梁的弯矩图

例 2-4　试作如图 2-41a 所示简支梁受集中力和集中力偶 $M = F_P l$ 作用时的弯矩图。

解

（1）求支座反力

$$\sum M_B(F) = 0, F_A l - F_P \frac{l}{2} - M = 0, F_A = \frac{3}{2}F_P$$

$$\sum F_y = 0, F_A - F_B - F_P = 0, F_B = \frac{F_P}{2}$$

（2）作弯矩图　根据上面总结的作图规律可知，AC 段和 BC 段的弯矩图均为斜直线。因为集中力和集中力偶同时作用在 C 点，故 C 处的弯矩既有转折又有突变，所以在 C 处左右两侧的弯矩值是不同的。

A 点处的弯矩：　　$M_A = 0$

C 点左侧处的弯矩：$M_{C左} = F_A \frac{l}{2} = \frac{3}{2}F_P \frac{L}{2} = \frac{3}{4}F_P l$

C 点右侧处的弯矩：$M_{C右} = F_A \frac{l}{2} - M = \frac{3}{2}F_P \frac{l}{2} - F_P l = -\frac{1}{4}F_P l$

B 点处的弯矩：　　$M_B = 0$

将上面求得的各点的弯矩，用适当比例描点连成直线，即为该梁的弯矩图，如图 2-41b 所示。由图可知，危险截面在梁的中点 C 处，最大弯矩 $M_{max} = 3F_P l/4$。

5. 梁的弯曲强度计算

梁的弯曲强度条件是：梁内危险截面上的最大弯曲正应力不超过材料的许用弯曲应力

$[\sigma]$，即

$$\sigma_{max} = \frac{M}{W_Z} \leqslant [\sigma]$$

式中　M——梁危险截面处的弯矩（kN·m）；

W_Z——危险截面的抗弯截面系数（m^3）；

$[\sigma]$——材料的许用应力（MPa）。

运用梁的弯曲强度条件，可解决梁的强度校核、设计截面和确定许可载荷三类问题。

例 2-5　螺栓压板夹具如图 2-42a 所示。已知板长 $3a = 150mm$，压板材料的许用应力 $[\sigma] = 140MPa$。试计算压板传给工件的最大允许压紧力 F_P。

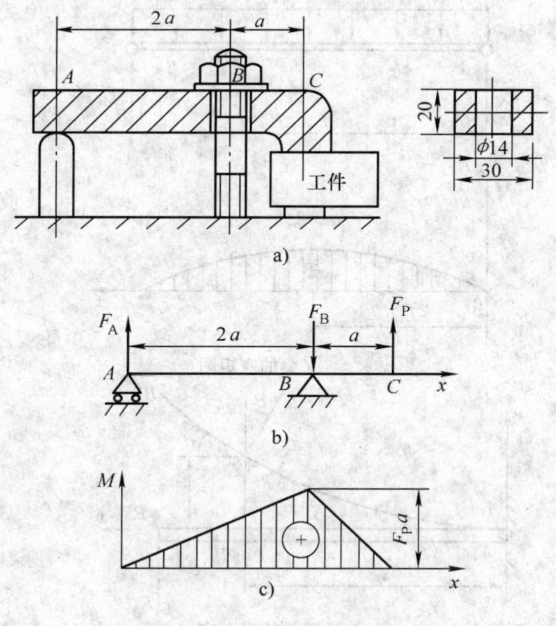

图 2-42　螺栓压板夹具

解

（1）画出压板的计算简图。压板可简化成如图 2-42b 所示的外伸梁。

（2）画弯矩图。由梁的外伸部分 BC 可以求得截面 B 的弯矩为 $M_B = F_P a$。此外又由 A、C 两截面上的弯矩等于零，从而作弯矩图如图 2-42c 所示，最大弯矩在截面 B 上。

（3）计算压紧力

$$\sigma_{max} = \frac{M}{W_z} \leqslant [\sigma]$$

得出

$$M_B \leqslant W_z[\sigma],\ P \leqslant \frac{W_z[\sigma]}{a}$$

根据截面 B 的尺寸求出

$$W_z = \left(\frac{30 \times 20^2}{6} - \frac{14 \times 20^2}{6}\right)mm^3 = 1067mm^3 = 1.067 \times 10^{-6}m^3$$

$$F_P = \frac{1.067 \times 10^{-6} \times 140 \times 10^6}{50 \times 10^{-3}}\text{N} \approx 2988\text{N} \approx 3\text{kN}$$

根据压板的强度，最大压紧力不应超过3kN。

任务实施

图2-32所示梁的弯矩图和正应力强度设计步骤见表2-10。

表2-10 弯矩图和正应力强度设计步骤

步骤	计算过程	计算结果
已知：$[\sigma]=160\text{MPa}$、$q=20\text{kN}\cdot\text{m}$、$L=8\text{m}$		
1. 画梁的弯矩图，求最大弯矩值	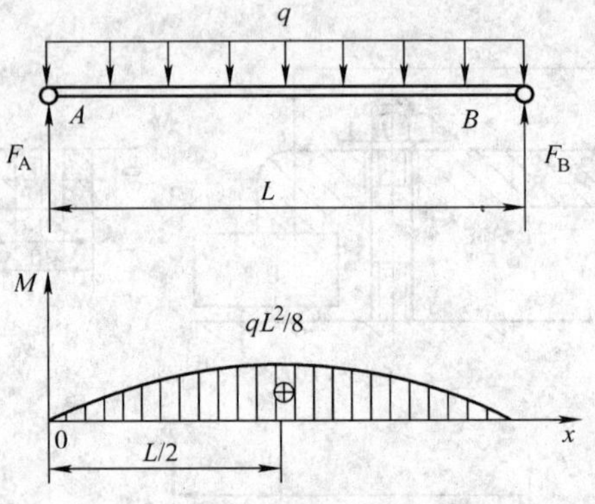 q A B F_A F_B L M $qL^2/8$ ⊕ 0 L/2 x 梁的弯矩图 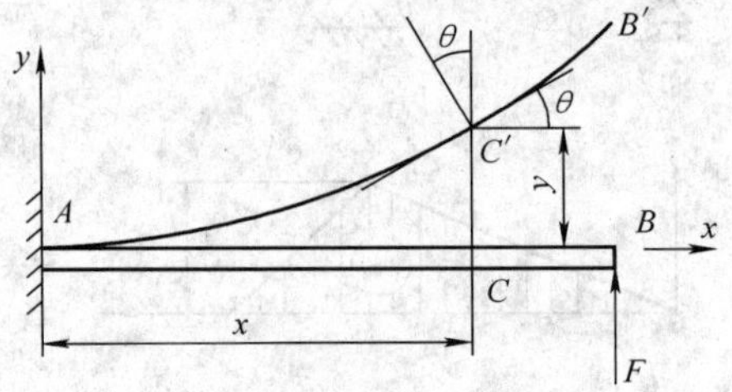 y θ B′ θ C′ y A B x C x F 悬臂梁的平面弯曲 $M_{max} = qL^2/8 = 160\text{kN}\cdot\text{m}$	$M_{max} = 160\text{kN}\cdot\text{m}$
2. 计算抗弯截面模量	$W_z = \frac{bh^2}{6} = \frac{75 \times 400^2}{6} = 2 \times 10^6\text{mm}^3$	$W_z = 2 \times 10^6\text{mm}^3$
3. 强度校核	$\sigma_{max} = \frac{M_{max}}{W_z} = \frac{160 \times 10^6}{2 \times 10^6}\text{MPa} = 80\text{MPa} < [\sigma] = 160\text{MPa}$	$\sigma_{max} = 80\text{MPa}$，梁满足强度要求

特别提醒

1）绘制剪力图、弯矩图时，必须画在梁的下方与截面位置对齐。

2）若有剪力为零的截面，在剪力图上标注截面位置，在弯矩图上求出相应的弯矩值。

3）绘制曲线时，至少需要有三个控制值。

练　习　题

试分析如图 2-43 所示杆件各段分别是哪几种基本变形的组合。

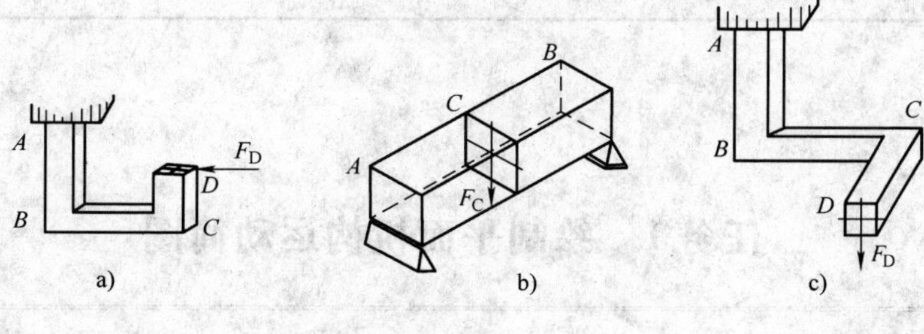

图 2-43

单元3 平面连杆机构

3

任务1 绘制平面机构运动简图

知识目标：

1. 机构的组成
2. 构件的类型
3. 运动副的类型及分类

技能目标：

1. 学会构件的表示法
2. 学会根据机构实物绘制机构运动简图

任务描述

如图3-1所示为家用缝纫机踏板机构，试绘制其平面机构运动简图。

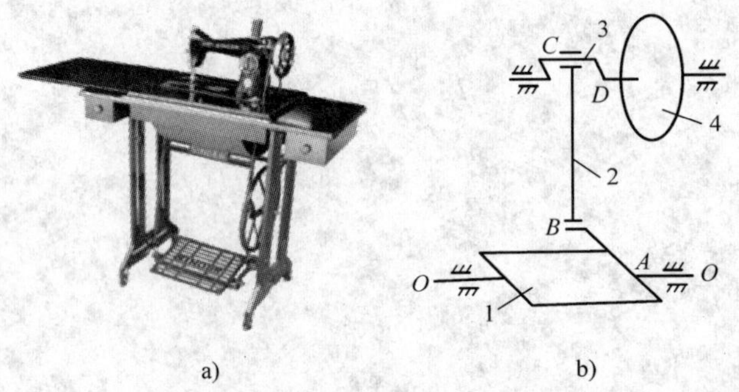

图3-1 家用缝纫机踏板机构

a）缝纫机实物 b）缝纫机示意图

1—踏板 2—连杆 3—曲轴 4—带轮

任务分析

缝纫机的踏板机构是通过拨动踏板1，将运动传递给连杆2、曲轴3和带轮4的，如图3-1b所示。要绘制平面机构运动简图，就必须了解运动副的概念。

相关知识

1. 运动副

组成机构的所有构件都应具有确定的相对运动，两构件直接接触而形成的可动连接称为运动副。

运动副分为低副和高副，见表3-1。

表3-1 运动副分类

分类		示意图	实例图	接触形式	相对运动	特点
低副	转动副			平面或圆柱面	转动	两构件之间是面接触的运动副 容易制造和维修，承载能力大，有较大的滑动摩擦，效率低，不能传递复杂运动
	移动副				往复移动	
	螺旋副				转动与移动的复合运动	
高副	齿轮副			线	比较复杂	两构件之间是点或线接触的运动副 制造维修困难，承载时单位面积压力较大，接触处易磨损、寿命短，可传递复杂运动
	凸轮副			点或线		

2. 运动副的表示法

运动副的表示法见表3-2，其中带斜线的表示固定构件。

表3-2 运动副表示法

运动副		表示法
低副	转动副	
	移动副	
	螺旋副	
高副	齿轮副 凸轮副	

3. 构件表示法

构件表示法见表3-3。

表3-3 构件表示法

构件名称	简图
杆、轴	
机架	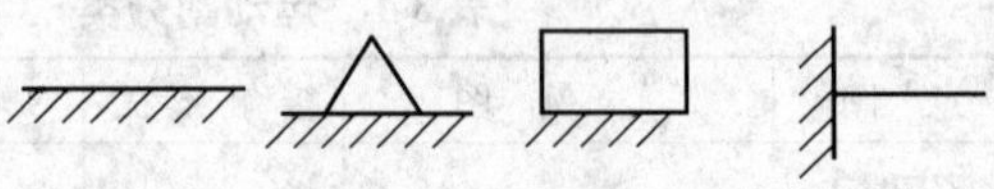
同一构件	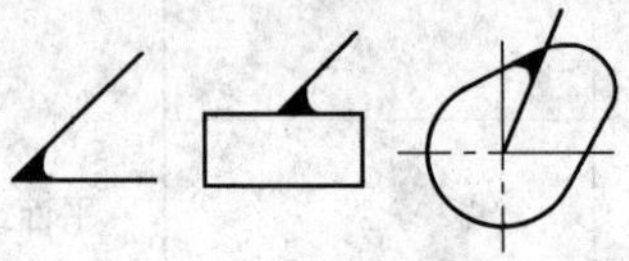
两构件	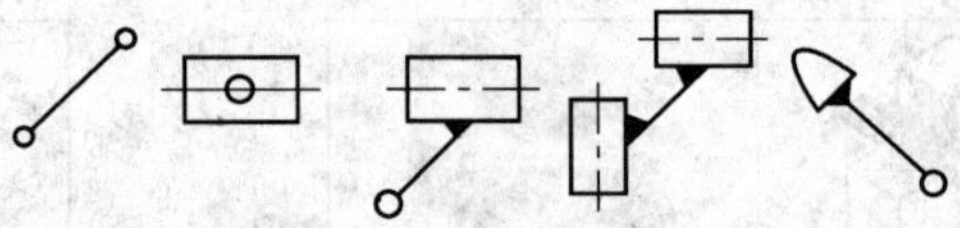
三副构件	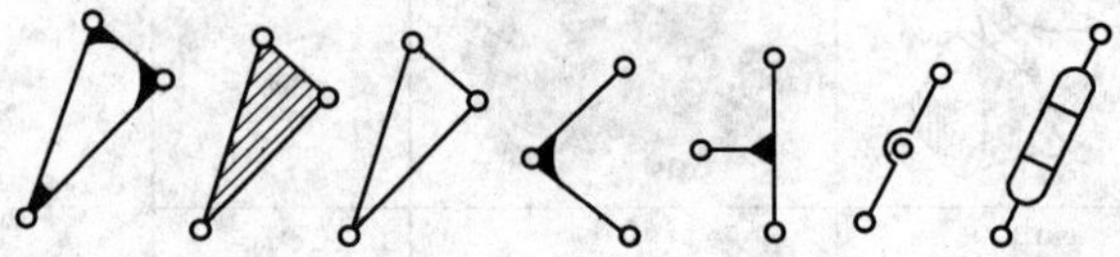

4. 机构运动简图绘制步骤

机构是由构件组成的，构件的运动取决于主动件的运动规律、运动副的数量、类型和各运动副相对位置的尺寸，与构件的结构、外形无关。工程上对机械结构进行分析或设计时，采用一种规定的简单图示符号表示构件和运动副，并按适当的比例绘制的图形，这种简图称为机构运动简图。

绘制机构运动简图的步骤如下：

1）分析机构运动规律，找出机架、主动件、从动件。

2）按运动路线，确定运动副的类型、数量和位置。

3）选择与构件平面平行的投影平面。

4）测量各运动副之间的相对位置。

5）根据图样幅面及构件实际尺寸，选择适当的比例尺μ_1，μ_1的单位一般是m/mm，当构件实际尺寸较小时，也可是cm/mm或mm/mm。

$$\mu_1 = 构件实际长度/构件图示长度$$

6）用线条和符号绘制机构运动简图。

任务实施

缝纫机踏板机构运动简图绘图步骤见表3-4。

表 3-4　缝纫机踏板机构运动简图绘图步骤

步　骤	内　容
1. 确定各构件	缝纫机支架为机架，踏板 1 为主动件，踏板 1 通过连杆 2 带动从动件曲轴 3，带轮 4 是执行元件
2. 确定运动副	踏板 1 与连杆 2 的连接为转动副，连杆 2 与曲轴 3 的连接为转动副，踏板 1 和曲轴 3 与机架的连接均为转动副
3. 选择投影平面	选择缝纫机侧面的平面为投影平面作图
4. 测量运动副之间的距离	测定 $l_{AB}=16\text{cm}$，$l_{BC}=30\text{cm}$，$l_{CD}=5\text{cm}$，$l_{AD}=26\text{cm}$
5. 确定比例尺寸	确定比例尺寸 $\mu_1=5\text{cm/mm}$
6. 绘制机构运动简图（如右图所示）	C 3 D 4 2 B O A O 1　　C 3 D 2 A B 1

特别提醒

1）可通过多接触实践，弄清运动副符号的含义。

2）判断运动副类型时，应先弄清运动副的概念。

3）绘制运动简图时，不要看构件的实际形状，应根据要求对构件进行简化绘制。

练　习　题

1. 如图 3-2 所示的颚式破碎机，由动鄂和静颚两块颚板组成破碎腔，模拟动物的两颚运动而完成物料破碎作业，它广泛运用于矿山、冶炼、建材、公路、铁路、水利和化工等行业中各种矿石与大块物料的中等粒度破碎。试绘制破碎机机构运动简图。

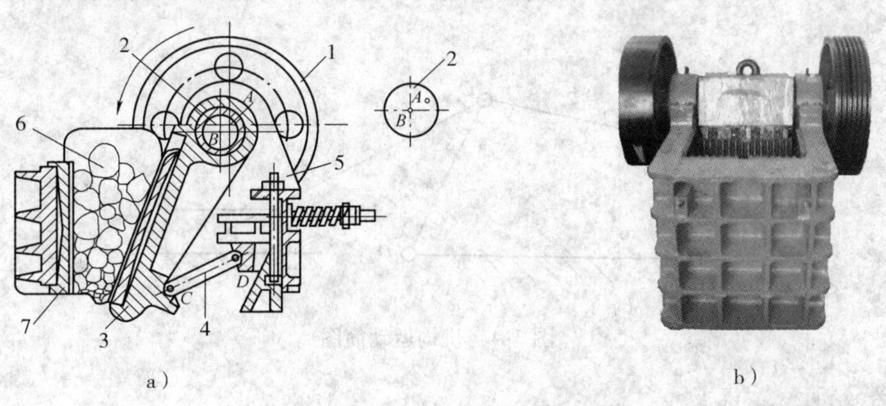

图 3-2　颚式破碎机

a）破碎机示意图　b）破碎机实物图

1—大带轮　2—偏心轴　3—动颚板　4—肋板　5—机架　6—物料　7—静颚板

2. 绘制图 3-3 所示各机构的机构运动简图。

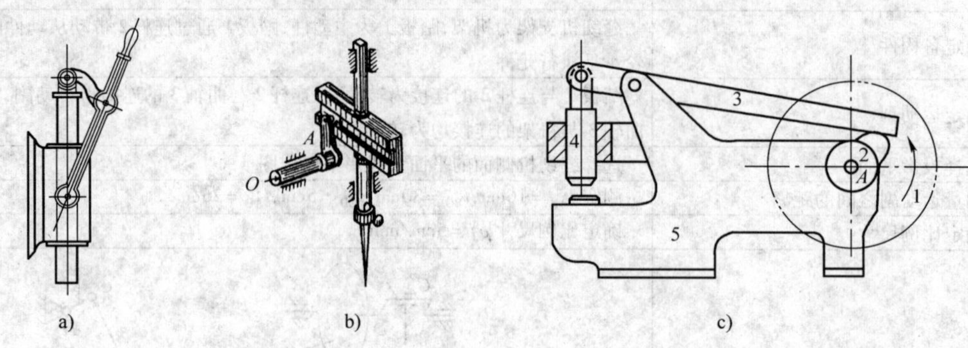

图 3-3　机构运动简图

a）水泵　b）缝纫机下针机构　c）冲床机构

任务 2　平面机构自由度的计算

知识目标：

1. 构件的类型
2. 自由度的概念

技能目标：

1. 正确分析机构运动简图
2. 构件自由度计算

任务描述

如图 3-4 所示为机构运动简图，构件 1 逆时针旋转，试分析该机构，并计算该机构的自由度。

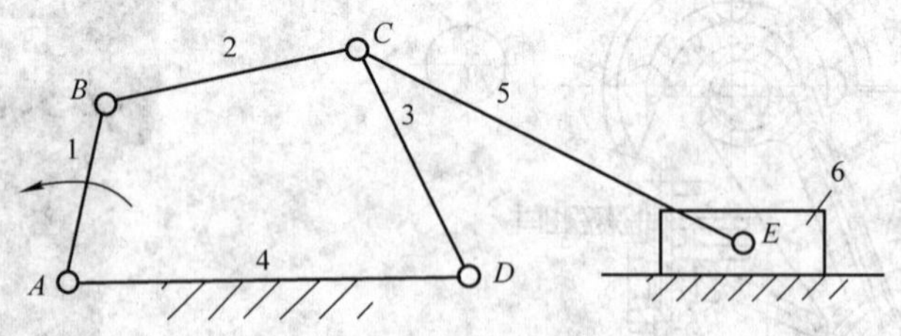

图 3-4　机构运动简图

任务分析

要对机构进行自由度计算，就必须对机构进行分析，必要时绘制机构运动简图，正确确定机构中的构件类型、活动构件的个数、运动副的类型及运动副的个数、自由度的计算公式等。

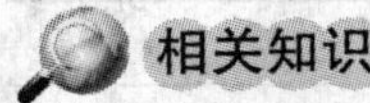

1. **构件的类型**

机构中的构件按其运动性质可分为三类：

（1）机架　机架是机构中固定不动的构件，它用来支承其他可动构件，如各种机器的床身是机架，它支承着轴、齿轮、带轮等活动构件。

（2）原动件　原动件是已给定运动规律的活动构件，它是直接接受能源或最先接受能源作用有驱动力或力矩的构件，如柴油机中的活塞等。

（3）从动件　从动件是机构中随着原动件的运动而运动的其他活动构件，如柴油机中的连杆、曲轴、齿轮等都是从动件。

2. **构件的自由度**

构件 AB 在坐标系 xOy 中，有三个独立的运动，如图3-5a 所示，构件 AB 可随意沿 x 轴或 y 轴运动，或在 xOy 坐标平面内转动。构件作独立运动的可能性称为构件的自由度。在一个平面内构件的自由度有三个，即 x 方向的移动、y 方向的移动和 xOy 平面内的旋转运动。

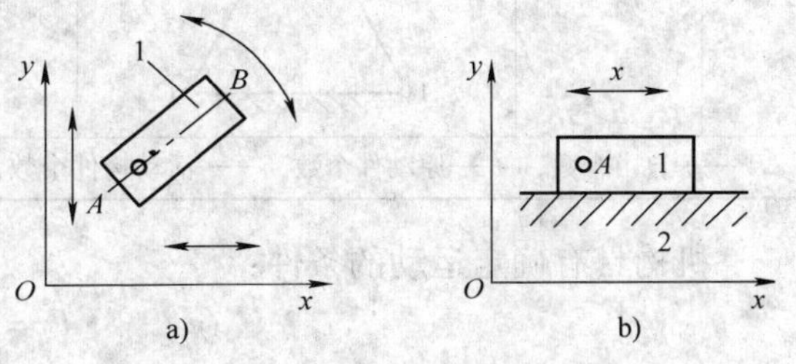

图 3-5　平面运动构件的自由度

3. **运动副的约束**

两构件通过运动副连接以后，相对运动会受到限制。如图 3-5b 所示，构件 1 与构件 2 相接触形成移动副，构件 1 只能相对构件 2 作 x 方向的移动，而 y 方向的移动、xOy 平面内绕某点的旋转都被限制了，构件 1 只有一个自由度。运动副对成对的两构件间的相对运动所加的限制叫约束。

4. **平面机构自由度的计算**

假设一个构件由 N 个构件组成，其中有一个机架是固定件，机架自由度为 0，实际活动的构件还有 $n=N-1$ 个。构件如果没有运动副连接，自由度个数为 $3n$ 个，每引入一个低副自由度减少 2 个。引入一个高副自由度减少 1 个。计算公式为

$$F = 3n - (2P_L + P_H) = 3n - 2P_L - P_H$$

式中　F——机构自由度个数；

n——活动构件个数；

P_L——低副个数；

P_H——高副个数。

5. **机构具有确定相对运动的条件**

从动件是靠原动件带动，从动件本身不能独立运动，只有原动件可以独立运动。原动件又与机架相连，每个原动件只能给定一个独立的运动（如电动机具有一个独立的转动，内燃机的活塞具有一个独立的移动等），因此，机构的自由度数 F 与原动件数 W 相等，如果机构的自由度数 F 与原动件数 W 不相等，情况分析见表 3-5。

表 3-5　F 与 W 不相等时的机构运动分析

序号	运动情况	图　例	计算分析	结　论
1	$W<F$ $W=1$		$F=3n-2P_L-P_H$ $=3\times4-2\times5-0$ $=2>W=1$	机构运动不确定
2	$W>F$ $W=2$		$F=3n-2P_L-P_H$ $=3\times3-2\times4-0$ $=1<W=2$	机构最薄弱构件或运动副可能被破坏
3	$F=0$		$F=3n-2P_L-P_H$ $=3\times2-2\times3-0$ $=0$	构件组合在一起形成刚性构件，各构件之间没有相对运动，也不构成机构

F——自由个数，W——原动件个数，n——活动构件个数，P_L——低副个数，P_H——高副个数

机构具有确定运动的条件：

$$F=W>0$$

6. 计算机构自由度的特殊情况

（1）复合铰链　两个以上的构件在同一处以转动副相连构成复合铰链，如图 3-6a 所示，三个构件在 C 处形成的不是一个简单的转动副，而是复合铰链，从图 3-6b 可看出 C 处是两个转动副，由此可得出推论，m 个构件同时在一处构成复合铰链，应具有（$m-1$）个转动副。

（2）局部自由度　机构中常出现一种不影响整个机构运动的局部独立运动，称为局部自由度。如图 3-7a 所示的滚子从动件凸轮机构，当原动件凸轮 1 绕 O 点转动时，通过滚子 4 使从动件 2 沿机架 3 上下移动。机构自由度 $F=3n-2P_L-P_H=3\times3-2\times3-1=2>W=1$，而实际上此处只有一个原动件，说明机构中有一个局部自由度（滚子 4 绕 B 点转动，它与从动件 2 的运动无关，只是为了减少从动件 2 与凸轮间的磨损而增加了滚子），在计算自由度时要去掉局部自由度。如果将滚子与从动件 2 焊接在一起，则 B 处的运动副就消失了，如图 3-7b 所示，机构自由度 $F=3n-2P_L-P_H=3\times2-2\times2-1=1=W=1$，运动确定，与实际情况相符。

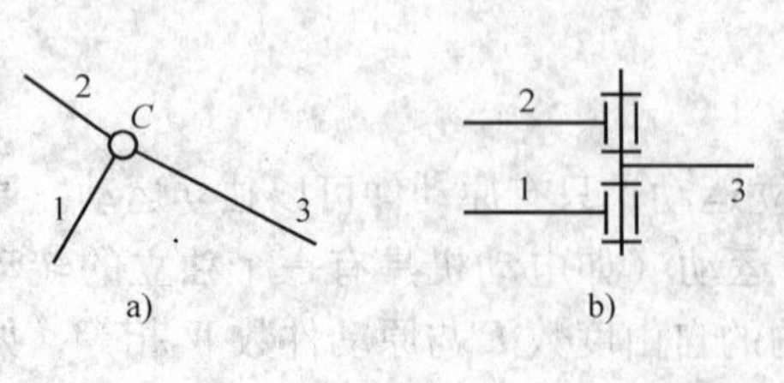

图 3-6　复合铰链

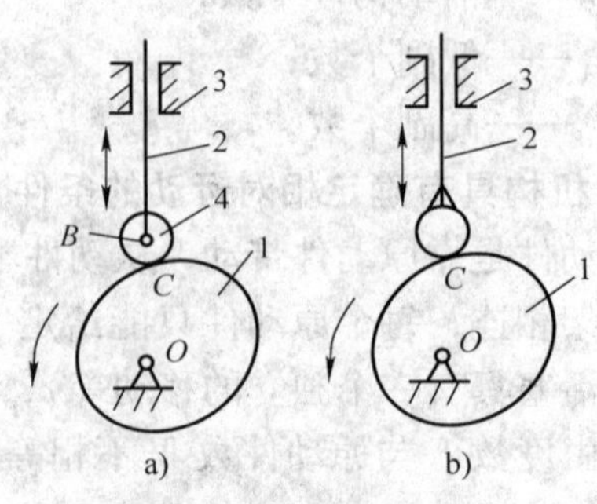

图 3-7　局部自由度

（3）虚约束　不影响机构运动传递的重复约束为虚约束。在特定几何条件或结构条件下，某些运动副所引入的约束可能与其他运动副所起的限制作用一致，这种不起独立限制作用的运动副叫虚约束，如图 3-8a 所示凸轮机构中的机架 3 对构件 2 的约束，如图 3-8b 所示构件 5 对构件 2、机架 4 的约束为虚约束。在计算自由度时虚约束应去除。

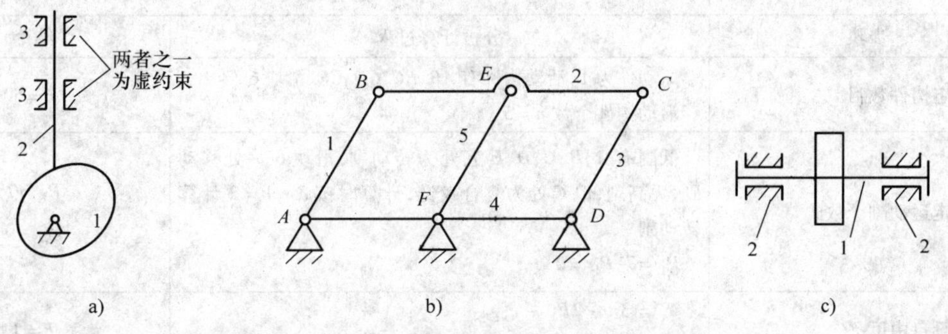

图 3-8　虚约束

机构中的虚约束常发生在下述情况：

1）两构件之间同时在几处构成多个移动副，如图 3-8a 所示。

2）连接构件与被连接构件上连接点的轨迹重合，如图 3-8b 所示。

3）两构件构成多个转动副且轴线重合，如图 3-8c 所示。

4）机构中对运动不起作用的对称部分，如图 3-9 所示。

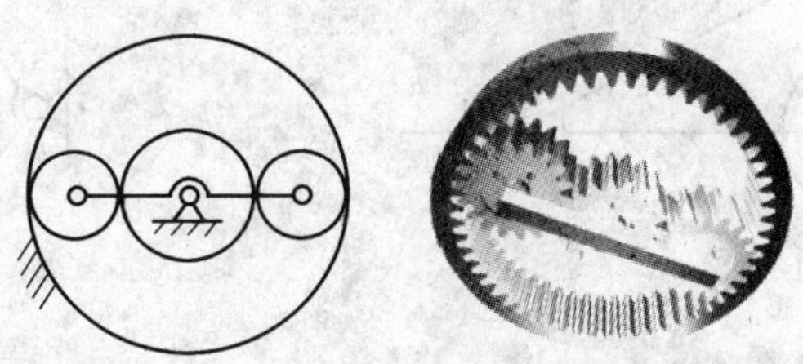

图 3-9　轮系中的虚约束

机构中的虚约束都是在一定的几何条件下出现的，如果这些几何条件不满足，则虚约束将变成有效约束，而使机构不能运动，如图 3-8c 所示，若机架 2 的两处转动副轴线不重合，则虚约束将成为实际约束，使机构无法运动，实际设计中如无特殊需要，应尽量减少机构中的虚约束。

各类虚约束在机构设计中是常见的，有的是为了改善构件的受力情况，增强机构的刚度，或满足某种特殊需要、保证机械运动的性能等，在计算自由度时应先去除。

在设计机械时，当为了某种需要而必须使用虚约束时，则必须严格保证设计、加工、装配的精度，以满足虚约束所需要的几何条件。

任务实施

机构自由度计算步骤见表 3-6。

表 3-6　机构自由度计算步骤

机构运动简图		
步骤	分析计算过程	结论
1. 确定构件数目	原动件为 1，活动构件有 AB、BC、CD、CE、滑块 6 活动构件个数 $n=5$	$n=5$
2. 确定运动副个数	低副有 A、B、C、D、E 五处为转动副，滑块 6 一处移动副，无高副，但 C 处为复合铰链，计算时按 $3-1=2$ 计算转动副 $P_L=7, P_H=0$	$P_L=7$ $P_H=0$
3. 计算自由度 F	$F=3n-2P_L-P_H$ $=3\times5-2\times7-0=1$	$F=1$
4. 判别运动	$F=W=1$，该机构具有确定的相对运动	$F=W=1$，运动确定

练　习　题

计算如图 3-10 所示各机构的自由度。

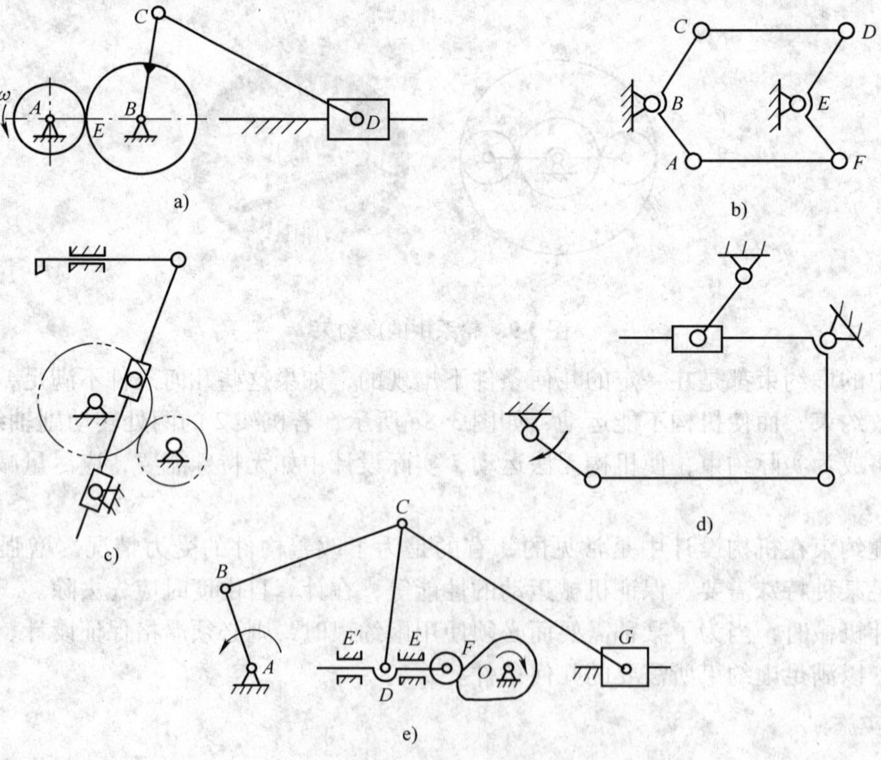

图 3-10　机构自由度

任务3 认识铰链四杆机构

知识目标：

1. 铰链四杆机构的组成
2. 铰链四杆机构的分类

技能目标：

1. 铰链四杆机构的组成
2. 各机构的工作特点

任务描述

如图3-11所示为家用缝纫机，根据所学缝纫机知识，结合实际操作，试分析家用缝纫机属于何种机构，运动情况如何。

任务分析

如图3-11所示为家用缝纫机的外形图，要搞清缝纫机的运动特性，就必须了解其运动构件的组成，机构的类型以及运动情况。

图3-11 家用缝纫机

相关知识

平面连杆机构是由若干刚性构件用转动副、移动副相互联接而成的机构，而各机构之间以转动副相连的机构称为铰链四杆机构。

1. 铰链四杆机构的组成

如图3-12所示，铰链四杆机构由机架、连杆和连架杆组成。固定不动的构件叫机架，与机架相连的构件叫连杆，能作360°整周旋转运动的连架杆叫曲柄，只能在一定角度（<360°）范围内作往复摆动的连架杆叫摇杆。

2. 铰链四杆机构的基本类型

铰链四杆机构根据连架杆中是否有曲柄可分为三种类型：曲柄摇杆机构、双曲柄机构、双摇杆机构。

（1）曲柄摇杆机构　两连架杆中，其一为曲柄，另一为摇杆的铰链四杆机构叫曲柄摇杆机构，如图3-13所示。*AB*为曲柄，绕*A*点作360°整周旋转运动，*CD*为摇杆，绕*D*点摆动，机架*AD*固定不动，*BC*连杆作平面运动。

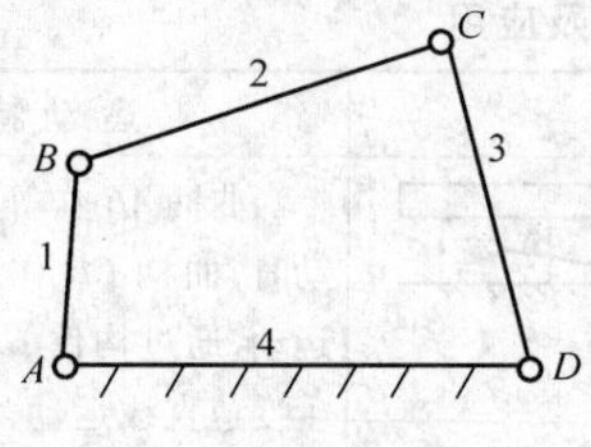

图3-12 铰链四杆机构

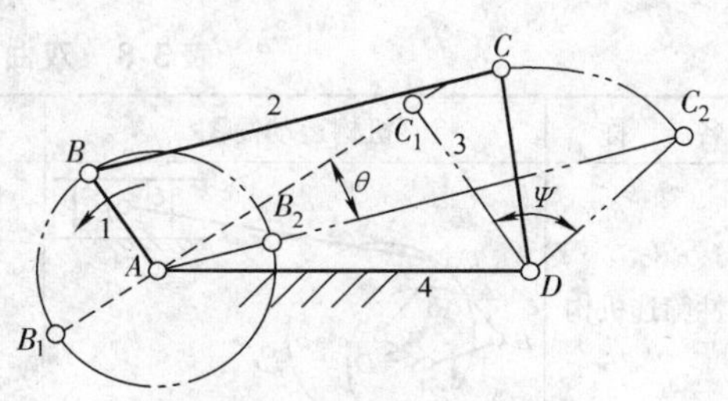

图3-13 曲柄摇杆机构

曲柄摇杆机构的运动特点及应用见表 3-7。

表 3-7　曲柄摇杆机构的运动特点及应用

名　称	机构运动简图	图　例	运动特点
搅拌机搅拌机构			曲柄摇杆机构中，曲柄 AB 为主动件，通过转动带动连杆 BC 作平面运动，配合容器自身的旋转运动，从而对容器内物体进行搅拌
雷达天线俯仰角调节机构			曲柄摇杆机构中，曲柄 AB 为主动件，转动，通过连杆 BC，使固定在摇杆 CD 上的天线作一定角度的摆动，以调整天线的俯仰角

（2）双曲柄机构　两个连架杆均为曲柄的铰链四杆机构称为双曲柄机构，如图 3-14a 所示。AB 和 CD 两个连架杆均为曲柄，可以分别为主动件，均作整周旋转运动。双曲柄机构可分为等长双曲柄机构和不等长双曲柄机构。当两个曲柄的长度相等，连杆与机架的长度也相等时，如两曲柄转向相同，称为平行双曲柄机构，如图 3-14b 所示；若两曲柄转向相反，称为反向双曲柄机构，如图 3-14c 所示。

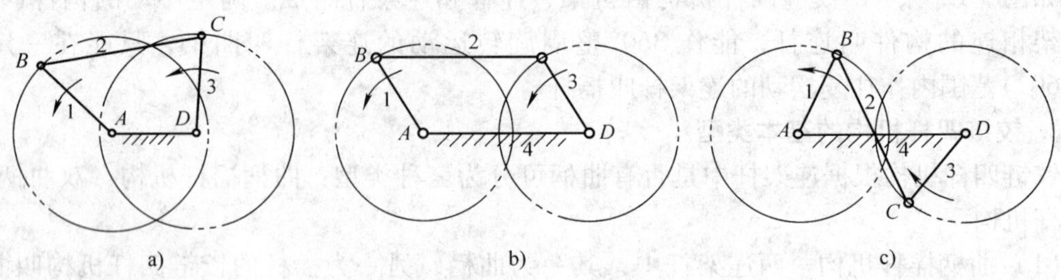

图 3-14　双曲柄机构

双曲柄机构的运动特点及应用见表 3-8。

表 3-8　双曲柄机构的运动特点及应用

名　称	机构运动简图	图　例	运动特点
惯性筛选机构			当曲柄 AB 作等角速度旋转转动时，曲柄 CD 作变角速度旋转运动，通过构件 CE 使筛子 E 产生变速直线运动，靠物料的惯性来筛选

（续）

名　称	机构运动简图	图　例	运动特点
摄影台升降机构	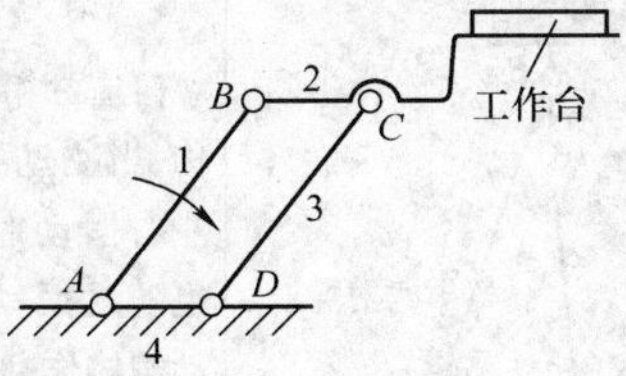	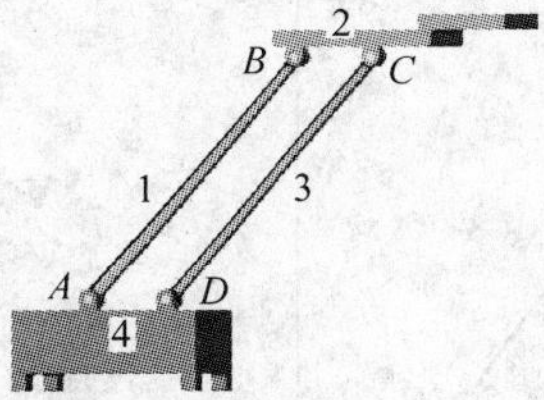	摄影台升降机构为平行双曲柄机构，当曲柄 *AB* 等速旋转时，曲柄 *CD* 也作等速旋转运动，连杆 *BC* 与机架平行相等，工作台始终保持水平状态
汽车车门启闭机构	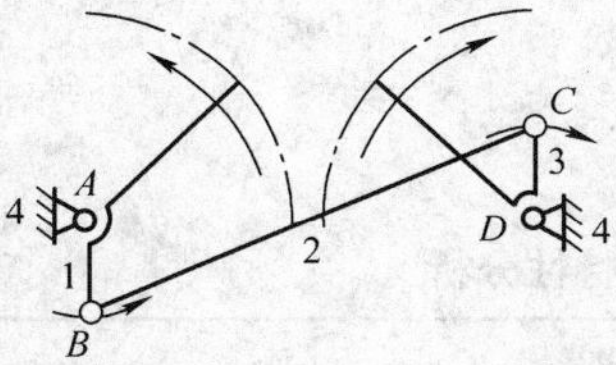	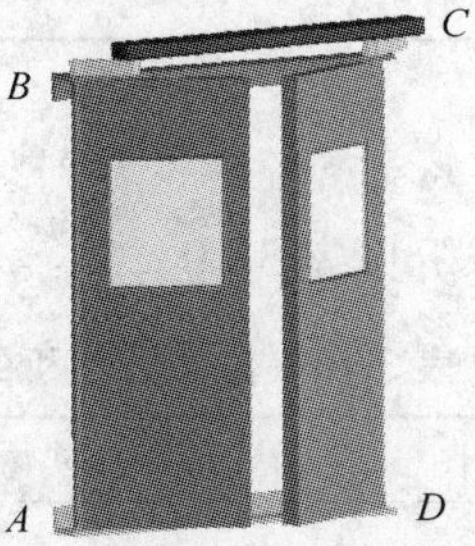	汽车车门启闭机构是利用反向双曲柄机构中两曲柄的转向相反、角速度不相同的特性，当主动曲柄 *AB* 旋转时，通过连杆 *BC* 使从动曲柄 *CD* 反向旋转，从而保证两扇车门同时开启或关闭

（3）双摇杆机构　两个连架杆均为摇杆的铰链四杆机构称为双曲柄机构，如图 3-15 所示。在双摇杆机构中，两摇杆可以分别为主动件。

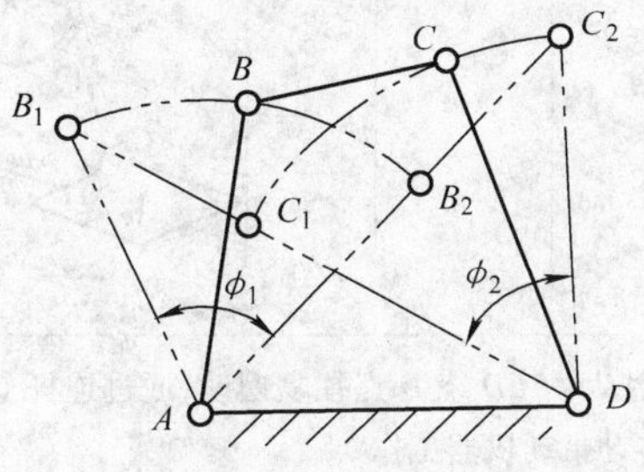

图 3-15　双摇杆机构

双摇杆机构的运动特点及应用见表 3-9。

表 3-9　双摇杆机构的运动特点及应用

名　称	机构运动简图	图　例	运动特点
鹤式起重机	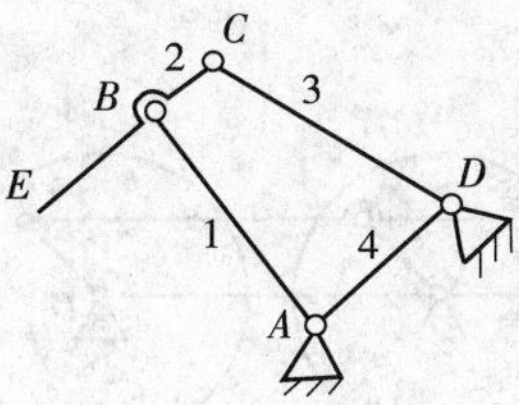	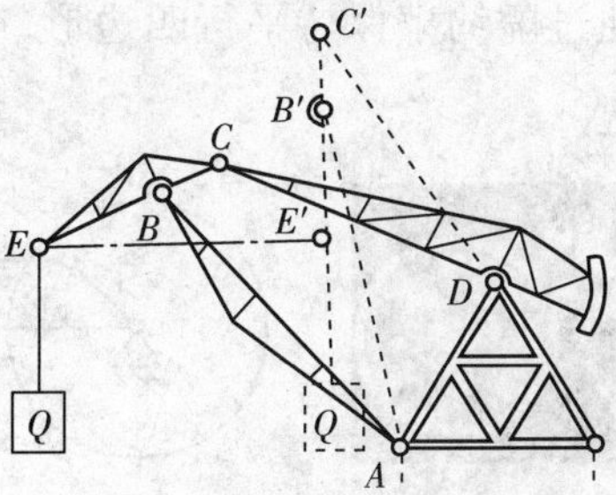	当主动摇杆 *AB* 摆动到 *AB′*时，从动摇杆 *CD* 也随之摆到 *C′D*，使悬挂于 *E* 点的重物 *Q* 沿近似水平的直线运动到 *E′*点

（续）

名　称	机构运动简图	图　例	运动特点
铸造翻箱机构			铸造翻箱机构是双摇杆机构，当主动摇杆 AB 绕 A 点左右摆动时，从动摇杆 CD 也随之摆动，使连杆 BC 带动箱体作翻转运动

任务实施

家用缝纫机的运动特性分析见表 3-10。

表 3-10　家用缝纫机的运动特性分析

步　骤	机构运动简图	实物或示意图	
1. 绘制机构运动简图			根据家用缝纫机的尺寸，确定适当比例，绘制机构运动简图
2. 分析缝纫机脚踏板机构	脚踏板 CD 为主动件，CD 绕 D 点往复摆动，通过连杆 CB，使 AB 绕 A 点作圆周运动，带动带轮旋转，从而通过带传动带动机器工作 此机构为曲柄摇杆机构，AB 为曲柄，CD 为摇杆。此时摇杆 CD 为主动件，曲柄 AB 为从动件		

扩展知识

平行双曲柄机构在运动时会出现运动位置不确定的问题，可通过以下方法来解决：

1）加惯性轮，利用惯性维持从动曲柄转向不变，如家用缝纫机上的带轮。

2）增加虚约束，通过虚约束保持平行四边形，如机车车轮联动的平行四边形机构，如图 3-16 所示。

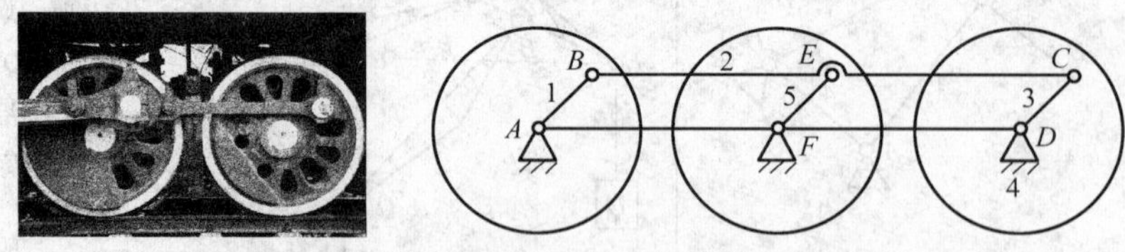

图 3-16　机车车轮联动的平行四边形机构

练 习 题

1. 判断题

（1）凡是四个构件连接成一个平面，即成为平面四杆机构。（ ）

（2）平面连杆机构中总有一个构件为静件。（ ）

（3）四个构件用铰链连接组成的机构叫曲柄摇杆机构。（ ）

（4）曲柄摇杆机构只能将回转运动转换为往复摆动。（ ）

（5）家用缝纫机的原动部分即为曲柄摇杆机构，其中脚踏板就相当于摇杆，且为主动件。（ ）

2. 选择题

（1）铰链四杆机构中，各构件之间以________相联接。

A. 转动副　　B. 移动副　　C. 螺旋副

（2）在铰链四杆机构中，能相对机架作整周旋转运动的杆为________。

A. 连杆　　B. 摇杆　　C. 曲柄

（3）汽车车门启闭机构采用的是________机构。

A. 反向双曲柄　　B. 曲柄摇杆　　C. 双曲柄

（4）家用缝纫机采用的是________机构。

A. 双曲柄　　B. 双摇杆　　C. 曲柄摇杆

（5）汽车刮水器采用的是________机构。

A. 双曲柄　　B. 双摇杆　　C. 曲柄摇杆

3. 试列举日常生活中铰链四杆机构的应用实例

任务4 认识铰链四杆机构的基本性质

知识目标：

1. 铰链四杆机构基本类型的判别
2. 铰链四杆机构曲柄存在的条件
3. 机构的急回特性和死点位置的意义

技能目标：

1. 正确判别铰链四杆机构的基本类型
2. 掌握急回特性和死点的应用方法

任务描述

如图3-17所示为飞机起落架工作图，根据飞机起落架的工作原理，绘制机构运动简图，并分析运动特性。

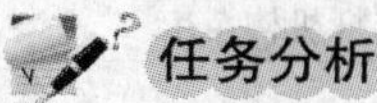

任务分析

如图3-17所示为飞机起落架的外形图和示意图，起落架主要由*AB*杆、*BC*杆、*CD*杆组

a）

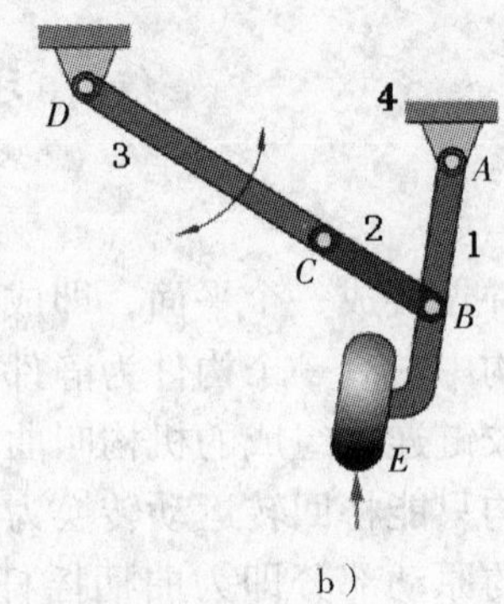

b）

图 3-17　飞机起落架

成，A、D 固定在机身上。工作时通过液压缸带动 CD 摆动，使起落架收起或放下，要搞清飞机起落架的运动特性，就必须了解机构运动的基本性质。

相关知识

1. 铰链四杆机构存在曲柄的条件

铰链四杆机构的三种基本形式，区别在于有无曲柄和有几个曲柄。四个杆相对长度对机构有无曲柄起着决定性的影响，铰链四杆机构的三种基本形式与机构中四个杆相对长度的关系分析如下：

在铰链四杆机构中，如图 3-18 所示，AB 为曲柄、BC 为连杆、CD 为摇杆、AD 为机架。各杆长度分别为 $AB=a$、$BC=b$、$CD=c$、$AD=d$，C_1D、C_2D为 CD 的两个极限位置。

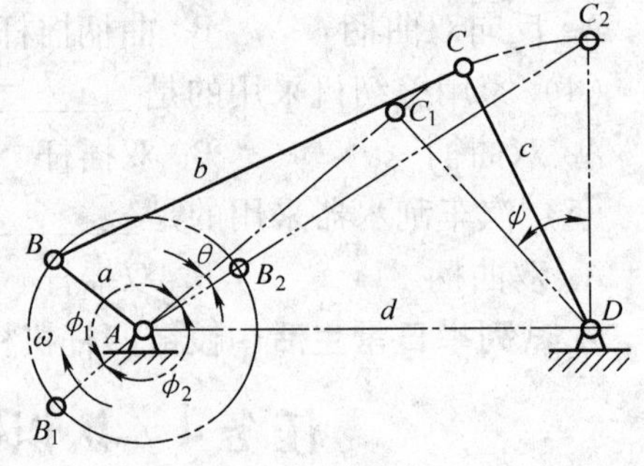

图 3-18　铰链四杆机构

在$\triangle AC_1D$ 中由 $(b-a)+c \geqslant d$ 得 $a+d \leqslant b+c$

或由 $(b-a)+d \geqslant c$ 得 $a+c \leqslant b+d$

在$\triangle AC_2D$ 中由 $c+d \geqslant a+b$ 得 $a+b \leqslant c+d$

上式两两相加即得

$$a \leqslant b$$
$$a \leqslant c$$
$$a \leqslant d$$

分析以上各式得出铰链四杆机构中有曲柄的条件，具体见表 3-11。

表 3-11　曲柄存在条件分析

条　　件	有无曲柄	机　　架	组成机构
最短杆 + 最长杆≤其余两杆长度之和	一个曲柄 一个摇杆	连架杆相邻杆	曲柄摇杆机构
	两个曲柄	最短杆	双曲柄机构
	两个摇杆	最短杆对面杆	双摇杆机构
最短杆 + 最长杆 > 其余两杆长度之和	无曲柄	任何杆	双摇杆机构

2. 急回特性

在曲柄摇杆机构中，曲柄 AB 是主动件，作等角速度转动，BC 为连杆，CD 为摇杆，当 CD 杆处于 C_1D、C_2D 两极限位置时，摇杆在两极限位置之间所夹的角度 ψ 称为摇杆的摆角；主动曲柄 AB 相对应之间所夹锐角 θ 称为极位夹角，见表 3-12。

表 3-12 急回特性分析

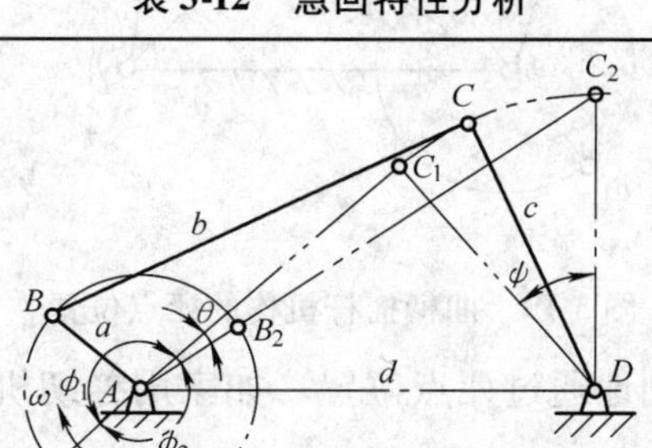

曲柄(AB)		摇杆(CD)	
AB_1转到AB_2	AB_2转到AB_1	C_1D摆动到C_2D	C_2D摆动到C_1D
AB转过角度 $\phi_1=180°+\theta$	AB转过角度 $\phi_2=180°-\theta$	CD摆动速度 $v_1=\dfrac{C_1C_2}{t_1}$	CD摆动速度 $v_2=\dfrac{C_1C_2}{t_2}$
$\phi_1>\phi_2$		$t_1>t_2$ $v_2>v_1$	
t_1、v_1——曲柄顺时针从AB_1转到AB_2，摇杆从C_1D摆动到C_2D所需时间、速度 t_2、v_2——曲柄顺时针从AB_2转到AB_1，摇杆从C_2D摆动到C_1D所需时间、速度			

主动件曲柄 AB 以等角速度转动时，从动件摇杆 CD 往复摆动的平均速度不相等。从动件空行程速度 v_2 比工作行程速度 v_1 快，这个性质称为机构的急回特性。

空行程速度 v_2 与工作行程速度 v_1 之比称为急回特性系数，用 K 表示。

$$K=\frac{v_2}{v_1}=\frac{C_1C_2/t_2}{C_1C_2/t_1}=\frac{t_1}{t_2}=\frac{\phi_1}{\phi_2}=\frac{180°+\theta}{180°-\theta}\text{或}$$

$$\theta=180°\frac{K-1}{K+1}$$

式中 θ——极位夹角，即摇杆在极限位置时，曲柄两位置之间所夹锐角。

$K>1$ 时有机构急回特性，K 越大，机构急回特性越明显；$K\leqslant1$ 时机构无急回特性。

3. 死点位置

在铰链四杆机构中，当摇杆 CD 为主动件、曲柄 AB 为从动件时，当连杆 BC 与曲柄 AB 处于共线位置时，如图 3-19 所示，这时无论连杆 BC 给从动件曲柄 AB 的力多大，曲柄 AB 不动。机构中连杆与从动件曲柄共线时出现的从动件不能转动或转向不确定的位置，叫死点位置。

以摇杆作为主动件的曲柄摇杆机构，在运动过程中，从动曲柄与连杆两次共线，有两个死点位置。例如在家用缝纫机的踏板机构中就存在死点位置。机构存在死点位置是不利的，工程上常采取以下措施使机构顺利地通过死点位置：

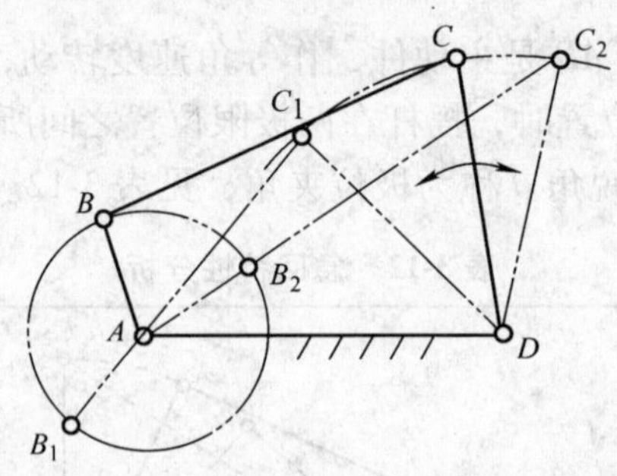

图 3-19　曲柄摇杆机构的死点位置

1）利用从动件的惯性顺利地通过死点位置。如家用缝纫机的踏板机构中大带轮就相当于飞轮，利用惯性通过死点。

2）采用机构错位排列方法顺利地通过死点位置，例如图 3-20 所示的车轮联动机构，当一个机构处于死点位置时，借助另一机构来越过死点。

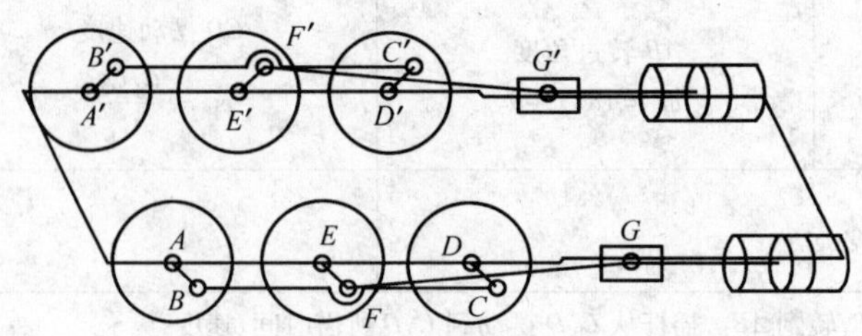

图 3-20　车轮联动机构

在工程上也常常利用机构的死点来实现一定的工作要求，如图 3-21 所示的快速夹紧机构，当工件 5 被夹紧时，铰链中心、B、C、D 共线，工件经加在杆 1 上的反作用力无论多大，也不能使杆 3 转动。这就保证外力 P 去掉后，仍能可靠地夹紧工件，当需要取出工件时，只要向上扳动手柄（连杆 2），即能松开夹具。

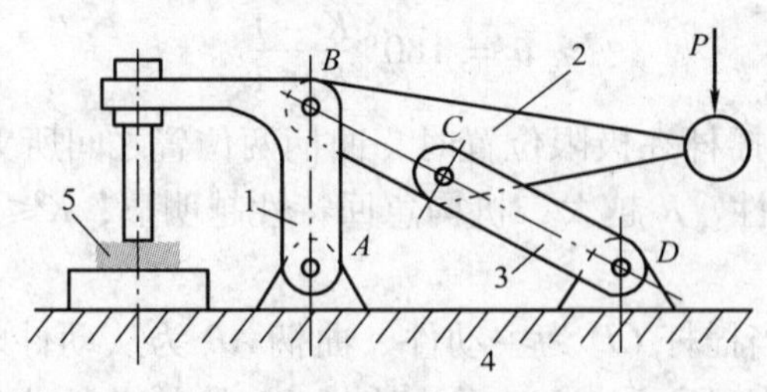

图 3-21　快速夹紧机构

1—摇杆　2—连杆　3—摇杆　4—机架　5—工件

任务实施

如图 3-17 所示飞机起落架的运动特性分析见表 3-13。

表 3-13　飞机起落架运动特性分析

步　骤	示 意 图	机构运动简图	运 动 分 析
1. 绘制飞机起落架机构运动简图			飞机起落架由摇杆 *AB* 和摇杆 *CD* 组成双摇杆机构，*CD* 杆为主动摇杆
2. 起落架收起			当摇杆 *CD* 在外力作用下向上摆动时，通过连杆 *BC* 拉动摇杆 *AB* 向上摆动，带动起落架向上运动，将起落架收起
3. 起落架放下			当摇杆 *CD* 向下摆动，通过连杆 *CB* 推动摇杆 *AB* 向下摆动，将起落架放下，这时 *CD* 和 *BC* 共线，处于死点，无论受多大力，摇杆 *CD* 都不会摆动

特别提醒

1）学习曲柄存在的条件时，应弄清判断标准。

2）可结合牛头刨床工作特性学习急回特性的概念。

3）可结合实践学习死点的概念。

扩展知识

在设计机构时，不仅要求连杆机构能实现预定的运动规律，而且希望运转轻便，效率较高。

如图 3-22 所示的曲柄摇杆机构，如不计各杆质量和运动副中的摩擦，则连杆 *BC* 为二力杆，它作用于从动摇杆 *CD* 上的力 *P* 是沿 *BC* 方向的。作用在从动件上的力 *P* 与该力作用点绝对速度 v_c 之间所夹的锐角 α 称为压力角。

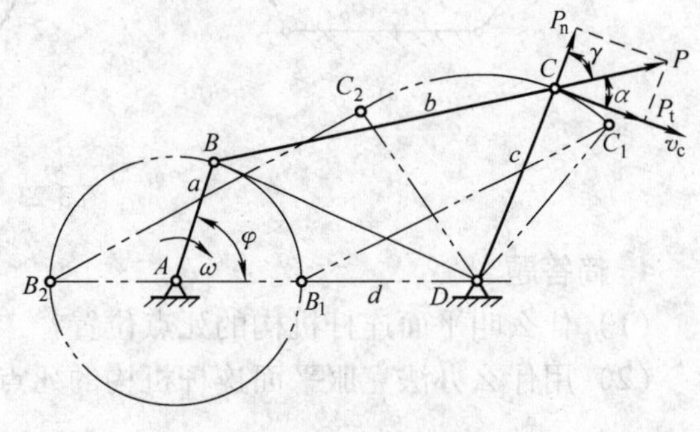

图 3-22　压力角与传动角

力 *P* 在 v_c 方向的有效分力为 $P_t = P\cos\alpha$，这说明压力角越小，有效分力就越大。也就是说，压力角可作为判断机构传动性能的标志。在连杆设计中，为了度量方便，将压力角 α 的余角 γ（即连杆和从动摇杆之间所夹的锐角）称为传动角，用来判断传力性能。因 $\gamma=90°-\alpha$，所以 α 越小，γ 越大，机构传力性能越好；反之，α 越大，γ 越小，机构传力越费劲，传动效率越低。

机构运转过程中，传动角是变化的，为了保证传动性能的良好，设计时最小传动角 $\gamma_{min}\geqslant 40°$；对于颚式破碎机、冲床等大功率机械，最小传动角可取 $\gamma_{min}\geqslant 50°$；对于小功率的控制机构和仪表，最小传动角 γ_{min} 可略小于 40°。

练　习　题

1. 判断题

（1）在曲柄摇杆机构中，当曲柄为主动件时，会出现死点位置。　　（　　）

（2）在四杆机构中出现死点位置的原因是由于主动力小于转动阻力。　　（　　）

（3）平行双曲柄机构具有等传动比的特点，所以能保持天平左右两只盘始终处于水平位置。　　（　　）

2. 选择题

当四杆机构出现死点位置时，可在从动曲柄上________使其顺利通过死点位置。

A. 加大主动力　　B. 减小阻力　　C. 加设飞轮

3. 计算题

（1）如图 3-23a 所示铰链四杆机构中，机架 $l_{AB}=40$mm，两连架杆长度分别为 $l_{AB}=18$mm 和 $l_{CD}=45$mm，则当连杆 l_{BC} 的长度在什么范围内时，该机构为曲柄摇杆机构？

（2）如图 3-23b 所示铰链四杆机构中，已知各杆长度分别为 $l_{AD}=240$mm，$l_{AB}=600$mm，$l_{BC}=400$mm，$l_{CD}=500$mm，试问当分别以 BC 和 AD 杆为机架时，各得到什么机构？

（3）如图 3-23c 所示铰链四杆机构中，各杆尺寸为 $l_{AB}=130$mm，$l_{BC}=150$mm，$l_{CD}=175$mm，$l_{AD}=200$mm。当取 AD 杆为机架时，试判断此机构属于哪一种基本形式？

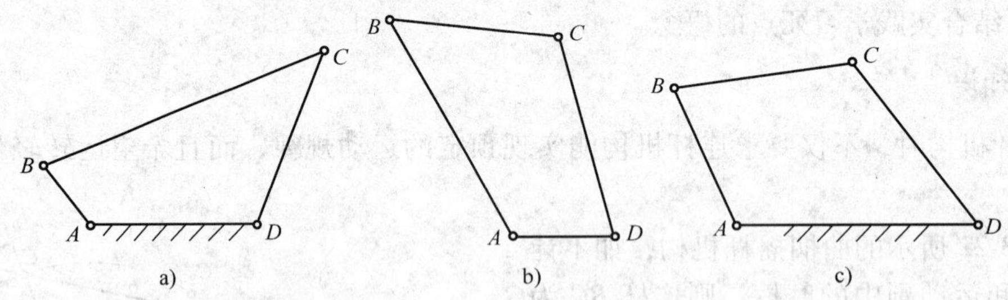

图 3-23　习题图

4. 简答题

（1）什么叫平面连杆机构的死点位置？

（2）用什么办法克服平面连杆机构的死点位置？试举两例说明。

任务5 认识铰链四杆机构的演化

知识目标：

1. 铰链四杆机构的演化原理
2. 曲柄滑块机构的原理

技能目标：

1. 掌握铰链四杆机构演化形式
2. 各种导杆机构的应用

任务描述

如图3-24所示为牛头刨床的外形图，试绘制刨削运动的机构运动简图，分析牛头刨床刨削运动特性。

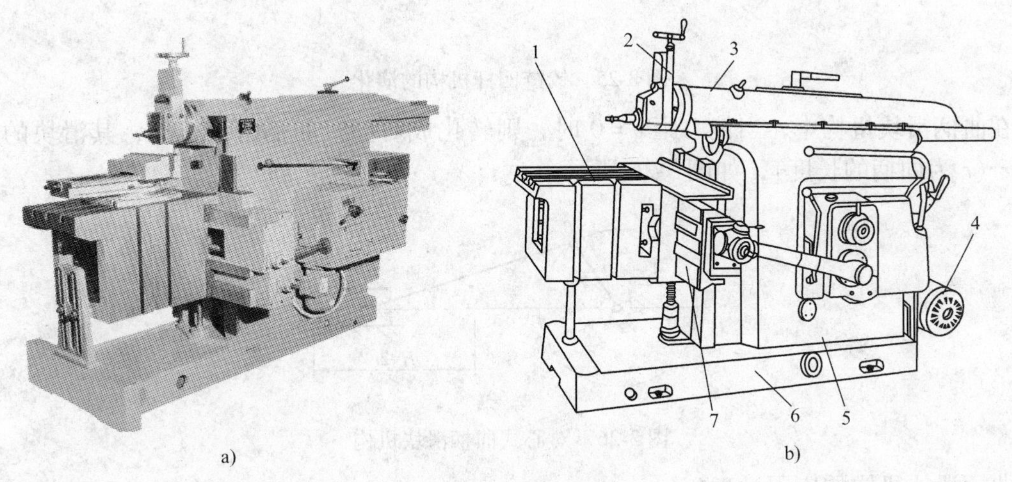

图3-24 牛头刨床

1—工作台 2—刀架 3—滑枕 4—电动机 5—床身 6—底座 7—横梁

任务分析

如图3-24a所示为牛头刨床的外形图，它主要由床身、电动机、滑枕、刀架、工作台、横梁、底座等组成，如图3-24b所示为牛头刨床的工作示意图。牛头刨床的主运动为滑枕带动刨刀作直线往复运动，其传动路线为：电动机→带轮→齿轮变速机构→曲柄摆杆机构。进给运动为工作台作水平或垂直运动，其传动路线为：电动机→带轮→齿轮变速机构→棘轮机构→进给丝杠→工作台。要搞清牛头刨床的运动机构，就必须了解其运动机构的运动特点。

相关知识

在实际生产中，为了满足各种工作的需要还有许多形式不同的平面四杆机构。它们在外形和构造上虽然存在较大差别，但在运动特性上却有许多相似之处。其实它们是通过连杆机构的倒置、改变各杆相对长度或改变运动副形式等方法，由铰链四杆机构演化而来。

1. 曲柄滑块机构

如图 3-25a 所示曲柄摇杆机构中，当曲柄 AB 绕 A 点旋转时，摇杆 CD 上的 $\dot{C}$ 点在以 CD 为半径的圆弧 C_1C_2 上摆动。将摇杆 CD 做成滑块，如图 3-25b 所示，滑块在导轨 C_1C_2 内往复运动，运动性质没有变化。此时铰链四杆机构已演化为曲柄滑块机构。如将摇杆的半径增至无限大，则铰链 C 的轨迹将变成直线，如图 3-25c 所示。

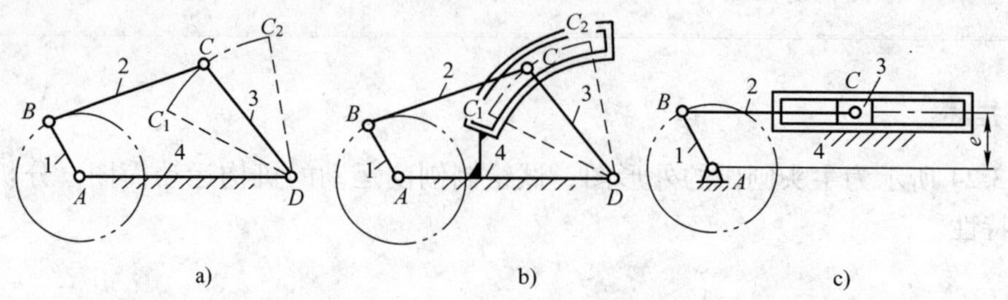

图 3-25　铰链四杆机构的演化

在曲柄滑块机构中，当偏心距 $e=0$ 时，则转化成对心式曲柄滑块机构，其滑块的行程 $H=2r$（r 为曲柄的长度），如图 3-26 所示。

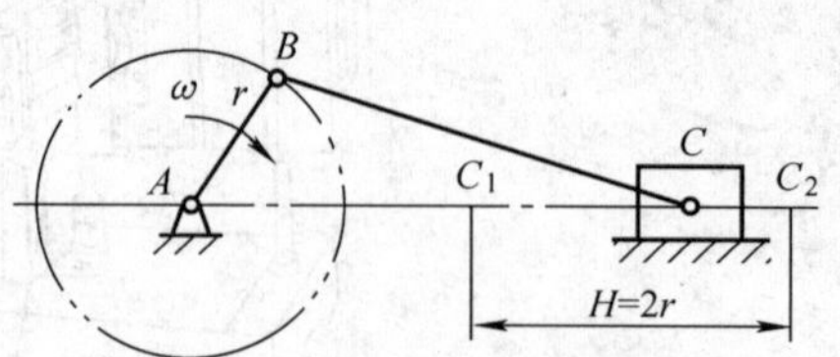

图 3-26　对心式曲柄滑块机构

曲柄滑块机构的应用见表 3-14。

表 3-14　曲柄滑块机构的应用

类　型	应用实例	机构运动简图	特　点
对心曲柄滑块机构			内燃机工作时，活塞 3 在气缸内上下运动，通过连杆 BC 带动曲柄 AB 转动

（续）

类 型	应用实例	机构运动简图	特 点
偏置曲柄滑块机构		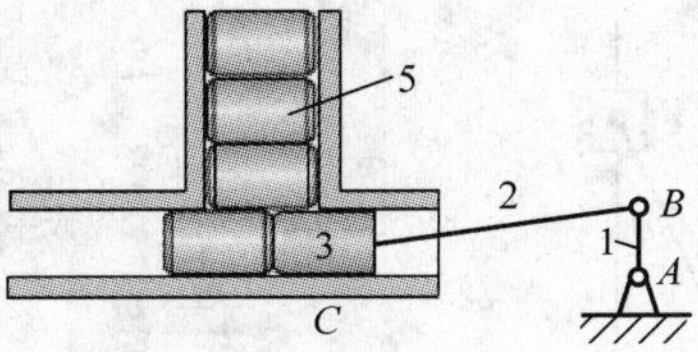	曲柄 AB 每旋转一周，通过连杆 BC 推动滑块 3 就从料槽中推出一个工件 5
偏心曲柄滑块机构	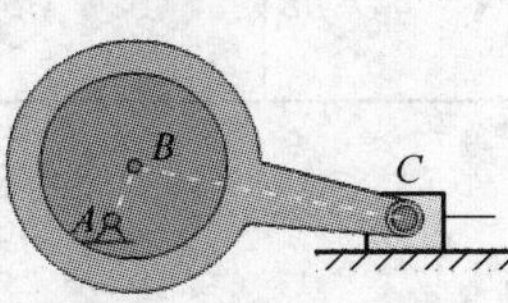	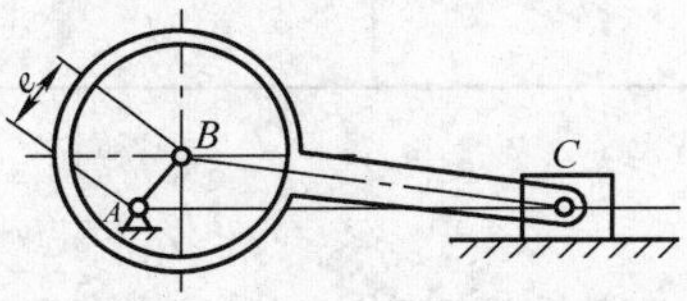	转动中心 A 与几何中心 B 不重合的偏心轮作为曲柄 AB，偏心轮转动，通过连杆 BC 带动滑块作往复直线运动

2. 导杆机构

导杆机构是由曲柄滑块机构演化而成的，选择不同构件作为机架可以演化为导杆机构、摇动滑块机构、固定滑块机构，其演化过程见表 3-15。在机构中与滑块做相对移动的构件称为导杆，具有导杆的机构称为导杆机构。

表 3-15 导杆机构的演化

类 型	机构运动简图	应用实例	运动特点
曲柄滑块机构	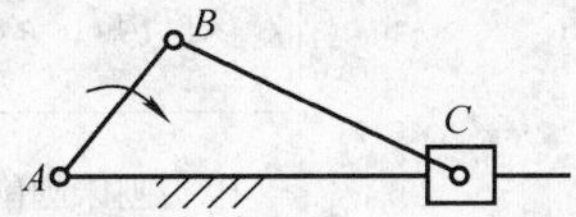		构件 AC 为机架，构件 AB 为主动件
导杆机构	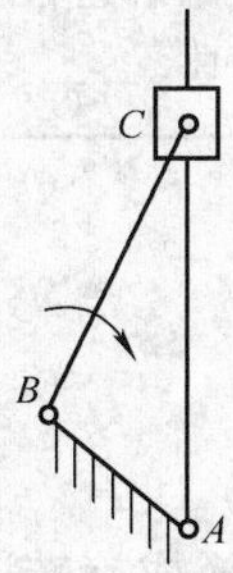	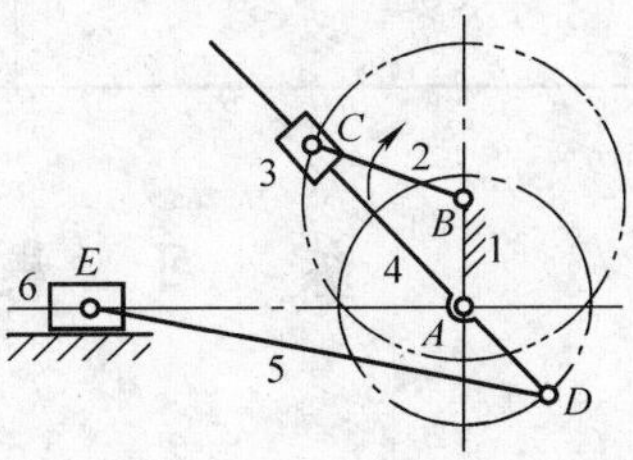	构件 AB 为机架，构件 BC 为主动件： (1) $l_{AB} < l_{BC}$ 时，该机构称为转动导杆机构 (2) $l_{AB} > l_{BC}$ 时，该机构称为摆动导杆机构
曲柄摇块机构	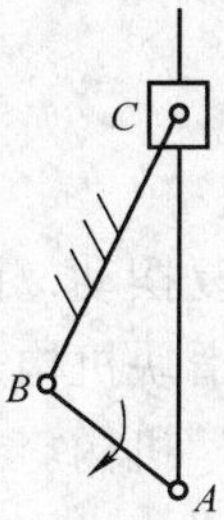		构件 BC 为机架，构件 AB（或导杆 AC）为主动件 当摆动式油缸内的压力油推动活塞杆从油缸中伸出，车厢绕车身的 B 点倾转，将货物自动卸下

（续）

类　型	机构运动简图	应用实例	运动特点
移动导杆机构	C B A	A 4 B 1 3 C 2	滑块为机架，构件 AB 为主动件 摆动手柄 AB，可以使活塞杆（导杆4）在唧筒（固定滑块3）内上下移动，从而完成抽水动作

任务实施

如图3-24所示牛头刨床的运动特性分析见表3-16。

表3-16　牛头刨床的运动特性分析

步　骤	机构运动简图	运动分析
1. 绘制机构运动简图	D 3 C 2 B C_2 C_1 4 1 A	根据牛头刨床的工作原理，大致绘制刨削运动的机构运动简图
2. 分析刨削运动		该机构是以 AB 为机架、曲柄 BC 为主动件作整周回转运动，通过滑块3带动导杆 ACD 往复摆动，从而带动滑枕作左右往复直线运动，实现刨削加工 该机构 $l_{AB} > l_{BC}$，机构为摆动导杆机构
3. 机构的运动特性		牛头刨床刨削过程中，刨削工作行程比空行程用的时间多，刨削工作速度小于空行程时的速度，该机构具有急回特性

练　习　题

1. 判断题

（1）在内燃机中应用曲柄滑块机构，是将往复直线运动转换成旋转运动。　（　　）

（2）牛头刨床滑枕的往复运动是由导杆机构来实现的。　（　　）

（3）曲柄滑块机构是由曲柄摇杆机构演化而来的。　（　　）

2. 选择题

（1）有一四杆机构，其中一杆能作整周运动，一杆能作往复摆动，该机构叫________。

A. 双曲柄机构　　B. 曲柄摇杆机构　　C. 曲柄滑块机构

（2）牛头刨床的主运动机构是应用了四杆机构中的________机构。

A. 转动导杆机构　　B. 摆动导杆机构　　C. 曲柄滑块机构

（3）曲柄滑块机构中，若机构存在死点位置，则主动件为________。

A. 连杆　　B. 机架　　C. 滑块

（4）________为曲柄滑块机构的应用实例。

A. 自卸汽车卸料装置　B. 手动抽水机　C. 滚轮送料机

（5）在曲柄滑块机构中，往往用一个偏心轮代替________。

A. 滑块　　B. 机架　　C. 曲柄

3. 在生产实践中，仔细观察牛头刨床的切削运动是如何实现的？

任务6　平面四杆机构的设计

知识目标：

1. 平面四杆机构的设计步骤
2. 平面四杆机构的设计方法

技能目标：

掌握平面四杆机构的设计方法

任务描述

已知如图3-27所示牛头刨床的摆动导杆机构中，机架 AC 长度 $l_{AC}=480\text{mm}$，急回特性系数 $K=1.45$，试设计此摆动导杆机构。

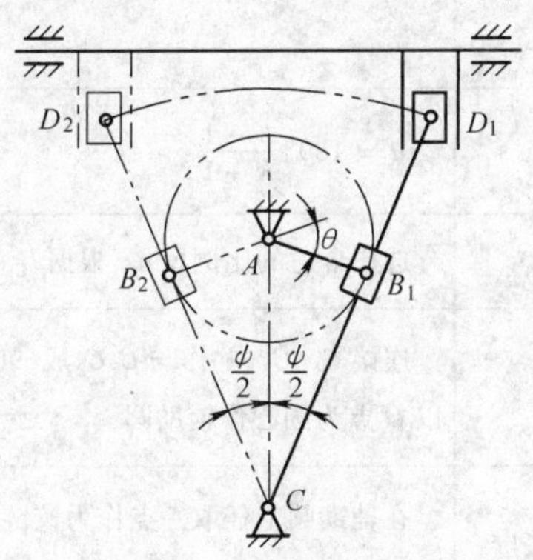

图3-27　按给定急回特性系数 K 设计导杆机构

任务分析

设计牛头刨床的摆动导杆机构，就必须确定机构中各构件的尺寸及其运动特性。

相关知识

机构的设计就是根据给定的条件选择机构的形式，确定机构的几何参数。平面连杆机构的设计方法有解析法、图解法和实验法三种：

1. 按给定的急回特性系数 K 设计曲柄摇杆机构

知道急回特性系数 K，就可计算极位夹角 θ，用图解法可方便作出平面机构。

已知急回特性系数 K、摇杆 l_{CD} 长度、摆角 ψ，图解法设计曲柄摇杆机构的步骤见表 3-17。

表 3-17 图解法设计曲柄摇杆机构的步骤

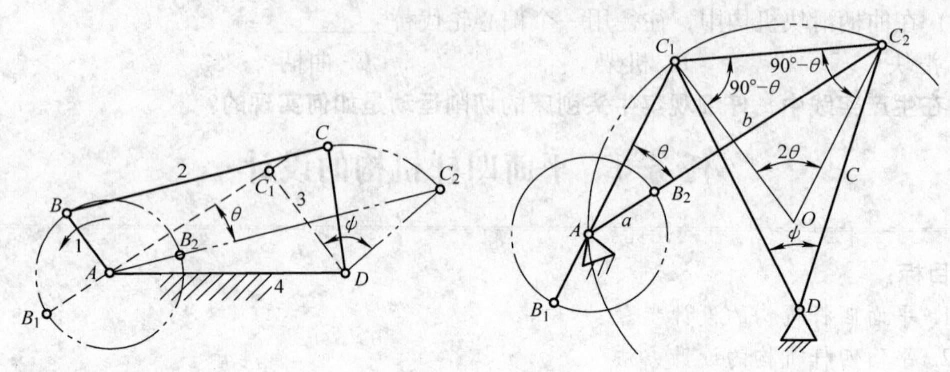

设计步骤		设计计算过程
(1)机构情况分析		在已知 l_{CD}、ψ 的情况下，只要确定铰链 A 点的位置，在量得 AC_1 和 AC_2 长度后就可确定曲柄的长度 l_{AB} 和连杆长度 l_{BC}，$l_{AB}=(l_{AC2}-l_{AC1})/2$，$l_{BC}=(l_{AC2}+l_{AC1})/2$，$l_{AD}$ 长度可直接量得 由于 A 点是极位夹角的顶点，即 $\angle C_1AC_2=\theta$，如过 AC_1C_2 三点作一辅助圆，则该圆上任取一点为 A 点，$\angle C_1AC_2=\theta$，$\angle C_1OC_2=2\theta$，极易求得点 O
(2)作图步骤	1)计算 θ	$\theta=180°\dfrac{K-1}{K+1}$
	2)作摇杆的极限位置	选择合适的比例尺 μ_1，根据 l_{CD} 及摆角 ψ 作出 C_1D、C_2D 两极限位置
	3)作辅助圆	连接 C_1、C_2，并作与 C_1C_2 成$(90°-\theta)$角的两直线，其交点 O 即为圆心点，以 O 点为圆心作辅助圆
	4)确定曲柄、连杆长度	在辅助圆上任取一点作为铰链中心 A，连接 AC_1、AC_2，测量 l_{AC1}、l_{AC2} 长度，通过比例尺求实际长度
	5)其他杆长度	机架 l_{AD} 长度可直接测量，通过比例尺 μ_1 求 AD 实际长度
(3)其他情况分析		由于 A 点是辅助圆上的任意一点，所以实际有无穷多解，如能给一些如曲柄长度 l_{AB}、机架长度 l_{AD} 等，则可能有唯一解。实际设计时多数有辅助条件，如实在没有也可根据情况确定

2. 按给定的急回特性系数 K 设计导杆机构

已知机架长度 l_{AC} 和急回特性系数 K，摆动导杆机构的设计方法与步骤见表 3-18。

表 3-18 摆动导杆机构设计方法与步骤

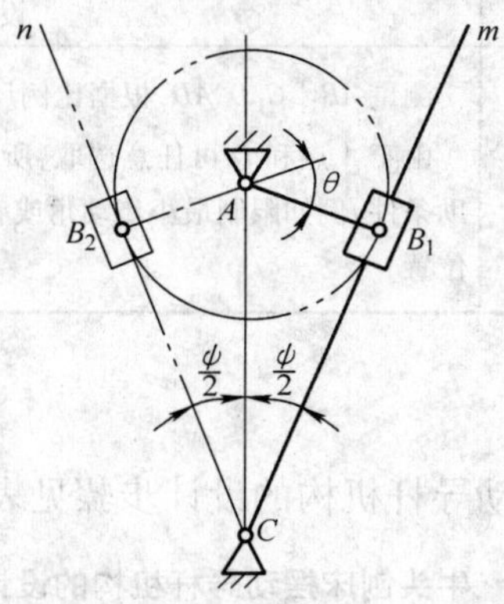

设 计 步 骤	设计计算过程
(1)机构情况分析	摆动导杆机构的极位夹角 θ 与导杆的摆角 ψ 相等,设计摆动导杆机构就是确定曲柄长度 l_{AB}
(2)计算 θ	$\theta = 180° \frac{K-1}{K+1}$
(3)作导杆的两极限位置	任选一点为固定铰链 C 点的中心,按 $\psi=\theta$ 作导杆的两极限位置 Cm、Cn,使$\angle mCn=\psi=\theta$
(4)确定 A 点及曲柄 AB 长度	根据确定的比例尺 μ_1,作摆角 ψ 的平分线,并在其上取 $CA=l_{AC}/\mu_1$,得曲柄回转中心 A 点,过 A 作 Cm、Cn 的垂线 AB_1、AB_2,AB_1 即为曲柄长度,$l_{AB}=\mu_1 AB_1$
(5)画滑块	画出滑块,完成设计

3. 按给定连杆位置设计四杆机构

给定连杆的两个位置，设计四杆机构，设计步骤见表 3-19。

表 3-19 按给定连杆位置设计四杆机构

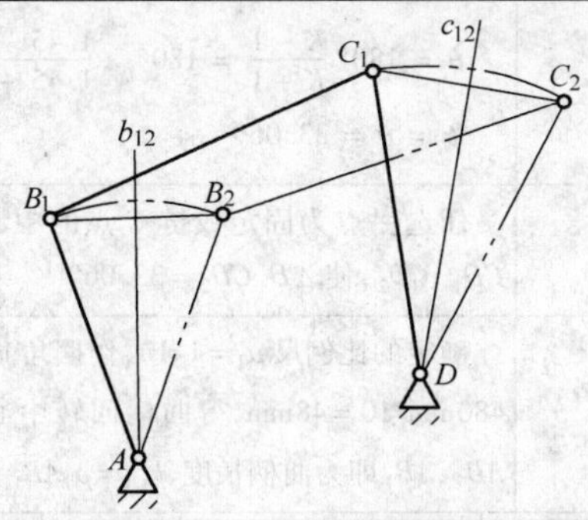

步 骤	设计计算过程
(1)选定长度比例尺 μ_1	绘出连杆的两个位置 B_1C_1、B_2C_2
(2)确定铰链中心点 A、D	连接 B_1B_2、C_1C_2,分别作线段 B_1B_2 和 C_1C_2 的垂直平分线 b_{12} 和 c_{12},分别在 b_{12} 和 c_{12} 上任意取 A、D 两点,A、D 两点即是两个连架杆的固定铰链中心。连接 AB_1、C_1D、B_1C_1、AD,AB_1C_1D 即为所求的四杆机构

（续）

步　骤	设计计算过程
(3)计算各杆实际长度	测量 AB_1、C_1D、AD，根据比例尺 μ_1 计算 l_{AB}、l_{CD}、l_{AD} 的长度 由于 A 点和 D 可任意选取，所以有无穷解。在实际设计中可根据其他辅助条件，例如限制最小传动角或者 A、D 的安装位置来确定铰链 A、D 的安装位置

任务实施

如图 3-27 所示牛头刨床的摆动导杆机构的设计步骤见表 3-20。

表 3-20　牛头刨床摆动导杆机构的设计步骤

设计步骤	设计计算过程
已知机架 AC 长度 $l_{AC}=480\text{mm}$，急回特性系数 $K=1.45$，试设计此摆动导杆机构	
(1)机构分析	摆动导杆机构的极位夹角 θ 与导杆的摆角 ψ 相等，设计摆动导杆机构就是确定曲柄长度 l_{AB}
(2)计算 θ、ψ	$\theta=180°\dfrac{K-1}{K+1}=180°\times\dfrac{1.45-1}{1.45+1}=33.06°$ $\psi=\theta=33.06°$
(3)作导杆的两极限位置	任选一点为固定铰链 C 点的中心，按 $\psi=33.06°$ 作导杆的两极限位置 CD_1、CD_2，使 $\angle D_1CD_2=33.06°$
(4)确定 A 点及曲柄 AB 的长度	确定的比例尺 $\mu_1=1:10$，作摆角 ψ 的平分线，并在其上取 $AC=l_{AC}/10=480\text{mm}/10=48\text{mm}$，得曲柄回转中心 A 点，过 A 作 CD_1、CD_2 的垂线 AB_1、AB_2，AB_1 即为曲柄长度，$l_{AB}=\mu_1AB_1$
(5)画滑块	画出滑块，完成设计

扩展知识

给定连杆的两个位置，可以用四杆机构图解法进行分析，但是有无数组解，如果给定连杆的三个位置，如何设计四杆机构呢？试根据图 3-28 所示的连杆位置设计四杆机构。

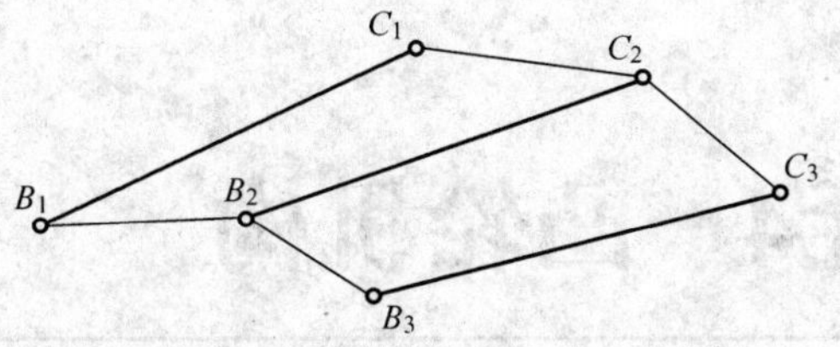

图 3-28 给定连杆三个位置设计四杆机构

练 习 题

1. 如图3-29所示，试设计一铰链四杆机构，已知其摇杆 CD 长度 $l_{CD}=75\text{mm}$，急回特性系数 $K=1.5$，机架 AD 长度 $l_{AD}=100\text{mm}$，摇杆的一个极限位置与机架的夹角 $\varphi=45°$，求曲柄长度 l_{AB}和连杆长度 l_{DC}。

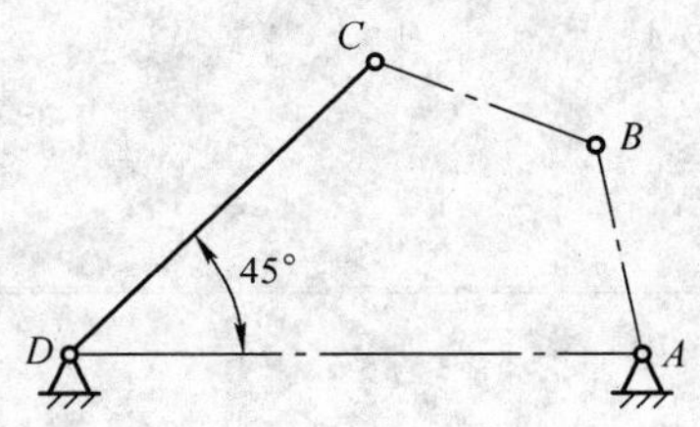

图 3-29

2. 设计一铰链四杆机构，如图3-30所示。摇杆 CD 在两极限位置时与机架 AD 所成夹角 $\varphi_1=45°$、$\varphi_2=120°$，机架长度 $l_{AD}=100\text{mm}$，摇杆 $l_{CD}=75\text{mm}$，试用作图法求曲柄和连杆长度 l_{AB}、l_{BC}。

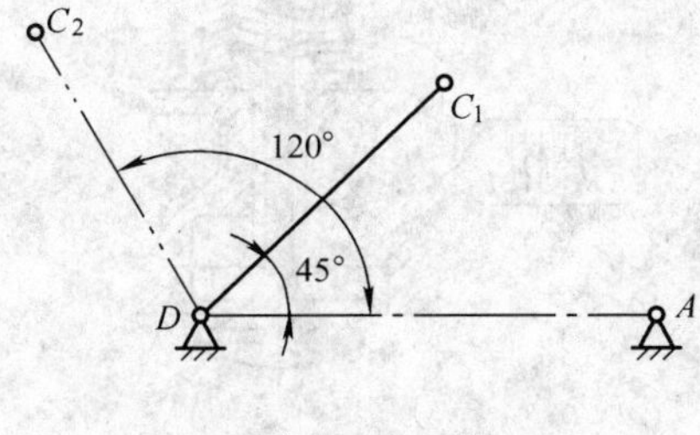

图 3-30

3. 设计一导杆机构，已知机架长度100mm，急回特性系数 $K=1.4$，求曲柄长度。

单元4 凸轮机构

4

任务1 认识凸轮机构

知识目标：

1. 熟悉凸轮机构的组成
2. 掌握凸轮机构的类型及特点

技能目标：

合理选择凸轮机构的种类

 任务描述

如图4-1所示为内燃机的配气机构，试分析其运动规律。

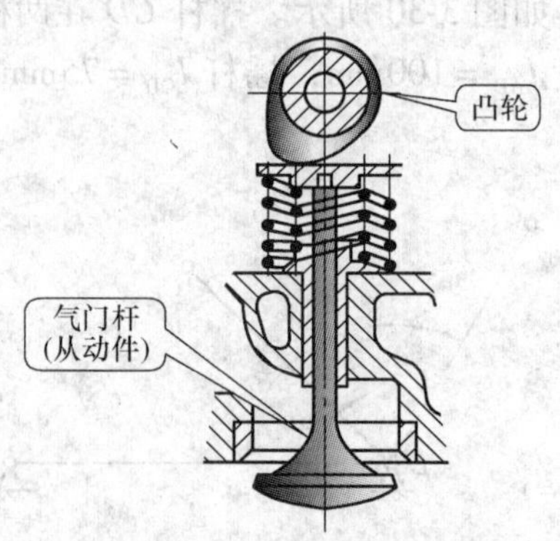

图4-1 内燃机的配气机构

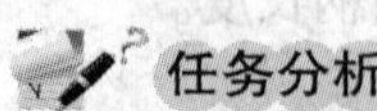 任务分析

内燃机的配气机构中采用凸轮机构，凸轮机构由哪些部件组成？它是如何工作的？分类及应用情况又是怎样的？

 相关知识

1. 凸轮机构的组成

凸轮机构是由凸轮、从动件和机架三个基本构件组成的高副机构，如图4-2所示。凸轮

是一个具有曲线轮廓或槽的构件，主动件凸轮通常作等速转动或移动，凸轮机构是通过高副接触使从动件得到所预期的运动规律。它广泛用于各种机构，特别是自动机械、自动控制装置和装配生产线中。

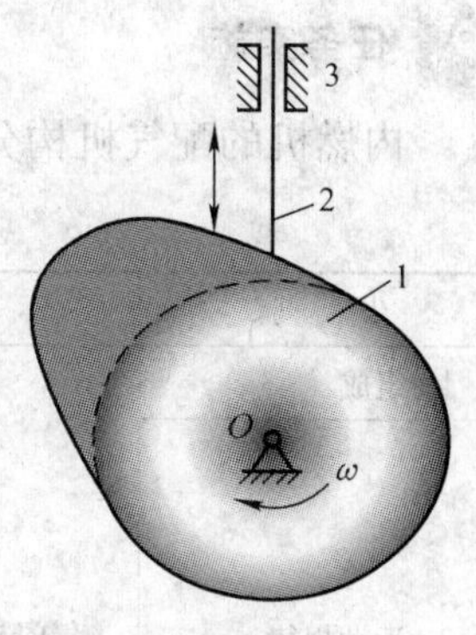

图4-2　凸轮机构示意图

1—凸轮　2—从动件　3—机架

2. 凸轮机构的应用特点

（1）优点　结构简单紧凑、工作可靠、设计适当的凸轮轮廓曲线，可使从动件获得任意预期的运动规律。

（2）缺点　凸轮与从动件（杆或滚子）之间以点或线接触，不便于润滑，易磨损，只适用于传力不大的场合，如自动机构、仪表、控制机构和调节机构中。

3. 凸轮机构的基本类型及特点

凸轮机构的类型及特点见表4-1。

表4-1　凸轮机构的类型及特点

分类方法	类　型	图　例	特　点
按凸轮形状分	盘形凸轮	O	盘形凸轮是一个绕固定轴线转动并具有变化半径的盘形零件。从动件在垂直于凸轮旋转轴线的平面内运动
	移动凸轮		移动凸轮可看作是盘形凸轮的回转中心趋于无穷远，相对于机架作直线往复移动
	圆柱凸轮		圆柱凸轮是一个在圆柱面上开有曲线凹槽或在圆柱端面上做出曲线轮廓的构件，它可看作是将移动凸轮卷成圆柱体演化而成的
按从动件端部形状和运动形式分	尖顶从动件	移动　摆动	构造最简单，但易磨损，只适用于作用力不大和速度较低的场合（如用于仪表等机构中）
	滚子从动件	移动　摆动	滚子与凸轮轮廓之间为滚动摩擦，磨损较小，故可用来传递较大的动力，应用较广
	平底从动件	移动　摆动	凸轮与平底的接触面间易形成油膜，润滑较好，常用于调整传动中

任务实施

内燃机的配气机构分析见表4-2。

表4-2　内燃机的配气机构分析

步　骤	图　例	分　析
1. 组成	凸轮 气门杆（从动件）	凸轮、气门杆、机架
2. 运动规律		图中内燃机配气机构实际上是一种对心平底移动从动件盘形凸轮机构，凸轮连续转动，当径向尺寸变化的凸轮轮廓与气门杆的平底接触时，气门杆产生上下移动，而以凸轮回转中心为圆心的圆弧段轮廓与气门杆接触时，气门杆将静止不动，从而按预定的规律和时间要求打开或关闭气门，完成配气要求

特别提醒

凸轮轮廓与从动件之间必须始终保持接触（借助重力、弹簧力等载荷实现），否则凸轮无法正常工作。

练　习　题

1. 选择题

（1）凸轮轮廓与从动件之间的可动连接是（　　）。

A. 移动副　　B. 转动副　　C. 高副

（2）（　　）决定从动件预定的运动规律。

A. 凸轮转速　　B. 凸轮轮廓曲线　　C. 凸轮形状

（3）凸轮机构中，主动件通常作（　　）。

A. 等速转动或移动　　B. 变速转动　　C. 变速移动

（4）凸轮与从动件接触处的运动副属于（　　）。

A. 高副　　B. 转动副　　C. 移动副

（5）内燃机的配气机构采用了（　　）。

A. 凸轮机构　　B. 铰链四杆机构　　C. 齿轮机构

（6）凸轮机构中，从动件构造最简单的是（　　）。

A. 平底从动件　　B. 滚子从动件　　C. 尖顶从动件

2. 填空题

（1）凸轮机构主要由________、________和________三个基本构件组成。

（2）在凸轮机构中，凸轮为________件，通常作等速________或________。

（3）在凸轮机构中，通过改变凸轮________使从动件实现设计要求的运动。

（4）在凸轮机构中，按凸轮形式分类，凸轮有________、________和________三种。

（5）凸轮机构工作时，凸轮轮廓与从动件之间必须始终________，否则，凸轮机构就不能正常工作。

3. 判断题

（1）在凸轮机构中，凸轮作主动件。（　）

（2）凸轮机构广泛用于机械自动控制。（　）

（3）移动凸轮相对机架作直线往复移动。（　）

（4）在一些机器中，要求机构实现某种特殊的或复杂的运动规律，常采用凸轮机构。（　）

（5）根据实际需要，凸轮机构可以任意拟定从动件的运动规律。（　）

任务2　认识从动件常用的运动规律

知识目标：

1. 了解凸轮机构的工作过程及有关参数
2. 了解从动件常用的运动规律

技能目标：

学会分析从动件的运动规律

任务描述

如图4-1所示为内燃机的配气机构，试分析凸轮机构的工作过程。

任务分析

如图4-1所示，当主动件凸轮回转时，使得气门杆作升-停-降-停的运动循环，控制气门的开启与关闭。

相关知识

1. 凸轮的工作过程及有关参数

凸轮机构中最常用的运动形式为凸轮作等速回转运动，从动件作往复移动。凸轮回转时，从动件作升-停-降-停的运动循环，具体见表4-3。

表4-3　凸轮从动件作升-停-降-停运动循环

从动件运动情况	图　例	描　述
升	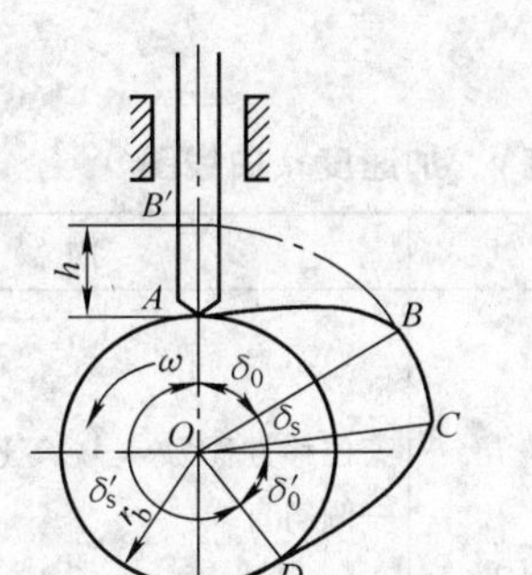	以凸轮轮廓上最小半径为半径所作的圆称为凸轮的基圆，其半径以 r_b 表示 左图中从动件位于最低位置，它的尖端与凸轮轮廓上点 A（基圆与曲线 AB 的连接点）接触。当凸轮以等角速度 ω 逆时针转过 δ_0 时，从动件在凸轮轮廓曲线的推动下，将由 A 点位置被推到 B' 点位置 从动件由最低位置被推到最高位置，从动杆运动的这一过程称为推程 凸轮转角 δ_0 称为推程运动角

（续）

从动件运动情况	图　例	描　述
停	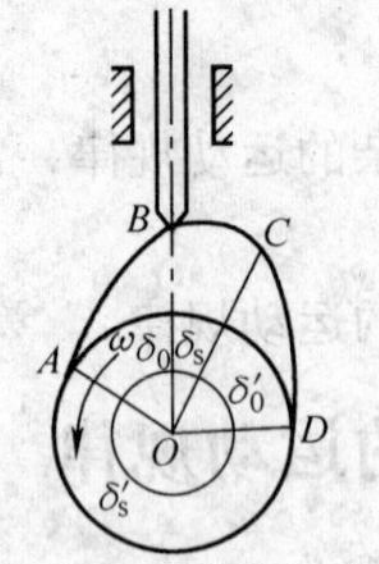	凸轮 BC 段轮廓为圆弧，凸轮转过角度 δ_s，从动件静止不动，且从动件停在最高位置，这一过程称为远停程 凸轮转角 δ_s 称为远停程角
降	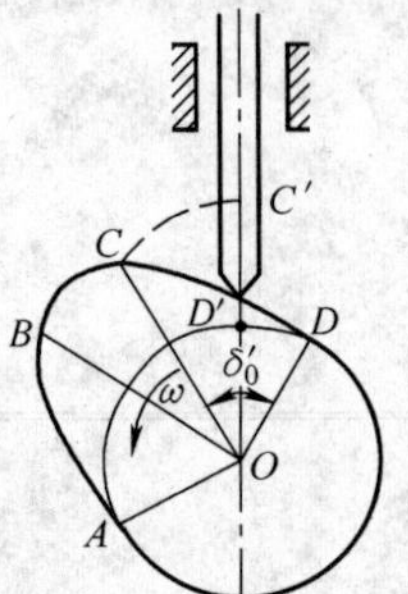	凸轮继续转过 δ_0'，从动件由最高位置 C' 点回到最低位置 D' 点，这一过程称为回程 凸轮转角 δ'_0 称为回程运动角
停	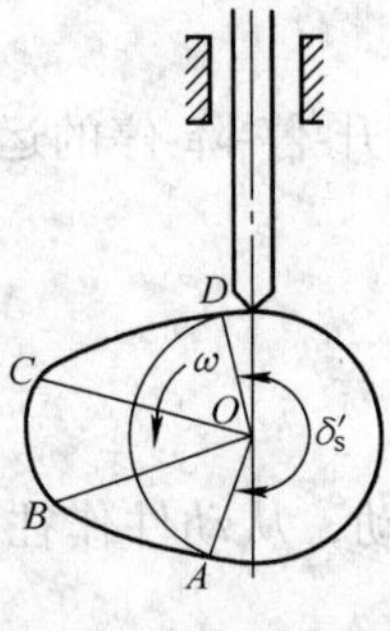	凸轮转过 δ_s' 时，从动件与凸轮轮廓线上最小向径的圆弧 DA 接触，从动件将处于最低位置且静止不动，这一过程称为近停程 凸轮转角 δ_s' 称为近停程角

从动件上升或下降的最大位移 h 称为行程。

2. 从动件常用的运动规律

（1）等速运动规律（见表 4-4）。

表 4-4　等速运动规律位移 s、速度 v、加速度 a 曲线图

曲线类型	图　例	描　述
位移曲线	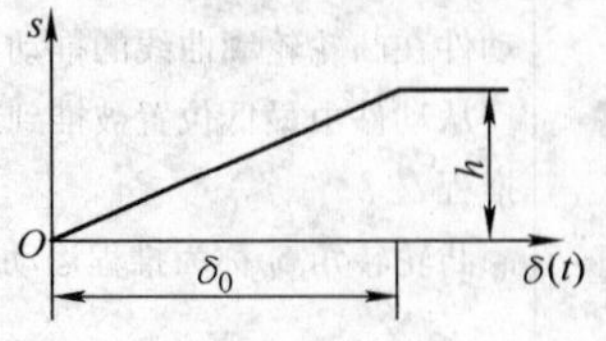	位移方程为 $s=vt$，等速运动时位移曲线为一倾斜直线

（续）

曲线类型	图例	描述
速度曲线	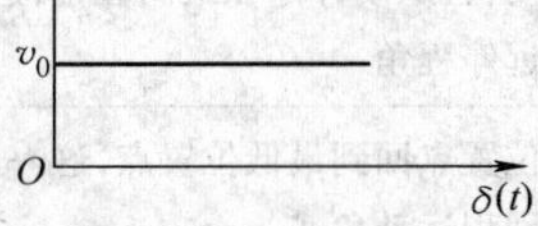 v, v_0, O, $\delta(t)$	从动件运动过程中，速度 v 为恒值
加速度曲线	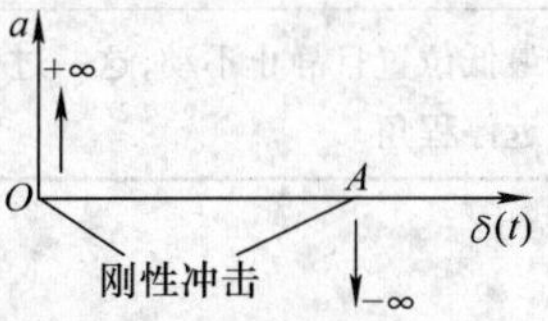 a, $+\infty$, O, A, $\delta(t)$, $-\infty$, 刚性冲击	从动件在推程的起始与终止处速度有突变，使 O、A 位置加速度达到无穷大，产生刚性冲击

（2）等加速等减速运动规律（见表4-5）

表4-5 等加速等减速运动规律位移 s 、速度 v 、加速度 a 曲线图

曲线类型	图例	描述
位移曲线	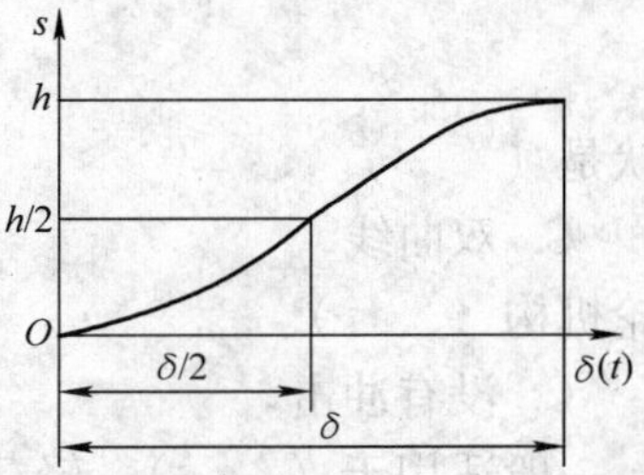 s, h, $h/2$, O, $\delta/2$, δ, $\delta(t)$	位移曲线图由两段抛物线组成。推程前 $h/2$ 的位移方程为 $s=at^2/2$，位移是时间 t（或凸轮转角）的二次函数
速度曲线	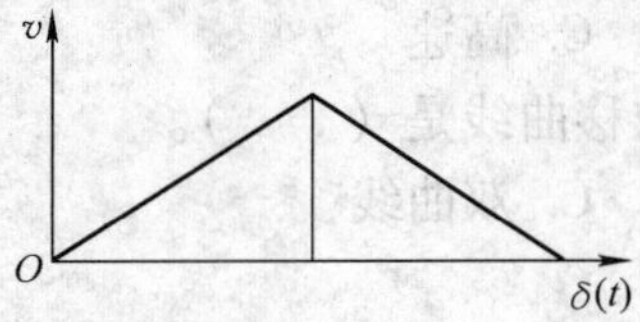 v, O, $\delta(t)$	初始速度 $v=0$，推程前 $h/2$ 的速度方程为 $v=at$
加速度曲线	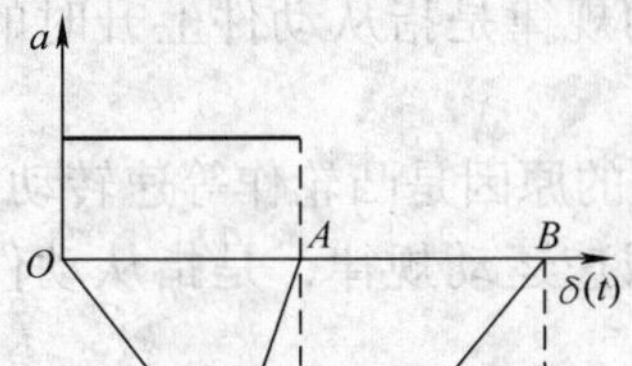 a, O, A, B, $\delta(t)$, 柔性冲击	推程前 $h/2$ 为等加速运动，后 $h/2$ 为等减速运动；推程的 O、A、B 点有加速度的突变，将产生柔性冲击

任务实施

如图4-1所示内燃机凸轮机构的工作过程见表4-6。

表4-6 凸轮机构的工作过程

步骤	描述
1. 凸轮转动时	从动杆升，气门关，凸轮转动一定角度。从动件由最低位置被推到最高位置，从动杆运动的这一过程称为推程 凸轮转角称为推程运动角

（续）

步　骤	描　述
2. 从动杆不动时，气门静止，凸轮转动一定角度	从动件静止不动，且从动件停在最高位置，这一过程称为远停程 凸轮转角称为远停程角
3. 从动杆降时，气门开，凸轮转动一定角度	从动件由最高位置点回到最低位置点，这一过程称为回程 凸轮转角称为回程运动角
4. 从动杆再次不动时，气门静止，凸轮转动一定角度	从动件将处于最低位置且静止不动，这一过程称为近停程 凸轮转角称为近停程角

特别提醒

1）等速运动规律的凸轮机构只适用于低速、轻载的场合。

2）等加速、等减速运动规律的凸轮机构只适用于中速、轻载的场合。

练　习　题

1. 选择题

（1）从动件等速运动规律的位移曲线形状是（　　）。

A. 抛物线　　B. 斜直线　　C. 双曲线

（2）从动件作等加速、等减速运动的凸轮机构（　　）。

A. 存在刚性冲击　　B. 存在柔性冲击　　C. 没有冲击

（3）从动件作等速运动规律的凸轮机构，一般适用于（　　）、轻载的场合。

A. 低速　　B. 中速　　C. 高速

（4）从动件作等加速等减速运动规律的位移曲线是（　　）。

A. 斜直线　　B. 抛物线　　C. 双曲线

2. 判断题

（1）凸轮机构中，所谓从动件作等速运动规律是指从动件上升时的速度和下降时的速度必定相等。（　　）

（2）凸轮机构中，从动件作等速运动规律的原因是凸轮作等速转动。（　　）

（3）凸轮机构中，从动件作等加速、等减速运动规律，是指从动件上升时作等加速运动，而下降时作等减速运动。（　　）

（4）凸轮机构产生的柔性冲击，不会对机器产生破坏。（　　）

（5）凸轮机构从动件的运动规律可按要求任意拟定。（　　）

任务3　设计凸轮轮廓

知识目标：

掌握“反转法”设计凸轮机构的原理

技能目标：

学会运用“反转法”原理设计凸轮机构

任务描述

一对心尖顶直动从动件盘形凸轮机构，凸轮按顺时针方向转动，其基圆半径 $r_b = 40\text{mm}$。从动件的行程 $h = 50\text{mm}$。从动件位移曲线如图 4-3 所示。$\delta_0 = 180°$，$\delta_s = 30°$，$\delta_0' = 120°$，$\delta_s' = 30°$。试用反转法，设计凸轮的轮廓曲线。

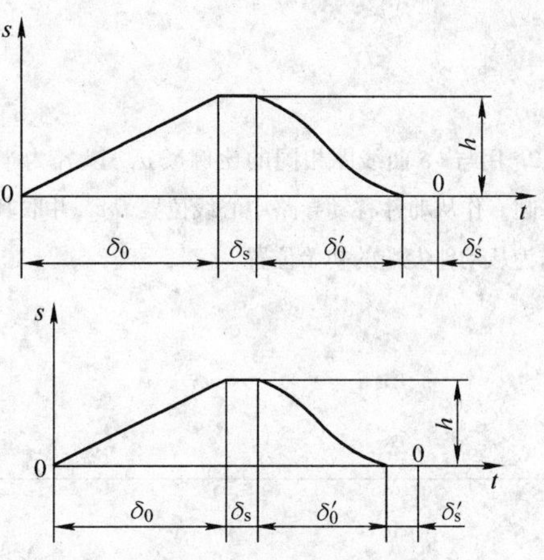

图 4-3　从动件位移曲线

任务分析

如图 4-3 所示的位移曲线图反映了从动件的运动规律，通过对凸轮机构一个运动循环的分析可知，从动件的运动规律决定了凸轮的轮廓形状。

相关知识

1. "反转法" 原理

凸轮机构工作时，凸轮以角速度 ω 旋转，从动件作往复运动。而设计凸轮轮廓时希望凸轮保持静止，以便绘制出其轮廓。运用相对运动原理，若将凸轮视作不动，则如图 4-4 所示，相当于从动件相对于凸轮一边以"$-\omega$"角速度反方向回转，一边作往复运动。由于从动件与凸轮轮廓始终保持接触，因此从动件在反转过程中与凸轮接触点的运动轨迹就是所要求的凸轮轮廓。这就是用图解法设计盘形凸轮轮廓的"反转法"原理。

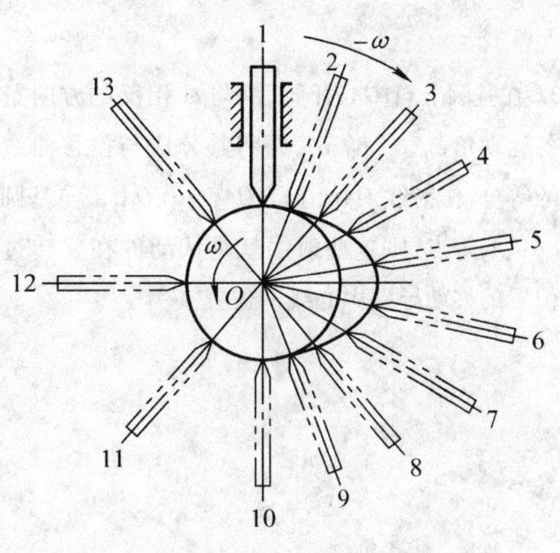

图 4-4 "反转法" 原理

2. 直动从动件盘形凸轮轮廓设计

（1）对心尖顶直动从动件盘形凸轮轮廓的设计

对心尖顶直动从动件盘形凸轮轮廓的设计见表 4-7，凸轮以等角速度 ω 按顺时针方向回转，基圆半径为 r_b。

表 4-7　对心尖顶直动从动件盘形凸轮轮廓的设计

设 计 步 骤	图　　例
1. 选比例尺 μ_L，根据从动件运动规律，作出从动件的 s-δ 位移曲线图	s；0；1′ 2′ 3′ 4′ 5′ 6′ 7′ 8′ 9′ 10′ 11′ 12′ 13 0；1 2 3 4 5 6 7 8 9 10 11 12；h；$\delta(t)$；δ_0 δ_s δ_0' δ_s'

（续）

设计步骤	图例
2. 用与 s-δ 曲线图相同的比例尺 μ_L，以 r_b 为半径作基圆。作从动件移动导路中心线位置 OA_0，并取其交点 A_0 为从动件尖端的初始位置	
3. 在基圆上自 OA_0 开始，沿与 ω 相反的方向量到凸轮各运动角 δ_0、δ_s、δ_0'、δ_s'，并将其分成与位移曲线图相同的等分，作射线 OA_1、OA_2、OA_3、…、OA_{13}，与基圆交于 A_1、A_2、A_3 等点，则这些射线就是从动件在反转过程中各位置的移动导路中心线的位置	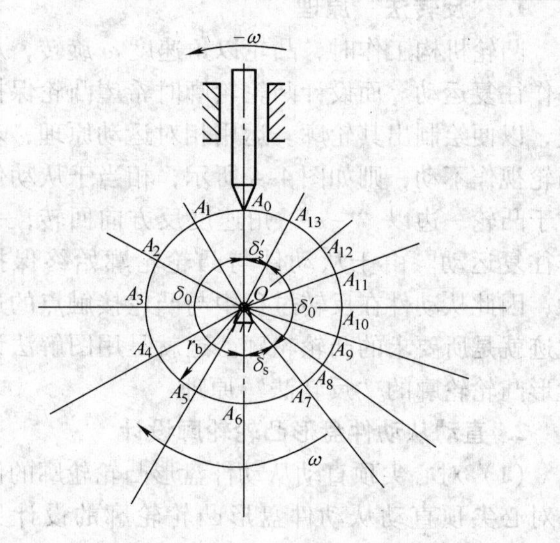
4. 在各射线上自基圆向外量取从动件各位置的对应位移量 $A_1A'_1=11'$、$A_2A'_2=22'$、$A_3A'_3=33'$等。因为从动件的位移就等于各接触点凸轮轮廓向径长减去基圆半径长，所以 A'_1、A'_2、A'_3、…、A'_{13} 各点就是从动件反转过程中其尖端的各位置	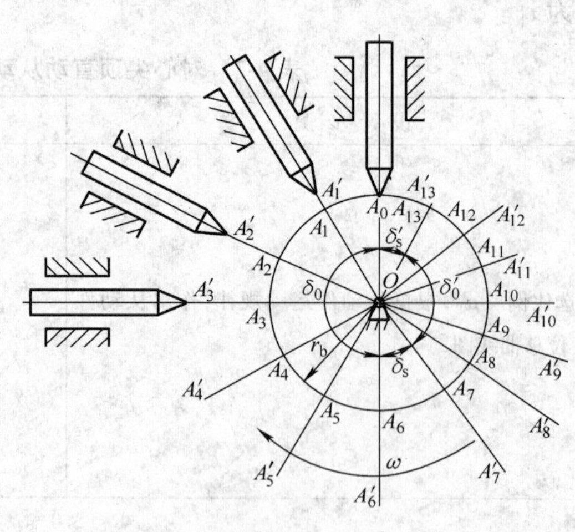

（续）

设计步骤	图例
5. 将 A'_1、A'_2、A'_3、…、A'_{13} 各点用光滑曲线连接（其中 A_0A_{13} 和 $A'_6A'_7$ 分别对应近停程和远停程，为以 O 为圆心的一段圆弧），即得所求凸轮轮廓	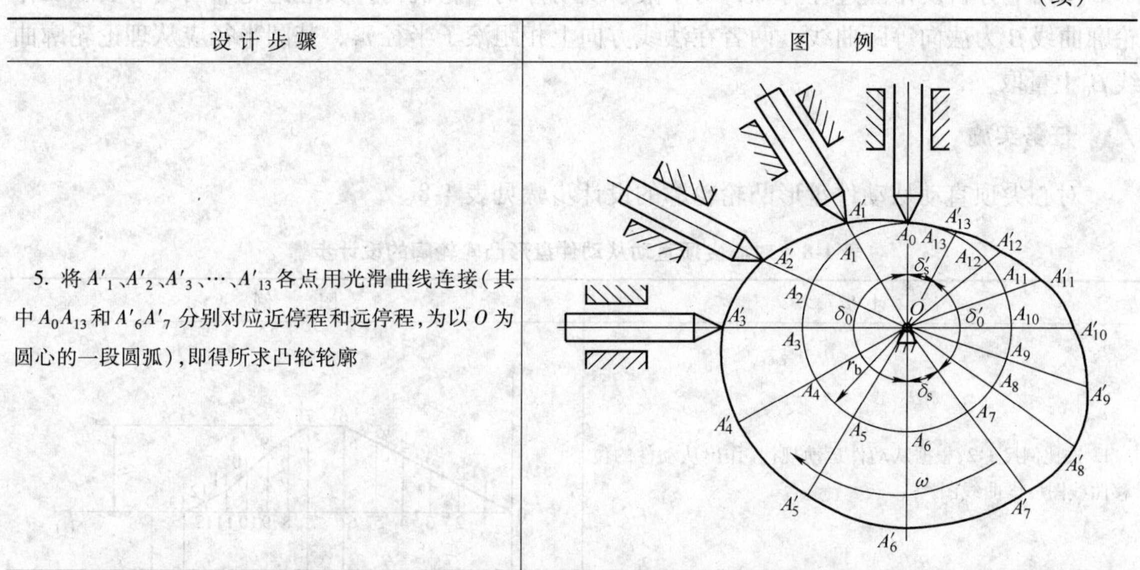

(2) 对心滚子直动从动件盘形凸轮轮廓的设计　滚子从动件凸轮机构中，滚子中心始终与从动件保持一致的运动规律，而滚子中心到滚子与凸轮轮廓接触点间的距离则始终等于滚子半径 r_T，如图 4-5 所示。

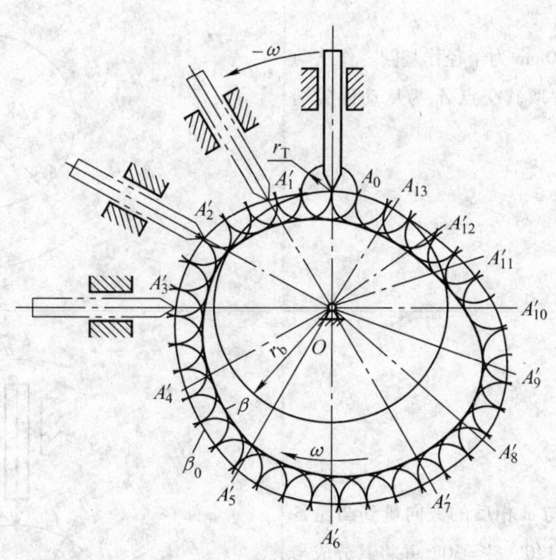

图 4-5　对心滚子直动从动件盘形凸轮轮廓设计

首先将滚子中心视作尖端从动件的尖端，按上例步骤作出尖端从动件的盘形凸轮轮廓 β_0。对于滚子从动件的凸轮机构而言，β_0实际为滚子中心在反转过程中的运动轨迹，而非凸轮实际轮廓，故称其为理论轮廓曲线。

以理论轮廓曲线 β_0上的点为圆心，滚子半径 r_T为半径作一系列的“滚子”。显然所求凸轮轮廓应与这些“滚子”都相切，因此再作这一系列“滚子”的内包络线，即为所求滚子从动件盘形凸轮的实际工作轮廓 β。

从以上分析及作图过程可知，对于滚子从动件的凸轮机构，其理论轮廓曲线与实际工作轮廓曲线 β 为法向等距曲线，两者在法线方向上相距滚子半径 r_T，基圆半径应从理论轮廓曲线 β_0 上量取。

任务实施

对心尖顶直动从动件盘形凸轮轮廓的设计步骤见表 4-8。

表 4-8　对心尖顶直动从动件盘形凸轮轮廓的设计步骤

设计步骤	图例
1. 选比例尺 1:2，根据从动件运动规律，作出从动件的位移曲线图（s-δ 曲线图）	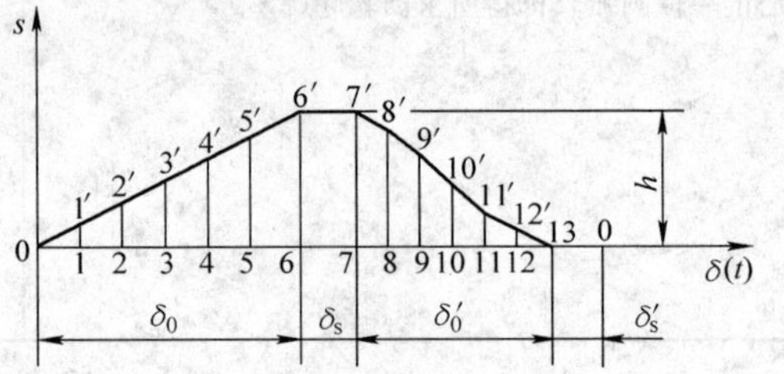
2. 以相同的比例尺，以 $r_b=40\text{mm}$ 为半径作基圆。作从动件移动导路中心线位置 OA_0，并取其交点 A_0 为从动件尖端的初始位置	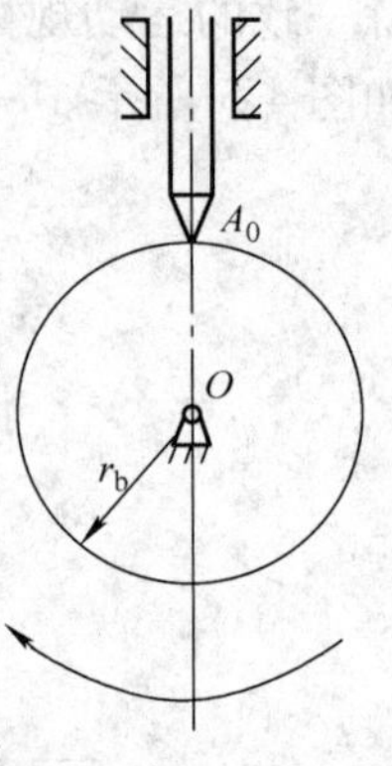
3. 在基圆上自 OA_0 开始，沿与 ω 相反的方向量到凸轮各运动角 $\delta_0=180°$、$\delta_s=30°$、$\delta_0'=120°$、$\delta_s'=30°$，并将其分成与位移曲线图相同的等分，作射线 OA_1、OA_2、OA_3、…、OA_{13}，与基圆交于 A_1、A_2、A_3、…、A_{13} 各点，则这些射线就是从动件在反转过程中各位置的移动导路中心线的位置	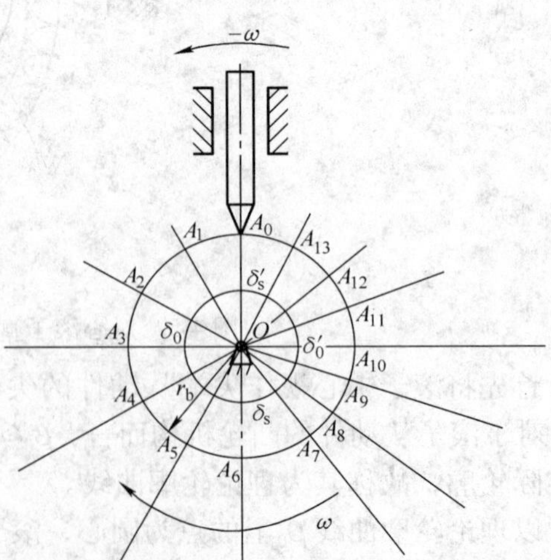

（续）

设 计 步 骤	图　例
4. 在各射线上自基圆向外量取从动件各位置的对应位移量 $A_1A'_1=11'$、$A_2A'_2=22'$、$A_3A'_3=33'$、…、$A_{13}A'_{13}=13\ 13'$。因为从动件的位移就等于各接触点凸轮轮廓向径长减去基圆半径长，所以 A'_1、A'_2、A'_3 等点就是从动件反转过程中其尖端的各位置	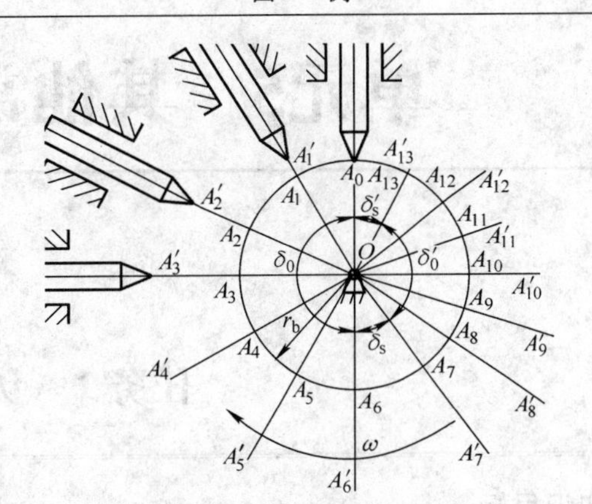
5. 将 A'_1、A'_2、A'_3、…、A'_{13} 各点用光滑曲线连接（其中 A_0A_{13} 和 $A'_6A'_7$ 分别对应近停程和远停程，为以 O 为圆心的一段圆弧），即得所求凸轮轮廓	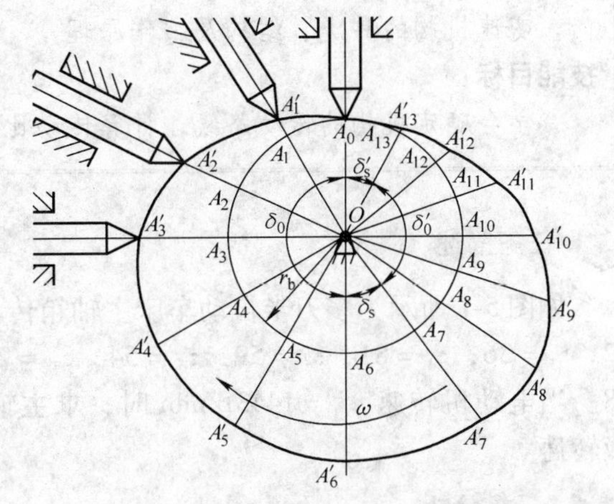

特别提醒

1）尽量多分几等份，等份越多，曲线连接越光滑。

2）选比例尺 μ_L，根据从动件运动规律，作出从动件的位移曲线图（s-δ 曲线图）。

练　习　题

一对心尖顶直动从动件盘形凸轮机构，凸轮按顺时针方向转动，其基圆半径 $r_0=20$mm。从动件的行程 $h=30$mm，其运动规律如下：

凸轮转角	0°～150°	150°～180°	180°～300°	300°～360°
从动件运动规律	等速上升 30mm	停止不动	等速下降 30mm	停止不动

要求：（1）作从动件的位移曲线。

（2）利用反转法，画出凸轮的轮廓曲线。

单元5　其他常用机构

任务1　认识变速机构

> **知识目标：**
>
> 变速机构的种类、结构及工作原理
>
> **技能目标：**
>
> 学会确定机构的传动路线，计算传动比

任务描述

如图 5-1 所示为多刀半自动车床主轴箱传动系统。已知 $D_1 = D_2 = 180\text{mm}$，$z_1 = 45$，$z_2 = 72$，$z_3 = 36$，$z_4 = 81$，$z_5 = 59$，$z_6 = 54$，$z_7 = 25$，$z_8 = 88$。当电动机转速 $n_{电} = 1443\text{r/min}$ 时，求主轴Ⅲ的各级转速。

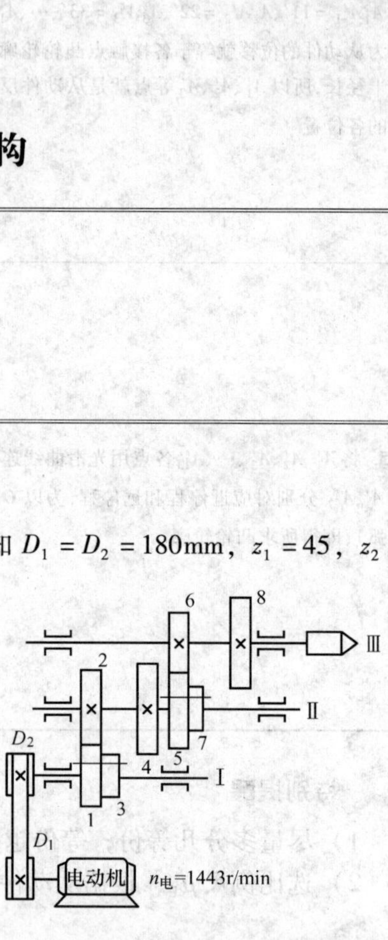

任务分析

掌握变速机构传动比的计算方法，就必须了解变速机构的种类、特点和工作原理，应学会分析机构的传动路线。

相关知识

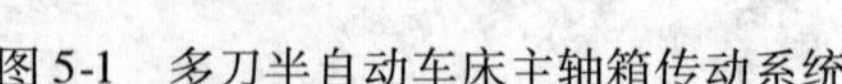

图 5-1　多刀半自动车床主轴箱传动系统

1. 变速机构的种类

在输入轴转速不变的条件下，使输出轴获得不同转速的传动装置称为变速机构。变速机构可分为有级变速机构和无级变速机构。有级变速机构又可分为滑移齿轮变速机构、塔齿轮变速机构、倍增变速机构、拉键变速机构等。

2. 有级变速机构

有级变速机构是通过改变机构中某一级的传动比的大小来实现转速的变换。

（1）滑移齿轮变速机构　滑移齿轮变速机构通常用于定轴轮系中，广泛应用于各类机床的主轴变速。如图 5-2 所示为 X6132 型万能升降台铣床的主轴传动系统。轴Ⅰ为输入轴，由电动机（$n = 1450\text{r/min}$）直接驱动，确定输出轴转速的变化范围。

Ⅰ轴为输出轴，Ⅴ轴为输出轴，在Ⅱ轴和Ⅳ轴上分别安装有齿数为 19-22-16 和 37-47-26

的三联滑移齿轮以及齿数为82-19的双联滑移齿轮。

由上图可以分析得出相邻两轴之间的传动路线及传动比数目。Ⅰ轴和Ⅱ轴之间只有54/26一种传动比；Ⅱ轴和Ⅲ轴之间有36/19、33/22、39/16三种传动比；Ⅲ轴和Ⅳ轴之间有37/28、47/18、26/39三种传动比；Ⅳ轴和Ⅴ轴之间有38/82和71/19两种传动比。故Ⅱ轴和Ⅴ轴之间总共可以得到1×3×3×2=18种传动比。也就是说，可以得到18种不同的转速。

其中转速最小为30r/min，最大为1500r/min。故输出轴Ⅴ的转速变化范围为30～1500r/min。

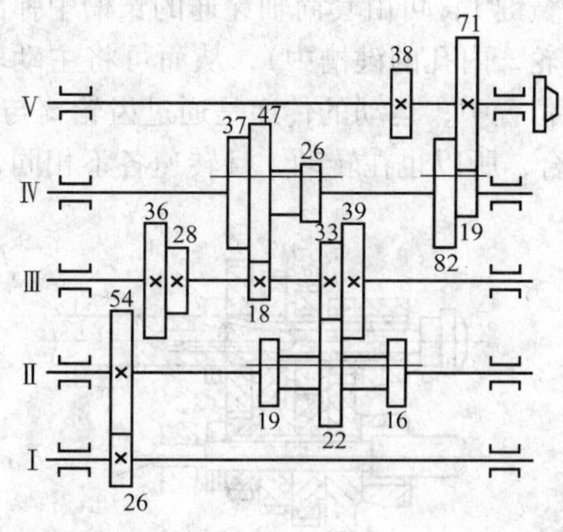

图5-2 X6132型万能升降台铣床的主轴传动系统

(2) 塔齿轮变速机构 如图5-3所示，在从动轴上八个排成塔形的固定齿轮组成塔齿轮，主动轴上的滑移齿轮和拨叉沿导向键可在轴上滑动，并通过中间齿轮可与塔齿轮中任意一个齿轮啮合，从而将主动轴的运动传递给从动轴。机构的传动比与塔齿轮的齿数成正比，因此很容易由塔齿轮实现传动比成等差数列的变速。

(3) 倍增变速机构 如图5-4所示，Ⅰ轴为主动轴，其上装有一个双联固定齿轮和两个双联空套齿轮；轴Ⅱ上装有三个齿数为52-39的双联空套齿轮和一个齿数为52的空套齿轮。轴Ⅲ为输出轴，其上装有一个齿数为26的滑移齿轮。

第一条传动路线：26/52，39/39；第二条传动路线：26/52，52/26；第三条传动路线：26/52，52/26，39/39，52/26；第四条传动路线：26/52，52/26，39/39，52/26，39/39，52/26。

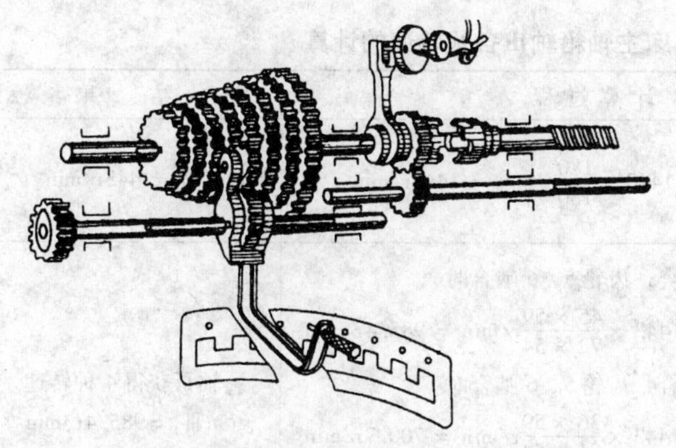
图5-3 塔齿轮变速机构

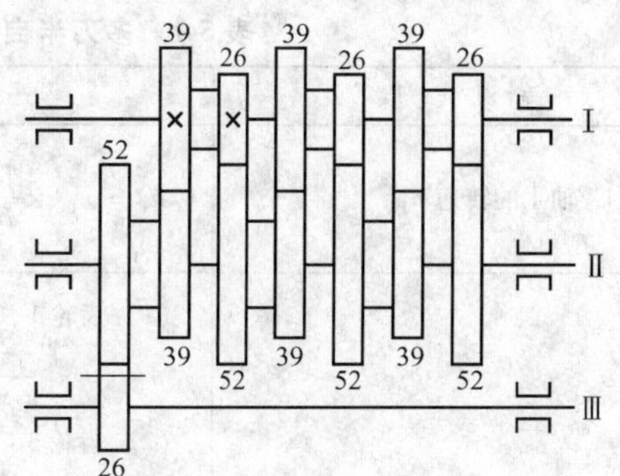

图5-4 倍增变速机构

各传动路线的传动比分别为：1/2、1、2、4。

四个传动比是以倍数2递增的，形成等比数列，故把具有此特点的机构称为倍增变速机构。

(4) 拉键变速机构 如图5-5所示，齿轮z_1、z_3、z_5、z_7固定在主动轴3上；齿轮z_2、

z_4、z_6、z_8空套在从动套筒轴 2 上，中间用垫圈分隔。插入套筒轴孔中的手柄轴 4 的前端设有弹簧键 1，可由套筒轴穿通的长槽中弹出，嵌入任一个空套齿轮的键槽中（图示位置键嵌入齿轮 z_8内孔的键槽中），从而可将主动轴的运动通过齿轮副和弹簧键传给从动轴。图 5-5 所示位置中，运动的传递是通过齿轮 z_7与 z_8实现的。此时空套齿轮 z_2、z_4、z_6与齿轮 z_1、z_3、z_5啮合，所以也在转动，且转速各不相同，但它们的转动与从动轴的回转无关。

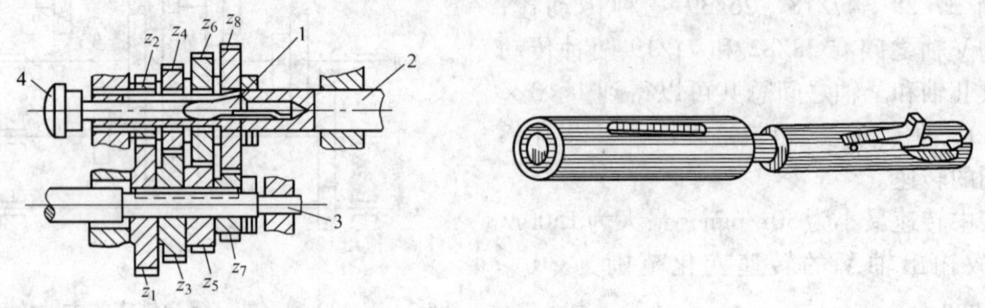

图 5-5　拉键变速机构

1—弹簧键　2—从动套筒轴　3—主动轴　4—手柄轴

3. 无级变速机构

无级变速机构是采用摩擦轮实现传动的，其原理是通过适量地改变主动件和从动件的转动半径，使输出轴的转速在一定范围内实现无级变化，如图 5-6 所示为滚子平盘式无级变速机构。

当动力源带动轴 Ⅰ 上的滚子以恒定的转速 n_1 回转时，因滚子紧压在平盘上，靠摩擦力的作用，使平盘转动并带动从动轴 Ⅱ 以转速 n_2回转。可得 $n_2 = n_1(r_1/r_2)$，其中 r_1可在一定范围内任意改变，故轴 Ⅱ 可获得无级变速。

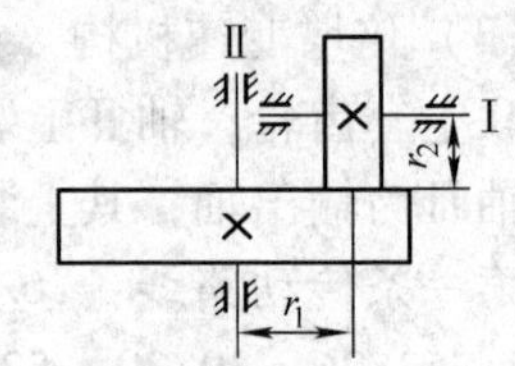

图 5-6　滚子平盘式无级变速机构

任务实施

多刀半自动车床主轴箱轴Ⅲ各级转速的计算见表 5-1。

表 5-1　多刀半自动车床主轴箱轴Ⅲ各级转速的计算

步　骤	计算过程	结　果
1. 轴 Ⅰ 的转速 n_1	$n_1 = n_{电} \times \frac{D_1}{D_2} = 1443 \times \frac{180}{180}$r/min = 1443r/min	n_1 = 1443r/min
2. 轴Ⅲ的转速	（1）齿轮 1、2 啮合，齿轮 5、6 啮合时 $n_{Ⅲ1} = n_1 \frac{z_1 z_5}{z_2 z_6} = 1443 \times \frac{45 \times 59}{72 \times 54}$r/min = 985.4r/min （2）齿轮 3、4 啮合，齿轮 5、6 啮合时 $n_{Ⅲ2} = n_1 \frac{z_3 z_5}{z_4 z_6} = 1443 \times \frac{36 \times 59}{81 \times 54}$r/min = 700.7r/min （3）齿轮 1、2 啮合，齿轮 7、8 啮合时 $n_{Ⅲ3} = n_1 \frac{z_1 z_7}{z_2 z_8} = 1443 \times \frac{45 \times 25}{72 \times 88}$r/min = 256.2r/min （4）齿轮 3、4 啮合，齿轮 7、8 啮合时 $n_{Ⅲ4} = n_1 \frac{z_3 z_7}{z_4 z_8} = 1443 \times \frac{36 \times 25}{81 \times 88}$r/min = 182.2r/min	轴Ⅲ获得 4 种转速 $nⅢ_1$ = 985.4r/min $nⅢ_2$ = 700.7r/min $nⅢ_3$ = 256.2r/min $nⅢ_4$ = 182.2r/min

练 习 题

1. 什么是变速机构？变速机构分为哪两类？
2. 常用的有级变速机构有哪些？它们是如何实现变速的？
3. 无级变速机构如何实现无级变速？与有级变速机构有什么不同？

任务2 认识棘轮机构

知识目标：

1. 棘轮机构的组成、工作原理
2. 棘轮机构的类型、特点及应用

技能目标：

掌握棘轮机构的应用方法

 **任务描述**

棘轮机构应用广泛，如图5-7所示为自行车后轴上的飞轮结构，试分析自行车飞轮的工作原理。

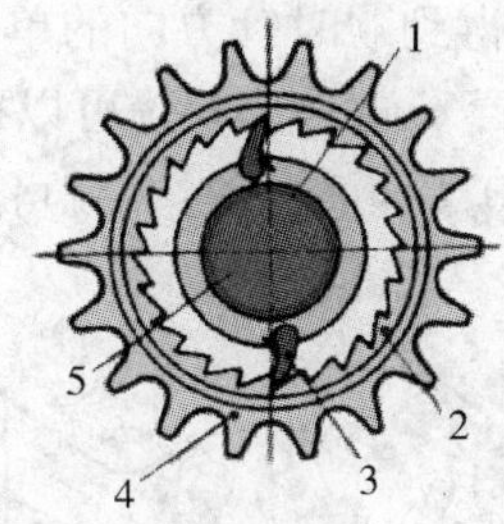

图5-7 自行车后轴上的飞轮结构

1—轴皮 2—棘轮 3—棘爪 4—链轮 5—后轴

任务分析

掌握棘轮机构的组成及工作原理，棘轮机构的类型和特点，才能正确分析飞轮的工作原理。

 **相关知识**

1. 棘轮机构的组成及工作原理

（1）棘轮机构的组成 典型的棘轮机构如图5-8所示。它主要由摇杆1、棘轮2、棘爪3、机架4止推棘爪5和弹簧6组成。

（2）棘轮机构的工作原理 当摇杆1沿逆时针方向摆动时，棘爪2嵌入棘轮3的齿槽内，推动棘轮转动，如图5-9所示。当摇杆沿顺时针方向转动时，止动爪4阻止棘轮顺时针转动，同时棘爪 2 在棘轮齿背上滑过，此时棘轮静止。这样，当摇杆往复摆动时，棘轮便可以得到单向的间歇运动。

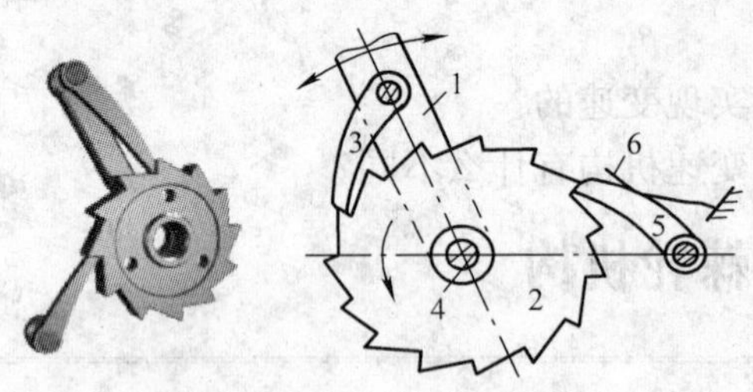

图 5-8　棘轮机构的组成

1—摇杆　2—棘轮　3、5—棘爪　4—机架　6—弹簧

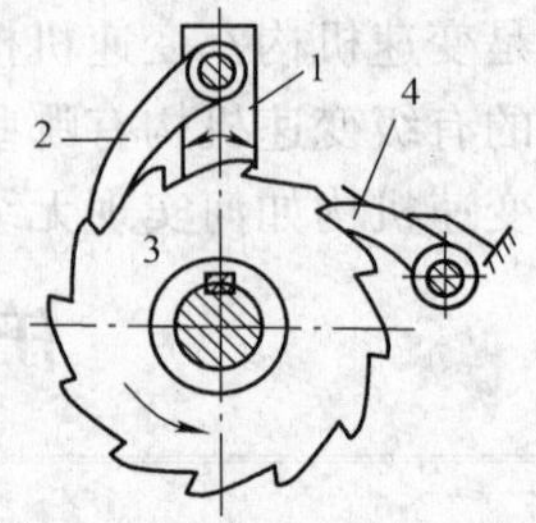

图 5-9　齿式棘轮机构

1—摇杆　2—棘爪　3—棘轮　4—止动爪

2. 棘轮机构的类型

按照结构特点，常用的棘轮机构有齿式棘轮机构和摩擦式棘轮机构两大类。

（1）齿式棘轮机构

1）单动式棘轮机构。如图 5-9 所示齿式棘轮机构的特点是摇杆 1 逆时针方向摆动时，棘爪 2 推动棘轮 3 沿同一方向转动，摇杆反向摆动时，棘轮静止。

2）可变向棘轮机构。这种机构的棘轮采用矩形齿。如图 5-10a、b 所示，当棘爪处在图示 B 的位置时，棘轮可得到逆时针方向的单向间歇运动；而当棘爪绕其销轴 A 翻转到虚线位置 B'时，棘轮可以得到顺时针方向的单向间歇运动。图 5-10c 所示为另一种可变向棘轮机构。当棘爪按图示位置安放时，棘轮可以得到逆时针方向的单向间歇运动；而当棘爪提起，并绕本身轴线旋转 180°后再放下时，就可以使棘轮获得顺时针方向的单向间歇运动。

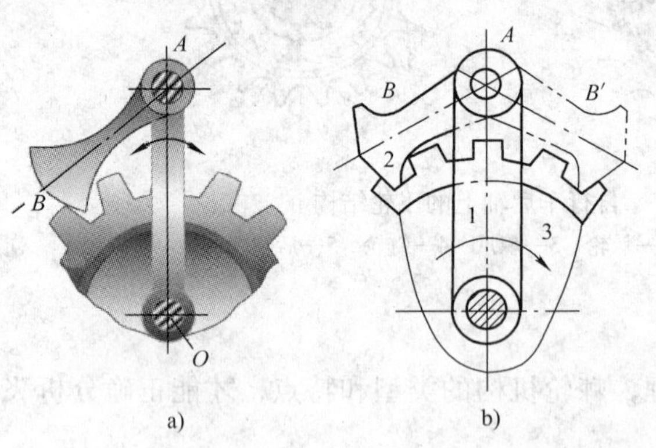

图 5-10　可变向棘轮机构

3）双动式棘轮机构。双动式棘轮机构的特点是摇杆 1 往复摆动时，两棘爪交替带动棘轮 2 沿同一方向转动，如图 5-11 所示。图 5-11a 所示为模型，图 5-11b、c 所示分别为直棘爪和钩头棘爪。

（2）摩擦式棘轮机构　当摇杆 1 逆时针方向摆动时，通过棘轮 2 与棘爪 3 之间的摩擦力，使棘轮沿逆时针方向运动。当摇杆顺时针方向摆动时，棘爪在棘轮上滑过，而止动爪 5

a)

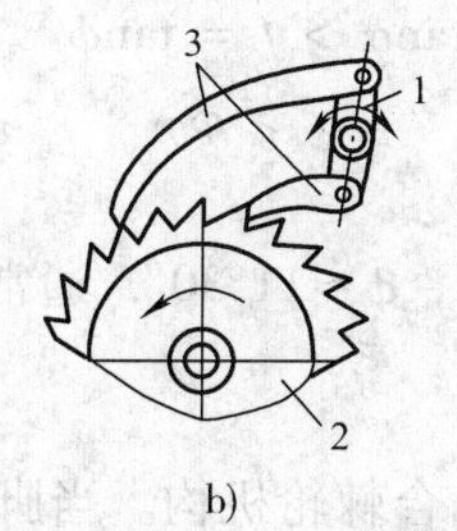

b)

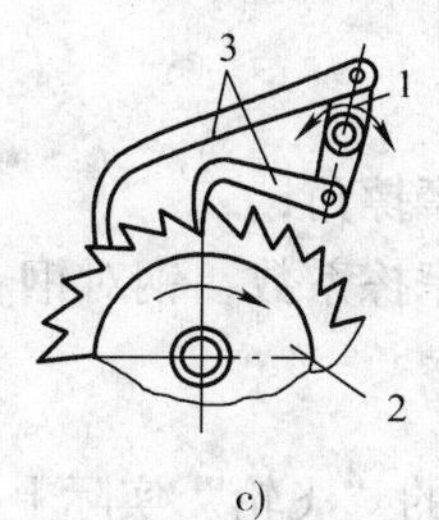

c)

图 5-11 双动式棘轮机构

1—摇杆 2—棘轮 3—棘爪

与棘轮之间的摩擦力促使止动爪与棘轮卡紧，从而使棘轮静止，以实现间歇运动，如图 5-12 所示。

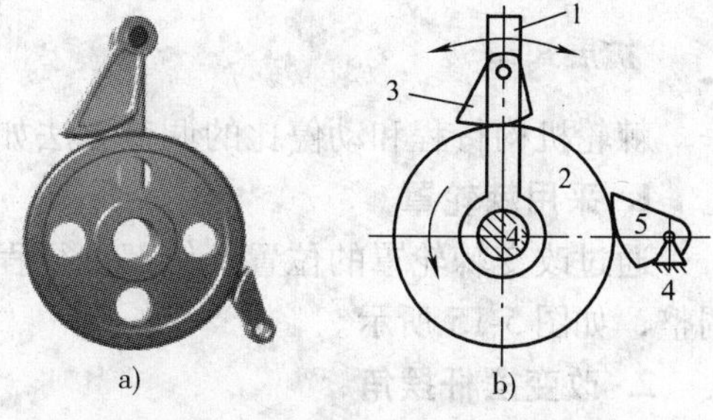

图 5-12 摩擦式棘轮机构

1—摇杆 2—棘轮 3—棘爪 4—机架 5—止动爪

3. 棘轮机构的特点和应用

（1）棘轮机构的特点 齿式棘轮机构结构简单、运动可靠，棘轮的转角容易实现有级的调节。但是这种机构在回程时，棘爪在棘轮齿背上滑过产生噪声；在运动开始和终了时，由于速度突变而产生冲击，运动平稳性差，且棘轮轮齿容易磨损，故常用于低速轻载等场合。

摩擦式棘轮传递运动较平稳、无噪声，棘轮角可以实现无级调节，但运动准确性差，不易用于运动精度高的场合。

（2）棘轮机构的应用 棘轮机构常用在各种机床、自动机械、自行车、螺旋千斤顶等机械中。棘轮还广泛用于防止机械逆转的制动器中，这类棘轮制动器常用在卷扬机、提升机、运输机和牵引设备中。如图 5-13 所示为一提升机中的棘轮制动器，重物 Q 被提升后，由于棘轮受到止动爪的制动作用，卷筒不会在重力作用下反转下降。

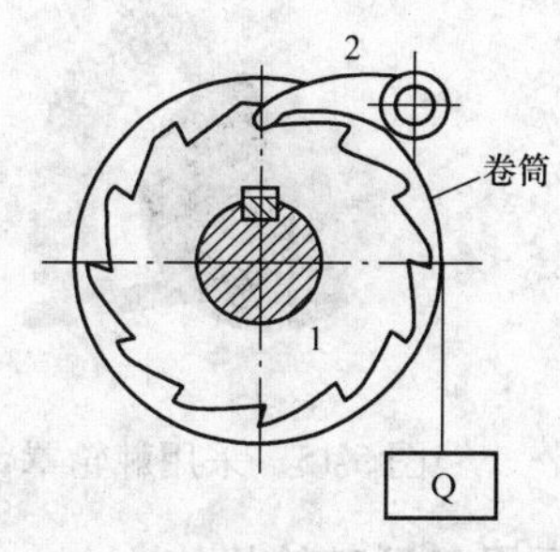

图 5-13 防逆转棘轮制动器

4. 棘轮轮齿偏斜角 α 的确定

棘轮齿与棘爪接触的工作齿面应与半径 OA 倾斜一定角度 α，以保证棘爪在受力时能顺利地滑入棘轮轮齿的齿根。如图 5-14 所示，设棘轮齿对棘爪的法向压力为 P_n，将其分解成 P_t 和 P_r 两个分力。其中径向分力 P_r 把棘轮推向棘轮齿的根部。而当棘爪沿工作齿面向齿根滑动时，棘轮齿对棘爪的摩擦力 $F=fP_n$，将阻止棘爪滑入棘轮齿根。为保证棘爪的顺利滑入，必须有 $P_r>fP_n\cos\alpha$，由 $P_r=P_n\sin\alpha$ 得

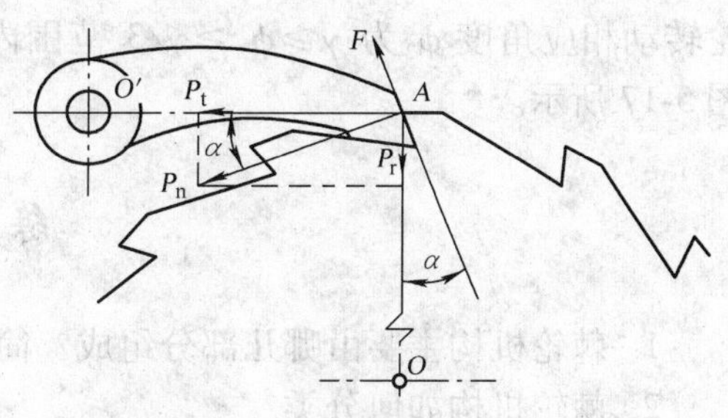

图 5-14 棘轮轮齿偏斜角 α

$$\tan\alpha > f = \tan\phi$$

$$\alpha > \phi$$

式中　ϕ——摩擦角；

f——摩擦系数，钢对钢 $f=0.2$，$\phi\approx11°30'$，通常取 $\alpha=20°$。

任务实施

自行车上的“飞轮”实际上是内啮合棘轮机构。当脚蹬踏板时，经链轮和链条带动内圈具有棘齿的飞轮顺时针转动，再经过棘爪推动后轮轴顺时针转动，从而驱使自行车前进。当自行车下坡或歇脚休息时，踏板不动，后轮轴借助下滑力或惯性超越飞轮而转动。此时棘爪在棘轮齿背上滑过，产生从动件转速超过主动件转速的超越运动，从而实现不蹬踏板的滑行。

扩展知识

棘轮机构行程和动停比的调节方法如下：

1. 采用棘轮罩

通过改变棘轮罩的位置，使部分行程棘爪沿棘轮罩表面滑过，从而实现棘轮转角大小的调整，如图 5-15 所示。

2. 改变摆杆摆角

通过调节曲柄摇杆机构中曲柄的长度，改变摇杆摆角的大小，从而实现棘轮机构转角大小的调整，如图 5-16 所示。

图 5-15　采用棘轮罩

图 5-16　改变摆杆摆角

3. 采用多爪棘轮机构

要使棘轮每次转动的角度小于一个轮齿所对应的中心角 γ，可采用棘爪数为 n 的多爪棘轮机构。如 $n=3$ 的棘轮机构，三个棘爪位置依次错开 $\gamma/3$，当摆杆转角 ϕ_1 在 $\gamma\geqslant\phi_1\geqslant\gamma/3$ 范围内变化时，三个棘爪依次落入齿槽，推动棘轮转动相应角度 ϕ_2 为 $\gamma\geqslant\phi_2\geqslant\gamma/3$ 范围内 $\gamma/3$ 整数倍，如图 5-17 所示。

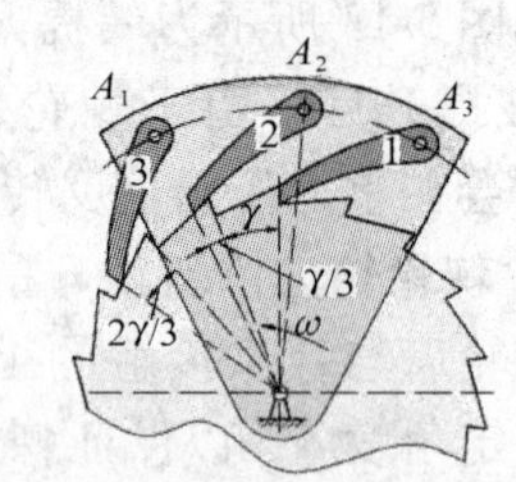

图 5-17　采用多爪棘轮机构

练　习　题

1. 棘轮机构主要由哪几部分组成？简述棘轮机构的工作原理。
2. 棘轮机构如何分类？
3. 比较齿式棘轮机构和摩擦式棘轮机构的工作特点。

任务3 认识槽轮机构

知识目标：

1. 槽轮机构的组成及工作原理
2. 槽轮机构的运动系数

技能目标：

学会应用槽轮机构

任务描述

如图 5-18 所示为电影放映机的卷片机构，试分析其工作原理。

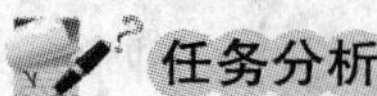任务分析

分析电影放映机卷片机构的工作原理，就必须掌握槽轮机构的组成及工作原理。

相关知识

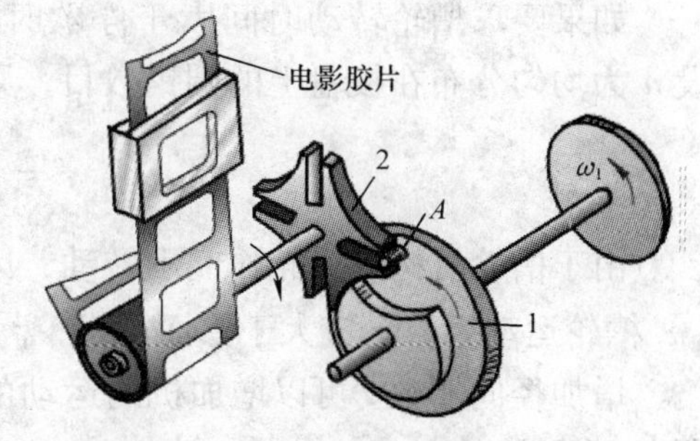

图 5-18 电影放映机的卷片机构
1—拨盘 2—槽轮

1. 槽轮机构的组成及工作原理

如图 5-19 所示为一外啮合槽轮机构。它由带有圆销的主动拨盘、具有径向槽的从动槽轮和机架所组成。

当拨盘 1 以等角速度连续转动，拨盘上的圆销 2 进入槽轮 3 的径向槽时，槽轮上的内凹锁止弧被拨盘上的外凸弧卡住，槽轮静止不动。当拨盘上的圆销刚开始进入槽轮径向槽时，内凹锁止弧也刚好在圆销 2 的推动下开始转动。当圆销在另一边离开槽轮的径向槽时，内凹锁止弧又被卡住，槽轮又静止不动，直至圆销 2 再一次进入槽轮 3 的另一径向槽时，槽轮重复上面的过程，如图 5-19 所示。该机构是一种典型的单向间歇传动机构。

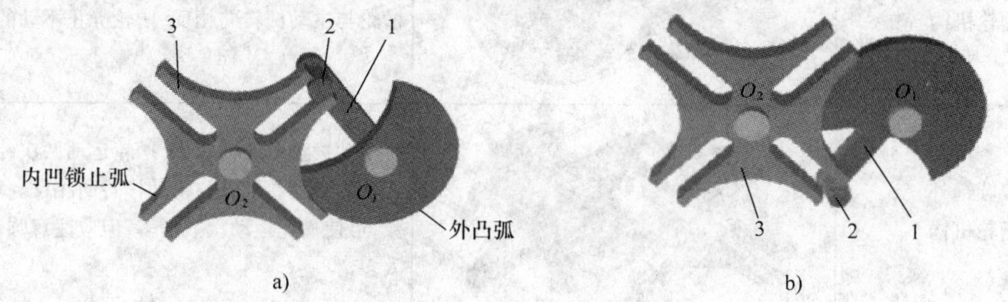

图 5-19 外啮合槽轮机构
1—拨盘 2—圆销 3—槽轮

2. 槽轮机构的运动系数

在一个运动循环中，槽轮运动时间 t_2 与拨盘运动时间 t_1 之比称为运动系数，用 τ 来

表示。

由于拨盘通常作等速运动，故运动系数 τ 也可以用拨盘转角表示，例如单圆销槽轮机构，时间 t_2 和 t_1 分别对应的拨盘转角为 $2\phi_1$ 和 2π，有 $\tau=\phi_1/\pi$。

为避免刚性冲击，在圆销进入或脱出槽轮径向槽时，圆销的速度方向应与槽轮槽的中心线重合，即径向槽的中心线应切于圆销中心的运动圆周。因此，若设 z 为均匀分布的径向槽数目，则可得：$2\phi_1 = \pi - 2\phi_2 = \pi - (2\pi/z)$，槽轮机构的运动系数为

$$\tau = \frac{z-2}{2z}$$

式中　τ——槽轮机构的运动系数；

z——均匀分布的径向槽数目。

由于运动系数 τ 必须大于零，故径向槽数最少等于 3，而 τ 总小于 0.5，即槽轮的转动时间总小于停歇时间。

如果要求槽轮转动时间大于停歇时间，即要求 $\tau>0.5$，则可以在拨盘上装数个圆销。设 n 为均匀分布在拨盘上的圆销数目，则运动系数 τ 应为

$$\tau = \frac{t_2}{t_1/n} = \frac{n(z-2)}{2z}$$

由于槽轮机构中槽轮作间歇转动，因此槽轮运动时间 t_2 必须大于零而小于拨盘运动时间 t_1，槽轮运动系数 τ 应大于零而小于 1。

增加径向槽数 z 可以增加机构运动的平稳性，但是机构尺寸随之增大，导致惯性增大。所以一般取 $z=4\sim8$。

3. 槽轮机构的类型及特点

常用槽轮机构的类型及特点见表 5-2。

表 5-2　常用槽轮机构的类型及特点

类　型	图　例	工作特点
单圆销外槽轮机构		主动拨盘每回转一周，圆销拨动槽轮运动一次，且槽轮与主动杆转向相反，槽轮静止不动的时间很长
双圆销外槽轮机构		主动拨盘每回转一周，槽轮运动两次，减少了静止不动的时间。槽轮与主动杆转向相反。增加圆销个数，可使槽轮运动次数增多，但应注意圆销数目不宜太多
内啮合槽轮机构		主动拨盘匀速回转一周，槽轮间歇地转过一个槽口，槽轮与拨盘转向相同。内啮合槽轮机构结构紧凑，传动较平稳，槽轮停歇时间较短

任务实施

电影放映机卷片机构的工作原理如下：

槽轮具有四个径向槽，拨盘 1 上装一个圆销 A。拨盘转 1 周，圆销拨动槽轮转过 1/4 周，电影胶片移动一个画格，并停留一定时间（即放映一个画格）。拨盘连续转动，重复上述运动。利用人眼的视觉暂留特性，当每秒钟放映 24 幅画面时即可使人看到连续的画面。

练 习 题

1. 槽轮机构主要由哪几部分组成？简述槽轮机构的工作原理。
2. 某单销外槽轮机构的槽数 $z=6$，试计算该槽轮机构的运动系数。

任务4 实践课题——自行车飞轮的拆装

任务描述

如图 5-20 所示为自行车的飞轮，试拆卸和装配自行车飞轮。

图 5-20 自行车飞轮的拆装

任务目的

1）了解棘轮机构的组成特点及应用。
2）学会自行车飞轮的更换安装方法。
3）掌握飞轮间隙的调整方法。

任务准备

安装前准备好下列工具（见表 5-3）：

表 5-3 所用工具

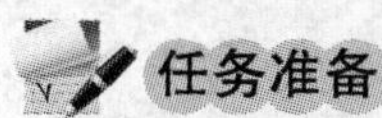			
冲子	锤子	尖嘴钳	台虎钳

任务实施

自行车飞轮是棘轮机构的应用。如图5-21所示，内啮合棘轮机构飞轮主要由压盖、飞轮体、棘爪、内齿棘轮组成，还有钢丝弹簧、调整垫片和滚珠。飞轮体与内齿棘轮、滚珠和压盖构成滚动轴承的结构形式。飞轮上的飞轮体与自行车后轮轴皮采用螺纹联接，使用时将飞轮旋紧在后轮轴皮上即可。

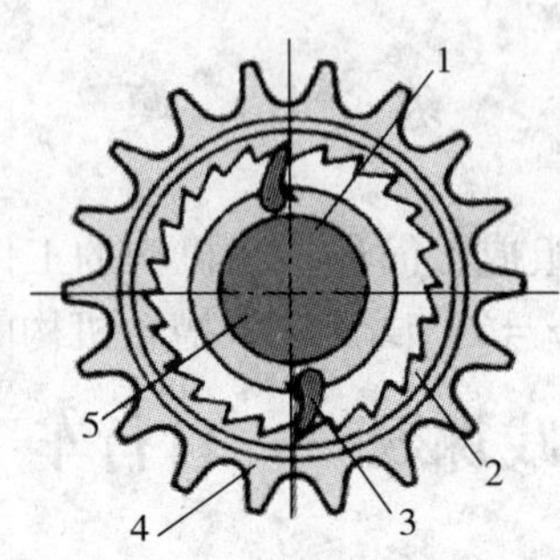

图5-21　内啮合棘轮机构飞轮

1—轴皮　2—棘轮　3—棘爪　4—链轮　5—后轴

1. 拆卸飞轮的步骤

1）将飞轮夹紧固定在台虎钳上，用冲子抵触在飞轮压盖的凹孔中，按逆时针方向，用力锤击，松开并卸下压盖。

2）取出滚珠和垫片，拿下内齿棘轮齿圈，然后从飞轮体上取下棘爪，完成拆卸过程。

2. 飞轮装配步骤

1）将所有零件清洗、擦试干净，对于旧飞轮可用柴油清洗。

2）在飞轮体滚道上涂上少量凡士林，放入滚动体（滚珠）后，放入内齿棘轮齿圈。

3）安装两个棘爪与内齿棘轮嵌合，并使其弹簧丝置于棘爪的凹沟中。

4）装上调整垫片，然后旋上压盖并预紧。

3. 注意事项

1）装配后，飞轮要转动自如、灵活，压盖、滚动体与飞轮体之间的间隙合适。

2）组装顺序要正确。

3）垫片的多少涉及调整配合间隙，配合间隙应以装配后转动灵活自如为准，压盖旋紧要适度，不宜过紧。

学生分组拆卸和安装齿轮和轴承，教师巡回指导。

检查评议

1）学生分组检查并讨论拆卸及安装过程中的问题。

2）各小组将操作过程中存在的问题及好的经验汇总上报。

3）教师就学生实践操作过程存在的问题及好的经验进行点评。

清理现场

1）清点、归还工量具。

2）整理工作台。

3）搞好实训场地卫生。

4）操作时注意安全。

练　习　题

1. 自行车中使用的飞轮是什么机构？

2. 飞轮上设置两个棘爪的目的是什么？

3. 在骑自行车时，后轮转动，而倒链时，后轮因惯性仍按原方向转动，自行车会继续前行，这是什么原因？

4. 骑自行车时，有时飞轮有失灵现象，脚踏空转，这是什么原因？如何修理？

单元6 齿轮传动

6

任务1 认识齿轮传动

知识目标：

1. 了解齿轮传动的类型和特点
2. 理解渐开线的形成和性质

技能目标：

学会齿轮传动比的计算

任务描述

如图6-1所示的减速器中，其中一对齿轮的主动齿轮齿数 $z_1=20$，从动齿轮的齿数 $z_2=50$，主动齿轮转速 $n_1=1000\text{r/min}$，试计算传动比 i 和从动齿轮转速 n_2。

图6-1 减速器

任务分析

准确计算传动比，必须掌握齿轮传动的类型、应用特点，了解渐开线的形成性质，理解齿轮传动的啮合特性、工作原理。

相关知识

1. 齿轮传动的类型及应用特点

（1）齿轮传动的类型 齿轮传动是利用齿轮副来传递运动和（或）动力的一种机械传

动。齿轮传动的类型很多，根据齿轮传动轴线的相对位置，可将齿轮传动分为两类，即平面齿轮传动（两轴平行）与空间齿轮传动（两轴不平行），具体见表6-1。

表6-1 齿轮传动的分类及应用

分类			图例	应用
平面齿轮传动	按齿轮形状分	直齿圆柱齿轮		标准直齿圆柱齿轮模数 >1mm，压力角α = 20°，受力方向是径向，例如直齿轮减速器、车床传动齿轮等
		斜齿圆柱齿轮		斜齿圆柱齿轮传动比直齿圆柱齿轮传动的重合度大，承载能力更强，传动更平稳。与直齿圆柱齿轮相比更适合于高速、重载的重要传动
		人字齿圆柱齿轮		人字齿轮具有承载能力高、传动平稳和轴承载荷小等一系列优点，在重型机械的传动系统中获得了广泛的应用
	按啮合形式分	外啮合		由两个外齿轮相啮合，两轮的转向相反，多用于外啮合齿轮泵、车床各级轴之间的传动等
		内啮合		由一个内齿轮和一个小的外齿轮相啮合，两轮的转向相同，多用于需要同向转动的两轴之间的连接。例如内啮合齿轮辅助泵等
		齿轮齿条		齿条也分为直齿齿条和斜齿齿条，分别与直齿圆柱齿轮和斜齿圆柱齿轮配对使用。例如齿条千斤顶、齿轮齿条钻机、齿轮齿条活塞执行机构等
空间齿轮传动	锥齿轮			锥齿轮传动机构是用来传递空间两相交轴之间运动和动力的一种齿轮机构，其轮齿分布在截圆锥体上，齿形从大端到小端逐渐变小
	准双曲面齿轮			准双曲面齿轮是一种特殊的锥齿轮，与普通锥齿轮相比，其重合度大、传动平稳、冲击和噪声小，在汽车主减速器中得到广泛的应用。具有可降低汽车的重心、承载能力高和寿命长等优点
	交错轴圆柱斜齿轮			交错轴圆柱斜齿轮可以传递既不平行又不相交的两轴之间的运动和动力而被广泛应用。如交错轴齿轮减速器等

（2）齿轮传动比　在一对齿轮传动中，主动齿轮的齿数为 z_1，转速为 n_1，从动齿轮的齿数为 z_2，转速为 n_2，主动齿轮每转过一个齿，从动齿轮也转过一个齿，单位时间内主动齿轮与从动齿轮转过的齿数应相等。即 $n_1z_1=n_2z_2$，由此可得齿轮传动的传动比为

$$i_{12}=n_1/n_2=z_2/z_1$$

式中　n_1、n_2——主动齿轮、从动齿轮的转速（r/min）；

z_1、z_2——主动齿轮、从动齿轮的齿数。

齿轮传动的传动比是主动齿轮转速与从动齿轮转速之比，与两齿轮的齿数成反比。一对齿轮的传动比不宜过大，否则会使结构尺寸过大，不利于制造和安装。通常一对圆柱齿轮的传动比 $i_{12}=5\sim8$，一对锥齿轮的传动比 $i_{12}=3\sim5$。

（3）齿轮传动的特点　齿轮传动的特点见表 6-2 。

表 6-2　齿轮传动的特点

优点	1. 能保证瞬时传动比的恒定,平稳性较高,传递运动准确可靠 2. 传递功率速度范围较大 3. 结构紧凑,工作可靠 4. 传动效率高,使用寿命长
缺点	1. 工作中有振动、冲击、噪声 2. 不能实现无级变速 3. 齿轮安装要求较高 4. 传动效率高,使用寿命长

2. 渐开线齿廓

（1）渐开线的形成与性质　在平面上，一条动直线 AB 沿着一个固定的圆（基圆半径为 r_b）作纯滚动，此动直线 AB 上任意一点 K 的运动轨迹 CK 称为该圆的渐开线，如图 6-2 所示，与渐开线作纯滚动的圆称为基圆。r_b 为基圆半径，直线 AB 称为发生线。

以渐开线为齿廓曲线的齿轮称为渐开线齿轮，同一基圆的两条相反（对称）的渐开线组成的齿轮称为渐开线齿轮。

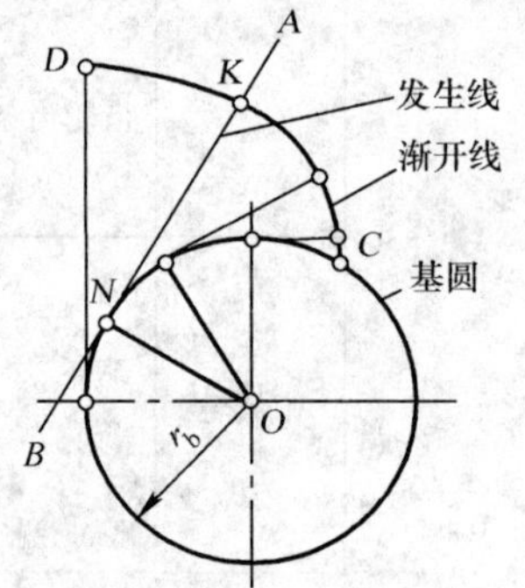

图 6-2　渐开线的形成

渐开线的性质如下：

1）发生线在基圆上滚过的线段长 NK 等于基圆上被滚过的一段弧长 $\overset{\frown}{NC}$。

2）渐开线上任意一点 K 的法线 NK 必切于基圆。

3）渐开线上各点的曲率半径不相等。

4）渐开线的形状取决于基圆的大小。

5）同一基圆形成的任意两条反向渐开线间的公法线长度相等。

6）基圆内无渐开线。

7）渐开线上各点压力角不相等，越远离基圆压力角越大，基圆上的压力角等于零。

（2）渐开线的啮合特性　如图 6-3 所示为一对渐开线齿轮在任意点啮合，该点称为啮合

点。过啮合点作两齿廓的公法线 N_1N_2，称为啮合线。啮合线与连心线 O_1O_2 的交点 P 是一固定点，称为节点，以 O_1P、O_2P 为半径所作的两个相切的圆称为节圆。

渐开线齿廓啮合时有以下特性：

1）保证恒定的传动比。渐开线齿轮传动的瞬时传动比等于主动齿轮与从动齿轮基圆半径的比值，由于两啮合齿轮的基圆半径是定值，所以渐开线齿轮传动的瞬时传动比保持恒定不变。

2）中心距可分离性。渐开线齿轮传动比取决于两轮的基圆半径，齿轮加工完毕后，基圆大小就确定了。因此，在安装时若中心距略有变化也不会改变传动比的大小，该特性使渐开线齿轮对加工、安装的误差及轴承磨损不敏感，这对齿轮传动十分重要。

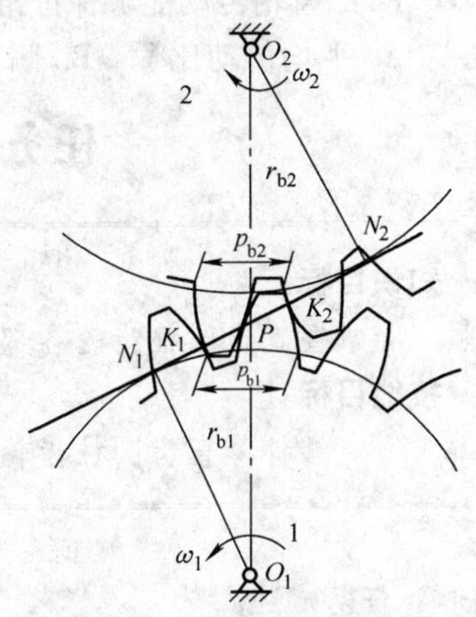

图 6-3 渐开线齿轮的啮合传动

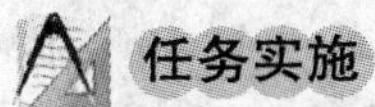

任务实施

减速器的传动比和从动轮转速的计算见表 6-3。

表 6-3 减速器的传动比和从动轮转速的计算

步 骤	计算过程	结 果
1. 传动比	$i_{12} = z_2/z_1 = 50/20 = 2.5$	$i_{12} = 2.5$
2. 转速	$i_{12} = n_1/n_2$ $n_2 = n_1/i_{12}$ $= (1000/2.5)\text{r/min} = 400\text{r/min}$	$n_2 = 400\text{r/min}$

练 习 题

1. 填空

（1）齿轮传动属于啮合传动，由于齿轮齿廓曲线较特殊，因而传动比________，传动________、________和________。

（2）齿轮传动按啮合形式分为________、________和________。

（3）齿轮传动按齿轮形状分为________、________和________等。

（4）目前绝大多数齿轮采用的是________齿廓。

（5）取两条对称渐开线上的一段作齿轮的________，这样的齿轮就叫渐开线齿轮。

（6）渐开线不会在________产生。

2. 判断题

（1）离基圆越远，渐开线上的压力角越大。 （ ）

（2）基圆以内有渐开线。 （ ）

3. 选择题

（1）渐开线上各点压力角不相等，基圆上的压力角（ ）零。

A. 大于　　　　B. 等于　　　　C. 不等于

（2）齿轮传动能够保证准确的（　　），传动平稳、工作可靠性高。

A. 平均传动比　　B. 瞬时传动比　　C. 传动比

任务2　直齿圆柱齿轮传动的计算

知识目标：

掌握直齿圆柱齿轮各部分名称、基本参数

技能目标：

能够计算直齿圆柱齿轮传动的几何尺寸

任务描述

如图6-4所示为一单级直齿圆柱齿轮减速器，已知主动轮的齿顶圆直径 $d_{a1}=44\text{mm}$，齿数 $z_1=20$，求该齿轮的模数 m。如需配一从动齿轮，要求传动比 $i_{12}=3.5$，试计算从动齿轮的几何尺寸及两轮的中心距。

任务分析

要计算齿轮的几何尺寸，就必须了解齿轮传动的各部分名称、基本参数。

相关知识

1. 直齿圆柱齿轮各几何尺寸的名称

如图6-5所示为直齿圆柱齿轮的一部分，其主要几何尺寸见表6-4。

图6-4　单级直齿圆柱齿轮减速器

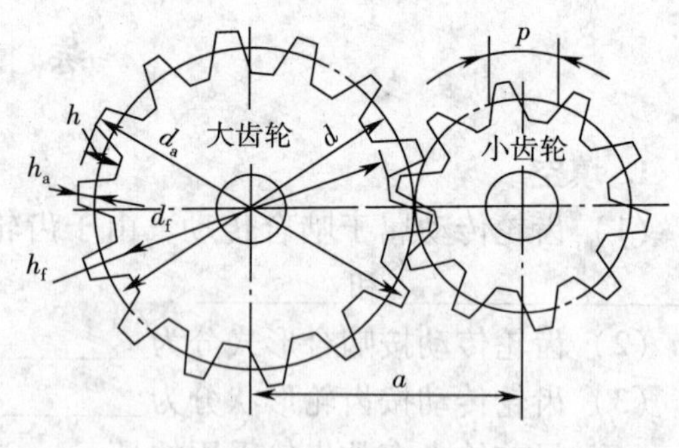

图6-5　直齿圆柱齿轮的几何尺寸

表6-4　直齿圆柱齿轮主要几何尺寸

名　称	符　号	定　义
端平面		在圆柱齿轮上，垂直于齿轮轴线的表面
齿顶圆	d_a	齿顶圆柱面与端平面的交线
齿根圆	d_f	齿根圆柱面与端平面的交线

（续）

名　称	符　号	定　义
分度圆	d	分度圆柱面与端平面的交线
齿厚	s	在端平面上，一个齿的两侧端面齿廓之间的分度圆的弧长
槽宽	e	在端平面上，一个齿槽的两侧齿廓之间的分度圆弧长
齿距	p	两个相邻而同侧的端面齿廓之间的分度圆弧长
齿顶高	h_a	齿顶圆与分度圆之间的径向距离
齿根高	h_f	齿根圆与分度圆之间的径向距离
齿高	h	齿顶圆与齿根圆之间的径向距离
齿宽	b	齿轮的有齿部位沿分度圆柱面的直素线方向量度的宽度
中心距	a	一对啮合齿轮两轴线之间的最短距离

2. 直齿圆柱齿轮的主要参数

（1）齿数 z　一个齿轮的轮齿总数用 z 表示，当模数一定时齿数越多，齿轮的几何尺寸越大。

（2）模数 m　齿距 p 与圆周率 π 的商称为模数，用 m 表示，即 $m=p/\pi$，单位为 mm，模数是齿数的基本参数，齿数相等，模数越大，齿轮的尺寸越大，承载能力越强，分度圆直径相等的齿轮，模数越大，承载能力也越强。模数大小和齿轮齿数的比较如图 6-6 所示，标准模数系列见表 6-5。

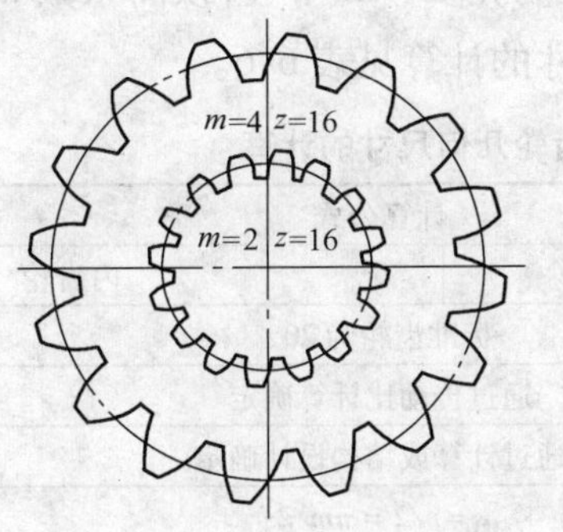

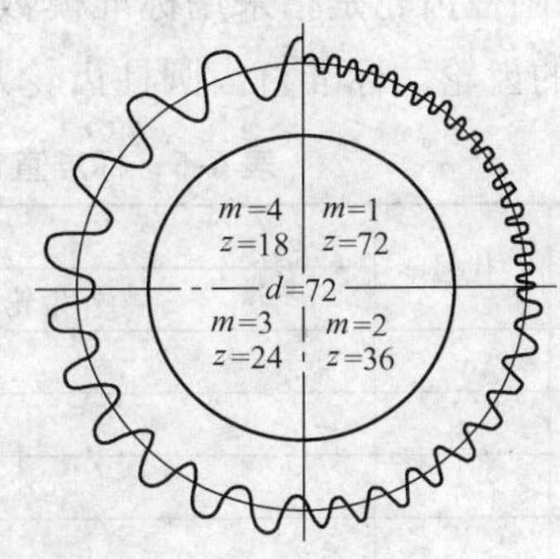

图 6-6　模数大小和齿轮齿数的比较

表 6-5　标准模数系列　　（单位：mm）

第一系列	1　1.25　1.5　2　2.5　3　4　5　6　8　10　12　16　20　25　32　40　50
第二系列	1.75　2.25　2.75　(3.25)　3.5　(3.75)　4.5　5.5　(6.5)7　9　(11)　14　18　22　28　36　45

注：1. 本表适用于渐开线圆柱齿轮，对斜齿轮则是指法向模数。

2. 选用模数时，应优先采用第一系列。

（3）压力角　压力角是齿轮在端平面上过端面齿廓上任意一点 k 处的径向直线与齿廓在该点处的切线所夹的锐角，也就是在齿轮传动中，齿廓曲线和分度圆交点处的速度方向与该点的法线方向（即力的作用线方向）所夹的锐角，用 α 表示，如图 6-7 所示。渐开线圆柱

齿轮分度圆上压力角 α_K 的大小可用下式表示

$$\cos\alpha_K = r_b/r$$

式中 α_K——分度圆的压力角；

r_b——基圆半径（mm）；

r——分度圆半径（mm）。

分度圆上压力角的大小对齿轮的形状有影响。如图 6-7 所示，当分度圆半径 r 不变时，压力角减小，基圆半径 r_b 增大，轮齿的齿顶变宽，齿根变瘦，承载能力降低；压力角增大，基圆半径 r_b 减小，轮齿的齿顶变尖，齿根变厚，其承载能力增大，但传动较费力。我国标准规定渐开线圆柱齿轮分度圆上的压力角 $\alpha = 20°$。

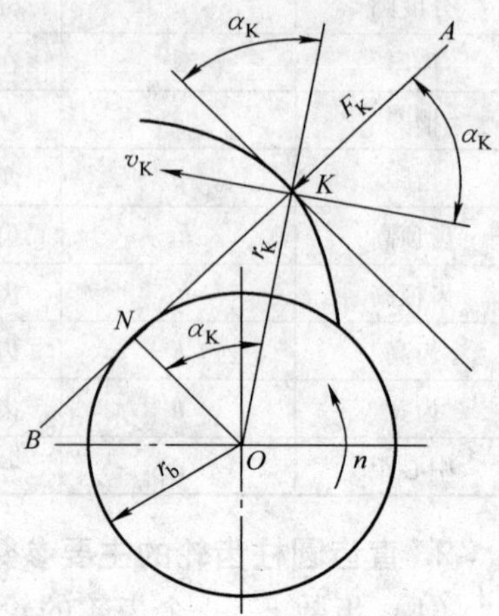

图 6-7　齿轮轮齿的压力角

（4）齿顶高系数　齿顶高与模数的比值称为齿顶高系数，用 h_a^* 表示，即 $h_a = h_a^* m$，标准规定 $h_a^* = 1$。

（5）顶隙系数　当一对齿轮啮合时，为使一个齿轮的齿顶与另一个齿轮槽底面相接触，轮齿的齿根高应大于齿顶高，即应留有一定的径向间隙，称为顶隙，用 c 表示。顶隙还可以贮存润滑油，有利于齿面的润滑。顶隙与模数的比值称为顶隙系数，用 c^* 表示，即 $c = c^* m$，国家标准规定标准齿轮 $c^* = 0.25$。

3. 标准直齿圆柱齿轮几何尺寸的计算

标准直齿圆柱齿轮是指采用标准模数 m，压力角 $\alpha = 20°$，齿顶高系数 $h_a^* = 1$，顶隙系数 $c^* = 0.25$ 的齿轮。标准直齿圆柱齿轮几何尺寸的计算见表 6-6。

表 6-6　标准直齿圆柱齿轮几何尺寸的计算

名称	代号	计算公式	
		外齿轮	内齿轮
齿形角	α	标准齿轮为 20°	
齿数	z	通过传动比计算确定	
模数	m	通过计算或结构设计确定	
齿厚	s	$s = p/2 = \pi m/2$	
齿槽宽	e	$e = p/2 = \pi m/2$	
齿距	p	$p = \pi m$	
基圆齿距	p_b	$p_b = p\cos\alpha = \pi m\cos\alpha$	
齿顶高	h_a	$h_a = h_a m = m$	
齿根高	h_f	$h_f = (h_a^* + c^*)m = 1.25m$	
齿高	h	$h = h_a + h_f = 2.25m$	
分度圆直径	d	$d = mz$	
齿顶圆直径	d_a	$d_a = d + 2h_a = m(z+2)$	$d_a = d - 2h_a = m(z-2)$
齿根圆直径	d_f	$d_f = d - h_f = m(z-2.5)$	$d_f = d + h_f = m(z+2.5)$
标准中心距	a	$a = (d_1 + d_2)/2 = m(z_1 + z_2)/2$	$a = (d_1 - d_2)/2 = m(z_1 - z_2)/2$
基圆直径	d_b	$d_b = d\cos\alpha$	

注：内齿轮与外齿轮的齿顶圆直径、齿根圆直径、标准中心距的计算公式不同。

任务实施

图 6-4 所示减速器主动齿轮的模数和从动齿轮的几何尺寸见表 6-7。

表 6-7　减速器主动齿轮的模数和从动齿轮的几何尺寸

步　　骤	计 算 过 程	结　果
1. 模数	$d_{a1} = d_1 + 2h_a = m(z_1 + 2)$ $m = \dfrac{44}{(20+2)}\text{mm} = 2\text{mm}$	$m = 2\text{mm}$
2. 齿数	$i_{12} = z_2/z_1$ $z_2 = i_{12} z_1 = 3.5 \times 20 = 70$	$z_2 = 70$
3. 分度圆直径	$d_2 = m_2 z_2$ $= 2\text{mm} \times 70\text{mm} = 140\text{mm}$	$d_2 = 140\text{mm}$
4. 齿顶圆直径	$d_{a2} = d_2 + 2h_{a2} = m_2(z_2 + 2)$ $= 2\text{mm} \times (70 + 2) = 144\text{mm}$	$d_{a2} = 144\text{mm}$
5. 齿根圆直径	$d_{f2} = d_2 - h_{f2} = m_2(z_2 - 2.5)$ $= 2\text{mm} \times (70 - 2.5) = 135\text{mm}$	$d_{f2} = 135\text{mm}$
6. 齿高	$h = h_a + h_f = 2.25m_2$ $= 2\text{mm} \times 2.25 = 4.5\text{mm}$	$h = 4.5\text{mm}$

扩展知识

标准直齿圆柱齿轮有两种齿制：正常齿制 $h_a^* = 1$，$c^* = 0.25$；短齿制 $h_a^* = 0.8$，$c^* = 0.3$。一般均视为正常齿制齿轮。

练　习　题

1. 已知一对标准直齿圆柱齿轮，其传动比 $i_{12} = 2$，主动轮转速 $n_1 = 1000\text{r/min}$，中心距 $a = 300\text{mm}$，模数 $m = 4\text{mm}$，试求从动轮转速 n_2、齿数 z_1 及 z_2。

2. 一对外啮合标准直齿圆柱齿轮，已知齿距 $p = 9.42\text{mm}$，中心距 $a = 75\text{mm}$，传动比 $i = 1.5$，试计算两齿轮的模数及齿数。

任务3　设计直齿圆柱齿轮

知识目标：

1. 掌握标准直齿圆柱齿轮正确啮合的条件
2. 掌握齿轮强度的计算方法

技能目标：

设计直齿圆柱齿轮

 **任务描述**

某单级直齿圆柱齿轮减速器，已知输入轴转速 $n_1=750\text{r/min}$，传动比 $i=4$，传动功率 $P=10\text{kW}$。减速器用于带式运输机，设计该减速器齿轮传动。

任务分析

设计齿轮，就必须了解齿轮啮合条件和连续传动的条件，掌握齿轮齿面接触强度、轮齿弯曲强度的计算方法。

相关知识

1. 直齿圆柱齿轮的啮合传动

（1）正确啮合条件　一对渐开线齿轮，要保证正确的啮合才能使齿轮连续、顺利地工作，避免因齿廓局部重叠或侧隙过大而引起卡死或冲击现象，必须使两齿轮的基圆齿距相等，即 $p_{b1}=p_{b2}$，如图 6-8 所示。

因为 $p_{b1}=p\cos\alpha=\pi m_1\cos\alpha_1$，$p_{b2}=\pi m_2\cos\alpha_2$，所以 $m_1\cos\alpha_1=m_2\cos\alpha_2$，由此可得标准直齿圆柱齿轮的正确啮合条件如下：

1）两齿轮的模数必须相等，即 $m_1=m_2$。

2）两齿轮分度圆上的齿形角必须相等，即 $\alpha_1=\alpha_2$。

（2）连续传动的条件　如图 6-9 所示，当前一对轮齿啮合终止的瞬间，后续的一对轮齿正好开始啮合，齿轮副才能连续传动。我们把实际啮合线段 B_1B_2 与齿轮基圆齿距 p_b 的比值称为重合度 ε，此时 $\varepsilon=1$。但由于制造、安装误差的影响，实际上必须使 $\varepsilon\geqslant1$，才能可靠地保证传动的连续性。重合度 ε 越大，传动越平稳。

对于直齿圆柱齿轮（$\alpha=20°$，$h_a^*=1$）来说，$1<\varepsilon<2$。标准齿轮传动均能满足上述条件，可不必验算。应注意，中心距加大时，重合度会降低。

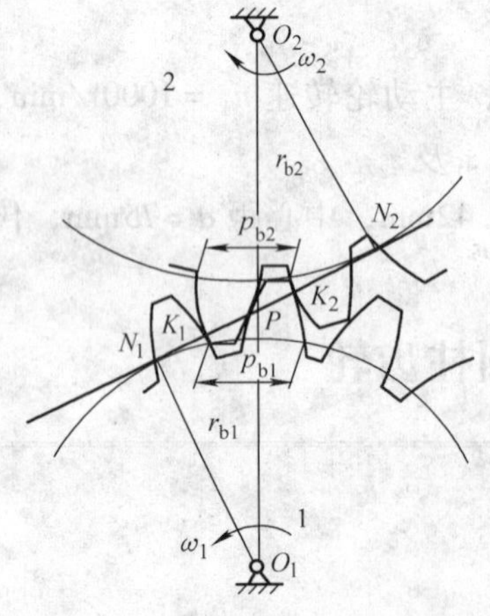

图 6-8　标准直齿圆柱齿轮正确啮合

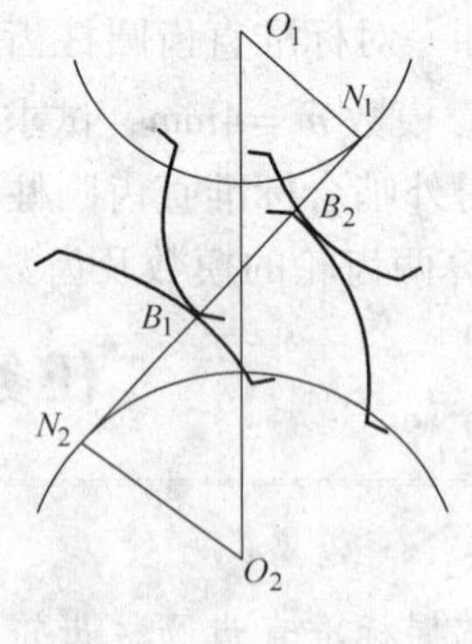

图 6-9　直齿圆柱齿轮的连续传动

2. 齿轮强度的计算

（1）作用力的分析　为了计算轮齿强度、设计轴和轴承，需要知道作用在轮齿上作用力的大小和方向，如图 6-10 所示为直齿圆柱齿轮的受力情况。设 F_n 为作用于轮齿表面的法向力，其方向沿啮合线。F_n可以分解为两个分力：

$$F_t = 2T_1/d_1, F_r = F_t\tan\alpha$$

式中 T_1——小齿轮传递的转矩（N·mm），$T_1 = 9.55\times10^6 P_1/n_1$；

d_1——中齿轮节圆直径（mm）；

α——啮合角；

F_t——圆周力（N）；

F_r——径向力（N）。

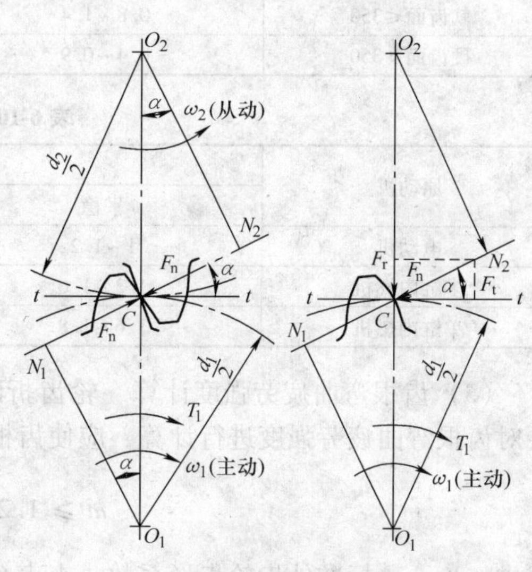

图 6-10 直齿圆柱齿轮传动的作用力

（2）齿面接触疲劳强度计算 为了防止齿面点蚀失效，需要对齿面接触疲劳强度进行计算。轮齿表面的点蚀现象与齿面接触应力大小有关，齿面点蚀首先发生在齿轮的节线附近。因此选择齿轮的节点作为接触应力计算点，以赫兹公式为依据。

$$d_1 \geqslant 76.6\sqrt[3]{\frac{KT_1(u\pm1)}{\psi_d u[\sigma_H]^2}}$$

式中 $[\sigma_H]$——齿轮材料的许用应力（MPa），查表6-8，用插入法；

d_1——小齿轮分度圆直径（mm）；

u——大、小齿轮齿数比，即 $u=z_2/z_1$；

ψ_d——齿宽系数，$\psi_d=b/d_1$，见表6-9；

K——载荷系数，查表6-10。

表 6-8 齿轮常用材料及其力学性能

材料	热处理方法	抗拉强度 σ_b/MPa	屈服强度 σ_s/MPa	齿面硬度/HBW	许用接触应力 $[\sigma_H]$/MPa	许用弯曲应力 $[\sigma_F]$/MPa
HT300		300		187~255	290~340	80~105
QT600-3		600		190~270	436~535	262~315
ZG310-570	正火	580	320	163~197	270~301	171~189
ZG340-600		650	350	179~207	288~306	182~196
45		580	290	162~217	468~513	280~301
ZG340-640	调质	700	380	241~269	468~490	248~259
45		650	360	217~255	513~545	301~315
35SiMn		750	450	217~269	612~675	427~504
40Cr		700	500	241~286	612~675	399~427
45	调质后表面淬火			40~50HRC	972~1053	427~504
40Cr				48~55HRC	1035~1098	483~518
20Cr	渗碳后淬火	650	400	56~62HRC	1350	645
20CrMnTi		1100	850	56~62HRC	1350	645

注：表中材料许用弯曲应力是在齿轮单向受载试验条件下得到的，若齿轮工作条件为双向受载，则应将表中数据乘以0.7。

表 6-9　齿宽系数 ψ_d

齿面硬度	齿轮相对于轴承的位置		
	对称位置	非对称位置	悬臂位置
软齿面≤350	0.8～1.4	0.6～1.2	0.3～0.4
硬齿面＞350	0.4～0.9	0.3～0.6	0.2～0.25

表 6-10　载荷系数 K

原动机	工作机载荷特性		
	平稳	中等冲击	大冲击
电动机	1～1.2	1.2～1.6	1.6～1.8
多缸内燃机	1.2～1.6	1.6～1.8	1.8～2.1
单缸内燃机	1.6～1.8	1.8～2	2.2～2.4

（3）齿根弯曲疲劳强度计算　轮齿折断与齿根弯曲应力有关，为了防止轮齿折断，需要对齿根弯曲疲劳强度进行计算，应使齿根弯曲应力 σ_F 小于或等于许用弯曲应力［σ_F］。

$$m \geqslant 1.26\sqrt[3]{\frac{KT_1Y_F}{\psi_d z_1{}^2[\sigma_F]}}$$

式中　Y_F——标准外齿轮齿形系数，查表 6-11；

z_1——小齿轮齿数；

［σ_F］——齿轮材料许用弯曲应力，查表 6-8，用插入法。

需要说明，在大小齿轮的材料和热处理相同时，即两齿轮许用应力相同，［σ_{F1}］=［σ_{F2}］，由于小齿轮弯曲强度较差，$Y_{F1}>Y_{F2}$，一般只需对小齿轮进行强度校核或设计计算。当两齿轮材料不同时，弯曲应力也不等，计算时应将 $\frac{Y_{F1}}{[\sigma_{F1}]}$ 和 $\frac{Y_{F2}}{[\sigma_{F2}]}$ 中较大的值代入计算。根据上式求出的模数，再按标准模数圆整。

表 6-11　齿形系数 Y_F 及当量齿数 z_v

$z(z_v)$	17	18	19	20	21	22	23	24	25	26	27	28
Y_F	4.51	4.45	4.41	4.36	4.33	4.30	4.27	4.24	4.21	4.19	4.17	4.15
$z(z_v)$	29	30	35	40	45	50	60	70	80	90	100	150
Y_F	4.13	4.12	4.06	4.04	4.02	4.01	4.00	3.99	3.98	3.97	3.96	4.00

任务实施

直齿圆柱齿轮传动的设计计算见表 6-12。

表 6-12　直齿圆柱齿轮传动的设计计算

步　骤	计算过程	结　果
某单级直齿圆柱齿轮减速器，已知输入轴转速 $n_1=750$r/min 传动比 $i=4$，传动功率 $P=10$kW。减速器用于带式运输机，设计该减速器齿轮传动		
1. 材料选择	带式运输机工作较平稳 小齿轮选用 45 钢调质 250HBW 大齿轮选用 45 钢正火 190HBW	小齿轮 45 钢调质 大齿轮 45 钢正火

（续）

步骤	计算过程	结果
2. 参数选择	(1)采用软齿面闭式传动 $z_1=25$ $z_2=iz_1=4\times25=100$ (2)齿宽系数 单级齿轮传动，两支撑相对齿轮对称布置，查表6-9，取$\psi_a=1.0$ (3)载荷系数 因为载荷较平稳，齿轮为软齿面，支撑对称，查表6-10，取$K=1.4$ (4)齿数比 $u=i_{12}=z_2/z_1=112/28=4$	$z_1=25$ $z_2=100$ $\psi_a=1.0$ $K=1.4$ $u=4$
3. 确定许用应力	查表6-8，用插入法 $[\sigma_{H1}]=513\text{MPa}+\frac{545-513}{255-217}\times(250-217)\text{MPa}$ $=541\text{MPa}$ $[\sigma_{F1}]=301\text{MPa}+\frac{315-301}{255-217}(250-217)\text{MPa}$ $=313\text{MPa}$ 查表6-10，用插入法求 $[\sigma_{H2}]=468\text{MPa}+\frac{513-468}{217-162}\times(190-162)\text{MPa}$ $=491\text{MPa}$ $[\sigma_{F2}]=280\text{MPa}+\frac{301-280}{217-162}(190-162)\text{MPa}$ $=291\text{MPa}$	$[\sigma_{H1}]=541\text{MPa}$ $[\sigma_{F1}]=313\text{MPa}$ $[\sigma_{H2}]=491\text{MPa}$ $[\sigma_{F2}]=291\text{MPa}$
4. 计算小齿轮转矩	$T_1=9.55\times10^6\frac{P}{n_1}=9.55\times10^6\times\frac{10}{750}\text{N}\cdot\text{m}$ $=12.73\times10^4\text{N}\cdot\text{m}$	$T_1=12.73\times10^4\text{N}\cdot\text{m}$
5. 按齿面接触强度计算	取较小的许用接触应力$[\sigma_{H2}]$代入计算得小齿轮分度圆直径 $d_1\geqslant76.6\sqrt[3]{\frac{KT_1(u\pm1)}{\psi_d u[\sigma_H]^2}}$ $=76.6\sqrt[3]{\frac{1.4\times12.73\times10^4\times(4+1)}{1.0\times4\times491^2}}\text{mm}=74.8\text{mm}$ 齿轮模数为$m=d_1/z_1=74.8\text{mm}/25=2.992\text{mm}$	$d_1\geqslant74.8\text{mm}$
6. 按齿根弯曲疲劳强度计算	由齿数$z_1=25$，$z_2=100$查表6-11得齿形系数$Y_{F1}=4.21$，$Y_{F2}=3.96$，齿形系数与弯曲应力的比值 $\frac{Y_{F1}}{[\sigma_{F1}]}=\frac{4.21}{313}=0.01345$ $\frac{Y_{F2}}{[\sigma_{F2}]}=\frac{3.96}{291}=0.01360$ $\frac{Y_{F2}}{[\sigma_{F2}]}>\frac{Y_{F1}}{[\sigma_{F1}]}$，因$\frac{Y_{F2}}{[\sigma_{F2}]}$较大，代入得 $m\geqslant1.26\sqrt[3]{\frac{KT_1Y_F}{\psi_d z_1^2[\sigma_F]}}$ $=1.26\sqrt[3]{\frac{1.4\times12.73\times10^4\times3.96}{1.0\times25^2\times291}}\text{mm}=1.98\text{mm}$	

（续）

步　骤	计算过程	结　果
7. 确定模数	由上式结果可知，按接触疲劳强度计算，模数 $m \geqslant 2.992$mm，根据表6-5取 $m = 3$mm	$m = 3$mm
8. 计算齿轮主要尺寸	$d_1 = mz_1 = 3\text{mm} \times 25 = 75\text{mm}$ $d_2 = mz_2 = 3\text{mm} \times 100 = 300\text{mm}$ $d_{a1} = m(z_1 + 2) = 3\text{mm} \times (25 + 2) = 81\text{mm}$ $d_{a2} = m(z_2 + 2) = 3\text{mm} \times (100 + 2) = 306\text{mm}$ $a = (d_1 + d_2)/2 = (75 + 300)\text{mm}/2 = 187.5\text{mm}$ $b = \psi_a d_1 = 1.0 \times 75\text{mm} = 75\text{mm}$ $b_2 = 75\text{mm}, b_1 = b_2 + 5\text{mm} = 80\text{mm}$ 结构设计略	$d_1 = 75$mm $d_2 = 300$mm $d_{a1} = 81$mm $d_{a2} = 306$mm $a = 187.5$mm $b_1 = 80$mm $b_2 = 75$mm

练　习　题

1. 判断题

（1）一对渐开线直齿圆柱齿轮，只要压力角相等，就能保证正确啮合。　（　　）

（2）齿轮的标准压力角和标准模数都在分度圆上。　（　　）

（3）为保证渐开线齿轮中的轮齿能够依次啮合，不发生卡死或者冲击，两啮合齿轮基圆齿距必须相等。　（　　）

（4）为了保证齿轮传动的连续性，必须在前一对轮齿尚未结束啮合，后继的一对齿轮已进入啮合状态。　（　　）

2. 计算题

设计两级齿轮减速器中的低速直齿圆柱齿轮，已知传递功率 $P = 10\text{kW}$，小齿轮转速 $n_1 = 480\text{r/min}$ 传动比 $i = 3.2$，载荷有中等冲击，单项转动，小齿轮相对轴承为不对称布置，使用寿命 $t_h = 15000\text{h}$。

任务4　斜齿圆柱齿轮传动的计算

知识目标：

了解斜齿圆柱齿轮各几何要素名称和主要参数

技能目标：

能够计算斜齿圆柱齿轮的几何尺寸

任务描述

如图6-11所示的三种减速器，分别运用了不同类型的齿轮传动。图6-11a所示为斜齿圆柱齿轮减速器，已测得齿数 $z_1 = 22$，$z_2 = 98$，小齿轮齿顶圆直径 $d_{a1} = 240\text{mm}$，大齿轮的齿高

$h_2=22.5\text{mm}$，试判断这两个齿轮能否正确啮合？

a）

b）

c）

图 6-11 减速器中的齿轮传动

a）斜齿圆柱齿轮 b）直齿锥齿轮 c）齿轮齿条传动

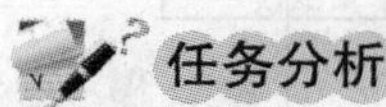
任务分析

要计算斜齿圆柱齿轮的各部分尺寸，就必须了解斜齿圆柱齿轮各部分名称和主要参数。

相关知识

1. 斜齿圆柱齿轮各几何要素的名称

齿线为螺旋线的圆柱齿轮称为斜齿圆柱齿轮，简称斜齿轮。斜齿圆柱齿轮是发生面在基圆柱上作纯滚动时，平面 S 上的直线 KK 不与基圆柱素线 NN 平行，而是与 NN 成一角度 β_b，当 S 平面在基圆柱上作纯滚动时，斜直线 KK 的轨迹形成斜齿轮的齿廓曲面，如图 6-12 所示。KK 与基圆柱母线的夹角 β_b 称为基圆柱上的螺旋角。它表示轮齿的倾斜程度。标准斜齿圆柱齿轮几何要素的名称、代号、定义见表 6-13。

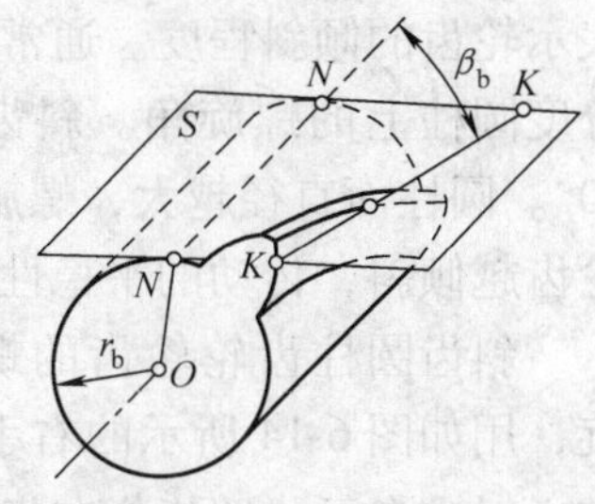

图 6-12 斜齿轮齿廓的形成

表 6-13 标准斜齿圆柱齿轮几何要素的名称、代号、定义

名 称	代 号	定 义
法向模数	m_n	法向齿距除以圆周率 π 所得的商数
端面模数	m_t	端面齿距除以圆柱率 π 所得的商数
法向压力角	α_n	法平面内，端面齿廓与分度圆交点处的压力角
端面压力角	α_t	端平面内，端面齿廓与分度圆交点处的压力角
分度圆直径	d	分度圆柱面与分度圆的直径
法向齿距	p_n	在分度圆柱面上，其齿线的法向螺旋线在两个相邻的同侧齿面之间的弧长
端面齿距	p_t	两个相邻而同侧的端面齿廓之间的分度圆弧长
齿顶高	h_a	
齿根高	h_f	
齿高	h	与直齿圆柱齿轮相同
齿顶圆	d_a	
齿根圆	d_f	
螺旋角	β	分度圆螺旋线的切线与过切点的圆柱面直素线之间所夹的锐角

2. 斜齿圆柱齿轮的主要参数

（1）模数和压力角　由于斜齿圆柱齿轮的轮齿齿面是螺旋面，所以斜齿轮的几何参数有端面参数和法面参数两组。

端面 t——与轴线垂直的截面。端面上参数为齿距 P_t、模数 m_t 和压力角 α_t。

法向 n——与轮齿垂直的方向。法向上参数为齿距 P_n、模数 m_n 和压力角 α_n。

一般规定斜齿圆柱齿轮的法向模数和法向压力角为标准值。

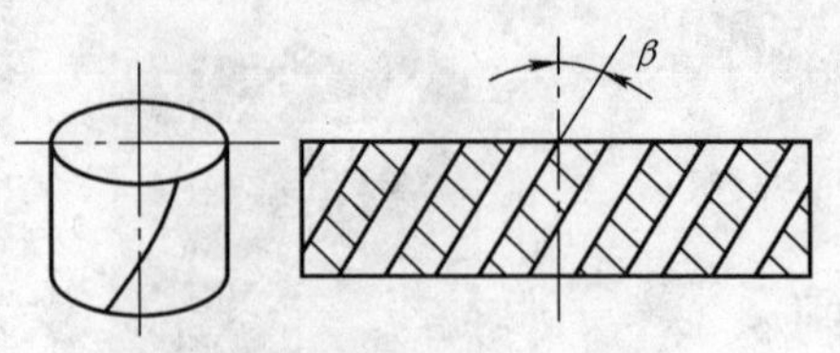

图 6-13　斜齿圆柱齿轮展开图

（2）螺旋角　如图 6-13 所示为斜齿圆柱齿轮展开图。螺旋线展开成一直线，该直线与轴线的夹角 β 称为斜齿轮在分度圆柱上的螺旋角，简称螺旋角。它表示轮齿的倾斜程度。通常所说斜齿轮的螺旋角是指分度圆柱上的螺旋角。斜齿轮的螺旋角一般为 8° ~ 20°。圆柱面直径越大，螺旋角也越大。螺旋角越大，轮齿越倾斜，传动的平稳性越好，但轴向力也越大。

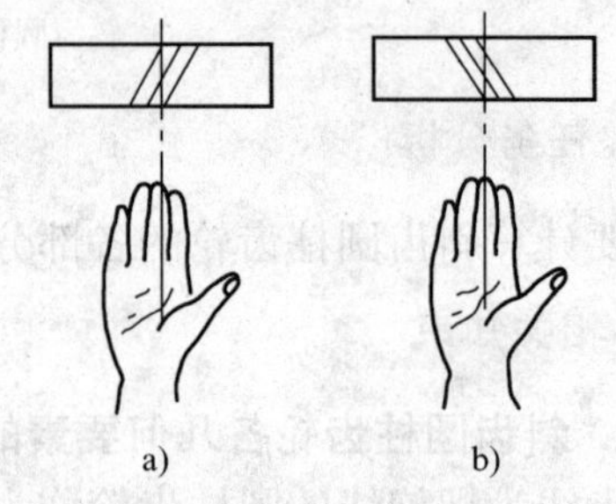

图 6-14　斜齿圆柱齿轮螺旋方向的判断

a）左旋　b）右旋

斜齿圆柱齿轮轮齿的螺旋方向可分为左旋和右旋，用如图 6-14 所示的右手法则来判定。伸出右手，掌心对准自己，四指指向齿轮的轴线，若齿向与大拇指指向一致，则该齿轮为右旋齿轮，反之为左旋齿轮。

3. 斜齿圆柱齿轮几何尺寸的计算

模数采用标准法向模数，压力角采用标准压力角、齿顶高等于模数 m、齿高等于 2.25m 的斜齿圆柱齿轮称为标准斜齿圆柱齿轮，简称标准斜齿轮。

斜齿圆柱齿轮各几何尺寸的计算公式见表 6-14。

表 6-14　斜齿圆柱齿轮各几何尺寸的计算公式

名　　称	代　号	计算公式
法向模数	m_n	$m_n = p_n/\pi, m_n = m$
端面模数	m_t	$m_t = p_t/\pi = m_n/\cos\beta$
法向压力角	a_n	$a_n = a = 20°$
端面压力角	a_t	$\tan\alpha_t = \tan\alpha_n/\cos\beta$
分度圆直径	d	$d = m_t z = m_n z/\cos\beta$
法向齿距	p_n	$p_n = \pi m_n$
端面齿距	p_t	$p_t = p_n/\cos\beta = \pi m_n/\cos\beta$
齿顶高	h_a	$h_a = m_n$
齿根高	h_f	$h_f = 1.25m_n$
齿高	h	$h = h_a + h_f = 2.25m$
齿顶圆直径	d_a	$d_a = d + 2h_a = m_n(z/\cos\beta + 2)$
齿根圆直径	d_f	$d_f = d - 2h_f = m_n(z/\cos\beta - 2.5)$

 任务实施

图6-11所示减速器中齿轮传动的计算步骤见表6-15。

表6-15 齿轮传动的计算步骤

步 骤	计算过程	结 果
1. 计算主动轮模数 m_{n1}	$d_{a1}=d_1+2h_{a1}=m_{n1}(z_1+2)$ $m_{n1}=d_{a1}/(z_1+2)=240/(22+2)$ $=10mm$	$m_{n1}=10mm$
2. 计算从动轮模数 m_{n2}	$h_2=h_{a2}+h_{f2}=2.25m_{n2}$ $m_{n2}=h_2/2.25=22.5/2.25$ $=10mm$	$m_{n2}=10mm$
3. 比较主、从动齿轮的模数	$m_{n1}=m_{n2}=10mm$ 两个斜齿轮能够正确啮合	能够正确啮合

练 习 题

1. 选择题

(1)标准斜齿圆柱齿轮的基本参数均以(　　)为标准。

A. 法线　　B. 法向　　C. 径向平面

(2)斜齿轮传动时,其轮齿啮合线先(　　),再(　　)。

A. 由短变长　　B. 由长变短　　C. 不变

(3)斜齿圆柱齿轮的端面用(　　)作标记,法向用(　　)作标记。

A. x　　B. n　　C. t

2. 计算题

有一对正常齿制的斜齿圆柱齿轮,搬运时丢失了大齿轮而需要配置。现测得两轴相距116.25mm,小齿轮齿数$z_1=39$,齿顶圆直径$d_{a1}=102.5mm$,求大齿轮的齿数z_2及这对齿轮的分度圆直径d_1和d_2。

任务5 设计斜齿圆柱齿轮

知识目标:

1. 掌握斜齿圆柱齿轮的正确啮合条件
2. 掌握斜齿圆柱齿轮强度的计算方法

技能目标:

学会设计斜齿圆柱齿轮

任务描述

一带式输送机的单级斜齿圆柱齿轮减速器，已知主动轮传递的转矩 $T_1 = 13.3 \times 10^4 \mathrm{N \cdot mm}$，转速 $n_1 = 306\mathrm{r/min}$，传动比 $i = 3.79$，试设计该斜齿圆柱齿轮传动。

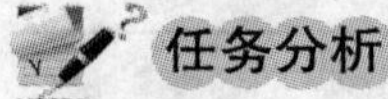

任务分析

准确计算斜齿轮齿面接触疲劳强度并验算轮齿弯曲疲劳强度，就必须理解斜齿轮传动的原理及啮合条件，学会分析斜齿轮的受力情况。

相关知识

1. 斜齿圆柱齿轮的啮合传动

直齿圆柱齿轮齿面上的接触线是平行于轴线的直线，是沿整个齿宽同时进入和退出啮合的，如图 6-15a 所示。在高速、重载等情况下，易产生冲击和噪声。

斜齿圆柱齿轮齿面上的接触线是斜直线，传动时轮齿齿面上的接触线长度由短逐渐变长，再由长变短，直至脱离啮合，此外由于斜齿轮的轮齿是倾斜的，同时啮合的轮齿对数比直齿轮多，故重合度比直齿轮大。如图 6-15b 所示。

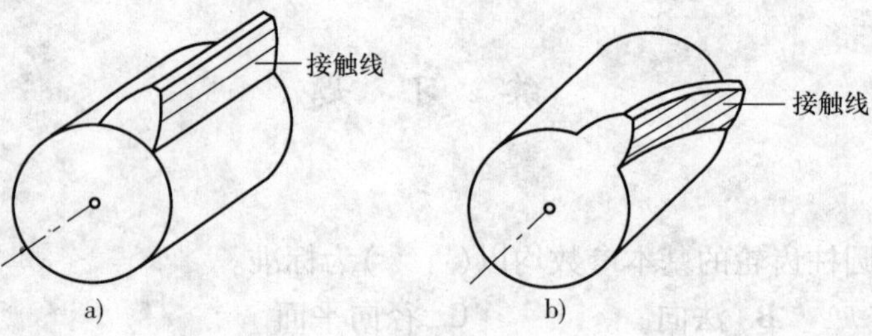

图 6-15　齿轮的齿廓曲线

(1)斜齿圆柱齿轮正确啮合的条件　一对斜齿圆柱齿轮的正确啮合条件可以用法向参数表示。为保证两轮的螺旋渐开面能正确相切，两轮的螺旋角应该大小相等，并且在外啮合时旋向相反，内啮合时旋向相同。

一对斜齿圆柱齿轮的正确啮合条件为

$$m_{n1} = m_{n2} = m_n$$

$$\alpha_{n1} = \alpha_{n2} = \alpha_n$$

$$\beta_1 = \pm \beta_2$$

式中　m_{n1}、m_{n2}——主、从动齿轮模数；

α_{n1}、α_{n2}——主、从动齿轮齿形角；

β_1、β_2——主、从动齿轮螺旋角，“+”为内啮合，“-”为外啮合。

(2)斜齿轮连续传动的条件　一对斜齿轮啮合时，两齿廓从前端面的从动轮齿顶和主动轮齿根部分的接触开始进入啮合，如图 6-15b 所示。接触线逐渐由短变长，到某一啮合位置后，由长变短，最后在后端面的主动轮齿顶和从动轮齿根部分的接触 B_1 脱离前端面脱离啮合时，由此可知，斜齿轮的齿廓是逐渐进入和逐渐脱离啮合的。当其齿廓的前端面脱离啮合时，齿廓的后端面仍在啮合中，所以斜齿轮的轮齿啮合过程比直齿轮长，同时参与啮合的轮齿对数也比直齿轮多,即其重合度较大。因此,斜齿轮传动平稳、承载能力强、噪声和冲击小,适用于高速、大功率的齿轮传动。

2. 斜齿圆柱齿轮传动的强度计算

(1)作用力的分析　如图6-16所示为斜齿圆柱轮齿受力情况,作用在轮齿上的法向力 F_n 可以分解为三个分力,即

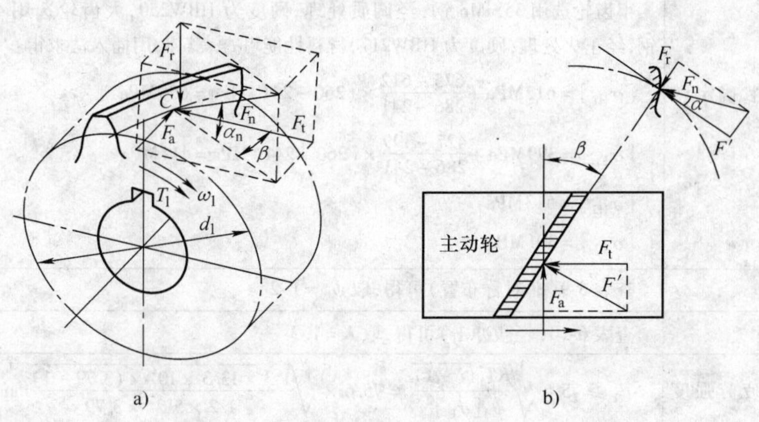

图6-16　斜齿圆柱齿轮传动的作用力

圆周力:$F_t = 2T_1/d_1$

径向力:$F_r = F_n\tan\alpha = F_t\tan\alpha/\cos\beta$

轴向力:$F_a = F_t\tan\beta$

圆周力 F_t 的方向,在主动轮上和回转方向相反,在从动轮上和回转方向一致。径向力 F_r 的方向对两轮都是指向轮心。同时,明确主动轮上轴向力的方向之后,则从动轮轴向力的方向与其相反,大小相等。

(2)轮齿表面接触疲劳强度的计算　对于斜齿圆柱齿轮传动,载荷作用在法向上,而法向齿形近似于当量齿轮的齿形,斜齿轮传动的强度计算可转换为当量齿轮的强度计算。考虑到斜齿轮传动的本身特点(重合度大,接触线较长,及节线附近载荷集中等),可以得到斜齿圆柱齿轮轮齿表面接触疲劳强度的验算公式和设计计算公式为

$$d_1 \geqslant 75.6\sqrt[3]{\frac{KT_1(u+1)}{\psi_d[\sigma_H]^2u}}$$

齿根弯曲疲劳强度校核公式为

$$\delta_F = \frac{1.6KT_1\cos\beta}{bm_n^2z_1}Y_F \leqslant [\delta_F]$$

式中　Y_F——斜齿圆柱齿轮的当量齿轮的齿形系数,可根据当量齿数 $z_v = z/\cos^3\beta$ 由表6-11查得,许用弯曲应力按表6-8确定。

由于斜齿轮传动平稳,因此选取载荷系数 K 时按当时齿数 z_v 在表6-10中查取。

 任务实施

有一带式输送机的单级斜齿圆柱齿轮减速器,已知主动轮传递的转矩 $T_1 = 13.3 \times$

10^4N·mm，转速 $n_1=306$r/min，传动比 $i=3.79$，试设计该斜齿圆柱齿轮传动。

斜齿圆柱齿轮传动设计步骤见表6-16。

表6-16　斜齿圆柱齿轮传动设计步骤

步　骤	计算过程	结　果
1. 选择齿轮材料，确定许用应力	根据工作要求，采用齿面硬度 HBW≤350 小齿轮选用35SiMn钢，经调质处理，硬度为HBW250，大齿轮选用45钢，经正火处理，硬度为HBW217，材料性能可查表6-8，用插入法求得： $[\sigma_{H1}]=612\text{MPa}+\frac{675-612}{286-241}\times(260-241)\text{MPa}=639\text{MPa}$ $[\sigma_{F1}]=399\text{MPa}+\frac{427-399}{286-241}\times(260-241)\text{MPa}=411\text{MPa}$ $[\sigma_{H2}]=513\text{MPa}$ $[\sigma_{F2}]=301\text{MPa}$	$[\sigma_{H1}]=639\text{MPa}$ $[\sigma_{F1}]=411\text{MPa}$ $[\sigma_{H2}]=513\text{MPa}$ $[\sigma_{F2}]=301\text{MPa}$
2. 选择齿宽系数	查表6-9（非对称布置）可得，取 $\psi_d=1.2$	$\psi_d=1.2$
3. 确定载荷系数	查表6-10（轻微冲击）可得，取 $K=1.3$	$K=1.3$
4. 按齿面接触疲劳强度设计	$d_1\geqslant 75.6\sqrt[3]{\frac{KT_1(i+1)}{\psi_d[\sigma_H]^2 i}}=75.6\times\sqrt[3]{\frac{1.3\times13.3\times10^4\times(3.79+1)}{1.2\times512^2\times3.79}}\text{mm}$ $=66.95\text{mm}$	$d_1\geqslant66.95\text{mm}$
5. 选择齿数参数及主要尺寸	（1）取 $z_1=19$ $z_2=iz_1=3.79\times19=72.01$，取 $z_2=72$ （2）确定模数 初步选定 $\beta=12°$，可得法向模数为 $m_n=\frac{d_1\cos\beta}{z_1}=\frac{66.95\text{mm}\times\cos12°}{19}=3.447\text{mm}$ 取 $m_n=3.5$mm （3）中心距 标准中心距 $a=\frac{m_n(z_1+z_2)}{2\cos\beta}=\frac{3.5\times(19+72)}{2\times\cos12°}\text{mm}=162.8\text{mm}$ 为了便于箱体加工测量，取 $a=165$mm （4）计算精确的螺旋角 $\beta=\arccos\frac{m_n(z_1+z_2)}{2a}=\arccos\frac{3.5\times(19+72)}{2\times165}=15°10'13''$ 在8°~25°范围内，参数合适 （4）其他尺寸 分度圆直径为 $d_1=\frac{m_n z_1}{\cos\beta}=\frac{3.5\times19}{\cos15°10'13''}\text{mm}=68.9\text{mm}$ $d_2=\frac{m_n z_2}{\cos\beta}=\frac{3.5\times72}{\cos15°10'13''}\text{mm}=261.1\text{mm}$ 齿顶圆直径为 $d_{a1}=d_1+2h_a=68.9\text{mm}+2\times3.5\text{mm}=75.9\text{mm}$ $d_{a2}=d_2+2h_a=261.1\text{mm}+2\times3.5\text{mm}=268.1\text{mm}$ 齿宽为 $b=\psi_d d_1=1.2\times68.9\text{mm}=82.68\text{mm}$ 取 $b_1=83\text{mm}$，$b_2=b_1+5\text{mm}=88\text{mm}$	$z_1=19$ $z_2=72$ $m_n=3.5$mm $\beta=15°10'13''$ $a=165$mm $d_1=68.9$mm $d_2=261.1$mm $d_{a1}=75.9$mm $d_{a2}=268.1$mm $b_1=83$mm $b_2=88$mm

（续）

步　骤	计算过程	结　果
6. 验算齿根弯曲疲劳强度	$z_{v1}=z_1/\cos^3\beta=19/\cos^3 15°10'13''=21.13$ 由表6-11可得 $Y_{F1}=4.33$ $\frac{Y_{F1}}{[\sigma_{F1}]}=\frac{4.33}{411}=0.011$ $z_{v2}=z_2/\cos^3\beta=72/\cos^3 15°10'13''=80.08$ 由表6-11可得 $Y_{F2}=3.98$ $\frac{Y_{F2}}{[\sigma_{F2}]}=\frac{3.98}{301}=0.013$ $\frac{Y_{F1}}{[\sigma_{F1}]}<\frac{Y_{F2}}{[\sigma_{F2}]}$，按大齿轮验算 $\sigma_{F1}=\frac{1.6KT_1Y_{F1}\cos\beta}{bm_n^2z_1}$ $=\frac{1.6\times1.3\times13.3\times10^4\times4.33\times\cos15°10'13''}{83\times3.5^2\times68.9}\text{MPa}$ $=16.5\text{MPa}<[\sigma_{F2}]$	$[\sigma_{F1}]=$ 16.5MPa 设计安全

练　习　题

1. 设计一单级斜齿圆柱齿轮传动。已知小齿轮传递功率 $P_1=7.5\text{kW}$，转速 $n_1=1460\text{r/min}$，材料为40MB调质，大齿轮材料为45钢调质处理，传动比 $i=3$，载荷平稳，双向运转。

2. 设计一电动机驱动的单级斜齿圆柱齿轮减速器中的斜齿轮传动，已知小齿轮传递功率 $P_1=10\text{kW}$，转速 $n_1=970\text{r/min}$，传动比 $i=2.5$，单向运转，载荷平稳。

任务6　认识齿轮的材料及失效形式

知识目标：

1. 了解齿轮常用材料
2. 了解齿轮轮齿失效形式

技能目标：

分析典型齿轮传动的主要失效形式和防止轮齿失效的措施

任务描述

如图6-17所示为失效的齿轮，根据齿轮的工作条件，分析齿轮的失效形式。

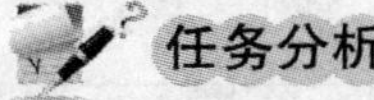

任务分析

要防止齿轮发生失效，就必须了解齿轮材料的特点，合理选择材料。

a)

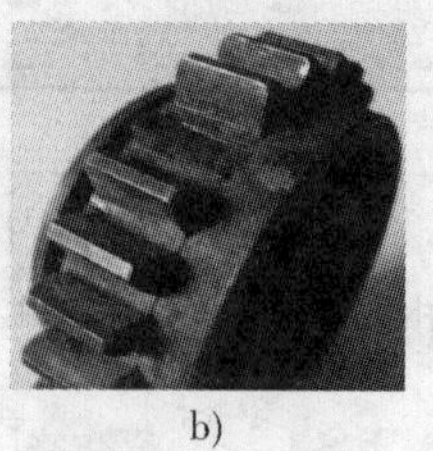
b)

图 6-17　失效的齿轮
a）齿面损坏的齿轮　b）轮齿折断的齿轮

相关知识

1. 齿轮材料的基本要求

齿轮在设计和制造过程中，从材料选用、热处理等加工工艺的制定，直到产品成形及验收等，都涉及工程材料的许多问题。实践证明，如果能合理选择材料和热处理加工工艺，就能充分发挥材料本身的性能潜力，获得理想的使用性能，在提高产品质量、节约材料、降低成本、提高经济效益等方面都起着重大作用。

为了使齿轮在使用期内不发生失效，且有足够长的使用寿命，因此在选择齿轮材料时，应使齿轮具有以下的基本要求：

1）轮齿表面具有较高的硬度和耐磨性。

2）轮齿芯部应具有足够的强度和韧性，齿根部位具有良好的弯曲强度和抗冲击能力。

3）良好的工艺性能及热处理性能，使之达到所需的工艺精度及力学性能。

2. 齿轮材料

常用齿轮材料有锻钢、铸钢、铸铁，在某些情况下还选用工程塑料等非金属材料。

（1）锻钢　锻钢强度高、韧性好、便于制造，通过热处理方法来改善其某些力学性能，大多数齿轮都是锻钢制造。按齿面硬度不同，可分为以下两类。

1）软齿面齿轮。调质和正火处理后的齿轮，齿面硬度≤350HBW 时为软面齿轮。小齿轮承载应力循环次数比大齿轮多，且小齿轮根厚度比大齿轮厚，为了使两轮寿命接近，通常小齿轮材料硬度比大齿轮强，齿面硬度约高 30～50HBW。

2）硬齿面齿轮。齿面硬度＞350HBW 及≥40HRC 的为硬齿面齿轮，它常用优质中碳钢或中碳合金钢制成，并经表面淬火处理。若用优质低碳钢或低碳合金钢制造，可经渗碳淬火处理。经热处理后齿面强度高，承载能力强，尺寸紧凑，但加工不如软齿面方便。硬齿面齿轮需采用专门设备制造，适合大批量生产。

（2）铸钢　铸钢常用于直径大于 400～600 的齿轮。可用铸造的方法制成铸钢齿坯，由于铸钢晶粒较粗，故需进行正火处理。钢制齿轮一般用于载荷较高的重要的齿轮传动中。

常用的齿轮材料牌号、热处理方法及所能达到的硬度见表 6-17。

表 6-17　常用的齿轮材料

类　别	牌　号	热 处 理	硬度/HBW
普通碳素钢	Q275A	正火	140～170
	Q295A	正火	150～200

（续）

类　别	牌　号	热 处 理	硬度/HBW
优质碳素钢	35	正火	150~180
		调质	180~210
		表面淬火	40~45HRC
	45	正火	170~210
		调质	210~230
		表面淬火	43~48HRC
	50	正火	180~220
合金结构钢	40Cr	调质	240~285
		表面淬火	52~56
	35SiMn	调质	200~260
		表面淬火	40~45HRC
	40MnB	调质	240~280
	20Cr	渗碳淬火回火	56~62HRC
	20CrMnTi	渗碳淬火回火	56~62HRC
	38CrMoAlA	渗碳	60HRC
铸钢	ZG270~500	正火	140~170
	ZG310~570	正火	160~200
	ZG355SiMn	正火	160~220
		调质	200~250
灰铸铁	HT200		170~230
	HT300		187~255
球墨铸铁	QT500~5		147~241
	QT600~2		229~302

3. 齿轮的失效形式

在生产实习中，齿轮传动常常会因为齿面损坏、轮齿折断等原因导致齿轮传动不能正常使用，从而失去了其正常工作的能力，这种现象称为齿轮轮齿的失效。常见的失效形式有轮齿的折断、齿面点蚀、齿面磨损、齿面胶合、齿面塑性变形。

（1）轮齿折断　产生失效的原因为：当轮齿反复受载时，齿根会产生疲劳裂纹，逐步扩展致使轮齿疲劳折断；当轮齿突然过载、经严重磨损齿厚减薄时，也可出现折断。此外，斜齿轮受载时和直齿轮由于制造和安装不良或轴弯曲变形过大时，会发生局部折断，如图6-18所示。

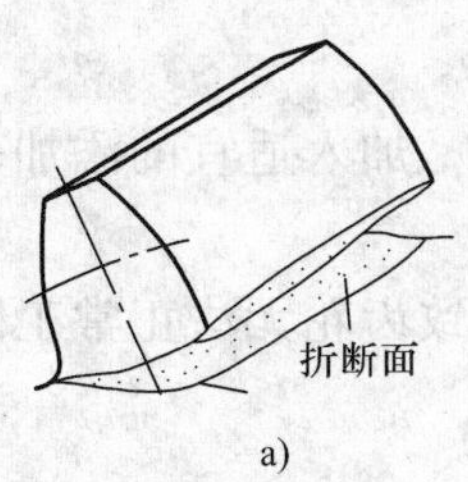

a)

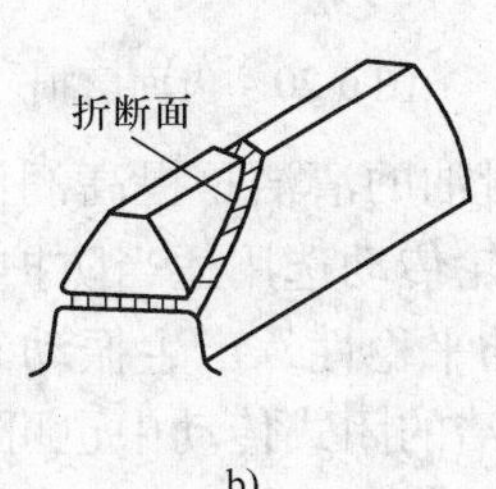

b)

c)

图6-18　轮齿折断

a）齿根弯曲疲劳折断　b）轮齿局部过载折断　c）折断齿轮实物

1）特点：轮齿的折断常有疲劳折断和过载折断两种形式。其中直齿轮常齿根折断，斜齿轮常局部折断，折断后无法工作，开式、闭式传动中均可能发生。

2）防止失效的措施：限制齿根弯曲应力；增大齿根过渡圆角半径或降低表面粗糙度以减小应力集中；提高齿芯材料的韧性；在齿根处施行喷丸、滚压等强化处理和良好的热处理工艺。

（2）齿面点蚀

1）产生失效的原因：在交变接触应力的作用下，轮齿表面接触应力超过允许限度时，齿面由于疲劳产生麻点状剥蚀损伤，即疲劳点蚀，如图 6-19 所示。

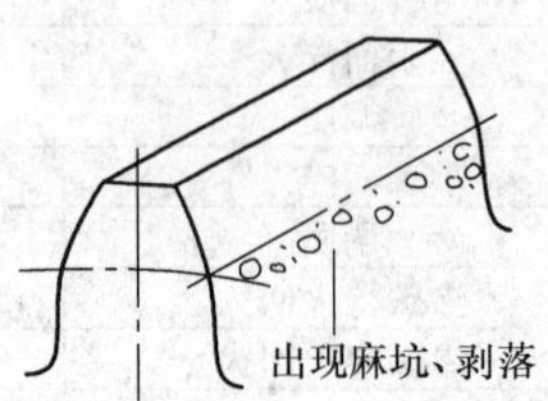

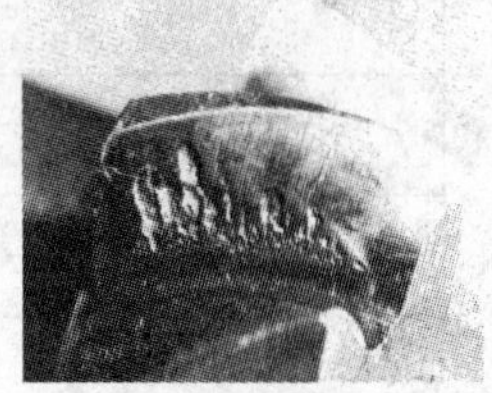

图 6-19　齿面点蚀

2）防止失效的措施：限制齿面的接触应力；提高齿面硬度、降低齿面的表面粗糙度值；增加润滑油粘度及采用适宜的添加剂。

3）特点：由于节线处接触应力大，因此常首先出现在节线附近的齿根面上，其严重影响齿轮传动的平稳性，产生振动和噪声，发生在闭式传动中。

（3）齿面磨损

1）产生失效的原因：当轮齿工作面间落入外部硬质颗粒（如砂粒、铁屑等）时，齿面会逐渐产生磨损，如图 6-20 所示。

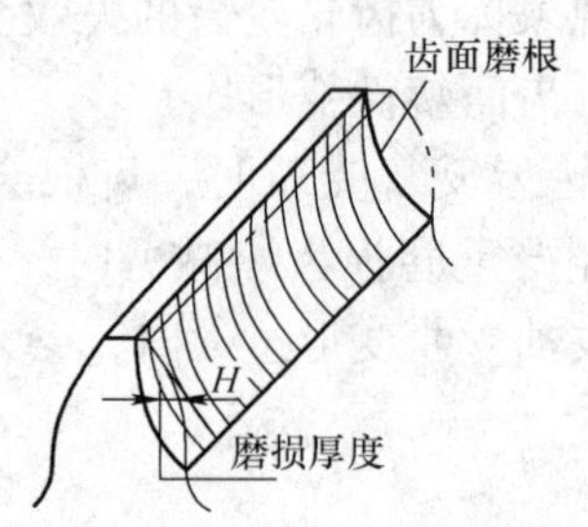

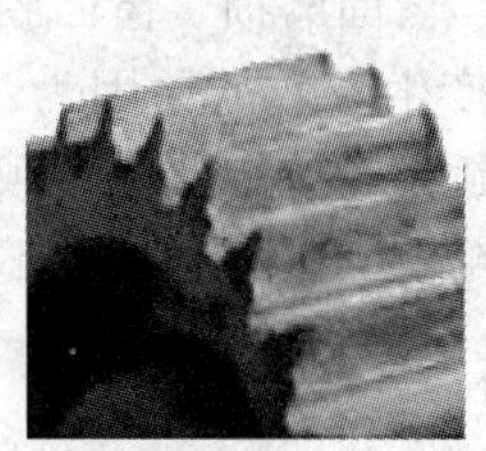

图 6-20　齿面磨损

2）防止失效的措施：注意润滑油的清洁；提高润滑油粘度，加入适宜的添加剂；改开式齿轮传动为闭式传动，或开式齿轮传动选用适当防护装置。

3）特点：严重影响齿轮传动的平稳性，产生振动和噪声以致齿轮无法正常工作，主要发生在开式齿轮传动中，润滑油不洁的闭式传动中也可能发生。

（4）齿面胶合

1）产生失效的原因：齿面局部温度过高，导致润滑失效（热胶合）；齿面接触点局部压力很高，使接触表面油膜破坏面粘着（冷胶合），如图 6-21 所示。

2）防止失效的措施：选择合适的齿轮参数，减小齿轮相对滑动速度，提高齿面硬度，降低表面粗糙度值，合理匹配齿轮副材料，采用抗胶合好的润滑油和有效的散热降温。

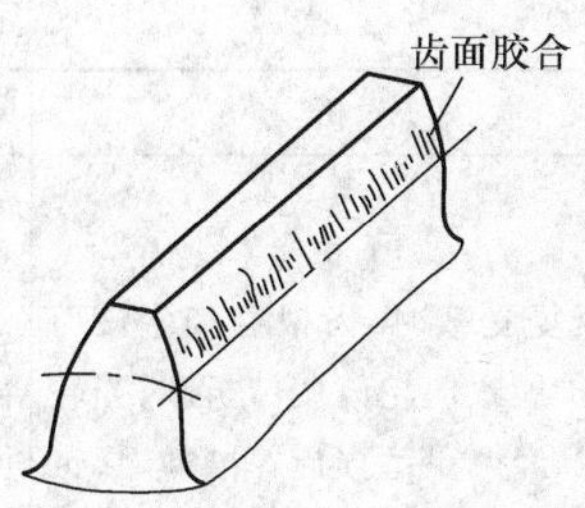

图 6-21 齿面胶合

3）特点：接触齿面在一定的压力作用下发生粘着，使金属从齿面撕划出沟槽而导致齿轮失效，通常有热胶合和冷胶合两种高速重载，发生在散热不良、滑动速度或润滑不良的传动中。

（5）塑性变形

1）产生失效的原因：齿面较软的齿轮在频繁起动和严重过载时，由于齿面压力很大，在摩擦力的作用下，齿面金属产生局部塑性变形，如图 6-22 所示。

2）防止失效的措施：提高齿面硬度，减小接触应力，改善润滑情况，避免频繁起动和过载等。

3）特点：严重塑性变形，在齿顶边缘会出现飞边或齿形歪斜，主动轮于齿面节线附近碾出凹沟，从动轮于齿面节线附近挤出凸棱，开式、闭式传动中均可能发生，其中较软的齿面材料较易发生。

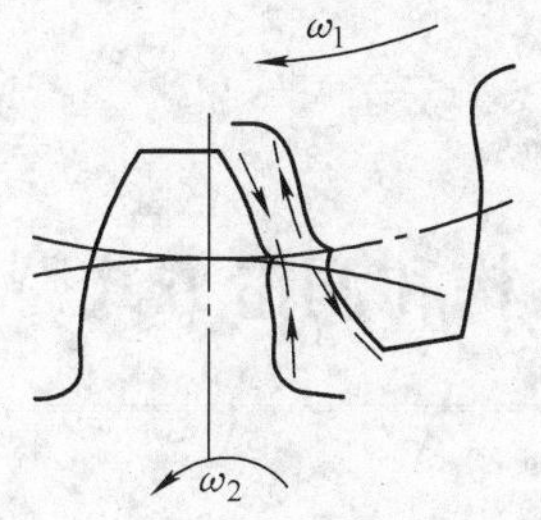

图 6-22 塑性变形

 任务实施

如图 6-18 所示齿轮失效的分析见表 6-18。

表 6-18 齿轮失效的分析

类 型	实 物	失效分析	预防措施
齿面损坏的齿轮		在交变接触应力的作用下，轮齿表面接触应力超过允许限度时，齿面由于疲劳而产生麻点状剥蚀损伤，即疲劳点蚀	限制齿面的接触应力；提高齿面硬度、降低齿面的表面粗糙度值；增加润滑油粘度及采用适宜的添加剂

（续）

类　型	实　物	失效分析	预防措施
轮齿折断的齿轮		当轮齿反复受载时，齿根会产生疲劳裂纹，逐步扩展致使轮齿疲劳折断；当轮齿突然过载、经严重磨损齿厚减薄时，也可出现折断。此外，斜齿轮受载时和直齿轮由于制造和安装不良或轴弯曲变形过大时，会发生局部折断	限制齿根弯曲应力；增大齿根过渡圆角半径或降低表面粗糙度值以减小应力集中；提高齿芯材料的韧性；在齿根处施行喷丸、滚压等强化处理和良好的热处理工艺

练　习　题

1. 判断题

（1）齿轮传动的失效，主要是轮齿的失效。（　）

（2）轮齿发生点蚀后，会造成齿轮传动的不平稳和产生噪声。（　）

（3）开式齿轮和软齿面闭式齿轮的主要失效形式之一是轮齿折断。（　）

（4）齿轮的常用材料有锻钢、铸钢、铸铁和非金属材料等。（　）

2. 简答题

（1）齿轮轮齿的失效形式有哪几种？

（2）齿轮常用的材料有哪几种？

任务7　认识齿轮的结构和润滑方式

知识目标：

1. 了解齿轮的结构
2. 掌握齿轮的润滑方式

技能目标：

合理选择齿轮的结构及润滑方式

任务描述

齿轮在长期工作过程中，会产生噪声、磨损、发热甚至失效，试分析齿轮在使用过程中如何对其进行维护、润滑，来保证机器的正常运转、延长使用寿命。

任务分析

分析齿轮的结构，适用范围，工艺要求，选择合理的润滑方式，来提高齿轮的使用寿命。

相关知识

1. 齿轮的结构

齿轮传动设计时，在进行了强度和几何尺寸计算后，便可确定齿轮的主要参数和尺寸大小，而齿轮的结构形式和齿轮的轮毂、轮辐、轮缘等部分尺寸，则由齿轮的结构设计确定。齿轮的结构设计，通常的含义是根据齿轮直径的大小，选择合理的结构形式，然后再由经验公式确定有关尺寸，绘制零件工作图。

（1）齿轮轴　对于直径较小的钢齿轮，其齿顶圆直径 $d_a < 2d_h$（d_h为轴径）时，将齿轮与轴做成一体，称为齿轮轴，如图6-23所示。齿轮轴易于装配，并增加了刚性，但铸造毛坯费时，当齿轮损坏时，将与轴同时报废，因此，在齿轮直径稍大时，应采用与轴分开制造的形式。

（2）实体齿轮　当齿轮的齿顶圆直径 $d_a \leqslant 200$mm 时，齿轮与轴分别制造，制成实体齿轮，如图6-24所示。

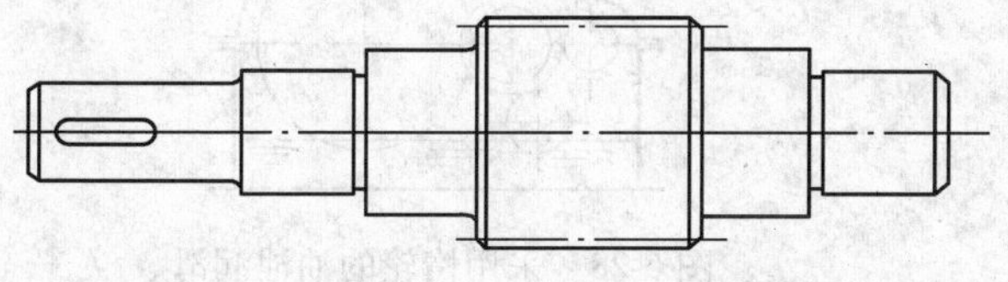

图6-23　齿轮轴

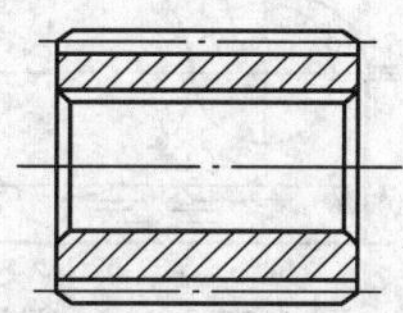

图6-24　实体齿轮

（3）腹板齿轮　当齿轮的齿顶圆直径 $d_a \leqslant 500$mm 时，可制成铸造腹板齿轮，如图6-25所示，在腹板上开孔是为了减轻重量和满足加工的需要，孔的直径和数目随结构尺寸的大小而定，不重要的铸造齿轮也可做成不开孔的腹板式结构。

（4）轮辐式齿轮　当齿轮的齿顶圆直径 $d_a > 500$mm 时，可采用铸造轮辐式齿轮，如图6-26所示。

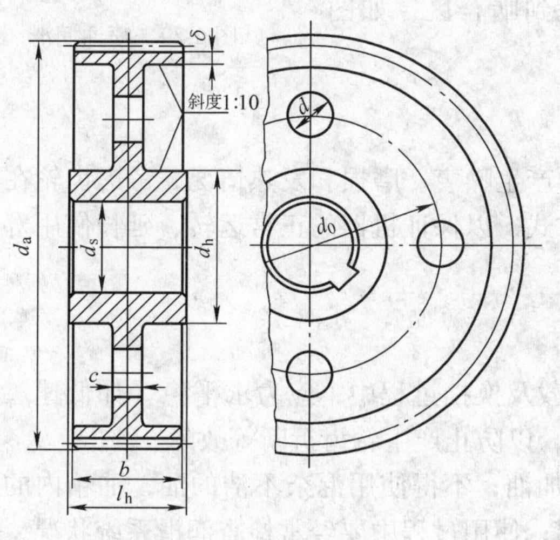

图6-25　腹板式齿轮

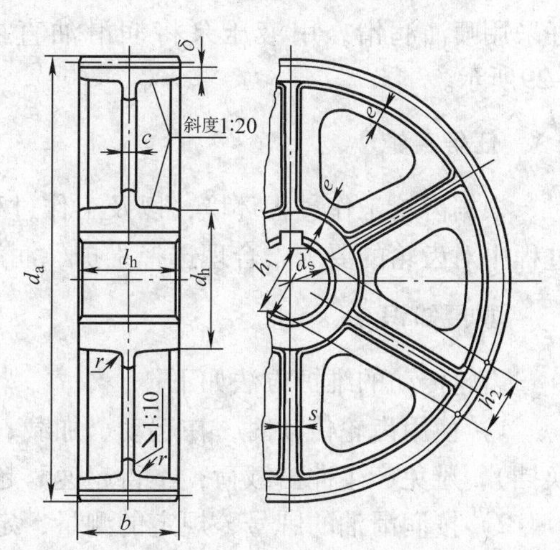

图6-26　轮辐式齿轮

2. 齿轮传动润滑方式

齿轮传动时，对齿轮进行润滑可以减少磨损和发热，还可以防锈和降低噪声，对防止和延缓轮齿失效，改善齿轮传动的工作状况起着重要的作用。

（1）人工润滑　开式齿轮传动的润滑由于速度较低通常采用人工定期加油润滑。可采用润滑油或润滑脂。操作人员用油壶或油枪将油注入设备的油孔或油杯中，使油流至需要润滑的部位，这种润滑方法简单，但供油不均匀、不连续，只适用于低速轻载和间歇工作场合，如开式齿轮、链轮、简易小型的润滑。

（2）浸油润滑　一般闭式齿轮传动的润滑方式根据齿轮的圆周速度 v 的大小而定。当 $v\leqslant 12\text{m/s}$ 时多采用油池润滑，为了减小搅油损失和避免油池温度升高，大齿轮浸入油池的深度约为 1 ~2 个全齿高，但不小于 10mm。如图 6-27 所示齿轮运转时就把润滑油带到啮合区，同时也甩到箱壁上，借以散热，当 v 较大时，浸入深度约为一个齿高，当 v 较小（0. 5 ~0. 8m/s）时可达到齿轮半径的 1/6。在多级齿轮传动中，当几个大齿轮直径不相等时，可以采用惰轮蘸油润滑，如图 6-28 所示，同时可将油甩到齿轮箱壁面上散热，使油温下降。

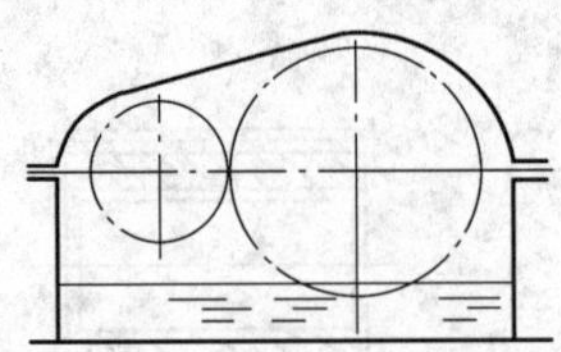

图 6-27　油池润滑

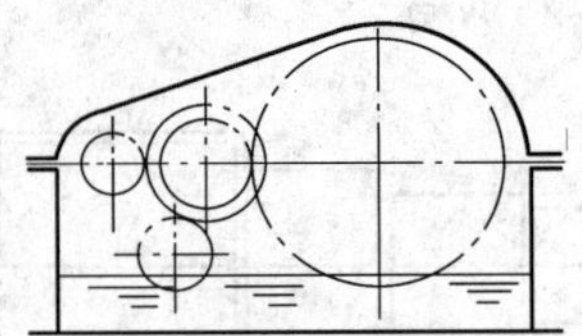

图 6-28　采用惰轮的油池润滑

（3）喷油润滑　当 $v>12\text{m/s}$ 时，可采用喷油润滑，这是因为：

1）圆周速度过大，齿轮上的油大多被甩出去而达不到啮合区。

2）搅油过于激烈，使油的温升增加，并降低其润滑性能。

3）会搅起箱底沉淀的杂质，加速齿轮的磨损。故此时最好采用喷油润滑，用液压泵将润滑油直接喷到啮合区，如图 6-29所示。

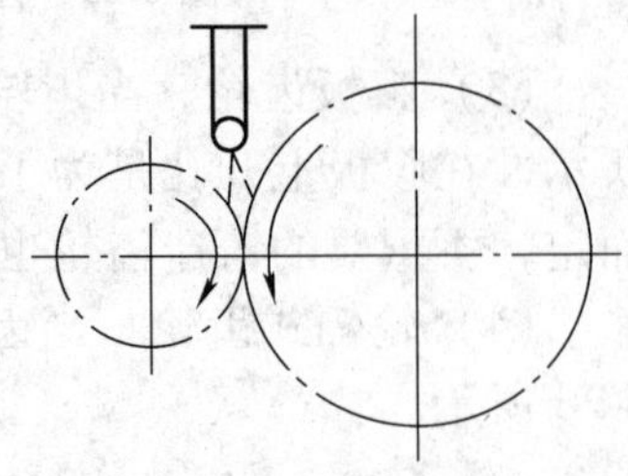

图 6-29　喷油润滑

任务实施

根据齿轮工作过程环境，以及工作过程中产生噪声、磨损和发热情况，考虑齿轮在使用过程中对齿轮的要求，合理选择维护、润滑方式，以保证机器的正常运转、延长使用寿命。

扩展知识

齿轮传动的维护方法如下：

1）使用齿轮传动时，在起动、加载、卸载及换挡过程中，应力求平稳（如低速、空载换挡），避免产生冲击载荷；不得超速、超载，以防止产生轮齿折断等故障。

2）按润滑油的牌号，规定的测量，定期加油；不得使用混杂不洁的油，油箱内的脏油要定期更换，以免尘土、金属屑形成磨粒磨损；使用过程中要经常检查润滑系统状况，发现问题及时处理。

3）注意观察齿轮传动和蜗杆传动的工作状况，失效前都有一定的预兆，例如不正常的噪声和冲击、箱体的过热等，要勤看、勤听、勤摸，及时发现故障，加以排除。

4）按照规章定期检修，可防止传动突然损坏，影响正常生产。

练 习 题

1. 简答题

（1）齿轮常用的结构形式有哪些？

（2）齿轮润滑的方式有哪些？

（3）当齿轮的速度 $v>12\text{m/s}$ 时采用哪种润滑方式，为什么？

2. 判断题

（1）开式齿轮传动的润滑由于速度较低通常采用人工定期加油润滑。（ ）

（2）当齿轮的齿顶圆直径 $d_a\leqslant 200\text{mm}$ 时，齿轮与轴分别制造，制成铸造实体齿轮。（ ）

（3）一般闭式齿轮传动的润滑方式根据齿轮的圆周速度 v 的大小而定。当 $v\leqslant 12\text{m/s}$ 时多采用油池润滑。（ ）

任务8 实践课题——齿轮模数的计算

任务描述

选择两直齿圆柱齿轮，检测齿轮各部分尺寸，计算齿轮的模数。

任务目的

1）掌握游标卡尺的正确使用方法。

2）学会正确检测渐开线标准直齿圆柱齿轮。

3）学会渐开线标准直齿圆柱齿轮模数的计算方法。

相关知识

1. 计算全齿高 *h*

1）如图6-30a所示，偶数齿齿轮的齿顶圆直径 d_a 与齿根圆直径 d_f 可直接用游标卡尺测量。

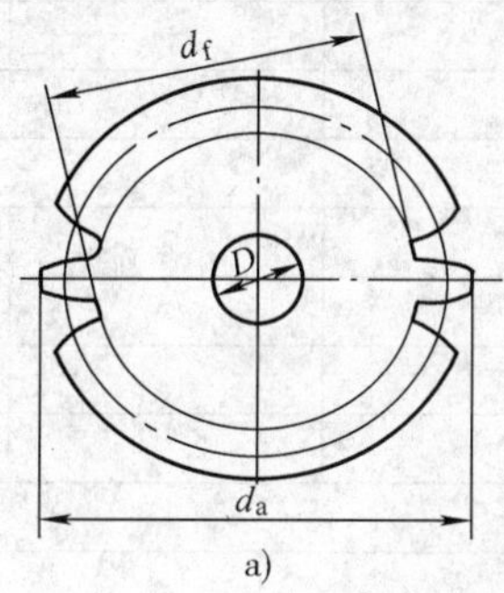

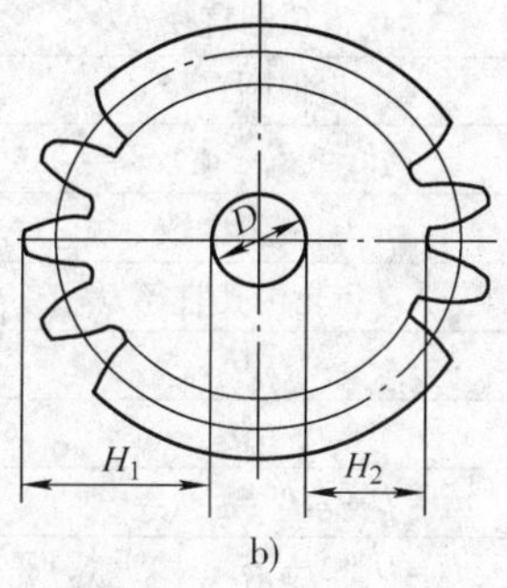

图6-30 齿轮尺寸测量

a）偶数齿齿轮 b）奇数齿齿轮

$$h = (d_a - d_f)/2$$

2）如图 6-30b 所示，奇数齿齿轮的齿顶圆直径 d_a 与齿根圆直径 d_f 须间接测量。

$$d_a = D + 2H_1, d_f = D + 2H_2$$

$$h = (d_a - d_f)/2 = H_1 - H_2$$

式中　D——齿轮内孔直径（mm）；

H_1——齿轮齿顶圆至内孔壁的径向距离（mm）；

H_2——齿轮齿根圆至内孔壁的径向距离（mm）。

2. 计算模数 m

$$h = (2h_a^* + c^*)m$$

$$m = h/(2h_a^* + c^*)$$

分别将 $h_a^* = 1$、$c^* = 0.25$ 代入进行计算，即可求得模数 m。

再根据所求得的模数与标准模数比较，取接近的标准值即为该齿轮的实际模数。

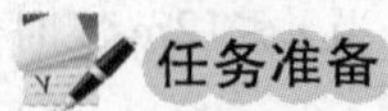

任务准备

具体准备见表 6-19。

表 6-19　任务准备

齿轮实物(奇、偶数齿各 1 个)	游标卡尺(1 副)	计算器(1 只)

任务实施

齿轮测量计算数据见表 6-20。

表 6-20　齿轮测量计算数据　　（单位：mm）

齿轮类型	测量结果				
偶数齿轮 $z=$	测量次数	1	2	3	平均值
	齿顶圆直径 d_a				
	齿根圆直径 d_f				
	$h=(d_a-d_f)/2=$				
奇数齿数 $z=$	测量次数	1	2	3	平均值
	齿轮内孔直径 D				
	H_1				
	H_2				
	$d_a=D+2H_1=$				
	$d_f=D+2H_2=$				
	$h=(d_a-d_f)/2=H_1-H_2=$				
确定 m	$m=h/(2h_a^*+c^*)=$				
	齿轮接近标准值的实际模数 $m=$				

注意事项：

1）检测前应检查游标卡尺初读数是否为零，若不为零应设法校正。

2）选择齿轮光整无缺陷部位进行测量，以保证测量结果的准确性。

3）测量的数据保留两位有效数字。

整理现场

1）清点、归还工量具。

2）整理工作台。

3）搞好实训场地卫生。

4）操作时注意安全。

检查评议

1）学生分组测量、计算，并讨论分析结果。

2）各小组将操作过程中存在的问题及好的经验汇总上报。

3）教师对测量过程存在的问题及好的经验进行点评。

练　习　题

1. 测量偶数与奇数齿齿轮的齿顶圆直径 d_a 与齿根圆直径 d_f 时，采用的测量方法有什么不同？

2. 为什么计算出的模数值一定要与标准模数值进行比较，再取接近的标准模数值作为齿轮的模数？

单元7　蜗杆传动

7

任务1　认识蜗杆传动

知识目标：

1. 了解蜗杆传动的类型及特点
2. 理解蜗杆传动的基本参数和几何尺寸

技能目标：

1. 熟悉蜗杆传动的特点及应用
2. 知道蜗杆传动的主要参数和几何尺寸计算方法

任务描述

一传递动力的标准圆柱蜗杆传动（见图7-1），根据给定的已知条件（见表7-1），试计算其蜗杆直径系数 q、蜗杆导程角 γ 及蜗杆传动的中心距 a 等。

表7-1　已知条件

模数	$m=8$
蜗杆头数	$z_1=2$
蜗轮齿数	$z_2=42$
蜗杆分度圆直径	$d_1=80\text{mm}$

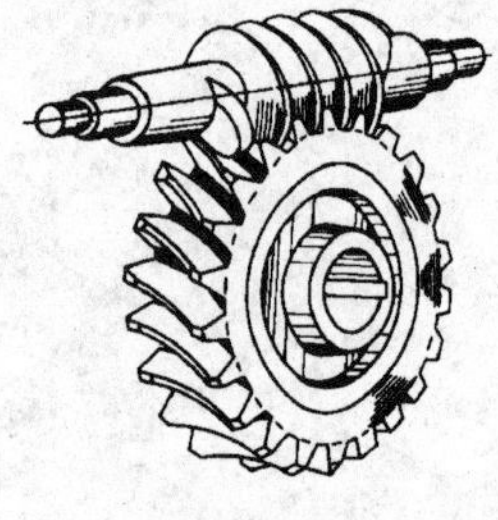

图7-1　蜗杆传动

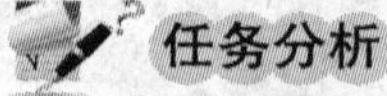

任务分析

根据给定的已知条件，要计算其蜗杆直径系数 q、蜗杆导程角及蜗杆传动的中心距 a 等，就必须掌握蜗杆传动的特点、类型和应用；蜗杆传动的主要参数，计算蜗杆传动的几何尺寸。

相关知识

蜗杆传动是在空间交错的两轴传递运动和动力的一种传动机构，广泛应用于各种机械设备和仪表中。

1. 蜗杆传动的特点、类型和应用

（1）蜗杆传动的特点　蜗杆传动用于传递空间交错的两轴之间的运动和转矩，通常两轴间的交错角等于 90°，如图 7-2 所示。

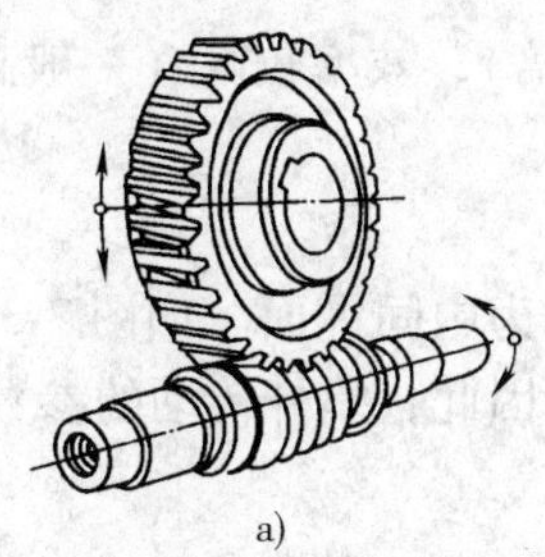
a)

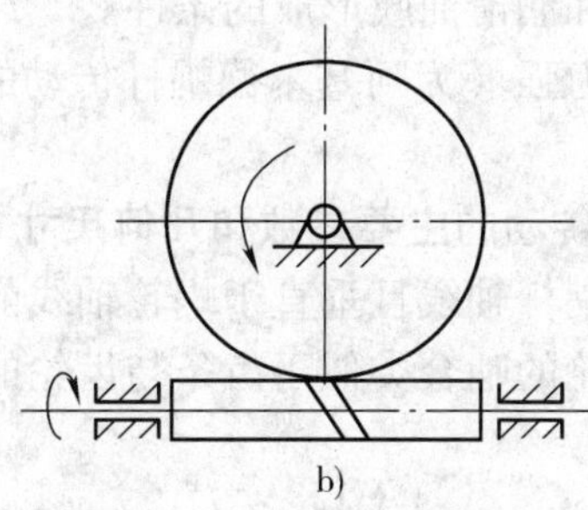
b)

图 7-2　蜗杆传动的特点

1）优点：与齿轮传动相比，传动比大，常用 $i=8\sim80$，结构紧凑；传动平稳，噪声低；在一定条件下，具有自锁性。

2）缺点：传动效率低，磨损较严重。为了提高减磨性和耐磨性，蜗轮齿圈常用价格昂贵的青铜制造。蜗杆传动广泛用于各种机械的传动系统中，如汽车转向器等。

（2）蜗杆传动的类型及应用　根据蜗杆形状的不同，蜗杆传动可以分为圆柱蜗杆传动、环面蜗杆传动和锥蜗杆传动三大类。按照圆柱蜗杆齿廓曲线形状，普通圆柱蜗杆传动有阿基米德蜗杆（ZA 蜗杆）传动、法向直廓蜗杆（ZN 蜗杆）传动、渐开线蜗杆（ZI 蜗杆）传动、锥面包络圆柱蜗杆（ZK 蜗杆）传动。常见蜗杆传动的结构及应用见表 7-2。

表 7-2　常见蜗杆传动的结构及应用

类　型	结　构	特　点	应　用
阿基米德蜗杆传动	N—N　I—I　凸廓　直廓　$2\alpha_0$　I　N　α　I—I　阿基米德螺旋线	阿基米德蜗杆可在车床上用直刃车刀车制，加工方便，但导程角 γ 较大（$>15°$）时加工困难，且难以磨齿，不便采用硬齿面，精度低	用于头数较少、载荷小、不太重要的传动
渐开线蜗杆传动	γ　I　II　III　III—III　II—II　I—I　凸廓　直廓　凸廓　渐开线　d_b	蜗杆可车制，也可用齿轮滚刀滚铣，并可磨削，精度易保证	适用于高速大功率和较精密的传动
法向直廓蜗杆传动	γ　I　N　$2\alpha_0$　N—N　直廓　I—I　凸廓　d_x　延伸渐开线	车削时，刀具法向放置，有利于切削出导程角 $\gamma>90°$ 的多头蜗杆，蜗杆还可铣制和磨削	用于机床多头精密蜗杆传动

同时进入啮合的齿对数多，而且轮齿的接触线与蜗杆运动的方向近似于垂直，大大改善了轮齿受力情况和润滑油膜形成的条件。

用于承载能力强（为阿基米德蜗杆传动的2~4倍），效率较高（一般高达85%~90%）的传动。

2. 圆柱蜗杆传动的主要参数和几何尺寸

通常把沿着蜗杆轴线且垂直于蜗轮轴线的平面称为中间平面。如图7-3所示，在中间平面内，蜗杆与蜗轮的啮合类似于齿条与齿轮的啮合。因此，蜗杆传动的参数和尺寸在中间平面内确定。

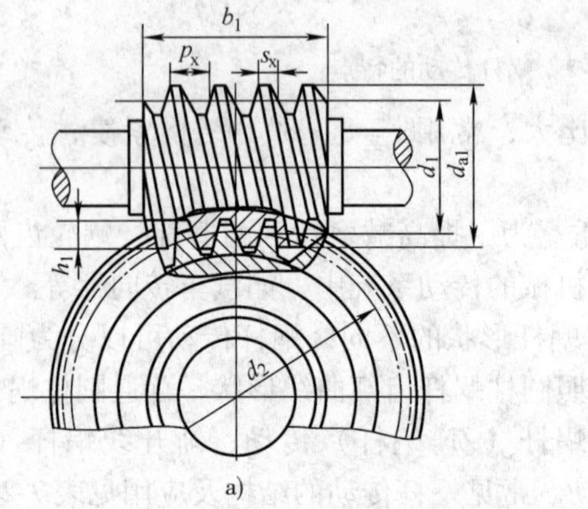

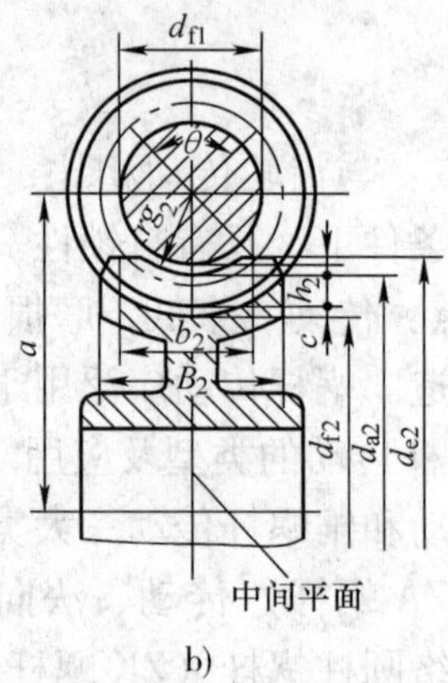

图7-3　圆柱蜗杆传动

（1）主要参数

1）模数 m 和压力角 α。在中间平面内，蜗杆的轴向齿距 p_X 等于蜗轮的端面齿距 p_T。因此，蜗杆的轴向模数 m（称为蜗杆模数）等于蜗轮的端面模数 m_t，用 m 表示；蜗杆的轴向压力角 α_x 等于蜗轮的端面压力角 α_t，并取为标准压力角 $\alpha=20°$，蜗杆模数 m 值按表7-3选取。

表7-3　蜗杆模数 *m* 值

第一系列	1　1.25　1.6　2　2.5　3.15　4　5　6.3　8　10　12.5　16　20
第二系列	1.5　3　3.5　4.5　5.5　6　7　12　14

2）蜗杆分度圆直径 d_1 与直径系数 q。在生产中，常用与蜗杆尺寸相同的蜗轮滚刀来加工蜗轮。为了限制滚刀的规格和数量，标准规定对应每一模数，仅有有限数目的标准蜗杆分度圆直径 d_1，可参考《机械设计手册》选取。

蜗杆分度圆直径 d_1 与模数 m 的比值称为蜗杆直径系数，用 q 表示。

$$q = d_1/m$$

3）蜗杆导程角 γ。蜗杆的形成原理与螺旋相同，所以蜗杆轴向齿距 p_x 与蜗杆导程 p_z 的关系为 $p_z=z_1p_x$，且 $p_x=\pi m$，如图7-4所示，可知：

$$\tan\gamma = \frac{p_z}{\pi d_1} = \frac{z_1 p_x}{\pi d_1} = \frac{z_1 m}{d_1} = \frac{z_1}{q}$$

蜗杆传动的效率与导程角 γ 有关，导程角越大，传动效率越高；导程角越小，传动效率越低。当传递动力时，要求效率高，常取 $\gamma=15°\sim30°$，此时应采用多头蜗杆；若蜗杆传动要求具有反传动自锁性能时，常取 $\gamma=3.5°\sim4.5°$，采用单头蜗杆。

蜗杆导程角 γ 与蜗轮螺旋角 β 大小相同，旋向相同，即 $\gamma=\beta$。

4）传动比 i、蜗杆头数 z_1 和蜗轮齿数 z_2。蜗杆旋转一圈，蜗轮转过 z_1 个齿，即传动比 $i=\dfrac{n_1}{n_2}=\dfrac{z_2}{z_1}$。蜗杆头数 z_1 常取 1、2、4、6；蜗轮齿数可根据选定的 z_1 和传动比 i 的大小，由 $z_2=iz_1$ 来确定。

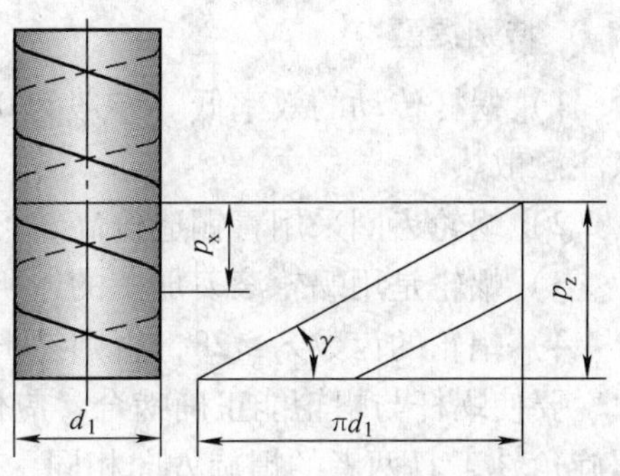

图 7-4 蜗杆的形成原理示意图

（2）几何尺寸计算 普通圆柱蜗杆传动几何尺寸的计算公式见表 7-4。

表 7-4 普通圆柱蜗杆传动几何尺寸的计算公式

名称	符号	计算公式	
		蜗杆	蜗轮
标准中心距	a	$a=\frac{1}{2}(d_1+d_2)=\frac{m}{2}(q+d_2)$	
顶隙	c	$c=c^*m$，顶隙系数 $c^*=0.2$	
齿顶高	h_a	$h_a=h_a^*m$，齿顶高系数 $h_a^*=1$	
齿根高	h_f	$h_f=(h_a^*+c^*)m$	
齿高	H	$h=h_a+h_f$	
分度圆直径	d	$d_1=mq$	$d_2=mz_2$
齿顶圆直径	d_a	$d_{a1}=d_1+2h_a$	$d_{a2}=d_2+2h_a$
齿根圆直径	d_f	$d_{f1}=d_1-2h_f$	$d_{f2}=d_2-2h_f$
蜗杆轴向齿距	p_x	$p_x=\pi m$	
蜗杆导程	p_z	$p_z=\pi mz_1$	
蜗杆导程角	y	$\gamma=\arctan(mz_1/d_1)$ 或 $\gamma=\arctan\left(\frac{z_1}{q}\right)$	
蜗杆齿宽	b_1	非磨削蜗杆：$b_1=2m(2+\sqrt{z})$ 磨削蜗杆：$b_1=2m(1+\sqrt{z_2})+4.7m$	

任务实施

蜗杆直径系数 q、蜗杆导程角 γ 及蜗杆传动中心距 a 的设计步骤见表 7-5。

表 7-5 蜗杆直径系数 q、蜗杆导程角 γ 及蜗杆传动中心距 a 的设计步骤

步骤	计算过程	计算结果
已知：$m=8$、$z_1=2$、$z_2=42$、$d_1=80$mm		
1. 蜗杆直径系数	$q=\frac{d_1}{m}=\frac{80}{8}=10$	$q=10$
2. 蜗杆导程角	$\gamma=\arctan\left(\frac{z_1}{q}\right)=\arctan\left(\frac{2}{10}\right)=11.31°$	$\gamma=11.31°$
3. 蜗杆传动中心距	$a=\frac{m}{2}(q+z_2)=\frac{8}{2}(10+42)\text{mm}=208\text{mm}$	$a=208$mm

特别提醒

1）蜗杆传动的效率低（一般为0.7～0.9），是由于滑移速度太快导致温度高，所以应该注意散热。

2）蜗轮齿圈采用青铜造价高，可用其他材料代替。

3）蜗轮是用蜗轮滚刀加工的，所以互换性差。

4）蜗轮的齿数 $z_2 \geqslant 28$，否则易出现根切。

要使蜗杆与蜗轮能正确啮合，应使蜗杆分度圆上的螺旋线升角 λ_1 等于蜗轮分度圆上的螺旋角 β_2，且两者的螺旋方向相同，则蜗杆传动的正确啮合条件为

$$m_{x1} = m_{t2} = m$$

$$\alpha_{x1} = \alpha_{t2} = \alpha$$

$$\gamma_1 = \beta_2$$

练　习　题

1. 判断题

（1）蜗杆传动是指蜗杆和蜗轮的啮合传动。（　　）

（2）蜗杆传动的传动比等于蜗轮齿数与蜗杆头数之比。（　　）

（3）在蜗杆传动中，一般总是蜗杆作主动件，蜗轮作从动件。（　　）

（4）蜗杆传动通常用于两轴线在空间垂直交错的场合。（　　）

（5）为了减少摩擦、提高耐磨性和抗胶合能力，蜗杆和蜗轮均用青铜来制造。（　　）

（6）蜗杆传动的传动比很大，效率也高。（　　）

（7）在蜗杆传动中，加工蜗轮的滚刀仅与蜗杆的模数和压力角相等。（　　）

（8）在两轴垂直交错的蜗杆传动中，蜗轮螺旋角 β 不等于蜗杆导程角 γ。（　　）

2. 选择题

（1）轴平面内的齿形为直线的蜗杆是（　　）蜗杆。

A. 阿基米德　　B. 渐开线　　C. 法向直廓

（2）蜗杆传动中，蜗杆和蜗轮的轴线一般在空间交错成（　　）。

A. 45°　　B. 60°　　C. 90°

（3）用于传递动力的蜗杆传动传动比 i 常在（　　）范围。

A. 10～30　　B. 8～100　　C. 600以上

（4）蜗杆传动的效率一般在（　　）左右。

A. 90%　　B. 70%～80%　　C. 50%

（5）具有自锁性能的蜗杆传动，其效率为（　　）。

A. 70%～80%　　B. 高于50%　　C. 低于50%

（6）蜗杆传动的主要失效形式是齿面胶合和（　　）。

A. 齿面点蚀　　B. 轮齿折断　　C. 齿面磨损

3. 简答题

（1）蜗杆传动有何特点？它适用于什么场合？

（2）阿基米德蜗杆传动的标准模数及标准压力角取在哪个平面上？

（3）蜗杆传动按蜗杆形状不同，可分为哪几种类型？

（4）蜗杆传动的主要参数有哪些？

（5）蜗杆传动的正确啮合条件是什么？

任务2 蜗杆传动的热平衡计算

知识目标：

1. 理解蜗杆传动的结构和常用材料、维护方法
2. 了解蜗杆传动的效率和热平衡计算

技能目标：

1. 学会蜗杆传动中旋转方向的判断
2. 学会蜗杆传动的维护方法
3. 学会蜗杆传动的效率和热平衡计算

任务描述

如图7-5所示，试设计一混料机的闭式蜗杆传动，已知蜗杆输入的传递功率 $P_1=3\text{kW}$，转速 $n_1=1430\text{r/min}$，传动比 $i=26$，载荷稳定。

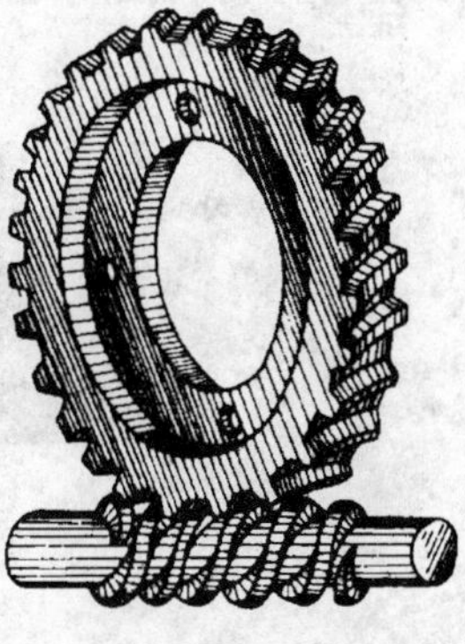

图7-5 蜗杆传动

任务分析

首先要掌握蜗杆传动的失效形式，蜗杆传动的结构和常用材料，蜗杆传动的维护方法，了解蜗杆传动的效率和热平衡计算。

相关知识

1. 蜗杆传动中蜗轮、蜗杆的转向判断

（1）螺旋方向的判定　蜗轮与斜齿轮一样，也分左旋齿和右旋齿，如图7-6所示。蜗杆、蜗轮的螺旋方向判定方法为：将蜗杆或蜗轮的轴线垂直放置，螺旋线向左升高为左旋，向右升高为右旋。图7-6b所示的蜗杆和蜗轮均为右旋。

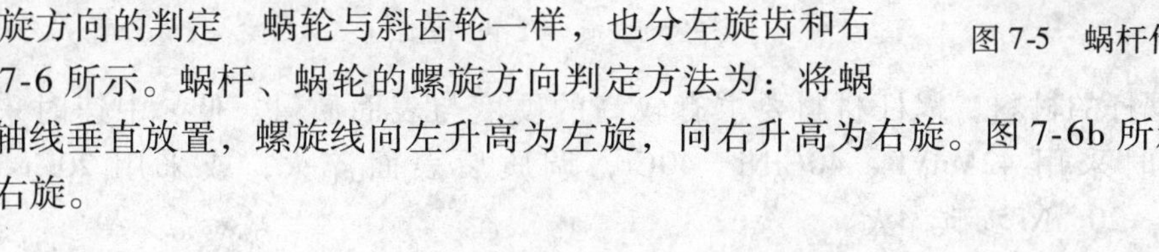

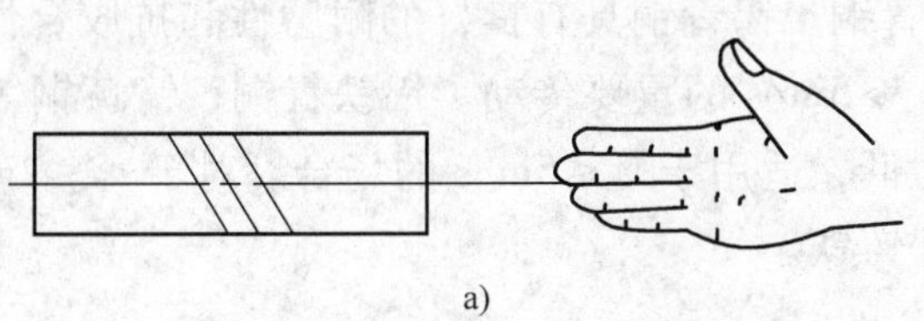

a)　　b)

图7-6 蜗杆蜗轮旋向判断

a）右旋蜗杆　b）右旋蜗轮

（2）旋转方向的判定　蜗轮的旋转方向，不仅与蜗杆的旋转方向有关，而且还与蜗杆的螺旋方向有关。当已知蜗杆的旋转方向及螺旋方向后，可判断蜗轮的旋转方向：当蜗杆是右旋（或左旋）时，伸出右手（或左手）半握拳，用四指顺着蜗杆的旋转方向，这时与大拇指指向相反，就是蜗轮的旋转方向，如图 7-7 所示。

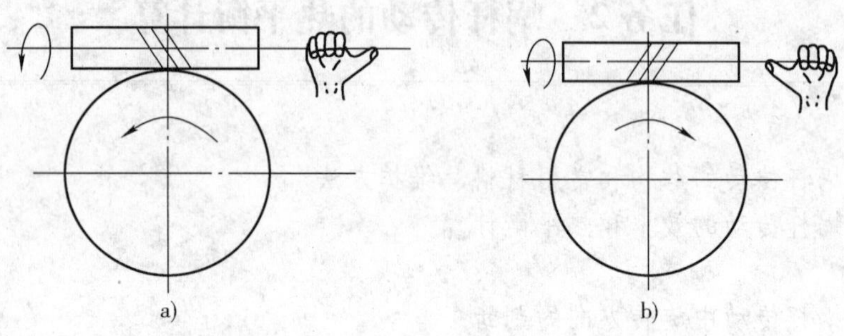

图 7-7　蜗轮旋转方向的判断

2. 蜗轮蜗杆传动的失效形式和常用材料

在蜗轮蜗杆传动中，蜗杆、蜗轮的齿廓间将产生很大的相对滑动，摩擦、磨损和发热严重，使蜗杆传动失效。蜗杆传动的主要失效形式为胶合、磨损和点蚀。由于蜗杆齿为连续的螺旋齿，且材料强度高于蜗轮材料强度，因而失效总是发生在蜗轮轮齿上，如图 7-8 所示。

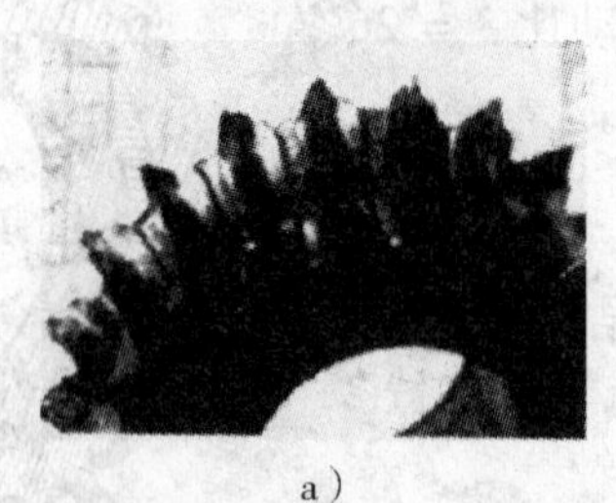

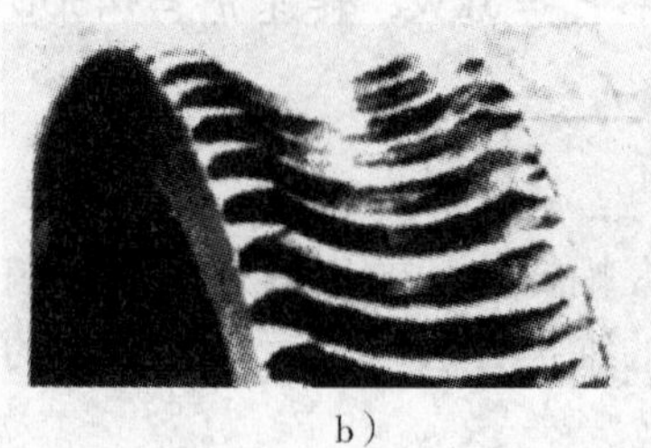

a）　b）

图 7-8　蜗轮的失效形式

a）齿面磨损　b）齿面点蚀

1）蜗杆的材料。蜗杆材料要求有较高的硬度与表面质量。低、中速时采用 45 钢调质，高速时采用 42MnVB、40CrNi、40Cr，调质后表面淬火，或采用 20Cr、20CrMnTi、12CrNi3A、20CrNi 渗碳淬火。

2）蜗轮材料。常用的蜗轮材料是青铜。锡青铜具有良好的耐磨性和抗胶合性能，但抗点蚀能力低，价格高，用于滑动速度 $v_s > 5m/s$ 的重要传动。铝铁青铜、锰黄铜等机械强度高、廉价，但减磨性稍差，抗胶合能力低，适用于 $v_s \leqslant 5m/s$ 的场合。对于 $v_s \leqslant 2m/s$ 的低速传动，蜗轮材料一般采用灰铸铁或球墨铸铁。

3. 蜗轮蜗杆的结构

1）蜗杆结构。因蜗杆直径较小，所以蜗杆与轴常做成一体，称为蜗杆轴，如图 7-9 所示。

2）蜗轮结构。蜗轮结构分为整体式和组合式。铸铁蜗轮和直径小于 100mm 的青铜蜗轮

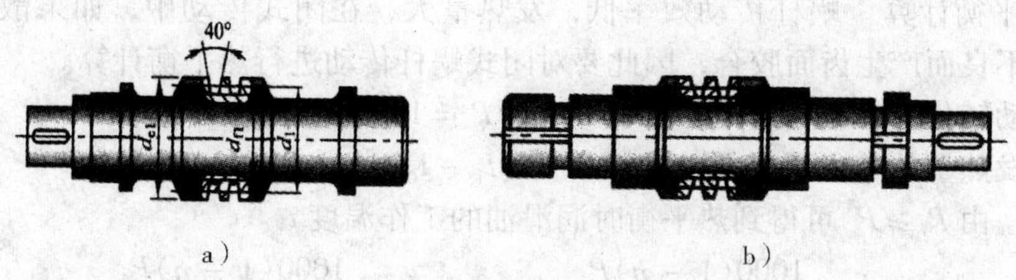

图 7-9　蜗杆结构

做成整体式，如图 7-10a 所示。为了节约贵重金属，蜗轮结构常采用组合结构，齿圈用青铜，而轮芯用铸铁或铸钢制造。常用的齿圈与轮芯的连接方式有以下两种：

① 压配式：如图 7-10b 所示，齿圈和轮芯用过盈配合（H7/r6）连接，配合处制有定位凸肩，且加装螺钉，使连接更加可靠。这种结构常用于尺寸不大或工作温度变化较小的场合。

② 螺栓联接式：如图 7-10c 所示，蜗轮齿圈与轮芯采用铰制孔用螺栓联接，螺栓数目由剪切强度确定。这种结构常用于尺寸较大或磨损后需要更换齿圈的蜗轮。

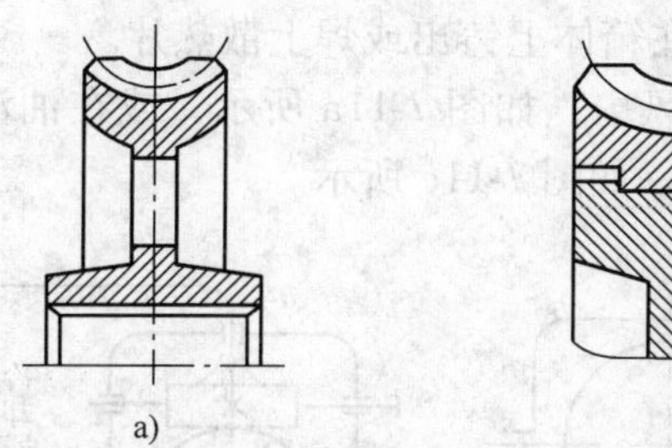

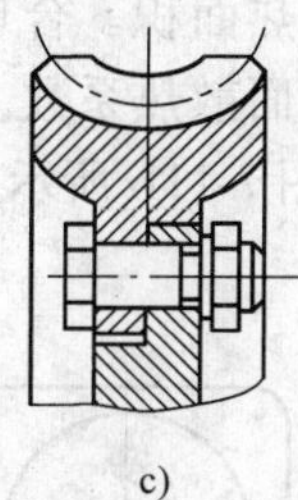

图 7-10　蜗轮结构

4. 蜗杆传动的效率和热平衡计算

（1）蜗杆传动的效率　闭式蜗杆传动的功率损失包括三部分：轮齿啮合摩擦损失、轴承摩擦损失及零件搅动润滑油飞溅损失。后两项损失不大，一般效率为 0.95～0.97。因此，蜗杆传动总效率为

$$\eta = (0.95 - 0.97)\frac{\tan\gamma}{\tan(\gamma + \rho_v)}$$

式中　γ——蜗杆导程角；

ρ_v——当量摩擦角。

在初步估算时，蜗杆传动的总效率可取下列近似数值（见表 7-6）。

表 7-6　近似数值

闭式蜗杆传动	$z_1=1$	$\eta=0.65\sim0.75$
	$z_1=2$	$\eta=0.75\sim0.82$
	$z_1=4.6$	$\eta=0.82\sim0.92$
自锁时		$\eta<0.5$
开式传动	$z_1=1.2$	$\eta=0.6\sim0.7$

（2）热平衡计算　蜗杆传动效率低，发热量大，在闭式传动中，如果散热条件不好，会引起润滑不良而产生齿面胶合，因此要对闭式蜗杆传动进行热平衡计算。

蜗杆传动转化为热量所消耗的功率 P_s 为：$P_s = 1000\ (1-\eta)\ P_1$

箱体散发热量的相当功率 P_c 为：$P_c = kA(t_1 - t_0)$

平衡时，由 $P_c \geqslant P_s$ 可得到热平衡时润滑油的工作温度 t_1。

$$t_1 \geqslant \frac{1000(1-\eta)P_1}{kA} + t_0 \text{ 或 } A_{\min} = \frac{1000(1-\eta)P_1}{k(t_1 - t_0)}$$

式中　P_1——蜗杆传动输入功率（kW）；

η——总效率；

k——传热系数（W/m²·℃），一般取 $k = 10 \sim 17$；

A——散热面积（m²）；

t_0——周围空气温度（℃）；

t_1——润滑油许可的工作温度，$[t_1] = 70 \sim 90$℃；

$A_{\min}$——箱体散热最小面积（mm²）。

如果润滑油的工作温度超过许用温度，可采用下述冷却措施：

1）增加散热面积。合理设计箱体结构，在箱体上铸出或焊上散热片。

2）提高表面散热系数。在蜗杆轴上装置风扇，如图 7-11a 所示，或在油池内装设蛇形冷却水管，如图 7-11b 所示，或用循环油冷却，如图 7-11c 所示。

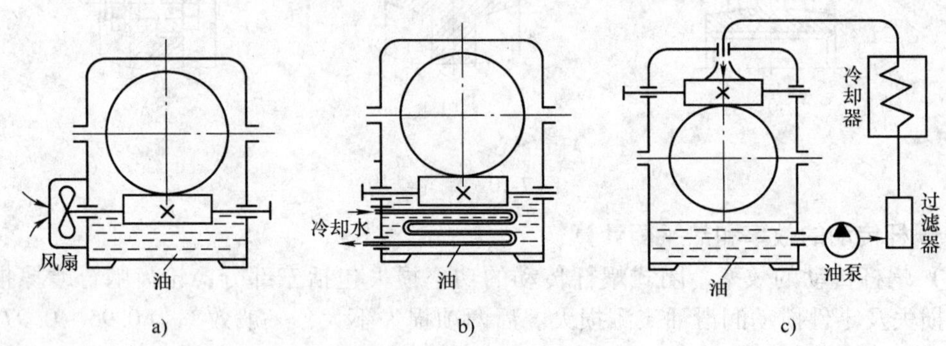

图 7-11　蜗杆传动散热方式

a）风扇冷却　b）冷却水管冷却　c）压力喷油润滑

5. 蜗杆传动的维护方法

由于蜗杆传动的滑动速度大，效率低，发热量大，因此润滑对蜗杆传动来说，具有特别重要的意义。若润滑不良，传动效率将显著降低，并且会带来剧烈的磨损和产生胶合破坏的危险。所以往往采用黏度大的矿物油进行良好润滑，在润滑油中还常加入添加剂，使其提高抗胶合能力。

蜗杆传动所采用的润滑油、润滑方法及润滑装置与齿轮传动基本相同。

任务实施

蜗杆传动的计算见表 7-7。

表 7-7　蜗杆传动的计算

步　骤	计算过程	结　果
1. 选择蜗杆及蜗轮的材料	蜗杆可采用45钢，表面淬火，硬度为45～50HRC，蜗轮齿圈用锡青铜 ZCuSn6Zn6Pb3，砂型铸造，轮芯用铸铁 HT200 估计滑动速度 $v_s < 10\text{m/s}$ 蜗轮的许用接触应力 $[\sigma_H] = 125\text{MPa}$	蜗杆用45钢 蜗轮齿圈用锡青铜，轮芯用 HT200
2. 确定蜗轮、蜗杆齿数	选择蜗杆齿数 $z_1 = 2$，根据传动比，计算蜗轮齿数 $z_2 = 2 \times 26 = 52$	$z_1 = 2$ $z_2 = 52$
3. 计算蜗轮转矩	估计总效率值 $\eta = 0.8$ $T_{12} = \dfrac{9.55 \times 10^6 P_1 \eta}{m_1/i} = \dfrac{9.55 \times 10^6 \times 3 \times 0.8}{1.430/26}\text{N} \cdot \text{m}$ $= 4.1/10^5\text{N} \cdot \text{m}$	$T_{12} = 4.1 \times 10^5\text{N} \cdot \text{m}$
4. 确定蜗轮、蜗杆直径	取载荷系数 $K = 1.2$ $m^3 q \geqslant KT_2\left(\dfrac{500}{z_2 \| \sigma_H \|}\right) = 1.2 \times 4.1 \times 10^5 \times \left(\dfrac{500}{52 \times 125}\right)^2 \text{mm}^3 = 2.911\text{mm}^3$ 查表取 $m^3 q = 3.175\text{mm}^3$，则模数 $m = 6.3\text{mm}$、蜗杆直径系数 $q = 12.698$、蜗杆分度圆直径 $d_1 = 80\text{mm}$	$d_1 = 80\text{mm}$ $q = 12.698$ $m = 6.3\text{mm}$
5. 确定导程角	$\gamma = \arctan(mz_1/d_1) = \arctan(6.3 \times 2/80)$ $= 8°57'2''$	$\gamma = 8°57'2''$
6. 热平衡计算	滑动速度计算公式为 $v_s = \dfrac{\pi d_1 n_1}{60 \times 100\cos\gamma} = \dfrac{3.14 \times 80 \times 1430}{60 \times 1000 \times \cos\gamma}\text{m/s} = 6.06\text{m/s}$ 由滑动速度的数值，取当量摩擦角 $\rho_v = 1°11'$ 计算啮合效率 $\eta_1 = \dfrac{\tan\gamma}{\tan(\gamma + \rho_v)} = 0.88$ 轴承效率 η_2、油的搅动和飞溅损耗时的效率 η_3，一般取 $\eta_2\eta_3 = 0.96$，则总效率 $\eta = 0.84$ 最小散热面积 $A_{\min} = \dfrac{1000(1-\eta)P_1}{k(t_1 - t_0)} = 0.57\text{m}^2$ t_0 为周围空气温度，常温情况下可取20℃ t_1 是润滑油的工作温度，一般限制在60～70℃，最高不超过80℃，以80℃代入计算 取 $k = 15\text{W}/(\text{m}^2 \cdot ℃)$ $t_1 = \dfrac{1000(1-\eta)P_1}{kA} + t_0$ $= \dfrac{1000(1-0.84) \times 3}{15 \times 0.57}℃ + 20℃$ $= 56.1℃ < 80℃$，合格	$v_s = 6.06\text{m/min}$ $\eta = 0.84$ $k = 15\text{W}/(\text{m}^2 \cdot ℃)$ $A_{\min} = 0.57\text{m}^2$ $t_1 = 56.1℃$

特别提醒

1）蜗杆的齿面容易发生磨损和发热，应注意润滑油质量、散热要好，可进行热平衡计算。

2）若失效总是出现在蜗轮上，应对蜗轮进行强度计算。

3）因为发热量大易产生胶合，所以应减少大功率传递（<50kW）。

练习题

1. 蜗杆传动的效率为何比较低？如何提高传动效率？
2. 蜗杆传动的主要失效形式有哪几种？原因是什么？为何失效常发生在蜗轮上？
3. 如何确定蜗杆传动中各力的大小及方向？蜗杆与蜗轮上各力之间有什么关系？
4. 判定如图 7-12 所示蜗杆蜗轮的回转方向或螺旋方向：

①判定蜗杆的螺旋方向。②判定 n_2 的回转方向。③判定 n_1 的回转方向。

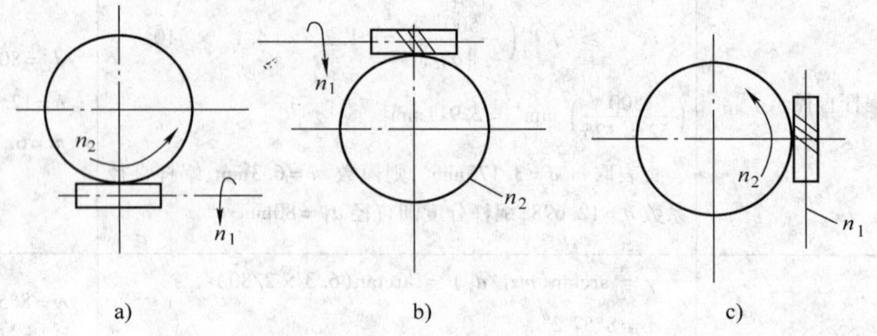

图 7-12　蜗杆传动

单元8 轮 系

任务1 定轴轮系传动比的计算

知识目标：

1. 了解轮系的类型
2. 掌握定轴轮系传动比的计算方法
3. 学会求解输出轴的转速和判断回转方向

技能目标：

1. 会判断定轴轮系
2. 掌握定轴轮系传动比的计算方法，并学会判断其回转方向

任务描述

如图 8-1 所示的组合机床动力滑台轮系中，运动由电动机输入，由蜗轮 6 输出。电动机转速 $n=940\text{r/min}$，各齿轮齿数 $z_1=34$，$z_2=42$，$z_3=21$，$z_4=31$，蜗轮齿数 $z_6=38$，蜗杆头数 $z_5=2$，螺旋线方向为右旋。试确定蜗轮的转速和转向。

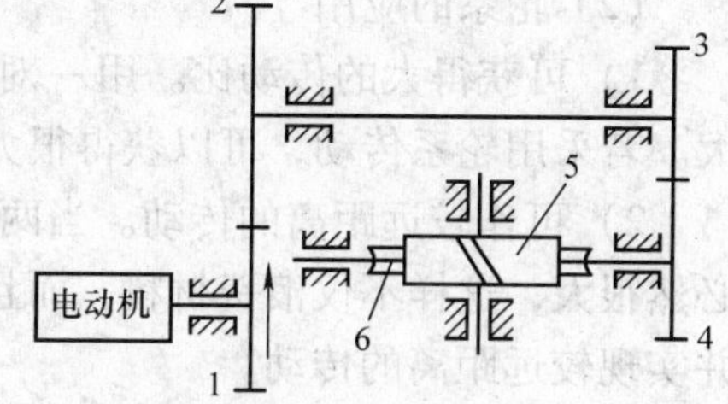

图 8-1 机床动力滑台轮系

任务分析

要想确定蜗轮的转速和转向，就必须首先判断轮系的分类，掌握定轴轮系传动比的计算方法。最后根据给定的条件，计算输出轴的运动速度和旋转方向。

相关知识

1. 轮系概述

由一对相互啮合的齿轮组成的传动机构是齿轮传动的最简单形式。但是在机械结构中，为了获得很大的转动比，或者为了将输入轴的一种转速转换为输出轴的多种转速等原因，仅用一对齿轮往往不能满足工作上的需要，须采用一系列依次相互啮合的齿轮机构来传动。这种由一系列相互啮合的齿轮所组成的传动系统称为轮系，轮系可分为定轴轮系、周转轮系和组合轮系。

（1）轮系的分类　按轮系传动时各齿轮的几何轴线在空间的相对位置是否都固定，轮

系可分为定轴轮系、周转轮系和组合轮系三大类，见表8-1。

表8-1　轮系的分类

轮系种类	定　义	图　例
定轴轮系	传动时，轮系中各齿轮的几何轴线位置都是固定的轮系称为定轴轮系，定轴轮系又称普通轮系	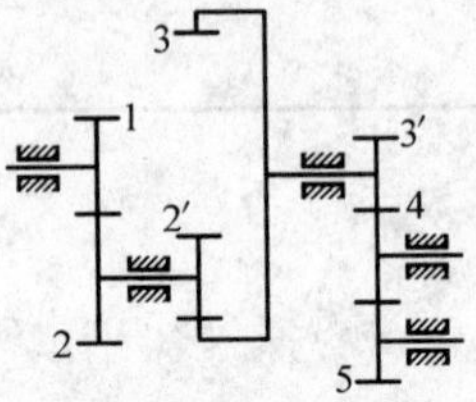
周转轮系	传动时，轮系中至少有一个齿轮的几何轴线位置不固定，而是绕另一个齿轮的固定轴线回转，这种轮系称为周转轮系。在右图所示轮系中，齿轮1、3的轴线固定，齿轮2在H的作用下绕1、3的固定轴线回转	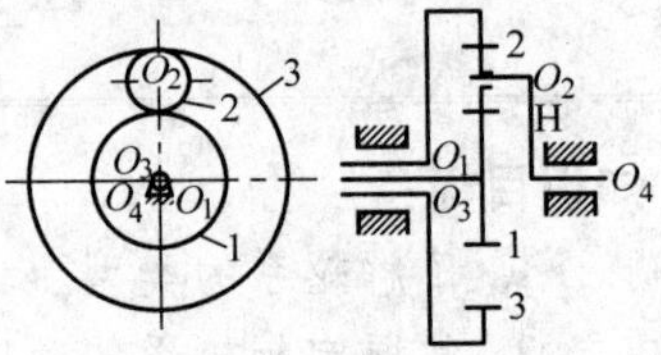
组合轮系	既含有定轴轮系，又含有周转轮系或者含有多个周转齿轮系的传动，称为组合轮系。如右图所示的组合轮系：右半部分为由齿轮1、2、3和构件H组成的周转轮系；左半部分为由齿轮1′、5、4、4′和3′所组成的定轴轮系	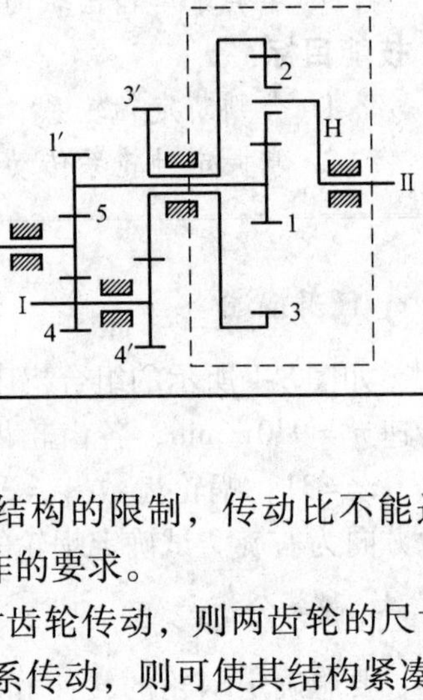

（2）轮系的应用

1）可获得大的传动比。用一对相互啮合的齿轮传动，受结构的限制，传动比不能过大。若采用轮系传动，可以获得很大的传动比，以满足低速工作的要求。

2）可作较远距离的传动。当两轴中心距较大时，如用一对齿轮传动，则两齿轮的尺寸必然很大，这样不仅浪费材料，而且传动机构庞大。若采用轮系传动，则可使其结构紧凑，并实现较远距离的传动。

3）可实现变速要求。在轮系中采用滑移齿轮等变速机构，改变传动比，可实现多级变速要求。

4）可实现改变速度方向的要求。在轮系中采用锥齿轮、惰轮、三星轮等机构，可以改变从动轴回转方向，可实现从动轴的正、反转变向。

5）可实现运动的合成或分解。采用周转轮系可以将两个独立的回转运动合成一个回转运动，也可以将一个回转运动分解成两个独立的回转运动。

2. 一对定轴齿轮传动比的计算

（1）传动比的计算　齿轮传动是利用齿轮副来传递运动和动力的一种机械传动。齿轮副的一对齿轮的轮齿依次交替地接触，从而实现一定规律的相对运动的过程和形态，称为啮合。

齿轮两轴的转速之比称为传动比。因为转速 $n=2\pi\omega$，所以传动比又可以被表示为两轴的角速度之比。传动比用 i 表示。对轴 1 和轴 2 的传动比可表示为

$$i_{12}=\frac{n_1}{n_2}=\frac{\omega_1}{\omega_2}$$

式中 n_1、ω_1——齿轮 1 的转速、角速度；

n_2、ω_2——齿轮 2 的转速、角速度。

对于一对相啮合的齿轮来说，在同一时间内转过的齿数是相同的，因此有

$$n_1z_1=n_2z_2$$

式中 z_1、z_2——两齿轮的齿数。

因此，一对相互啮合的齿轮的传动比又可以写成

$$i_{12}=\frac{n_1}{n_2}=\frac{z_2}{z_1}$$

（2）齿轮回转方向的判断　齿轮的回转方向，在轮系传动系统图中可以用箭头表示，标注同向箭头的齿轮回转方向相同，标注反向箭头的齿轮回转方向相反，规定箭头指向为齿轮可见侧的圆周速度方向。

如图 8-2 所示为圆柱齿轮副的啮合传动。图 8-2a 所示为外啮合传动，当主动齿轮 1 按逆时针方向回转时，从动轮 2 按顺时针方向回转，两轮回转方向相反。两轮转向相反时，传动比可用“－”号表示。图 8-2b 所示为内啮合传动，当主动齿轮 1 按逆时针方向回转时，从动轮 2 也作逆时针方向回转，两轮回转方向相同。两轮转向相同时，传动比可用“＋”号表示。

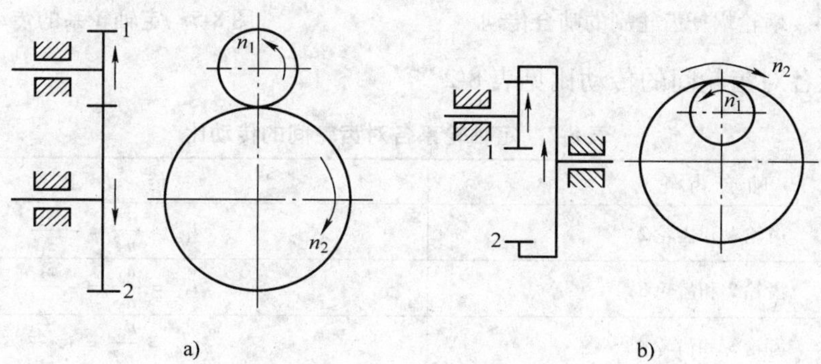

图 8-2　圆柱齿轮副的回转方向

a）外啮合　b）内啮合

因此，如图 8-2a 所示的传动比还可表示为

$$i_{12}=\frac{n_1}{n_2}=-\frac{z_2}{z_1}$$

如图 8-2b 所示的传动比还可表示为

$$i_{12}=\frac{n_1}{n_2}=+\frac{z_2}{z_1}$$

如图 8-3 所示为锥齿轮副的啮合传动。

如图 8-4 所示为蜗杆齿轮副的啮合传动。蜗杆转动时，蜗轮的回转方向不仅与蜗杆的回转方向有关，而且与蜗杆轮齿的螺旋方向有关。蜗轮回转方向的判定方法如下：蜗杆右旋时用右手，左旋时用左手。半握拳，四指指向蜗杆回转方向，蜗轮的方向与大拇指指向相反。

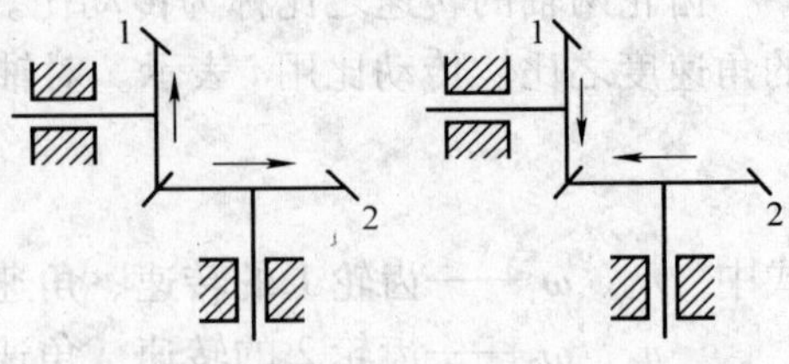

图 8-3　锥齿轮副的啮合传动

3. 定轴轮系传动比的计算

定轴轮系的传动比是指轮系中首、末两轮的角速度（或转速）之比。定轴轮系的传动比计算包括计算轮系传动比的大小和确定末轮的回转方向。

如图 8-5 所示为一由圆柱齿轮所组成的定轴轮系，齿轮 1、2、3、3′、…、6 的齿数分别用 z_1、z_2、z_3、$z_3{}'$、…、z_6表示，齿轮的转速分别用 n_1、n_2、n_3、n'_3、…、n_6表示。各传动轴分别用Ⅰ、Ⅱ、Ⅲ、Ⅳ、Ⅴ、Ⅵ表示。轮系中各对齿轮的传动比用双下角标表示，如 i_{12}、i_{23}、$i_{3'4}$、…、$i_{5'6}$，整个轮系的传动比用 i_{16} 表示。

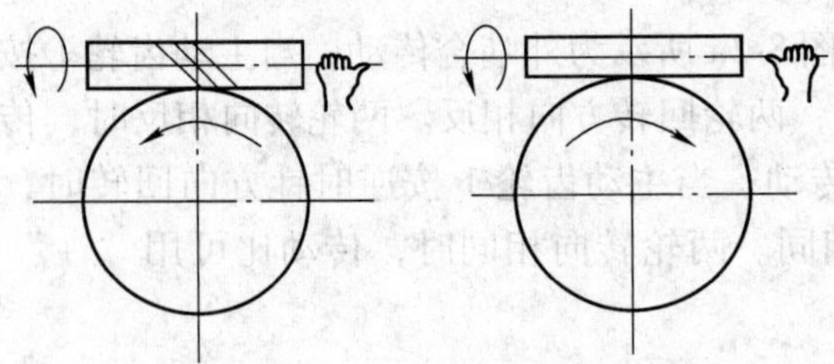
图 8-4　蜗轮蜗杆齿轮副的啮合传动

图 8-5　定轴轮系的传动比计算

定轴轮系各对齿轮间的传动比见表 8-2。

表 8-2　定轴轮系各对齿轮间的传动比

啮合齿轮	传动比
齿轮 1 和齿轮 2	$i_{12} = \dfrac{n_1}{n_2} = -\dfrac{z_2}{z_1}$
齿轮 2 和齿轮 3	$i_{23} = \dfrac{n_2}{n_3} = -\dfrac{z_3}{z_2}$
齿轮 3′和齿轮 4	$i_{3'4} = \dfrac{n_{3'}}{n_4} = +\dfrac{z_4}{z_{3'}}$
齿轮 4′和齿轮 5	$i_{4'5} = \dfrac{n_{4'}}{n_5} = -\dfrac{z_5}{z_{4'}}$
齿轮 5′和齿轮 6	$i_{5'6} = \dfrac{n_{5'}}{n_6} = -\dfrac{z_6}{z_{5'}}$

轮系的传动比等于各级齿轮副传动比的连乘积，即

$$
\begin{aligned}
i_{16} = i_{12}i_{23}i_{3'4}i_{4'5}i_{5'6} &= \frac{n_1 n_2 n_{3'} n_{4'} n_{5'}}{n_2 n_3 n_4 n_5 n_6} \\
&= \left(-\frac{z_2}{z_1}\right)\left(-\frac{z_3}{z_2}\right)\left(+\frac{z_4}{z_{3'}}\right)\left(-\frac{z_5}{z_{4'}}\right)\left(-\frac{z_6}{z_{5'}}\right) \\
&= (-1)^4\frac{z_3 z_4 z_5 z_6}{z_1 z_{3'} z_{4'} z_{5'}}
\end{aligned}
$$

上式说明轮系的传动比等于轮系中所有从动齿轮齿数的连乘积与所有主动齿轮齿数的连乘积之比。

上述结论可以推广到定轴轮系的一般情形。设 1 与 K 分别代表定轴轮系第一主动齿轮(首轮)和最末从动齿轮(末轮),则定轴轮系传动比的计算公式为

$$i_{1k} = \frac{n_1}{n_k} = (-1)^m \frac{\text{各级齿轮副中从动齿轮齿数的连乘积}}{\text{各级齿轮副中主动齿轮齿数的连乘积}}$$

式中 m——轮系中外啮合圆柱齿轮副的数目。

若结果为正,说明输出轴与输入轴的回转方向相同;结果为负,说明输出轴与输入轴的回转方向相反。

轮系中各齿轮的回转方向还可用箭头标注,如图 8-6 所示。

由图 8-6 可以看出,齿轮 2 同时与齿轮 1 和齿轮 3 相啮合。对于齿轮 1 而言,齿轮 2 是从动轮;对于齿轮 3 而言,齿轮 2 又是主动轮。齿轮 2 的作用仅仅是改变轮系的转向,而其齿数的多少并不影响该轮系传动比的大小,这种齿轮称为惰轮。

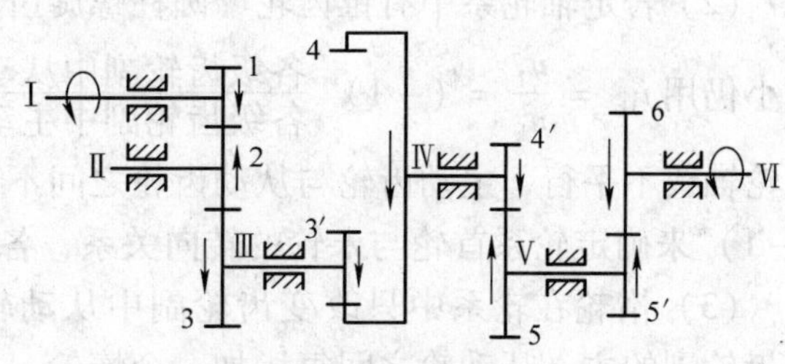

图 8-6 定轴轮系回转方向

任务实施

机床动力滑台轮系输出轴速度求解步骤见表 8-3。

表 8-3 机床动力滑台轮系输出轴速度求解步骤

步 骤	内 容	结 果
1. 分析传动路线,判断轮系类型	本轮系动力由电动机提供,从齿轮 1 输入,经齿轮 2、3、4、蜗杆 5,由蜗轮 6 输出	本轮系属定轴轮系
2. 了解相关参数	电动机转速 $n = 940\text{r/min}$,各齿轮齿数 $z_1 = 34$,$z_2 = 42$,$z_3 = 21$,$z_4 = 31$,蜗轮齿数 $z_6 = 38$,蜗杆头数 $z_5 = 2$,螺旋线方向为右旋	螺旋线方向为右旋
3. 计算轮系传动比	$i_{16} = \frac{n_1}{n_6} = \frac{z_2 z_4 z_6}{z_1 z_3 z_5} = \frac{42 \times 31 \times 28}{34 \times 21 \times 2}$	$i_{16} = 34.64$
4. 转速	蜗轮转速 $n_6 = \frac{n_1}{i_{16}} = 940 \times \frac{1}{34.64}\text{r/min}$	$n_6 = 27.14\text{r/min}$
5. 分析轮系回转方向	电动机 1 2 3 4 5 6	蜗轮的转动方向如左图箭头所示

能正确分析定轴轮系的传动路线，准确判断啮合齿轮副类型，才能正确计算出轮系的传动比，并能选择合适的方法分析输出轴的回转方向。

扩展知识

1. 关于齿轮的转向，应注意以下几点：

（1）在 $i_{1k}=\dfrac{n_1}{n_k}=(-1)^m\dfrac{\text{各级齿轮副中从动齿轮齿数的连乘积}}{\text{各级齿轮副中主动齿轮齿数的连乘积}}$ 中，$(-1)^m$在计算中表示轮系首、末两轮（即主、从动轮）回转方向的异同。但此判断方法，只适合用于平行轴圆柱齿轮传动。

（2）若定轴轮系中有锥齿轮、圆柱螺旋齿轮或蜗轮、蜗杆等空间齿轮机构，其传动比的大小仍用 $i_{1k}=\dfrac{n_1}{n_k}=(-1)^m\dfrac{\text{各级齿轮副中从动齿轮齿数的连乘积}}{\text{各级齿轮副中主动齿轮齿数的连乘积}}$ 来计算。但由于一对空间齿轮轴线不平行，主动齿轮与从动齿轮之间不存在转动方向相同或相反的问题，所以不能用 $(-1)^m$来确定轮系首轮与末轮的转向关系，各轮的转向必须用画箭头的方法确定。

（3）惰轮在轮系中只改变齿轮副中从动轮的回转方向，而不影响齿轮副传动比大小。在齿轮副的主、从动轮之间每增加一个惰轮，从动轮回转方向就改变一次（如图 8-7 所示）。

如图 8-8 所示卧式车床走刀系统的三星轮换向机构，就是利用惰轮来实现从动轴回转方向的变换的。转动手柄 A 使三角形杠杆架绕从动齿轮 4 的轴线回转，在图 8-8a 所示位置时，惰轮 3 参与啮合，从动齿轮 4 与主动齿轮 1 的回转方向相同；在图 8-8b 所示位置时，惰轮 2、3 参与啮合，从动齿轮 4 与主动齿轮 1 的回转方向相反。

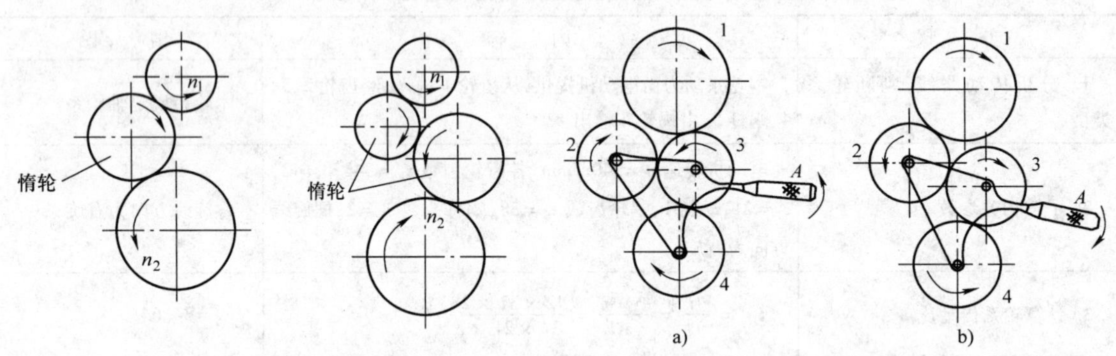

图 8-7　加惰轮的轮系　　　图 8-8　三星轮换向机构

2. 定轴轮系中任意从动轮转速的计算

设定轴轮系中各级齿轮副的主动轮齿数分别为 z_1、z_2、z_3、…，从动轮齿数分别为 z_2、z_4、z_6、…，第 k 个齿轮为从动轮，齿数为 z_k。可得转动比大小为

$$i_{1k}=\frac{n_1}{n_k}=\frac{z_2z_4z_6\cdots z_k}{z_1z_3z_5\cdots z_{k-1}}$$

则定轴轮系中任意从动轮 k 的转速大小为

$$n_k=n_1\frac{1}{i_{1k}}=n_1\frac{z_1z_3z_5\cdots z_{k-1}}{z_2z_4z_6\cdots z_k}$$

即任意从动轮 k 的转速，等于首轮的转速乘以首轮与 k 轮间传动比的倒数。

如图 8-9 所示为一滑移齿轮变速机构，通过改变轮系中一个三联滑移齿轮 6-7-8 的啮合位置，改变轮系的传动比，以满足从动轮（轴）的有级变速要求。变速机构中，轴Ⅰ和轴Ⅱ间的传动比 $i_{ⅠⅡ}$ 只有 z_2/z_1 一个，轴Ⅱ和轴Ⅲ间的传动比 $i_{ⅡⅢ}$ 有 z_6/z_5、z_7/z_4、z_8/z_3 三个，因此轴Ⅲ可以有三种不同的回转速度；轴Ⅲ和轴Ⅳ间的传动比 $i_{ⅢⅣ}$ 也只有 z_{10}/z_9 一个，因此轴Ⅳ也可以得到三种不同的回转速度。

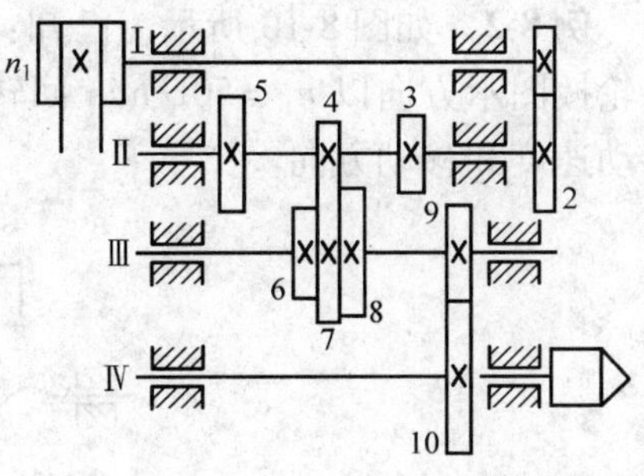

图 8-9　滑移齿轮变速机构

例 8-1　如图 8-9 所示的滑移齿轮变速机构，已知：$z_1=26$，$z_2=51$，$z_3=42$，$z_4=29$，$z_5=49$，$z_6=36$，$z_7=56$，$z_8=43$，$z_9=30$，$z_{10}=90$，轴Ⅰ转速 $n_1=200\text{r/min}$。试求当轴Ⅲ上的三联齿轮分别与轴Ⅱ上的三个齿轮啮合时，轴Ⅳ的三种转速。

解

（1）齿轮 5、6 啮合时

$$n_{Ⅳ}=n_1\frac{z_1z_5z_9}{z_2z_6z_{10}}=200\times\frac{26\times49\times30}{51\times36\times90}\text{r/min}=46.26\text{r/min}$$

（2）齿轮 4、7 啮合时

$$n_{Ⅳ}=n_1\frac{z_1z_4z_9}{z_2z_7z_{10}}=200\times\frac{26\times29\times30}{51\times56\times90}\text{r/min}=17.60\text{r/min}$$

（3）齿轮 3、8 啮合时

$$n_{Ⅳ}=n_1\frac{z_1z_3z_9}{z_2z_8z_{10}}=200\times\frac{26\times42\times30}{51\times43\times90}\text{r/min}=33.20\text{r/min}$$

3. 定轴轮系末端带有移动件的计算

定轴轮系在实际应用中，经常遇到末端带有移动件的情况，如末端是螺旋传动或齿轮齿条传动等。这时，一般要计算末端移动件的移动距离或速度，如螺母（或丝杠）、齿轮（或齿条）的移动距离或速度。

如图 8-10 所示为磨床砂轮架进给机构，它的末端是螺旋传动。当丝杠每回转一周时，螺母（砂轮架）便移动一个导程。只要知道齿轮 4 的转速 n_4 和回转方向，螺母移动的距离和方向即可确定。其移动距离和速度计算公式如下

$$L=\frac{z_1z_3z_5\cdots z_{k-1}}{z_2z_4z_6\cdots z_k}Ph$$

$$v=n_kPh=n_1\frac{z_1z_3z_5\cdots z_{k-1}}{z_2z_4z_6\cdots z_k}Ph$$

式中　L——主动轮 1（即手轮）每回转一周，螺母（砂轮架）的移动距离（mm）；

v——螺母（砂轮架）的移动速度（mm/min）；

Ph——丝杠导程（mm）；

n_1——主动轮（手轮）转速（r/min）；

z_1、z_3、z_5、…、z_{k-1}——轮系中各主动齿轮的齿数；

z_2、z_4、z_6、…、z_k——轮系中各从动齿轮的齿数。

例 8-2　如图 8-10 所示，已知：$z_1=28$，$z_2=56$，$z_3=38$，$z_4=57$，丝杠为 Tr50×3。当手轮按图示方向以 $n_1=50\text{r/min}$ 回转时，试计算手轮回转 1 周砂轮架移动的距离、砂轮架的移动速度和移动方向。

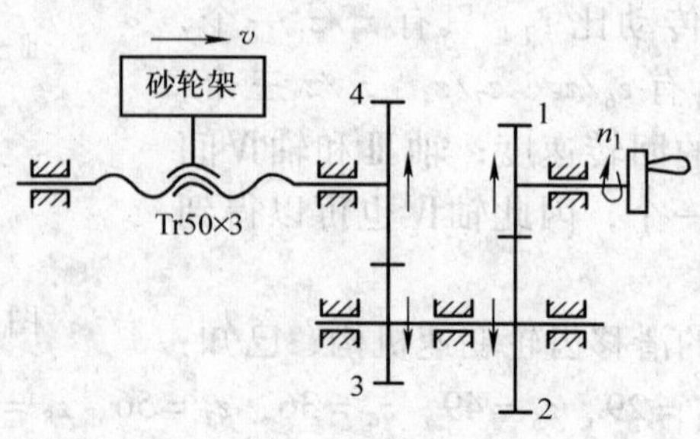

图 8-10　磨床砂轮架进给机构

解

$$L=\frac{z_1z_3}{z_2z_4}Ph=\frac{28\times38}{56\times57}\times3\text{mm}=1\text{mm}$$

$$v=n_1\frac{z_1z_3}{z_2z_4}Ph=50\times\frac{28\times38}{56\times57}\times3\text{mm/min}=50\text{mm/min}$$

丝杠为右旋，砂轮架向右移动。

练　习　题

1. 选择题

（1）下列关于轮系说法正确的是（　　）。

A. 不能获得很大的传动比　B. 不适宜作较远距离的传动

C. 可以实现运动的合成但不能分解运动　D. 可以实现变向和变速要求

（2）定轴轮系的传动比大小与轮系中惰轮的齿数（　　）。

A. 有关　B. 无关　C. 成正比　D. 成反比

（3）根据轮系运转时，各齿轮的几何轴线在空间的相对位置是否固定，轮系分为（　　）。

A. 定轴轮系和空间轮系　B. 定轴轮系和周转轮系

C. 定轴论系和平面轮系　D. 空间轮系和平面轮系

（4）定轴齿轮传动系统如图 8-11 所示，其双头蜗杆带动 40 齿的蜗轮，当输入转速为 1600r/min 时，则输出转速为（　　）。

A. 20r/min　B. 40r/min　C. 80r/min　D. 200r/min

（5）所有齿轮几何轴线的位置都固定的轮系称为（　　），至少有一个齿轮的几何轴线绕位置固定的另一齿轮的几何轴线转动的轮系，称为（　　）。

A. 定轴轮系　B. 周转轮系　C. 平面轮系　D. 空间轮系

2. 计算题

如图 8-12 所示的车床溜板箱进给刻度盘轮系中，运动由齿轮 1 输入，由齿轮 5 输出。

已知各齿轮齿数为 $z_1=18$，$z_2=87$，$z_3=28$，$z_4=20$，$z_5=84$。试计算轮系的传动比 i_{15}。

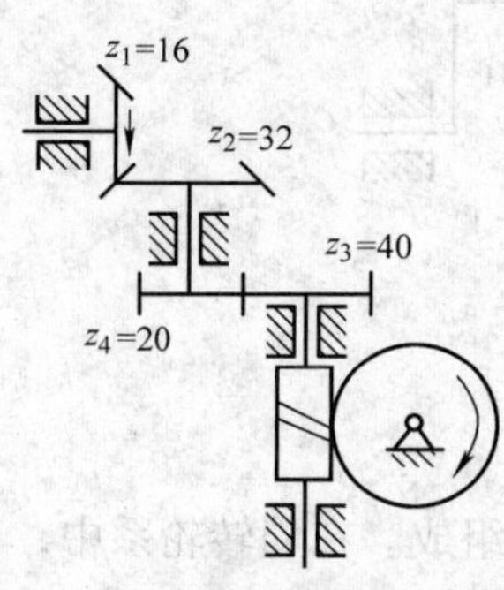

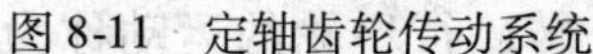

图 8-11 定轴齿轮传动系统

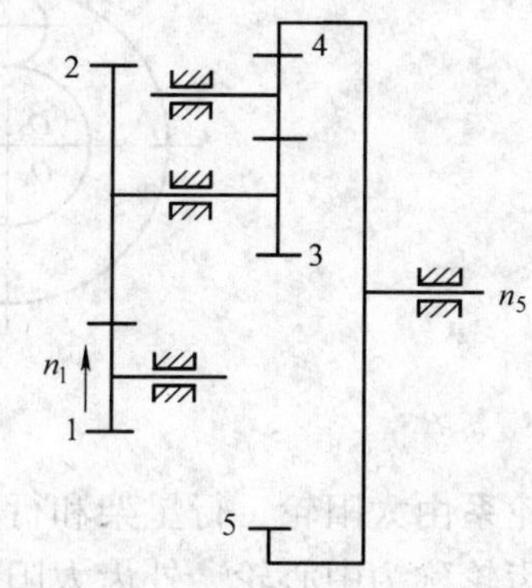

图 8-12 车床溜板箱进给刻度盘轮系

任务2 周转轮系传动比的计算

知识目标：

1. 了解轮系的类型
2. 掌握周转轮系传动比的计算方法
3. 学会求解输出轴的转速和判断回转方向

技能目标：

1. 学会判断周转轮系
2. 掌握周转轮系传动比及齿轮转速的计算方法，并会判断其转向

任务描述

如图 8-13 所示的齿轮系中，已知齿数 $z_1=30$，$z_2=20$，$z'_2=25$，$z_3=25$，两太阳轮的转速 $n_1=100\text{r/min}$，$n_3=200\text{r/min}$。试分别求出 n_1、n_3同向和反向两种情况下转臂的转速 n_H。

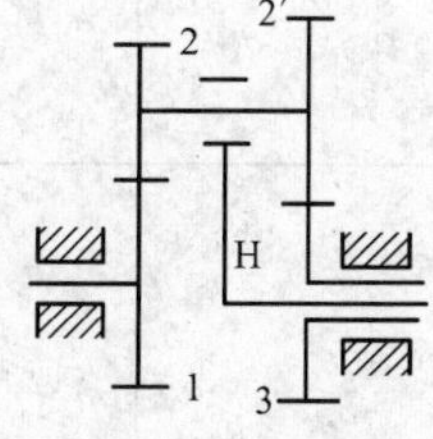

图 8-13 周转轮系

任务分析

要计算周转轮系中的转速，就必须学会周转轮系的判断方法，掌握周转轮系传动比的计算方向和旋转方向的判断方法。

相关知识

1. 周转轮系概述

如图 8-14 所示轮系中，齿轮 1、3 的轴线相重合，它们均为定轴齿轮，而齿轮 2 的转轴装在构件 H 的端部，在构件 H 的带动下，它可以绕齿轮 1、3 的轴线周转。

像这种在运转过程中至少有一个齿轮几何轴线的位置不固定，而是绕着其他定轴齿轮轴线回转的轮系，称为周转轮系。

周转轮系与定轴轮系的区别在于轮系中各齿轮的几何轴线至少有一个不是固定的。

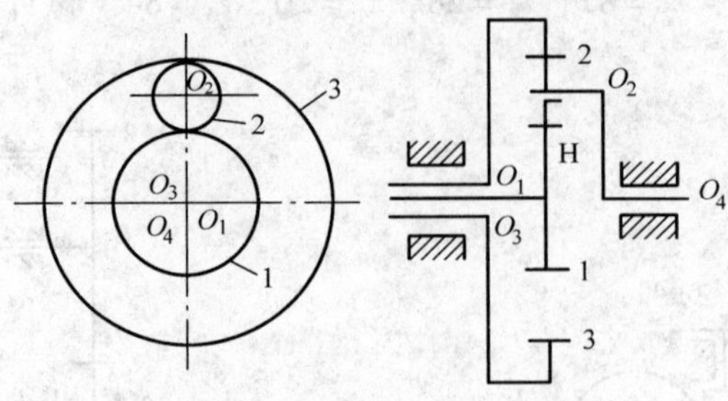

图 8-14　周转轮系

周转轮系由太阳轮、行星架和行星轮三种基本构件所组成。在周转轮系中，具有固定几何轴线的齿轮称为中心轮，外齿太阳轮称为太阳轮，内齿太阳轮称为内齿圈。几何轴线绕中心轮轴线回转的齿轮称为行星轮，行星轮既作自转又作公转，行星轮的运动称为行星运动。支承行星轮并和行星轮一起绕固定轴线回转的构件称为行星架或转臂（又称系杆）。如图 8-14所示的周转轮系中，齿轮 1 和齿轮 3 是太阳轮（齿轮 1 为太阳轮，齿轮 3 为内齿圈），齿轮 2 是行星轮，构件 H 为行星架。

在周转轮系中，太阳轮与行星架的固定轴线必须共线，否则，整个轮系将不能运动。

2. 周转轮系的分类

周转轮系分为差动轮系和行星轮系两大类，见表 8-4。

表 8-4　差动轮系和行星轮系

种　类	定　义	举　例	说　明
差动轮系	太阳轮的转速都不为零的周转轮系称为差动轮系	2, O_2, H, O_1, O_H, O_3, 1, 3	太阳轮 1、内齿圈 3、行星架 H 均绕各自的轴线回转，行星轮 2 则作行星运动
行星轮系	有一个太阳轮固定不动的周转轮系称为行星轮系	2, O_2, H, O_1, O_H, 1, 3	太阳轮 3 固定不动，太阳轮 1 绕自身轴线 O_1 回转；行星架 H 绕自身轴线 O_H 回转；行星轮 2 作行星运动，既绕自身轴线回转（也叫自转），又绕行星架回转轴线 O_H 回转（也叫公转）

为了使转动时的惯性力平衡以及减轻齿轮上的载荷，常常采用几个完全相同的行星轮（如图 8-15a 所示为三个）均匀地分布在太阳轮的周围同时进行传动。因为这种行星齿轮的个数对研究周转轮系的运动没有任何影响，所以在机构简图中可以只画出一个，如图 8-15b 所示。

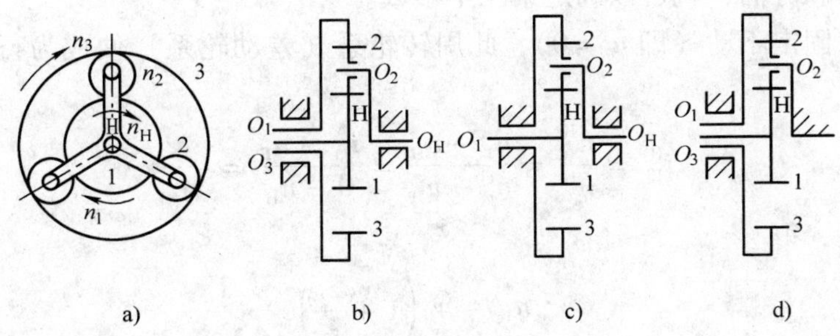

图8-15　周转轮系及转化轮系

3. 周转轮系的传动比

周转轮系传动时，行星轮作既自转又公转的复合运动，因此周转轮系传动比的计算方法不同于定轴轮系，但两者之间又存在着一定的内在联系。可以通过转化轮系的方法（又称转化机构法）将周转轮系转化成一定条件下的定轴轮系，从而采用定轴轮系传动比的计算方法来计算周转轮系的传动比。

如图8-13所示的周转轮系中，齿轮1和齿轮3绕固定几何轴线O_1和O_3回转，行星架H绕固定几何轴线O_H回转，齿轮2活套在行星架H的轴上（即齿轮与轴可相对转动），且同时与齿轮1和齿轮3啮合。现设齿轮1、齿轮3与行星架H的转向相同，转速分别为n_1、n_3和n_H，且各自绕自身轴线回转。这时齿轮2除绕自身轴线以n_2转速回转外，还随行星架H一起公转。如果给周转轮系加上一个与行星架转速大小相等、方向相反的公共转速$-n_H$时，行星架的转速则变为零，即行星架变成固定不动。这时，轮系中所有齿轮的轴线位置都固定不动，但轮系中各构件之间的相对运动关系并没有改变，这样就把周转轮系转化成定轴轮系。这种加上一个公共转速$-n_H$后得到的定轴轮系，称为原周转轮系的转化轮系（或称转化机构）。由于转化轮系为定轴轮系，所以可以用定轴轮系传动比的计算方法来计算其传动比。周转轮系中各构件转化前后的转速见表8-5。

表8-5　周转轮系中各构件转化前后的转速

构　件	构件原来的转速	构件在转化轮系中的转速
齿轮1	n_1	$n_1^H = n_1 - n_H$
齿轮2	n_2	$n_2^H = n_2 - n_H$
齿轮3	n_3	$n_3^H = n_3 - n_H$
行星架H	n_H	$n_H^H = n_H - n_H = 0$

表8-5中n_1^H、n_2^H、n_3^H和n_H^H分别为各构件在转化轮系中的转速，即各构件相对于行星架的转速。由定轴轮系计算传动比的方法，可求出转化轮系的传动比为

$$i_{13}^H = \frac{n_1^H}{n_3^H} = \frac{n_1 - n_H}{n_3 - n_H} = (-1)^1 \frac{z_2 z_3}{z_1 z_2} = -\frac{z_3}{z_1}$$

式中的“－”号，表示转化轮系中齿轮1与齿轮3啮合传动的转向相反。整理上式得

$$n_1 = n_H\left(1 + \frac{z_3}{z_1}\right) - n_3 \frac{z_3}{z_1}$$

由上式可知，如已知该周转轮系中各齿轮的齿数，且n_1、n_3和n_H三个运动参数中已知

任意两个的大小和方向，就可以确定第三个参数。

若将齿轮 3 固定不动（即 $n_3=0$），此周转轮系（差动轮系）便成为行星轮系。其传动比为

$$i_{13}^{H}=\frac{n_1^H}{n_3^H}=\frac{n_1-n_H}{n_3-n_H}=\frac{n_1-n_H}{0-n_H}=-\frac{z_3}{z_1}$$

整理上式后，得

$$n_1=n_H\left(1+\frac{z_3}{z_1}\right)$$

由上式可以看出，该行星轮系只要已知各齿轮的齿数及行星架的转速 n_H 的大小和方向，就可以确定齿轮 1 的转速。

由于周转轮系的转化轮系是定轴轮系，因此可推出周转轮系的转化轮系转动比计算的一般公式为

$$i_{1k}^{H}=\frac{n_1^H}{n_k^H}=\frac{n_1-n_H}{n_k-n_H}=(-1)^m\frac{z_2z_4z_6\cdots z_k}{z_1z_3z_5\cdots z_{k-1}}$$

上式中 $(-1)^m$ 适用于定轴轮系，如轮系中有锥齿轮，蜗杆传动方向可用作图法确定。

 任务实施

周转轮系转臂转速 n_H 的求解步骤见表 8-6。

表 8-6　周转轮系转臂转速 n_H 的求解步骤

步　骤		内　容	结　果
1. 分析传动路线，判断轮系类型		齿轮 2 绕齿轮 1 的固定轴线旋转，齿轮 2′绕齿轮 3 的固定轴线旋转	该轮系属于周转轮系
2. 了解相关参数		已知齿数 $z_1=30, z_2=20, z'_2=25, z_3=25$，两太阳轮的转速 $n_1=100\text{r/min}, n_3=200\text{r/min}$	
3. 计算轮系传动比		由式(8-12)可知：$i_{13}^H=\frac{n_1^H}{n_3^H}=\frac{n_1-n_H}{n_3-n_H}=(-1)^2\frac{z_2z_3}{z_1z'_2}=+\frac{20\times25}{30\times25}$	$i_{13}^H=\frac{2}{3}$
4. n_1、n_3 同向时的转速	转速大小	即 $n_1=100\text{r/min}, n_3=200\text{r/min}$，得 $\frac{100-n_H}{200-n_H}=\frac{2}{3}$	$n_H=-100\text{r/min}$
	转速方向	计算结果为负	n_H 与 n_1 转向相反
5. n_1、n_3 反向时的转速	转速大小	即 $n_1=100\text{r/min}, n_3=-200\text{r/min}$，得 $\frac{100-n_H}{-200-n_H}=\frac{2}{3}$	$n_H=700\text{r/min}$
	转速方向	计算结果为正	n_H 与 n_1 转向相同

特别提醒

1）可根据系杆判断是否是周转轮系，根据太阳轮是否固定判断是差动轮系还是行星

轮系。

2）进行传动比计算时，应正确分析啮合关系，仔细计算。

3）分析齿轮回转方向时，应正确分析啮合关系，确保传动路线分析正确。

练 习 题

1. 简答题

（1）周转轮系分为哪两种？它们的主要区别在哪里？

（2）什么是转化轮系？它的传动比如何计算？

2. 计算题

（1）如图8-16所示行星轮系中，已知：$z_1=40$，$z_2=20$，$z_3=80$，$n_1=120\mathrm{r/min}$。试求行星架H的转速n_H并判定其转向。

（2）如图8-17所示的行星轮系中，各轮的齿数分别为：$z_1=27$，$z_2=17$，$z_3=61$。已知$n_1=6000\mathrm{r/min}$，求传动比i_{1H}和行星架H的转速n_H。

（3）如图8-18所示圆锥齿轮组成的差动轮系中，已知$z_1=60$，$z_2=40$，$z'_2=z_3=20$，若n_1和n_3均为120r/min，但转向相反（如图中箭头所示），求n_H的大小和方向。

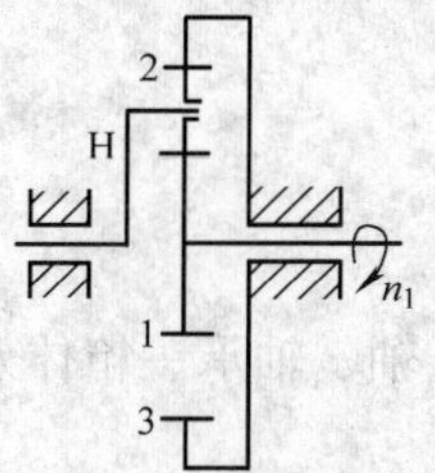

图8-16 行星轮系（一）

图8-17 行星轮系（二）

图8-18 差动轮系

任务3 认识减速器

知识目标：

1. 了解减速器的类型、结构特点、应用场合
2. 了解减速器附件的种类及作用

技能目标：

1. 学会分析部件工作原理
2. 学会分析机器或部件内零件连接方式及定位方法

任务描述

分析图8-19所示单级圆柱齿轮减速器的结构特点、附件种类及作用，零件连接方式及定位方法，以及工作原理。

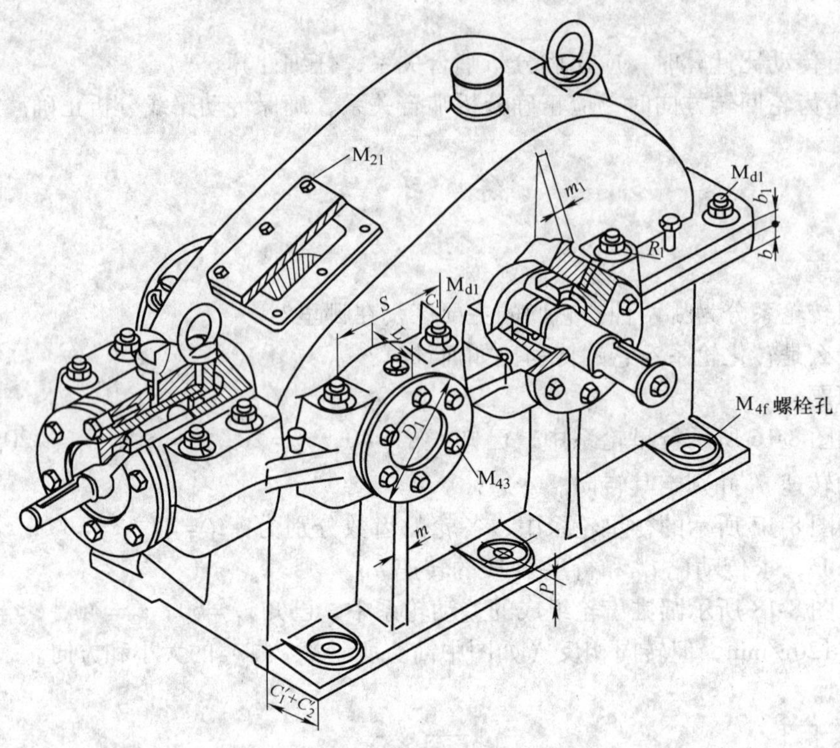

图 8-19　单级圆柱齿轮减速器外形图

任务分析

减速器结构分析主要是分析传动零件（齿轮或蜗轮、蜗杆等）、轴、轴承、箱体及其附件，附件的作用，零件之间的连接方式，轴上零件的固定。

相关知识

1. 减速器的类型、特点和应用

减速器是用于原动机和工作机之间的独立的封闭式传动装置，由于减速器具有结构紧凑、传动效率高、传动准确可靠、使用维护方便等特点，故在各种机械设备中应用甚广。

减速器的种类很多，用以满足各种机械传动的不同要求。其主要类型、特点及应用见表 8-7。

表 8-7　常用减速器的类型、特点及应用

名　称	图　例	推荐传动比范围	特点及应用
单级圆柱齿轮减速器		$i \leqslant 8 \sim 10$	齿轮可做成直齿、斜齿、人字齿。直齿用于速度较低（$v \leqslant 8\text{m/s}$）或负荷较轻的传动；斜齿或人字齿用于速度较高或负荷较重的传动。箱体通常用铸铁做成，有时也采用焊接结构或铸钢件。轴承通常采用滚动轴承，只在重型或特高速时，才采用滑动轴承。其他类型的减速器也与此类同

（续）

<table>
<tr><th colspan="2">名　称</th><th>图　例</th><th>推荐传动比范围</th><th>特点及应用</th></tr>
<tr><td rowspan="2">两级圆柱齿轮减速器</td><td>展开式</td><td></td><td>$i=8\sim60$</td><td>两级展开式圆柱齿轮减速器的结构简单，但齿轮相对轴承的位置不对称，因此轴应设计得具有较大的刚度。高速级齿轮布置在远离转矩的输入端。这样，轴在转矩作用下产生的扭转变形将能少弱轴在弯矩作用下产生弯曲变形所引起的载荷沿齿宽分布不均匀的现象。建议用于载荷比较平稳的场合。高速级可做成斜齿，低速级可做成直齿或斜齿</td></tr>
<tr><td>同轴式</td><td></td><td>$i=8\sim60$</td><td>减速器长度较短，两对齿轮浸入油中深度大致相等。但减速器的轴向尺寸及重量较大；高速级齿轮的承载能力难于充分利用；中间轴较长，刚性差，载荷沿齿宽分布不均匀；仅能有一个输入和输出轴端，限制了传动布置的灵活性</td></tr>
<tr><td colspan="2">单级锥齿轮减速器</td><td></td><td>$i\leqslant6\sim8$</td><td>用于输入轴和输出轴两轴线垂直相交的传动，可做成卧式或立式。由于锥齿轮制造较复杂，仅在传动布置需要时才采用</td></tr>
<tr><td colspan="2">锥-圆柱齿轮减速器</td><td></td><td>$i\leqslant8\sim22$</td><td>特点同单级锥齿轮减速器。锥齿轮应布置在高速级，以使锥齿轮的尺寸不至于过大，否则加工困难。锥齿轮可做成直齿、斜齿或曲线齿，圆柱齿轮可做成直齿或斜齿</td></tr>
<tr><td rowspan="2">蜗杆减速器</td><td>蜗杆下置式</td><td></td><td>$i=10\sim80$</td><td>蜗杆布置在蜗轮的下边，啮合处的冷却和润滑都较好，同时蜗杆轴承的润滑也较方便。但当蜗杆圆周速度太大时，油的搅动损失较大，一般用于蜗杆圆周速度 $v\leqslant10\text{m/s}$ 的情况</td></tr>
<tr><td>蜗杆上置式</td><td></td><td>$i=10\sim80$</td><td>蜗杆布置在蜗轮的上边，装拆方便，蜗杆的圆周速度允许高一些，但蜗杆轴承的润滑不太方便，需采取特殊的结构措施</td></tr>
</table>

2. 减速器的主要结构

减速器主要由传动零件（齿轮或蜗轮、蜗杆等）、轴、轴承、箱体及其附件所组成。如图 8-20 所示为单级圆柱齿轮减速器的结构图，现以该图为例介绍减速器的主要结构。

（1）齿轮、轴及轴承组合　图中小齿轮与高速轴制成一体，即采用齿轮轴结构。这种结构用于齿轮直径和轴的直径相差不大的情况。大齿轮和低速轴分开制造，利用平键作周向固定。轴上零件利用轴肩、轴套和轴承盖作轴向固定。两轴均采用圆锥滚子轴承，承受径向载荷和轴向载荷的复合作用。轴承是利用齿轮浸入油池中溅起的稀油进行润滑的。箱体油池中的润滑油被齿轮运转溅起，甩到箱盖内壁上，然后沿分箱面处的坡口，流进下箱座剖分面上的输油沟，再经轴承盖上的导油槽流入轴承。为防止在轴外伸段箱内润滑剂漏失以及外界

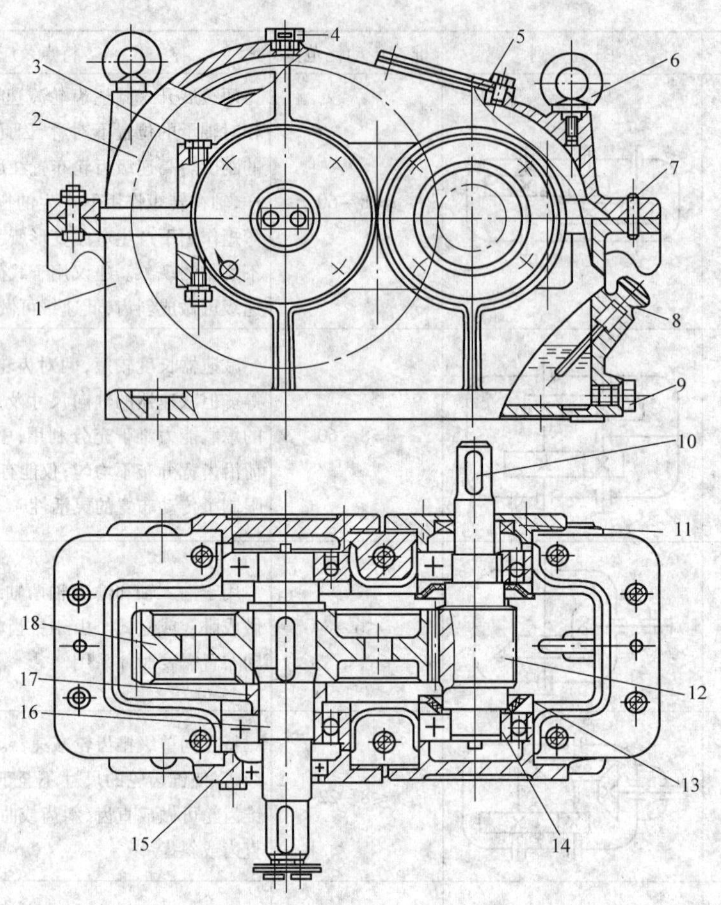

图 8-20　单级圆柱齿轮减速器

1—箱座　2—箱盖　3—上下箱联接螺栓　4—通气器　5—检查孔盖板　6—吊环螺钉
7—定位销　8—油标尺　9—放油螺塞　10—平键　11—油封　12—齿轮轴
13—挡油盘　14—轴承　15—轴承端盖　16—轴　17—轴套　18—齿轮

灰尘、异物侵入箱内，在轴承透盖中装有密封元件。图中采用的接触式毡圈密封适用于轴速较低、环境清洁的场合。

（2）箱体　箱体是减速器的重要组成部件。它是传动零件的基座，应具有足够的强度和刚度。

箱体通常用灰铸铁铸造，对于受冲击载荷的重型减速器也可采用铸钢箱体。单件生产的减速器为了简化工艺、降低成本可采用钢板焊接箱体。

为了便于轴系部件的安装和拆卸，箱体制成沿轴心线水平剖分式。上箱盖和下箱盖用普通螺栓联接成一整体。轴承座的联接螺栓应尽量靠近轴承座孔，而轴承座旁的凸台应具有足够的承托面，以便放置联接螺栓，并保证旋紧螺栓时需要的扳手空间。为了保证箱体具有足够的刚度，在轴承座孔附近加支撑肋。为了保证减速器安置在基座上的稳定性并尽可能减少箱体底座平面的机械加工面积，箱体底座一般不采用完整的平面。图中减速器下箱座底面是采用两纵向长条形加工基面。

(3) 减速器的附件 为了保证减速器的正常工作，除了对齿轮、轴、轴承组合和箱体的结构设计应给予足够重视外，还应考虑到为减速器润滑油池注油、排油、检查油面高度，检修拆装时上下箱的精确定位，吊运等辅助零部件的合理选择和设计。

1) 检查孔。为了检查传动零件的啮合情况，并向箱体内注入润滑油，应在箱体的适当位置设置检查孔。图中检查孔设在上箱盖顶部能够直接观察到齿轮啮合部位的地方。平时，检查孔的盖板用螺钉固定在箱盖上。图中检查孔为长方形，其大小应允许将手伸入箱内，以便检验齿轮啮合情况。

2) 通气孔。减速器工作时，箱体内温度升高，气体膨胀，压力增大。为使箱内受热膨胀的空气能自由地排出，以保持箱体内外压力平衡，不致使润滑油沿分箱面和轴伸或其他缝隙渗漏，通常在箱体顶部装设通气孔。图中采用的通气器是具有垂直相通气孔的通气塞。通气塞焊固在（或拧在）检查孔盖上。这种通气器结构较简单，用于工作环境较为清洁的场合。若环境多尘可采用有滤网的、防尘效果更好的通气器。

3) 轴承盖。为了固定轴系部件的轴向位置并承受轴向载荷，轴承座孔两端用轴承盖密封。轴承盖有凸缘式和嵌入式两种。图中采用的是凸缘式轴承盖，利用六角螺钉固定在箱体上。在轴伸处的轴承盖是通孔的透盖，透盖中装有密封装置。凸缘式轴承盖的优点是拆装、调整轴承比较方便，但和嵌入式轴承盖相比，零件数目较多、尺寸较大，外观不够平整。

4) 定位销。为了精确地加工轴承座孔并保证每次拆装后，轴承座的上下半孔始终保持制造加工时的位置精度，应在精加工轴承座孔前，在上箱盖和下箱盖的联接凸缘上配装定位销。图中采用的两定位圆锥销安置在箱体纵向两侧联接凸缘上，并呈非对称布置以加强定位效果。

5) 油面指示器。为了检查减速器内油池油面的高度，以便保证油池内始终有适当的油量，一般在箱体便于观察、油面较稳定的部位，装设油面指示器。图中采用的油面指示器是油标尺。

6) 放油螺塞。换油时，为了排放污油和清洗剂，应在箱体底部、油池的最低位置处开设放油孔，平时放油孔用带有细牙螺纹的螺塞堵住。放油螺塞和箱体结合面之间应加防漏用的垫圈。

7) 启箱螺钉。为了加强密封效果，通常在装配时于箱体剖分面上涂以水玻璃或密封胶，因而在拆卸时往往因胶结紧密使分开困难。为此常在箱盖连接凸缘的适当位置，加工出1~2个螺孔，旋入启箱用的圆柱端或平端的启箱螺钉。旋动启箱螺钉便可将上箱盖顶起。小型减速器也可不设启箱螺钉，启盖时用螺钉旋具撬开箱盖。

8) 起吊装置。当减速器的质量超过25kg时，为了便于搬运，常需在箱体上设置起吊装置，如在箱体上铸出吊耳或吊钩等。图中上箱盖铸有两个吊耳，下箱座铸出两个吊钩。

任务实施

根据学校现有条件，由专业教师带领学生一起对减速器进行分解分析。

特别提醒

1) 结构分析时容易造成遗漏，应统一按顺时针或逆时针顺序分析所有组成零件。

2) 弄不明白附件的用途时，可结合减速器的整体功能去分析附件作用。

3) 零件连接类型、轴上零件定位方式容易分析不全面，最好能配合拆卸一起分析。

扩展知识

1. 减速器的技术特性（见表8-8）

表8-8　减速器技术参数

<table>
<tr><th rowspan="2">输入功率/kW</th><th rowspan="2">入轴转速（r/min）</th><th rowspan="2">效率（%）</th><th rowspan="2">总传动比 i</th><th colspan="7">传动特性</th></tr>
<tr><th>传动级</th><th>m_n</th><th>Z_1</th><th>Z_2</th><th>β</th><th colspan="2">公差等级</th></tr>
<tr><td rowspan="4"></td><td rowspan="4"></td><td rowspan="4"></td><td rowspan="4"></td><td rowspan="2">高速级</td><td rowspan="2"></td><td rowspan="2"></td><td rowspan="2"></td><td rowspan="2"></td><td>大齿轮</td><td></td></tr>
<tr><td>小齿轮</td><td></td></tr>
<tr><td rowspan="2">低速级</td><td rowspan="2"></td><td rowspan="2"></td><td rowspan="2"></td><td rowspan="2"></td><td>大齿轮</td><td></td></tr>
<tr><td>小齿轮</td><td></td></tr>
</table>

减速器技术参数通常采用表格形式布置在装配图的空白处。

2. 减速器的技术条件

（1）对于齿轮和蜗杆传动接触斑点的要求　接触斑点是由传动件的公差等级所决定的。接触斑点的检查，通常是在主动轮齿面上涂色，当主动轮回转2~3周后，观察从动轮齿面的着色情况，分析接触区的位置和接触面积的大小，看其是否符合精度要求。

当接触斑点没能达到精度要求时，应该调整传动件的啮合位置，或对齿面进行适当刮研及进行负载跑合，以提高装配精度。

（2）对滚动轴承安装和调整的要求　滚动轴承工作过程中必须保证一定的游隙。游隙过大将使轴承松动，轴系发生窜动；游隙过小，轴系运转的阻力增加，影响其正常工作，严重时会将轴承卡死，致使轴承损坏。对于游隙不可调的轴承（深沟球轴承），可在轴承外圈端面与轴承盖间留有适当间隙 Δ（$\Delta=0.2\sim0.5$）。跨度尺寸越大，此间隙应越大，反之应取较小值。当采用可调游隙的轴承（角接触轴承和圆锥滚子轴承）时，其游隙值较小，应仔细调整。

（3）对齿轮啮合侧隙的要求　齿轮副的侧隙要求，应根据工作条件用最大极限侧隙 j_{nmax}（或 j_{tmax}）与最小极限侧隙 j_{nmin}（或 j_{tmin}）来规定。j_{nmax} 与 j_{nmin} 值可参考《公差配合与技术测量》教材计算出来。

侧隙的检查可以用塞尺或压铅法进行。所谓压铅法是将铅丝放在齿槽上，然后转动齿轮而压扁铅丝，测量齿两侧被压扁的铅丝厚度之和即为侧隙大小。

当侧隙不符合要求时，可通过调整传动件的位置来满足要求。对于锥齿轮传动可通过增减垫片的厚度调整大小锥齿轮的位置，使两轮锥顶重合。对于蜗杆传动，可调整蜗轮轴承盖与箱体之间的垫片（一端加垫片，另一端减垫片），使蜗轮中间平面通过蜗杆的轴线。

（4）对箱体与箱座结合面的要求　结合面严禁用垫片。必要时允许涂密封胶或水玻璃。在拧紧联接螺栓前，应用0.05mm的塞尺检查其密封性。运转过程中不允许有漏油和渗油现象。

（5）实验要求

1）空载实验。在额定转速下，正、反各回转1~2h，要求运转平稳、响声均匀且小，联接不松动，不漏油、不渗油等。

2）负载实验。在额定转速及额定功率下进行实验，实验至油温稳定为止。油池温升不得超过35℃，轴承温升不得超过40℃。

练　习　题

1. 减速器的用途是什么？有哪些类型？
2. 减速器有哪些附件，它们的作用是什么？
3. 吊环螺钉、起盖螺钉、定位销、窥视孔起何作用？
4. 减速器的齿轮传动和轴承采用什么润滑方式？采用何种润滑装置和密封装置？
5. 通过减速器的拆装，扳手空间应为多大？如何考虑？

单元9　摩擦轮传动和挠性件传动

9

任务1　认识摩擦轮传动

知识目标：

摩擦轮传动的原理，摩擦轮传动的类型、特点

技能目标：

掌握摩擦轮传动的打滑与弹性滑动

任务描述

摩擦压力机是一种压力加工机器，在机械制造业中可用来完成模锻、镦锻、弯曲、校正、精压、无飞边锻造等工作，应用较为广泛。如图9-1所示为300t摩擦压力机，试分析摩擦压力机打滑及弹性滑动。

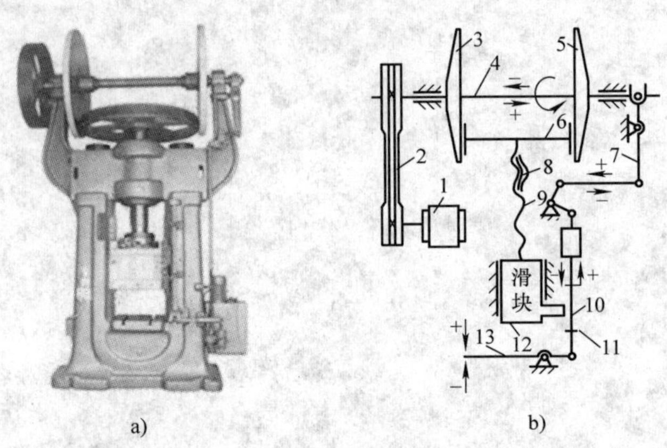

图9-1　摩擦压力机

a）外形图　b）摩擦压力机的工作过程

1—电动机　2—传动带　3、5—主动摩擦轮　4—轴　6—从动摩擦轮

7、10—杠杆　8—螺母　9—螺杆　11—挡块　12—滑块　13—操纵手柄

任务分析

300t摩擦压力机的工作过程如图9-1b所示，通过电动机1经带传动带动轴4，轴4上装

有能移动的主动摩擦轮3、5，从动摩擦轮6下面有一螺杆9，下端又装有滑块12。工作时，通过主动摩擦轮3和5带动从动摩擦轮6顺时针或逆时针转动，通过螺母8、螺杆9组成的螺旋传动带动滑块12上下运动而工作。

相关知识

1. 摩擦轮传动的工作原理

摩擦轮传动是由两个相互压紧的摩擦轮组成的，利用两轮直接接触产生的摩擦力来传递运动和动力，分为外接圆柱式和内接圆柱式两种，如图9-2所示。

a)

b)

图9-2　摩擦轮传动

a）外接圆柱式　b）内接圆柱式

2. 摩擦轮传动的传动比

如图9-3所示，主动轮1与从动轮2相互压紧后，在接触点P产生压紧力，当主动轮1逆时针回转时，摩擦力即带动从动轮2顺时针回转。如果没有打滑现象，那么两轮在P点的圆周速度应相等，即$v_1=v_2$。

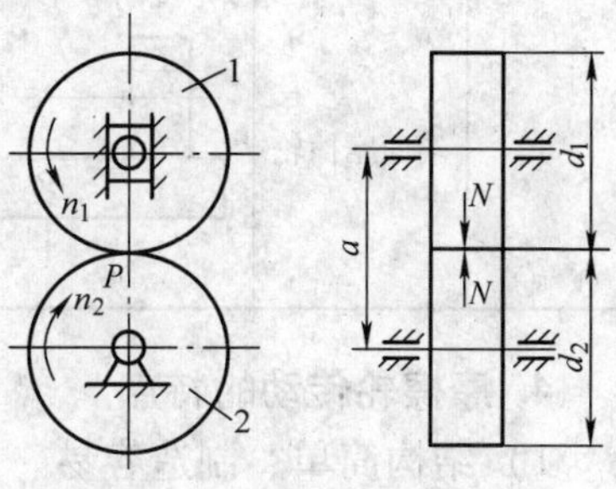

图9-3　摩擦传动示意图

$$v_1=\frac{\pi D_1 n_1}{1000\times 60}$$

$$v_2=\frac{\pi D_2 n_2}{1000\times 60}$$

$$n_1 D_1=n_2 D_2$$

$$i_{12}=\frac{n_1}{n_2}=\frac{D_2}{D_1}$$

式中　i_{12}——两摩擦轮的传动比；

n_1——主动摩擦轮转速（r/min）；

n_2——从动摩擦轮转速（r/min）；

D_1——主动摩擦轮直径（mm）；

D_2——从动摩擦轮直径（mm）。

3. 摩擦轮传动的类型与应用场合

根据两摩擦轮轴线相对位置的不同，摩擦轮可分为两轴平行和两轴相交两种类型，详细说明见表9-1。

表 9-1　摩擦轮传动的类型及应用

类　型		简　图	应　用	特　点
两轴平行	圆柱摩擦		用于小功率传动，如仪表调节装置等	结构简单，制造方便，压紧力大，分为外接式和内接式
	槽形摩擦轮	2β	适用于绞车驱动装置等机械结构中	因带有 2β 角度的槽，侧面接触，在同样压紧力的条件下，可以增大切向摩擦力，提高传动功率。但易发热与磨损，传动效率较低，对加工和安装要求较高
两轴相交	圆锥摩擦轮	O δ_1 δ_2 B A	常用于大功率摩擦压力机	设计安装时应保证轴线的相对位置正确，锥顶应重合。分为两轴垂直与两轴不垂直两种
	端面摩擦轮		用于摩擦压力机等	结构简单，制造方便，压紧力大；易发热与磨损，效率低；对加工、安装要求高。分圆柱与圆锥摩擦两种

4. 摩擦轮传动的特点

1）结构简单、制造容易。

2）过载时打滑能够保护零件。

3）易于连续平缓地无级变速，具有较大的应用范围。

4）在运转中存在滑动，传动效率低，传动比不能保持准确。

5）结构尺寸较大，作用于轴和轴承上的载荷大，承受过载和冲击的能力差等，因而只适宜传递动力不大的场合。

任务实施

1. 摩擦轮传动的打滑

摩擦轮传动时，主动轮是依靠摩擦力来带动从动轮转动的，并保证两轮接触面处有足够大的摩擦力，使主动轮产生的摩擦力能够克服从动轮上的阻力。如果摩擦力小于阻力，传动时两轮接触处就会产生打滑现象。

摩擦轮的最大摩擦力为 F_{max}，可得

$$F_{max} = fN$$

式中　f——静摩擦系数；

N——正压力（N）。

防止打滑的途径如下：

（1）增大摩擦系数　将其中一个摩擦轮用钢或铸铁材料制造，在另一个摩擦轮的工作表面粘上石棉、皮革、橡胶布、塑料或纤维材料等可增大摩擦系数。

（2）增大正压力　可以在摩擦轮上安装弹簧或其他施力装置，但施力后会增加作用在轴或轴承上的载荷，导致增大传动机构的尺寸，如图9-4所示。

图9-4　摩擦传动施力装置

1—弹簧　2—调节螺钉

2. 摩擦轮传动的弹性滑动

当摩擦传动时，由于接触区内摩擦力的作用，使主动轮1的表层在进入接触区时受到压缩，离开接触区时受到拉伸；从动轮2的表层在进入接触区时受到拉伸，离开接触区时受到压缩，如图9-5所示。

两摩擦轮的表层都要产生不同程度的切向弹性变形，造成从动轮上指定点落后于主动轮上对应点的位置，引起的相对滑动叫做弹性滑动。弹性滑动使得从动轮2的速度落后于主动轮1的速度，并产生摩擦轮的磨损和工作表面温度升高等情况。

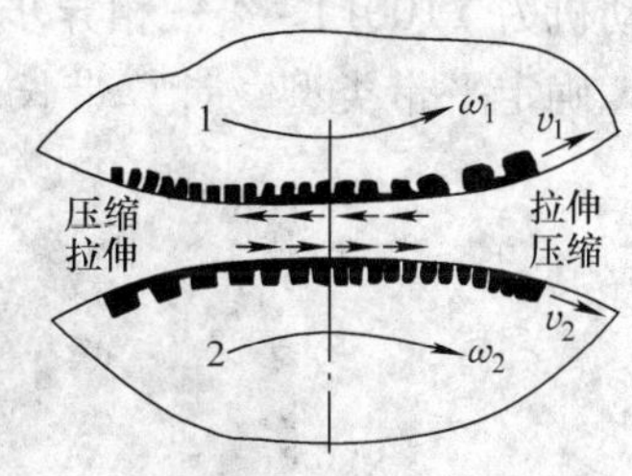

图9-5　摩擦轮传动中的弹性滑动

摩擦轮传动的实际传动比为

$$i_{12} = \frac{n_1}{n_2} = \frac{D_2}{D_1(1-\varepsilon)}$$

式中　ε——摩擦轮传动的弹性滑动率（速度损失率），当两摩擦轮材料为钢对钢时 $\varepsilon \approx 0.2\%$；钢对夹布胶木时，$\varepsilon \approx 1\%$；钢对橡胶时，$\varepsilon \approx 3\%$。

打滑是可以避免的，弹性滑动是摩擦传动的固有现象，是不可避免的。

扩展知识

摩擦轮传动时，比较软的轮面一般作为主动轮，这样可以避免传动产生打滑时，从动轮的轮面磨损，影响传动质量。

摩擦传动中，对摩擦轮施加的正压力可以无限制增大吗?

练　习　题

1. 判断题

（1）摩擦轮传动适合传递大转矩。　（　　）

（2）摩擦轮传动可以方便实现变向、变速等运动的调整。　（　　）

（3）摩擦轮传动的主动轮表面常衬上一层石棉、皮革、橡胶布、塑料或纤维材料等。　（　　）

（4）摩擦轮传动的打滑与弹性滑动均可避免。　　（　　）

2. 选择题

摩擦轮传动的传动比是（　　）。

A. $i_{12}=\frac{n_1}{n_2}=\frac{D_2}{D_1}$　　B. $i_{12}=\frac{n_2}{n_1}=\frac{D_2}{D_1}$　　C. $i_{12}=\frac{n_1}{n_2}=\frac{D_1}{D_2}$　　D. $i_{12}=\frac{n_2}{n_1}=\frac{D_1}{D_2}$

任务2　设计平带传动

知识目标：

平带传动的形式、平带的类型、平带传动的主要参数

技能目标：

正确选用平带，能够设计平带传动

任务描述

如图 9-6 所示为开口式平带传动，已知 $d_1=120\text{mm}$，$d_2=350\text{mm}$，$a=1200\text{mm}$。选用的电动机为 Y100L1－4 三相异步电动机，其额定功率 $P=2.5\text{kW}$，计算传动比，验算小带轮包角，确定平带类型，计算带长。

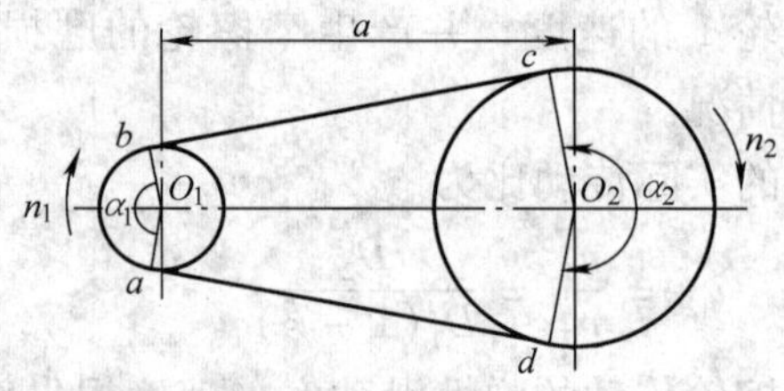

图 9-6　开口式平带传动

任务分析

要对平带进行设计，必须了解带传动的类型、平带传动的方式、传动特点，以及包角、带长和中心距等参数的计算。

相关知识

1. 带传动的类型

带传动由带和带轮组成，带传动分为摩擦传动和啮合传动，见表 9-2。

表 9-2　带传动的类型

传动类型		简图	实物	截面形状
摩擦传动	平带			矩形

（续）

传动类型		简图	实物	截面形状
摩擦传动	V带	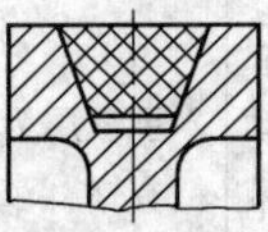	 	梯形
	圆带			圆形
	多楔带	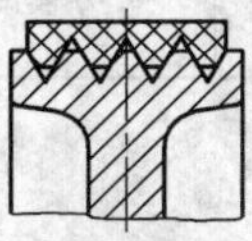		多个梯形面
啮合传动	同步齿型带	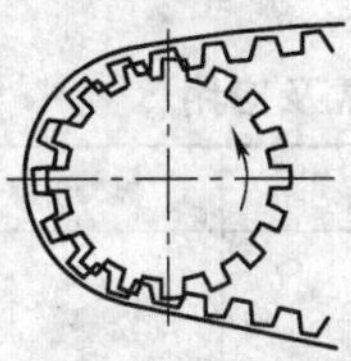		齿形

2. 平带传动的形式

平带传动的形式见表9-3。

表9-3 平带传动的形式

类型	图例	特点
开口式	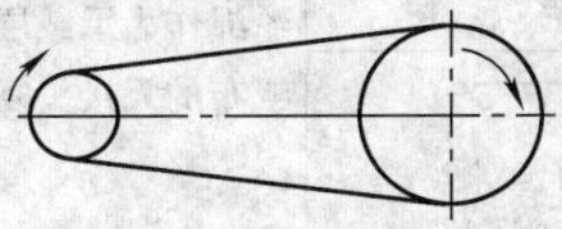	两轮轴线平行、两轮宽的对称平面重合、转向相同
交叉式	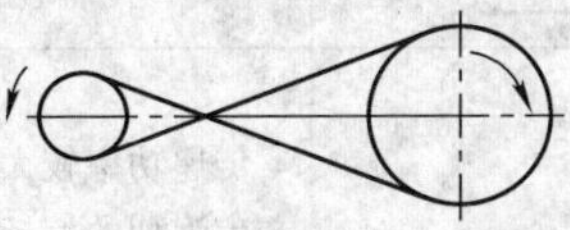	两轮轴线平行、两轮宽的对称平面重合、转向相反
半交叉式	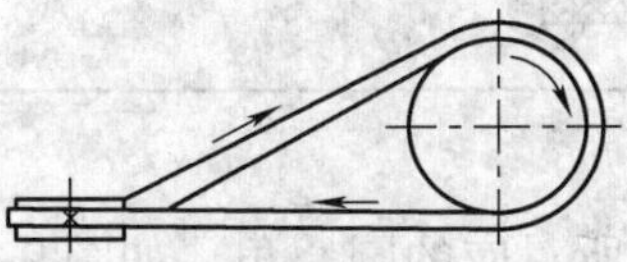	两轮轴线在空间交错，交错角一般为90°
角度传动	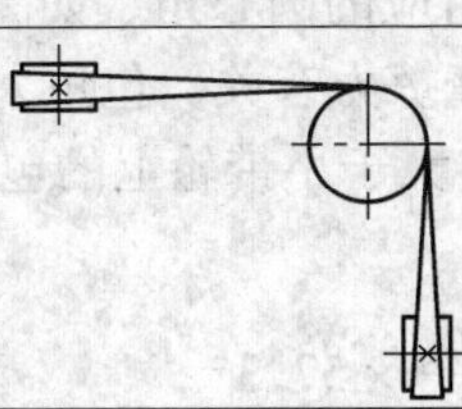	带轮两轴线相交

3. 平带的类型

平带主要类型有帆布芯平带、编织平带、锦纶片复合平带等，见表9-4。

表 9-4　平带的类型及应用特点

平带类型	帆布芯平带	编织平带	锦纶片复合平带
结构	由数层挂胶帆布粘合，分开边式和包边式	有棉织、毛织和缝合棉布带，以及用于高速传动的丝、麻、锦纶编织带。带面有覆胶和不覆胶两种	承载层为锦纶片（有单层和多层），工作面上粘有铬鞣革、挂胶帆布或特殊织物等，层压而成
特点	抗拉强度大，耐温性好，价廉；耐热、耐油性能差，开边式较柔软	曲挠性好，传递功率小，易松弛	强度高，摩擦因数大，曲挠性好，不易松弛
应用	$v<30\text{m/s}$，$P<500\text{kW}$，$i<6$，轴间距较大的传动	中、小功率传动	大功率传动，薄形可用于高速传动

4. 平带的接头方式及应用

平带的接头方式及应用见表 9-5。

表 9-5　平带的接头方式及应用

接头方式	图例	应用特点
皮革平带的胶合		（1）传动时冲击小，速度可高一些 （2）当传动速度高（$v\geqslant25\text{m/s}$）时，可应用轻而薄的高速平带 （3）传递功率较小时，可用编织平带 （4）传递功率较大时，采用由锦纶片或涤纶绳作为承载层、工作面上贴铬鞣革或挂胶帆布的无接头复合平带
帆布芯平带的胶合		
皮条缝合		
肠弦缝合		
铰链带扣		传递功率较大，传递速度不高，速度高时会产生强烈的振动

5. 平带传动的参数

（1）包角 α　包角 α 是指带与带轮接触弧所对应的圆心角，如图 9-7 所示。包角大小反映带与带轮缘表面接触弧的长短，与接触面间的摩擦力有关，包角太小会打滑，平带传动一般要求包角 $\alpha\geqslant150°$。由于大带轮上的包角 α_2 始终大于小带轮上的包角 α_1，只需验算小带轮包角 α_1 即可。

开口式传动　$$\alpha_1=180°-\frac{d_2-d_1}{a}\times57.3°$$

交叉式传动　$$\alpha_1=180°+\frac{d_2+d_1}{a}\times57.3°$$

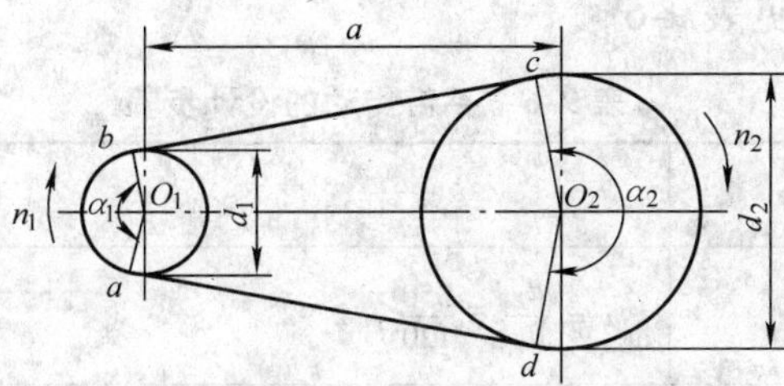

图9-7 平带传动

半交叉式传动 $$\alpha_1 = 180° + \frac{d_1}{a} \times 57.3°$$

式中 d_1——小轮直径（mm）；

d_2——大轮直径（mm）；

a——两轮中心距（mm）。

（2）带长 L 带长是指带的内周长，计算方法如下

开口式传动 $$L = 2a + \frac{\pi}{2}(d_1 + d_2) + \frac{(d_2 - d_1)^2}{4a}$$

交叉式传动 $$L = 2a + \frac{\pi}{2}(d_1 + d_2) + \frac{(d_2 + d_1)^2}{4a}$$

半交叉式传动 $$L = 2a + \frac{\pi}{2}(d_1 + d_2) + \frac{d_2^{\ 2} + d_1^{\ 2}}{2a}$$

在实际应用中，计算带长还要考虑平带在带轮上的张紧量、悬垂量和平带的接头长度。

（3）传动比 i 在不考虑传动中的弹性滑动时，平带传动的传动比计算如下

$$i = \frac{n_1}{n_2} = \frac{d_2}{d_1}$$

式中 d_1——小带轮直径（mm）；

d_2——大带轮直径（mm）；

n_1——小带轮转速（r/min）；

n_2——大带轮转速（r/min）。

因受小带轮包角和带中心距的限制，一般平带传动的传动比 $i \leqslant 5$。

（4）中心距 a 当带张紧时，两带轮轴线间的距离称为中心距。开口式传动的实际中心距计算公式如下

$$a = A + \sqrt{A^2 - B}$$

式中 $$A = \frac{L}{4} - \frac{\pi(d_1 + d_2)}{8}$$

$$B = \frac{(d_2 - d_1)^2}{8}$$

任务实施

已知 $d_1 = 120$mm，$d_2 = 350$mm，$a = 1200$mm。选用的电动机为Y100L1-4三相异步电动机，其额定功率 $P = 2.5$kW，计算传动比，验算小带轮包角，确定平带类型，计算带长。

平带传动的设计步骤见表9-6。

表9-6　平带传动的设计步骤

步　骤	计算过程	计算结果
1. 传动比 i 的计算	$i=\frac{d_2}{d_1}=\frac{350}{120}=2.92$	$i=2.92$
2. 验算小轮包角 α_1	$\alpha_1=180°-\frac{d_2-d_1}{a}\times57.3°$ $=180°-\frac{350-120}{1200}\times57.3°=169°$	$\alpha_1=169°\geqslant150°$
3. 计算带长 L	$L=2a+\frac{\pi}{2}(d_1+d_2)+\frac{(d_2-d_1)^2}{4a}$ $=2\times1200\text{mm}+\frac{3.14}{2}(120+350)\text{mm}$ $+\frac{(350-120)^2}{4\times1200}\text{mm}$ $=3148.9\text{mm}$	$L=3148.9\text{mm}$
4. 确定平带的类型	传递功率 $P=2.5\text{kW}$，传动比 $i=2.92$，中心距 $a=1200\text{mm}$，由表9-4可选择帆布芯平带或编织平带	帆布芯平带或编织平带

扩展知识

高速带及其特点如下：

1）带速大于30m/s、高速轴转速为10000r/min～50000r/min的都属于高速带，带速大于100m/s的称为超高速带。高速带传动通常都是开口的增速传动。

2）由于要求可靠、运转平稳，并有一定寿命，所以都采用质地轻、厚度薄而均匀、曲挠性能好、强度较高的特制环形平带，如薄型尼龙片复合平带、高速环形胶带、特制编织带（麻、丝、尼龙）等，以减小其工作时的离心力。若采用硫化接头，必须使接头与带的曲挠性能尽量接近。

练　习　题

一开口式平带传动，已知两带轮直径分别为 $d_1=150\text{mm}$ 和 $d_2=400\text{mm}$，中心距为 $a=1000\text{mm}$，主动轮转速为 $n_1=1460\text{r/min}$。

（1）验算小带轮包角。

（2）计算带的几何长度。

（3）计算不考虑带传动弹性滑动时大轮的转速。

任务3 认识V带传动

知识目标：

V带及V带轮的结构和主要参数

技能目标：

掌握V带传动的安装、维护方法

任务描述

机器传动中的第一级传动，大多数采用带传动，如图9-8所示的夯土机、粉碎机、拖拉机。V带在长期使用过程中受到拉力的作用，会产生永久变形而伸长，带将由张紧而变得松弛，使用过程中需要对带进行安装和维护。

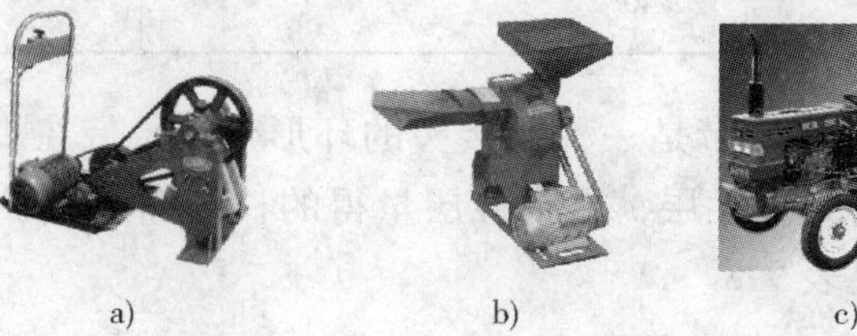

图9-8 机器中的V带传动

a）夯土机 b）粉碎机 c）拖拉机

任务分析

首先要掌握V带的结构、型号、V带基准长度，V带轮的结构、材料，V带传动的特点，才能对带进行选择、安装和维护。

相关知识

1. V带的结构与标准

（1）V带的结构 常用V带截面结构分为帘布结构和线绳结构两类，如图9-9所示。V带由顶胶、承载层、底胶和包布层四部分组成。包布的材料是帆布，是V带的保护层；顶胶和底胶材料是橡胶，顶胶可以被拉伸，底胶可以被压缩；承载层主要承受拉力。

帘布结构的V带承载层由2~10层布贴合而成，由于层数较多，带体较硬，工作中经多次弯曲与拉直，容易使带发热或脱层损坏；线绳结构的V带承载层只有一层线绳，带体比较柔软，适用于带轮直径较小的传动，其拉断强度比帘布结构低，目前国产V带仍以帘布结构为主。

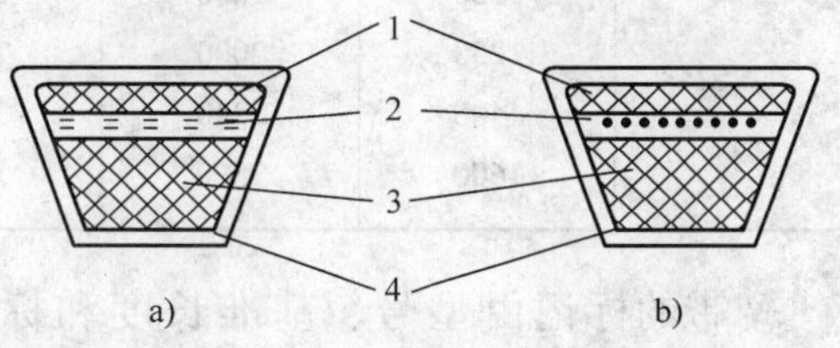

图9-9 V带的截面结构

a）帘布结构 b）线绳结构

1—顶胶 2—承载层 3—底胶 4—包布层

（2）V 带的标准　V 带已标准化，常用 V 带主要有普通 V 带、窄 V 带、宽 V 带、半宽 V 带等，它们的楔角 θ 均为 40°，通常普通 V 带应用最广泛。

我国国家标准 GB/T 11544—1997 规定普通 V 带有 Y、Z、A、B、C、D、E 七种型号，线绳结构只有 Z、A、B、C 四种型号，截面尺寸见表 9-7。

表 9-7　普通 V 带尺寸（摘自 GB/T 11544—1997）

型　号	Y	Z	A	B	C	D	E	截面形状
节宽 b_p/mm	5.3	8.5	11.0	14.0	19.0	27.0	32.0	
顶宽 b/mm	6.0	10.0	13.0	17.0	22.0	32.0	38.0	
高度 h/mm	4.0	6.0	8.0	11.0	14.0	19.0	25.0	
质量 q/(kg/m)	0.02	0.06	0.10	0.17	0.30	0.62	0.90	
楔角 θ(°)	40°							

（3）V 带的基准长度 L_d　V 带是一种无接头的环形带，V 带在规定张紧力下，长度和宽度均保持不变的纤维层称为中性层，沿中性层量得的长度叫节线长度 L_d，又称基准长度或公称长度，其长度系列见表 9-8。

表 9-7　普通 V 带的基准长度 L_d（摘自 GB/T 11544—1997 部分）　（单位：mm）

型号						
Y	Z	A	B	C	D	E
200	400	630	900	1600	2800	4500
224	450	710	1000	1800	3150	5000
250	500	800	1120	2000	3550	5600
280	560	900	1250	2240	4000	6300
315	630	1000	1400	2500	4500	7100
355	710	1120	1600	2800	5000	8000
400	800	1250	1800	3150	5600	9000
450	900	1400	2000	3550	6300	10000
500	1000	1600	2240	4000	7100	11200
	1120	1800	2500	4500	8000	12500
	1250	2000	2800	5000	9000	14000
	1400	2240	3150	5600	10000	16000
	1600	2500	3550	6300	11200	

V 带的标记由型号、基准长度和标准编号三部分组成，例如标记为：B1600 GB/T 11544—1997，表示 B 型 V 带，基准长度为 1600mm。

2. V 带轮的结构与材料

（1）V 带轮的结构　V 带轮通常由轮缘、轮毂和轮辐组成。轮缘用于安装传动带，轮缘上有与带型号、根数相对应的轮槽，轮缘与轮槽尺寸见表 9-9。

表 9-9 V带轮轮缘与轮槽尺寸

项目		符号	Y	Z	A	B	C	D
基准宽度		b_d	5.3	8.5	11	14.0	19	27.0
基准线上槽深		h_{amin}	1.6	2.0	2.75	3.5	4.8	8.1
基准线下槽深		h_{fmin}	4.7	7.0	8.7	10.8	14.3	19.9
槽间距		e	8±0.3	12±0.3	15±0.3	19±0.4	25.5±0.5	37±0.6
槽边距		f_{min}	6	7	9	11.5	16	23
最小轮缘厚		δ_{min}	5	7.0	6	10.8	10	12
圆角半径		r_1	0.2~0.5					
带轮宽		B	$B=(z-1)e+2f$，z为轮槽数					
外径		d_a	$d_a=d_d+2h_a$					
轮槽角 θ	32°	相应的基准直径 d_d	≤60	—	—	—	—	—
	34°		—	≤80	≤118	≤190	≤315	—
	36°		>60	—	—	—	—	≤475
	38°		—	>80	>118	>190	>315	>475
	极限偏差		±30′					

V带轮必须易于制造、质量轻且分布均匀，安装时对中性好，铸造或焊接时引起的应力要小。不同V带轮结构见表9-10。

表 9-10 V带轮结构

带轮结构	实心式	腹板式	孔板式	轮辐式
图例				
直径范围	$d_a \leqslant 200$mm 或 $d_a \leqslant (1.5\sim3)d_0$	$d_a \leqslant 300$mm	$d_a \leqslant 400$mm	$d_a > 400$mm

（2）V带轮的材料　V带轮的材料根据V带轮的直径或速度来选取，见表9-11。

表 9-11 V带轮的材料

V带轮材料	HT150 HT200	HT200 钢制带轮	钢板 焊接式	塑料带轮	铝合金带轮
使用范围	$v \leqslant 30$m/s	$v > 30$m/s	$d \geqslant 500$mm	v低速传动、小功率传动，$v < 15$m/s	高速传动

3. V带传动的特点

V带传动的特点见表9-12。

表9-12　V带传动的特点

优点	1. 传动平稳,噪声小,能缓冲、吸振 2. 结构简单,安装精度低、使用维护方便 3. 过载时,带会在带轮上打滑,起安全保护作用
缺点	1. 带具有弹性,存在弹性滑动,传动比不准确 2. 外廓尺寸大,传动效率低
应用场合	1. 传动平稳、传动比不要求准确 2. 中小功率、中心距较大场合

任务实施

1. V带传动的安装与维护

（1）V带传动的安装（见表9-13）。

表9-13　V带传动的安装

序　号	图　例	安装要求
1	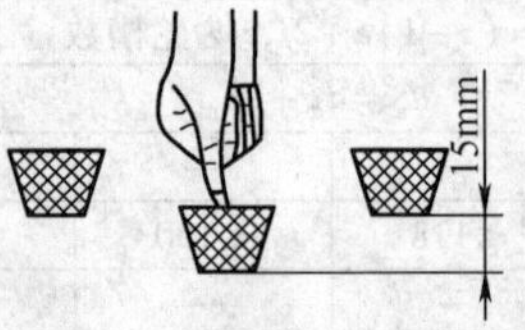 15mm	安装V带时应在缩小中心距后套入,再慢慢调整中心距,使带达到合适的张紧程度,用大拇指将带按下15mm左右,则张紧程度合适
2	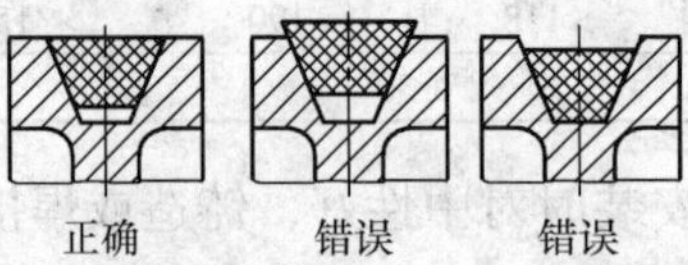 正确　错误　错误	V带在轮槽中应有正确的位置,带和带轮槽的型号应匹配,以保证V带与轮槽的工作面充分接触
3	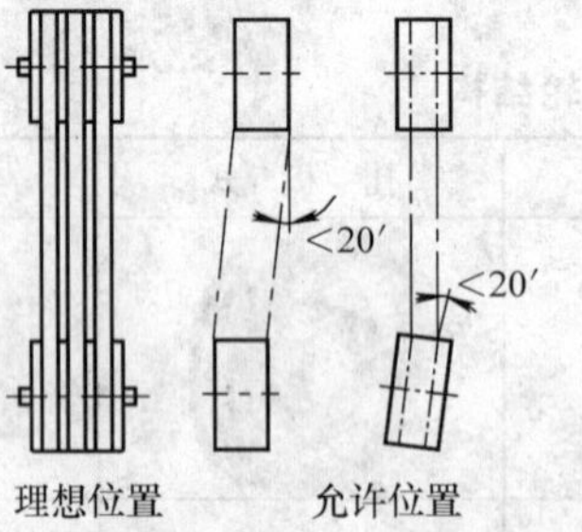 <20′　<20′ 理想位置　允许位置	安装V带轮时,两带轮轴线应相互平行,两轮轮槽的对称平面应重合,其偏角误差应小于20′

（2）V带传动的维护（见表9-14）。

表9-14　V带传动的维护

序　号	维护内容
1	带传动装置外面应加装防护罩,以保证安全,防止带与酸、碱或油接触而腐蚀带
2	带传动无需润滑,禁止往带上加润滑油或润滑脂,及时清理带轮槽内及带上的污物
3	定期检查胶带,如有一根松弛或损坏应更换全部胶带
4	带传动时工作温度应不超过60℃
5	如果因闲置一段时间传动装置不用,应装传动带放松

2. V带的张紧

带传动工作一段时间后会出现塑性变形而松弛，初拉力减小，这时必须对带张紧。常用的张紧方式有调整中心距与采用张紧轮两种。

（1）调整中心距　定期调整中心距恢复带的张紧力，具体方法见表9-15。

表9-15　调整中心距的方法

张紧方式	定期张紧（调节螺栓增大中心距）		自动张紧
图例			
适用范围	适用于两轴线水平或接近水平的传动	适用于两轴线相对于安装支架垂直或接近于垂直的传动	靠电动机及摆架的重力使电动机绕小轴摆动，实现自动张紧，适用于小功率传动

（2）采用张紧轮　当传动的轴间距不可调整时，可采用张紧轮，具体见表9-16。

表9-16　张紧轮张紧法

张紧方式	定期调节张紧轮	自动张紧轮
图例		张紧轮 平衡重锤
适用范围	张紧轮置于松边内侧且靠近大轮处，保证小带轮有较大包角 适用于V带固定中心距	利用平衡锤使张紧轮张紧带，平带传动时，张紧轮安放在平带松边外侧，并靠近小带轮处，这样可增大小带轮包角 适用于平带传动

扩展知识

（1）带的弹性滑动　传动带是弹性体，受力后要产生弹性变形，伸长量随拉力的变化而变化，从而产生弹性滑动现象。如图9-10所示，带自A点绕上主动轮时，此时带的速度与带轮表面的速度相等，但当带沿$A \to B$继续前进时，带的拉力由F_1降到F_2，所以带的拉伸弹性变形也相应减小，即带在缩短，带的速度落后于带轮，两者之间产生了相对滑动。同样从动轮也存在滑动现象，带绕上从动轮时，带与轮速度相同，当带沿$C \to D$前进方向运动时，带被拉长，带的速度超过带轮。这种由于带的弹性变形而产生的带与带轮间的滑动叫弹性滑动。

弹性滑动是由拉力差引起的，只要传递圆周力，就必然会有弹性滑动，弹性滑动是不可避免的。

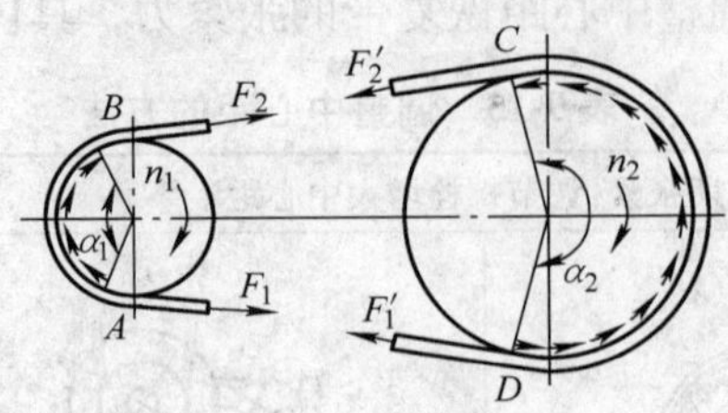

图 9-10　带传动受力分析

（2）打滑　打滑是过载引起的全面滑动，是可以避免的。

练　习　题

1. 判断题

（1）带传动是通过带与带轮之间的摩擦力来传递运动和动力的。（　）

（2）普通 V 带的截面形状是三角形，两侧面夹角 θ =40°。（　）

（3）在 Y、Z、A、B、C、D、E 七种普通 V 带型号中，Y 型的截面积最大，E 型的截面积最小。（　）

（4）为了制造与测量的方便，普通 V 带以带的内周长作为基准长度。（　）

（5）普通 V 带的基准直径是指带轮上通过普通 V 带横截面中性层的直径。（　）

（6）普通 V 带的传动能力比平带的传动能力强。（　）

（7）两带轮基准直径之差越大，则小带轮的包角 α_1 也越大。（　）

（8）普通 V 带轮的结构形式主要取决于带轮的材料。（　）

（9）当 V 带所传递的圆周力一定时，传递的功率与带速成反比。（　）

（10）在普通 V 带传动中，若发现个别带不能使用，应立刻更换不能使用的 V 带。（　）

2. 选择题

（1）V 带的型号和________，都压印在带的外表面，以供识别与选用。

A. 内周长度　　B. 基准长度　　C. 标准长度

（2）安装时带的松紧要适度，通常以大拇指能按下________左右为宜。

A. 5mm　　B. 15mm　　C. 30mm

（3）为使 V 带的两侧面在工作时与轮槽紧密接触，轮槽角 θ 应________V 带楔角。

A. 大于　　B. 略小于　　C. 等于

（4）在带传动中，当传递的功率一定时，若带速降低，则传递的圆周力就________，就容易发生打滑。

A. 减小　　B. 明显地减小　　C. 增大

（5）普通 V 带的材料通常是根据________来选择的。

A. 功率　　　　　　B. 带速　　　　　　C. 圆周力

（6）带速合理的范围通常控制在________。

A. 5～25m/s　　　　B. 12～15m/s　　　　C. 15～50m/s

任务4　设计V带传动

知识目标：

V带及V带轮的设计步骤与计算方法

技能目标：

根据给定的设备与环境条件对V带传动进行设计

任务描述

某机床电动机和主轴箱间的普通V带传动如图9-11所示，根据给定的条件（见表9-17），设计该普通V带传动。

表9-17　给定的条件

电动机功率	$P=4\text{kW}$
电动机转速	$n_1=1420\text{r/min}$
从动轴转速	$n_2=420\text{r/min}$
工作时间	二班制（16h）
两轮中心距	$a=440\text{mm}$ 左右

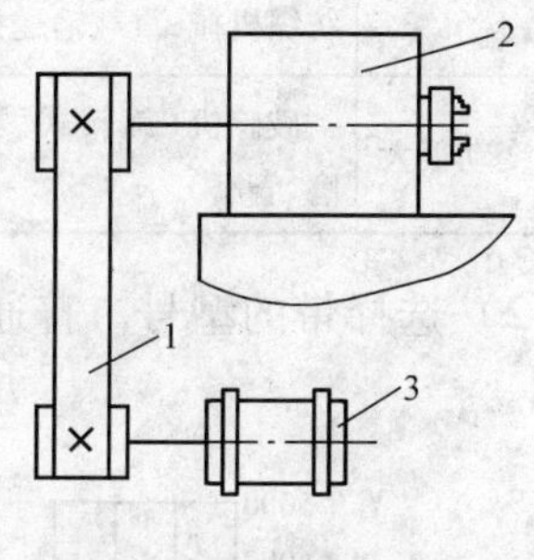

图9-11　V带传动

1—V带传动　2—床头箱　3—电动机

任务分析

根据V带的工作条件、工作环境及传递功率的大小，合理选择V带的几何参数，确定V带的根数，并验算V带的带速、小轮包角及轴上的载荷。

相关知识

带传动的主要失效形式是带传动的打滑和带的疲劳破坏和磨损。因此V带的设计准则为：保证传动时带与带轮间不发生打滑；V带有足够的疲劳寿命。

（1）设计时给定的条件　传动用途和工作情况；传递功率 P；带轮转速 n_1、n_2；传动比 i；传动对外廓尺寸的要求及原动机种类等。

（2）设计方法及步骤

1）计算设计功率 P_d

$$P_d = K_A P$$

式中　P_d——设计功率（kW）；

P——所需传动的功率（kW）；

K_A——工作情况系数，按表9-18选取。

表 9-18 工作情况系数 K_A

工作情况		K_A					
		空、轻载起动			负载起动		
		每天工作小时数/h					
		<10	10~16	>16	<10	10~16	>16
载荷变动微小	液体搅拌机；通风机和鼓风机（≤7.5kW）；离心式水泵和压缩机；轻型输送机	1.0	1.1	1.2	1.1	1.2	1.3
载荷变动小	带式输送机（不均匀载荷）；通风机（>7.5kW）；旋转式水泵和压缩机；发电机；金属切削机床；印刷机；旋转筛；锯木机和木工机械	1.1	1.2	1.3	1.2	1.3	1.4
载荷变动较大	制砖机；斗式提升机；往复式水泵和压缩机；起重机；磨粉机；冲剪机床；橡胶机械；振动筛；纺织机械；重载输送机	1.2	1.3	1.4	1.4	1.5	1.6
载荷变动很大	破碎机（旋转式、颚式等）；磨碎机（球磨、棒磨、管磨）	1.3	1.4	1.5	1.5	1.6	1.8

2）选择带的型号。普通 V 带型号根据传动的设计功率 P_d 和小带轮转速 n_1，按图 9-12 选取。

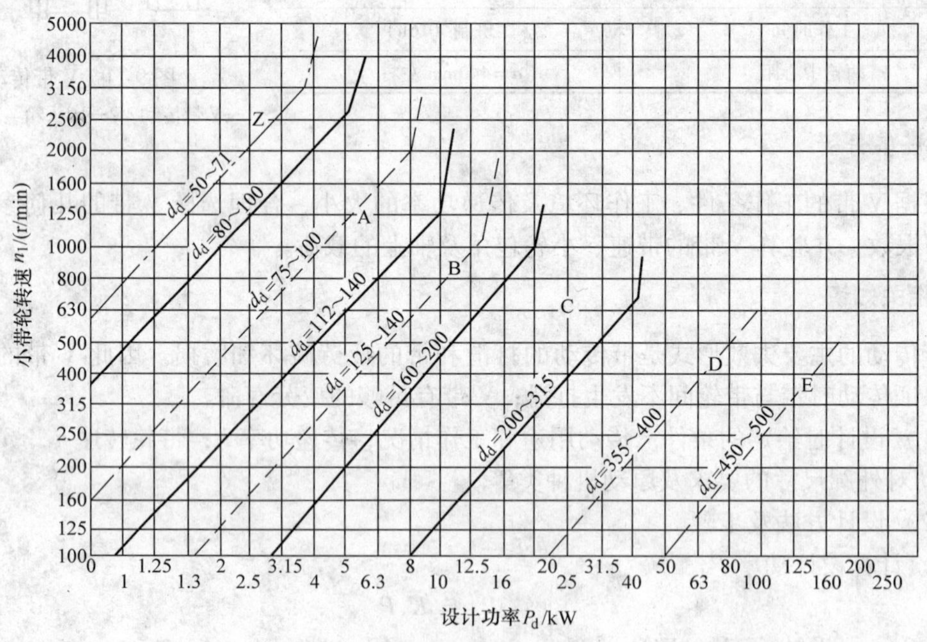

图 9-12 普通 V 带选型图

3）确定带轮的基准直径 d_{d1}、d_{d2}。带轮的基准直径越小，传动时带在带轮上弯曲越严重，因此对普通 V 带带轮直径规定了最小基准直径 d_{dmin}，即 $d_{d1} \geqslant d_{dmin}$，且按表 9-19 选取，

大带轮的基准直径 $d_{d2}=id_{d1}$，并取标准值。

表 9-19 各种型号 V 带轮基准直径系列 （单位：mm）

型 号	基准直径 d_d											
Y	20	22.4	25	28	31.5	35.5	40	45	50	56	63	71
	80	90	100	112	125							
Z	50	56	63	71	75	80	90	100	112	125	132	140
	150	160	180	200	224	250	280	315	355	400	500	560
A	75	80	(85)	90	(95)	100	(106)	112	(118)	125	(132)	140
	150	160	180	200	224	(250)	280	315	(355)	400	(450)	500
B	125	(132)	140	150	160	(170)	180	200	224	250	280	315
	355	400	450	500	560	(600)	630	710	(750)	800	(900)	1000
C	200	212	224	236	250	(265)	280	300	315	335	355	400
	450	500	560	600	630	710	750	800	900	1000	1120	1250
D	355	(375)	400	425	450	(475)	500	560	(600)	630	710	750
	800	900	1000	1060	1120	1250	1400	1500	1600	1800	2000	
E	500	530	560	600	630	670	710	800	900	1000	1120	1250
	1400	1500	1600	1800	2000	2240	2500					

注：括号内数字尽量不选。

4）验算带速 v。

$$v=\frac{\pi d_{d1}n_1}{60\times1000}$$

式中 d_{d1}——小带轮直径（mm）；

n_1——小带轮转速（r/min）；

v——V 带带速（m/s）。

应满足 $5\text{m/s}\leqslant v\leqslant25\sim30\text{m/s}$，否则重选小带轮直径。

5）确定中心距 a 和带的基准长度 L_d。带传动的中心距小，则结构紧凑，但传动带短，包角减小，带绕转次数增多，降低带的寿命，降低传动能力。中心距过大，则结构尺寸大，带速较高时，带会产生颤动。设计时一般按经验公式初选中心距 a_0。

$$0.7(d_{d1}+d_{d2})\leqslant a_0\leqslant2(d_{d1}+d_{d2})$$

计算带的基准长度 L_{d0} 为

$$L_{d0}=2a_0+\frac{\pi}{2}(d_{d1}+d_{d2})+\frac{(d_{d1}+d_{d2})^2}{4a_0}$$

计算出 L_{d0} 后再按表 9-10 选取接近 L_{d0} 值的基准长度 L_d，再根据选定的长度 L_d 值反过来求实际中心距 a，一般采用近似计算公式计算中心距。

$$a\approx a_0+\frac{L_d-L_{d0}}{2}$$

6）验算小轮包角 α_1。

$$\alpha_1=180°-\frac{d_{d2}-d_{d1}}{a}\times57.3°$$

对于V带传动，小轮包角一般应满足 $\alpha_1 \geqslant 120°$，若不能满足此条件，可适当增加中心距或减小两轮的直径差来提高包角 α_1。

7）确定V带根数 z。

$$z = \frac{P_d}{(P_1 + \Delta P_1) K_\alpha K_L}$$

$$\Delta P_1 \approx 0.0001 \Delta T n_1$$

式中 P_d——设计功率（kW）；

P_1——单根V带基本额定功率（kW），见表9-20；

ΔP_1——非特定试验条件下单根V带所能传递功率的增量（kW）；

ΔT——单根V带所能传递转矩修正值（N·m），见表9-21；

n_1——主动轮转速（r/min）；

K_α——小带轮包角修正系数，见表9-22；

K_L——普通V带带长修正系数，见表9-23。

表9-20 单根V带基本额定功率 P_1 （单位：kW）

带速	小带轮基准直径 d_{d1}/mm	V带带速 v/(m/s)									
		3	6	9	12	15	18	21	24	27	30
Y	20	0.04	0.09	—	—	—	—	—	—	—	—
	28	0.06	0.11	0.15	—	—	—	—	—	—	—
	35.5	0.07	0.12	0.17	—	—	—	—	—	—	—
	40	0.08	0.14	0.18	0.21	—	—	—	—	—	—
	50	0.09	0.16	0.21	0.23	0.25	—	—	—	—	—
Z	50	0.14	0.21	0.29	0.33	0.32	—	—	—	—	—
	56	0.15	0.26	0.33	0.39	0.41	—	—	—	—	—
	63	0.17	0.30	0.40	0.47	0.50	0.49	—	—	—	—
	71、80	0.20	0.33	0.47	0.54	0.61	0.62	0.61	—	—	—
	90	0.21	0.35	0.49	0.56	0.64	0.71	0.71	—	—	—
A	75	0.45	0.72	0.90	1.03	1.09	1.05	0.98	—	—	—
	80	0.52	0.80	1.12	1.34	1.36	1.81	1.26	—	—	—
	90	0.56	0.97	1.30	1.56	1.74	1.86	1.87	1.80	—	—
	100	0.62	1.10	1.47	1.82	2.07	2.25	2.33	2.32	2.20	1.96
	112	0.69	1.22	1.68	2.07	2.39	2.63	2.77	2.83	2.77	2.58
	125	0.75	1.33	1.85	2.29	2.66	2.95	3.16	3.26	3.26	3.13
	140	0.78	1.45	1.98	2.49	2.89	3.26	3.5	3.66	3.71	3.65
B	125	0.94	1.60	2.13	2.54	2.82	2.98	2.96	2.79	2.43	1.86
	140	1.07	1.86	2.52	3.06	3.48	3.75	3.88	3.83	3.61	3.61
	160	1.21	2.13	2.93	3.60	4.15	4.56	4.83	4.92	4.82	4.52
	180	1.31	2.34	3.24	4.03	4.68	5.20	5.56	5.76	5.77	5.57
	200	1.42	2.46	3.60	4.48	5.12	5.97	6.13	6.28	6.45	6.43

（续）

带速	小带轮基准直径 d_{d1}/mm	V 带带速 v/(m/s)									
		3	6	9	12	15	18	21	24	27	30
C	200	1.86	3.20	4.30	5.19	5.84	6.26	6.38	6.22	5.73	4.84
	244	2.09	3.66	5.00	6.11	6.99	7.64	8.01	8.06	7.81	7.15
	250	2.29	4.06	5.60	6.90	7.98	8.83	9.40	9.66	9.60	9.13
	280	2.48	4.43	6.15	7.65	8.90	9.94	10.68	11.11	11.27	10.98
	315	2.84	4.73	6.70	8.34	9.71	10.96	11.70	12.15	12.71	12.69
D	355	4.45	7.78	10.64	12.97	14.83	16.20	17.06	17.25	16.73	15.44
	400	4.94	8.79	12.07	14.91	17.35	19.05	20.27	21.09	21.07	20.21
	450	5.35	9.64	13.34	16.61	19.36	21.67	23.22	24.68	24.84	24.48
	500	5.69	10.31	14.33	17.93	21.08	23.63	25.78	26.95	27.78	27.42
	560	6.03	10.97	15.33	19.27	22.72	25.64	28.57	29.70	30.53	30.95
E	500	6.88	12.09	16.58	20.36	23.52	25.83	27.58	28.19	28.09	26.49
	560	7.46	14.60	18.42	22.84	26.60	29.59	31.73	33.03	33.01	32.41
	630	—	14.44	20.10	25.12	29.36	32.95	35.62	37.59	38.38	37.65
	710	—	15.46	21.64	27.15	32.01	36.06	39.27	41.45	43.00	43.37

表 9-21　单根 V 带所能传递转矩修正值 ΔT　（单位：N·m）

带　型	传动比 i							
	1.03～1.07	1.08～1.13	1.14～1.2	1.21～1.3	1.31～1.4	1.41～1.6	1.61～2.39	≥2.4
Y	0.00	0.02	0.03	0.06	0.08	0.1	0.13	0.15
Z	0.08	0.15	0.23	0.30	0.32	0.38	0.4	0.50
A	0.2	0.4	0.6	0.8	0.9	1.0	1.1	1.2
B	0.5	1.1	1.6	2.1	2.3	2.6	2.9	3.1
C	1.5	2.9	4.4	5.8	6.6	7.3	8.0	9.0
D	5.2	10.3	15.5	21.0	23.0	26.0	28.4	31.0
E	10	20	29	39	44	48	53.4	58

表 9-22　小带轮包角修正系数 K_α

小带轮包角(°)	180	175	170	165	160	155	150	145	140	135	130	125	120
K_α	1	0.99	0.98	0.96	0.95	0.93	0.92	0.91	0.89	0.88	0.86	0.84	0.82

表 9-23　普通 V 带带长修正系数 K_L

基准带长 L_d/mm	K_L						
	Y	Z	A	B	C	D	E
200	0.81						
224	0.82						
250	0.84						
280	0.87						
315	0.89						
355	0.92	0.87					
400	0.96	0.89					
450	1.00	0.91					
500	1.02	0.94					
560		0.96					
630		0.99	0.81				
710		1.00	0.82				
800		1.03	0.85				
900		1.06	0.87	0.81			
1000		1.08	0.89	0.84			
1120		1.11	0.91	0.86			
1250		1.14	0.93	0.88			
1400		1.16	0.96	0.90			
1600		1.18	0.99	0.92	0.83		
1800			1.01	0.95	0.86		
2000			1.03	0.98	0.88		
2240			1.06	1.00	0.91		
2500			1.09	1.03	0.93		
2800			1.11	1.05	0.97	0.83	
3150			1.13	1.07	0.99	0.86	
3550				1.09	1.02	0.89	
4000				1.13	1.04	0.91	
4500				1.15	1.07	0.93	0.90
5000				1.18	1.09	0.96	0.92
5600					1.12	0.98	0.95
6300					1.15	1.00	0.97
7100					1.18	1.03	1.00
8000					1.21	1.06	1.02
9000					1.23	1.08	1.05
10000						1.11	1.07
11200						1.14	1.10

注：无长度修正系数的规格均为无标准 V 带供货。

8）确定单根 V 带的初拉力 F_0。初拉力是保证带传动正常工作的重要因素之一，初拉力大小选取要适中，新带容易松弛，对于非自动张紧的带传动，安装新带时张紧力应为 $1.5F_0$。单根 V 带所需的初拉力 F_0 为

$$F_0 = \frac{500P_d}{zv}\left(\frac{2.5}{K_\alpha} - 1\right) + qv^2$$

式中 F_0——初拉力（N）；

P_d——设计功率（kW）；

z——V带根数；

v——带速（m/s）；

K_α——包角修正系数，见表9-22；

q——V带单位长度质量（kg/m），见表9-7。

9）作用在带轮轴上的力 F_Q。V带的张紧对轴、轴承产生的压力会影响轴、轴承的强度和寿命，设计时需要计算作用在轴上的作用力 F_Q，一般用近似计算。

$$F_Q = 2zF_0 \sin\frac{\alpha_1}{2}$$

式中 F_0——单根V带的初拉力（N）；

z——带根数；

α_1——主动轮包角（°）。

 **任务实施**

V带设计步骤见表9-24。

表9-24 V带设计步骤

设计步骤	计算过程	计算结果
已知：$P=4\text{kW}$、$n_1=1420\text{r/min}$、$n_2=420\text{r/min}$、二班制(16h)、$a=440\text{mm}$ 左右		
1. 计算设计功率 P_d	1. 查表9-18得 $K_A=1.2$ 2. $P_d=K_AP=1.2\times4\text{kW}=4.8\text{kW}$	$P_d=4.8\text{kW}$
2. 选择带的型号	1. $P_d=4.8\text{kW}, n_2=1420\text{r/min}$ 2. 查图9-12选用A型V带	A型V带
3. 确定带轮的基准直径 d_{d1}、d_{d2}	1. 查表9-19选取 $d_{d1}=100\text{mm}\geqslant d_{dmin}=75\text{mm}$ 2. $d_{d2}=\frac{n_1}{n_2}d_{d1}=\frac{1420}{420}\times100\text{mm}=338.1\text{mm}$ 由表9-19选取 $d_{d2}=355\text{mm}$	$d_{d1}=100\text{mm}$ $d_{d2}=355\text{mm}$
4. 验算带速 v	$v=\frac{\pi d_{d1}n_1}{60\times1000}=\frac{3.14\times100\times1420}{60\times1000}\text{m/s}=7.43\text{m/s}$ 在5~25m/s范围内，符合要求	$v=7.43\text{m/s}$ 符合要求
5. 确定中心距 a 和带的基准长度 L_d	1. 可根据 $0.7(d_{d1}+d_{d2})\leqslant a_0\leqslant2(d_{d1}+d_{d2})$ 选取 a_0，本设计可根据给定条件初定中心距 $a_0=440\text{mm}$ 2. 根据初定中心距 a_0 确定带长 L_{d0} $L_{d0}=2a_0+\frac{\pi}{2}(d_{d1}+d_{d2})+\frac{(d_{d1}+d_{d2})^2}{4a_0}$ $=2\times440\text{mm}+\frac{3.14}{2}\times(100+315)\text{mm}+$ $\frac{(100+315)^2}{4\times440}\text{mm}$	$L_d=1600\text{mm}$ $a=425.30\text{mm}$

（续）

设计步骤	计算过程	计算结果
	$=1629.41\text{mm}$ 3. 由表 9-8 选取 V 带基准长度 $L_d=1600\text{mm}$ 4. 计算中心距 a $a\approx a_0+\dfrac{L_d-L_{d0}}{2}=440\text{mm}+\dfrac{1600-1629.41}{2}\text{mm}$ $=425.30\text{mm}$	
6. 验算小轮包角 α_1	$\alpha_1=180°-\dfrac{d_{d2}-d_{d1}}{a}\times 57.3°$ $=180°-\dfrac{355-100}{425.300}\times 57.3°=145.6°>120°$	$\alpha_1=145.6°$满足要求
7. 确定 V 带根数 z	1. 由 $v=7.43\text{m/s}, d_{d1}=100\text{mm}$ 查表 9-20 用插入法得 $P_1=1.28\text{kW}$ 2. 查表 9-21 得 $\Delta T=1.2\text{N}\cdot\text{m}$ $\Delta P_1\approx 0.0001\Delta T n_1$ $=0.0001\times 1.2\times 1420\text{kW}=0.17\text{kW}$ 3. 查表 9-22 用插入法得 $K_\alpha=0.911$ 4. 查表 9-23 得 $K_L=0.99$，则 $Z=\dfrac{P_d}{(P_1+\Delta P_1)K_\alpha K_L}$ $=\dfrac{4.8}{(1.28+0.17)\times 0.911\times 0.99}=3.67$ 取 $z=4$ 根	$z=4$ 根
8. 确定单根 V 带的初拉力 F_0	查表 9-7 得 $q=0.1\text{kg/m}$ $F_0=\dfrac{500P_d}{zv}\left(\dfrac{2.5}{K_\alpha}-1\right)+qv^2$ $=\dfrac{500\times 4.8}{4\times 7.43}\times\left(\dfrac{2.5}{0.911}-1\right)\text{N}+0.1\times 7.43^2\text{N}$ $=146.4\text{N}$	$F_0=146.4\text{N}$
9. 作用在带轮轴上的力 F_Q	$F_Q=2zF_0\sin\dfrac{\alpha_1}{2}$ $=2\times 4\times 146.4\text{N}\times\sin(145.6/2)=1118.8\text{N}$	$F_Q=1118.8\text{N}$

扩展知识

同步齿型带的工作面为齿形，带轮的轮缘表面也做成相应的齿形，带与带轮靠啮合传动，如图 9-13 所示。同步齿型带一般采用细钢丝绳作强力层，外面包覆聚氯脂或氯丁橡胶。强力层中线定为带的节线，带节线周长为公称长度。带的基本参数是周节 p 和模数 m 。周节 p 等于相邻两齿对应点间沿节线量得的尺寸，模数 $m=p/\pi$。国产同步齿型带采用模数制，其规格用模数×带宽×齿数表示。

图 9-13　同步齿型带

与普通带传动相比，同步齿型带传动的特点是：

1）钢丝绳制成的强力层受载后变形极小，齿型带的周节基本不变，带与带轮间无相对滑动，传动比恒定、准确。

2）齿型带薄且轻，可用于速度较高的场合，传动时线速度可达40m/s，传动比可达10，传动效率可达98%。

3）结构紧凑，耐磨性好。

4）由于预拉力小，承载能力也较小。

5）制造和安装精度要求甚高，要求有严格的中心距，故成本较高。

同步齿型带传动主要用于要求传动比准确的场合，如计算机中的外部设备、电影放映机、录像机和纺织机械等。

练　习　题

1. 简答题

（1）带传动为什么要张紧？常用张紧方法有哪几种？

（2）小带轮的包角与哪些因素有关？

（3）为什么普通V带的轮槽角必须略小于40°？

2. 计算题

某电动机驱动旋转式水泵，水泵转速 $n_2 = 400\text{r/min}$，电动机功率 $P = 10\text{kW}$，转速 $n_1 = 1460\text{r/min}$，试设计一V带传动，要求中心距选择在1500mm左右。

任务5　认识链传动

知识目标：

链传动的类型、链轮与链条的结构、材料和主参数

技能目标：

链传动的布置、张紧和润滑

任务描述

生产实践中链传动应用广泛，如图9-14所示自行车、摩托车等。链条在长期使用中受到拉力作用，会产生松弛，使用过程中如何对链传动进行布置、张紧和润滑。

图9-14　链传动应用

任务分析

如图9-15所示链传动，由主动链轮、从动链轮和中间挠性件链条组成，它是依靠链轮

的链齿与链条的链节之间的啮合来传递运动和动力。对链传动进行布置、张紧和润滑就必须了解链轮、链条的结构、材料及主要参数。

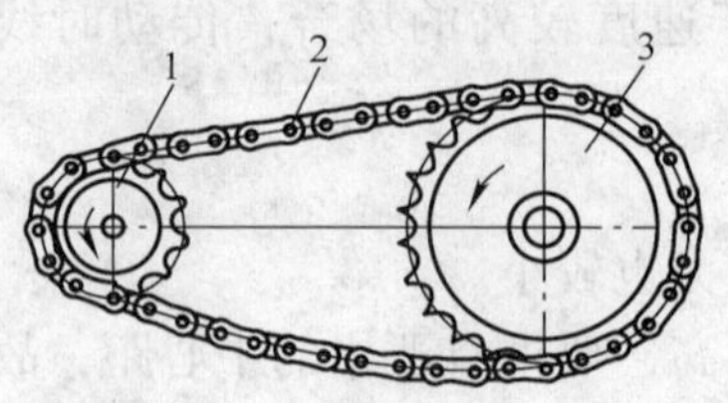

图 9-15　链传动的组成

1—主动链条　2—链条　3—从动链条

相关知识

1. 链传动的基本类型、特点及应用，见表 9-25。

表 9-25　链传动的基本类型、特点及应用

传动类型	图　例	应　用	工作速度 v	特　点
起重链		主要用于起重机械中提起重物	≤0.25m/s	无滑动，平均传动比准确，张紧力小，对轴的载荷小；传动效率高；在同等条件下链传动比其他传动结构紧凑，且能在恶劣环境下工作。制造安装精度低，中心距较大，有冲击和噪声。不适用于载荷变化大和急速反转场合
牵引链		主要用于链式输送机中移动重物	≤4m/s	
传动链		用于一般机械中传递运动和动力	≤15m/s	

用于动力传动的链主要有套筒滚子链和齿形链两种，本单元主要介绍滚子链。

2. 链传动的传动比

自行车的前后链轮齿数不同，它的转速也不同，但是前后链轮转过的齿数相同，即 $n_1z_1=n_2z_2$。链传动的传动比为

$$i=\frac{n_1}{n_2}=\frac{z_2}{z_1}$$

式中　n_1——主动链轮转速（r/min）；

n_2——从动链轮转速（r/min）；

z_1——主动链轮齿数；

z_2——从动链轮齿数。

3. 滚子链轮

（1）滚子链轮的结构，见表 9-26。

表 9-26　滚子链轮的结构

结构类型	实心式	孔板式	焊接式	组合式
实物				
图例				
适用范围	直径较小	中等直径	大直径	

（2）滚子链轮的材料及热处理　滚子链轮的材料及热处理见表 9-27。

表 9-27　滚子链轮的材料及热处理

链轮材料	热处理	齿面硬度	应用范围
15、20	渗碳、淬火回火	50～60HRC	$Z \leqslant 25$ 有冲击载荷的链轮
35	正火	160～200HBW	$Z > 25$ 的链轮
45、50、ZG310－570	淬火、回火	40～45HRC	无剧烈冲击的链轮
15Cr、20Cr	渗碳、淬火回火	50～60HRC	$Z < 25$ 的大功率传动链轮
40Cr、35SiMn、35CrMn	淬火、回火	40～50HRC	重要的、使用优质链条的链轮
Q215/Q255	焊接后退火	140HBW	中速、中等功率、较大的从动链轮
不低于 HT150 的灰铸铁	淬火、回火	260～280HBW	$Z > 50$ 的链轮
夹布胶木	—	—	$P < 6$kW、速度较高、要求传动平稳噪声较小处

4. 滚子链

（1）套筒滚子链的结构　套筒滚子链条由内链板、外链板、销轴、套筒和滚子等组成，如图 9-16 所示。外链板固定在销轴上，内链板固定在套筒上，滚子与套筒间和套筒与销轴间均可相对转动，因而链条与链轮的啮合主要为滚动摩擦。

（2）滚子链分为单排链和多排链　套筒滚子链分单排使用和多排并用，多排并用可传递较大功率，见表 9-28。

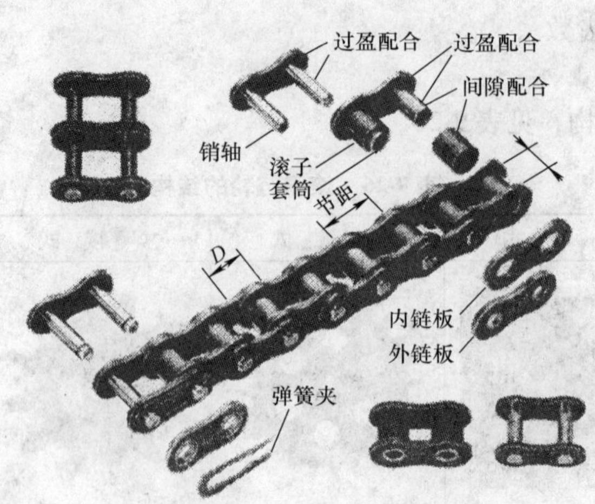

图 9-16　滚子链的结构

表 9-28　单排链与多排链的结构

类型	单排链	双排链
实物		
示意图		

（3）滚子链的接头形式　链条的长度用链节数表示，链节为偶数时，内、外链板交替相接，接头处用开口销或弹簧锁片；当链节为奇数时，要采用过渡链节才能相接，见表 9-29。过渡链节制造复杂，受力状况不好，生产中尽可能不用，实际使用中尽量采用偶数链节。

表 9-29　滚子链的接头形式

接 头 类 型	开　口　销	弹　簧　夹	过 渡 链 节
实物			
示意图			

5. 滚子链的主参数

（1）节距 p　两相邻链节铰链副理论中心间的距离叫节距。链的节距越大，链的各组件尺寸越大，链传动功率越大。但节距越大，由链条速度变化和链节啮入链轮产生冲击所引起的动载荷越大。设计时应尽可能选用小节距的链，重载时选取小节距多排链的实际效果往往比选取大节距单排链的效果更好。

（2）整链链节数 L_p 整条链的链节数用 L_p 表示。多排链按单排链计算。

（3）整链总长 l 整链总长 l 为链节数 L_p 与节数 p 的乘积，即 $l=L_p p$。

（4）排距 p_t 排距是指双排链或多排链中，相邻两排链条中心平面间的距离。

6. 滚子链的型号

滚子链已标准化，分为 A、B 两个系列，其中 A 系列供设计用，B 系列供维修用，常用的是 A 系列。链的型号由链号数 + 系列代号 A 或 B 表示。

链号—排数—整链链节数 标准编号

如 08B－2－80 GB/T 1243—2006，表示链号为 08B、排数为 2 排、链节数为 80 节的套筒滚子链。滚子链型号、主要结构尺寸和抗拉载荷见表 9-30。

表 9-30 滚子链型号、主要结构尺寸和抗拉载荷

链号	节距 p	排距 p_t	滚子外径 d_1	内链节内宽 b_1	销轴直径 d_2	内链板高度 h_1	极限拉伸载荷(单排) F_{lim} ①	每米质量(单排)
	mm						kN	kg/m
05B	8.00	5.64	5.00	3.00	2.31	7.11	4.4	0.18
06B	9.525	10.24	6.35	5.72	3.28	8.26	8.9	0.40
08B	12.70	13.92	8.51	7.75	4.45	11.81	17.8	0.70
08A	12.70	14.38	7.95	7.85	3.96	12.07	13.8	0.60
10A	15.875	18.11	10.16	9.40	5.08	15.09	21.8	1.00
12A	19.05	22.78	11.91	12.57	5.94	18.08	31.1	1.50
16A	25.40	29.29	15.88	15.75	7.92	24.13	55.6	2.60
20A	31.75	35.76	19.05	18.90	9.53	30.18	86.7	3.80
24A	38.10	45.54	22.23	25.22	11.10	36.20	124.6	5.60
28A	44.45	48.87	25.40	25.22	12.70	42.24	169.0	7.50
32A	50.80	58.55	28.58	31.55	14.27	48.26	222.4	10.10
40A	63.50	71.55	39.68	37.85	19.84	60.33	347.0	16.10
48A	76.20	87.83	47.63	47.35	23.80	72.39	500.4	22.60

① 过渡链截取 F_{lim} 值的 80%。

任务实施

1. 链传动的布置

链传动一般应布置在铅垂面内，两轴平行；应尽量保持链传动的两个链轮共面，否则工作中容易脱链；使松边在下方，如图 9-17 所示。

链传动的布置见表 9-31。

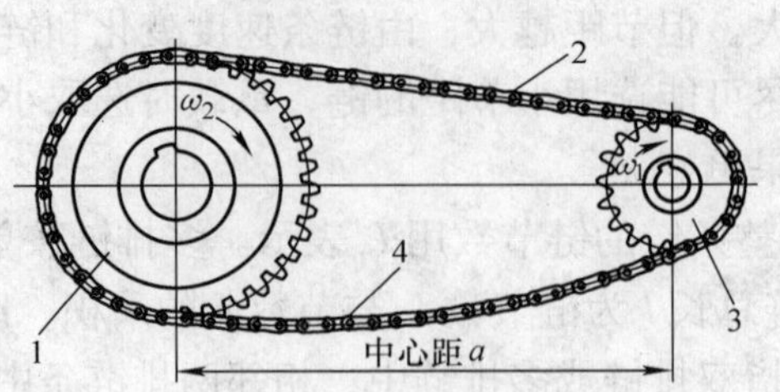

图 9-17　链传动的布置

1—从动轮　2—紧边　3—主动轮　4—松边

表 9-31　链传动的布置

传动参数	正确布置	不正确布置	说　明
$I>2$ $a=(30\sim50)p$		—	两轮轴线在同一水平面，紧边在上、下均不影响工作
$i>2$ $a<30p$			两轮轴线不在同一水平面，松边应在下面，否则松边下垂量增大后，链条易与链轮卡死
$i<1.5$ $a>60p$			两轮轴线在同一水平面，松边应在下面，否则下垂量增大后，松边会与紧边相碰，需经常调整中心距
i、a 为任意值			两轮轴线在同一铅垂面内，下垂量增大，会减少下链轮有效啮合轮数，降低传动能力，为此应采用： 1）中心距可调方式 2）张紧装置 3）上、下两轮错开，使其不在同一铅垂面内

2. 链传动的张紧

链传动需适当张紧，以免垂度过大而引起啮合不良。一般情况下链传动设计成中心距可调整的形式，通过调整中心距来张紧链轮；也可采用如图 9-18 所示张紧轮张紧，张紧轮应设在松边。

3. 链传动的润滑

链传动的润滑油牌号有 L-AN32、L-AN46、L-AN48，环境温度高或载荷大时取粘度高的，反之取低的，链传动的润滑见表 9-32。

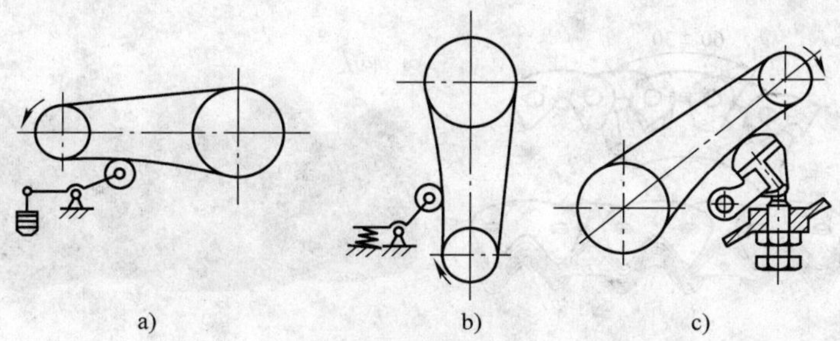

图 9-18　链传动的张紧轮张紧

a）靠挂重自动张紧　b）靠弹簧自动张紧　c）靠螺栓调节托板张紧

表 9-32　链传动的润滑

润滑方式	图　例	润滑方法
人工给油		每班注油一次，用刷子或油壶定期在链条松边内外链板间隙注油
油杯滴油		单排链，每分钟供油 5 ~ 20 滴，速度高时取大值，用油杯滴油
油浴润滑		链条浸入油面过深，搅油损失大，油易发热变质，一般浸油深度为 6 ~ 12mm
飞溅给油	甩油环	甩油盘浸油深度为 12 ~ 35mm
压力供油		每个喷油口的供油量可根据链条节距及链速大小查阅有关手册

扩展知识

齿形链是利用特定齿形的链片和链轮相啮合来实现传动的，如图 9-19 所示。齿形链传动平稳，噪声很小，故又称无声链传动。齿形链允许的工作速度可达 40m/s，但制造成本高，重量大，故多用于高速或运动精度要求较高的场合。

GB/T 10855—2003 对传动用齿形链的基本参数和尺寸作了规定，共有 7 个链号，56 种规格。传动用齿形链的链号及节距见表 9-33。

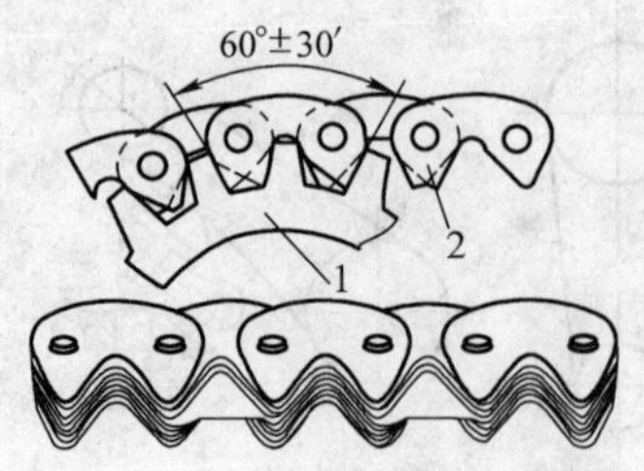

图 9-19　齿形链

1—链轮　2—齿形链板

表 9-33　传动用齿形链的链号及节距

链号	CL06	CL08	CL10	CL12	CL16	CL20	CL24
节距 p	9.525	12.70	15.875	19.05	25.40	31.75	38.10

按 GB/T 10855—2003 制造的齿形链标记：CL08-22.5W-60　GB/T 10855—2003。

标记含义：链号为 CL08，链宽 22.5mm，导向形式为外导式（N 为内导、W 为外导），链节为 60 的齿形链。

练　习　题

1. 判断题

（1）链传动是一种啮合传动，所以它的瞬时传动比恒定。（　）

（2）链传动一般不宜用于两轴心连线为铅垂的场合。（　）

（3）在单排滚子链承载能力不够或选用的节距不能太大时，可采用小节距的双排滚子链。（　）

（4）为了使传动零件磨损均匀，链节数与链轮齿数应同为偶数或奇数。（　）

（5）链传动时，最好将链条的松边置于上方，紧边置于下方。（　）

（6）链传动中链条长度一般是用链节数 L_p 来表示的。在计算时，L_p 只需调整为整数即可。（　）

（7）滚子链有 A、B 两种系列，其中 A 系列供维修用，B 系列供设计用。（　）

（8）链轮齿数越少，传动越不平稳，冲击、振动加剧。（　）

2. 选择题

（1）链传动的传动比最好在________以内。

A. 5～6　　B. 2～3.5　　C. 3～5

（2）链传动中链条的强度________链轮的强度。

A. 高于　　B. 低于　　C. 等于

3. 简答题

（1）链传动的失效形式有哪几种？

（2）为什么链条的链节距 L_p 通常取偶数？

（3）为什么小链轮的材料通常优于大链轮的材料？

任务6　设计链传动

知识目标：

链传动的设计步骤

技能目标：

设计链传动

 任务描述

设计一拖动某带式运输机的滚子链传动，如图9-20所示。已知条件为：电动机额定功率$P=7.5\text{kW}$，主动轴转速$n_1=970\text{r/min}$，从动轮转速$n_2=300\text{r/min}$，载荷平稳，链传动中心距$a\geqslant 550\text{mm}$，要求中心距可调整。

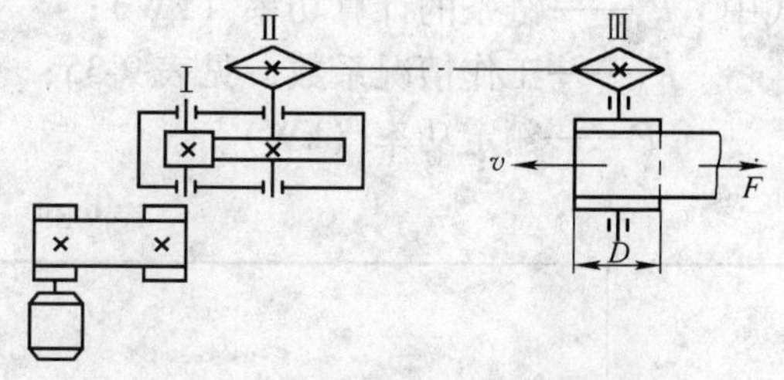

图9-20　带式输送机的滚子链传动

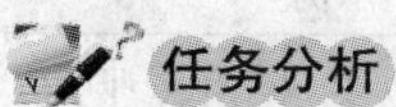 任务分析

设计链传动就必须确定链轮、链条的结构、材料；链轮的齿数；链条的节距、节数和排数；两链轮的中心距；链传动的润滑方式等。

 相关知识

链传动的设计步骤如下：

1. 选择链轮齿数z_1、z_2

链轮的齿数选择要适当，小链轮齿数z_1过少，可以减小轮廓尺寸，但是传动的不均匀性和附加动载荷增大，链节的负荷和工作频率增加，链条的磨损加速。

增加小链轮的齿数是有利的，但当链条的齿数过多时，不仅会增大链传动的外形尺寸，还将缩短链条的使用寿命。链轮的最大齿数$z_{max}=120$。

链节数一般为偶数，为了考虑磨损均匀，链轮的齿数一般取与链节互为质数的奇数。小链轮齿数可根据传动比由表9-34选取。

表9-34　小链轮齿数z_1

链速/(m/s)	0.6～3	3～8	>8	>25
齿数z_1	≥17	≥21	≥25	≥35

2. 传动比

传动比过大会导致小链轮上的包角减小，同时啮合齿数减小，容易跳齿，会加速轮齿磨损，传动的传动比$i\leqslant 6$，推荐的传动比$i=2\sim3.5$。链节与链轮啮合时形成折线，相当于将链绕在正多边形的轮上，正多边形的边长等于节距p，边数等于链的齿数。链轮每转一周，绕过链长zp，链的平均速度v为

$$v=\frac{z_1pn_1}{60\times1000}=\frac{z_2pn_2}{60\times1000}$$

平均传动比为

$$i = \frac{n_1}{n_2} = \frac{z_2}{z_1}$$

式中　p——链节距（mm）；
i——平均传动比；
n_1、n_2——主、从动链轮转速（r/min）；
z_1、z_2——主、从动链轮齿数。

3. 确定计算功率 P_d

链条的计算功率为

$$P_d = K_A P$$

式中　P_d——链条的计算功率（kW）；
K_A——工作情况系数，见表9-35；
P——额定功率（kW）。

表9-35　工作情况系数 K_A

载荷类型	工作机械示例	原动机示例		
		运转平稳	轻微冲击	中等冲击
		电动机、汽轮机	内燃机、经常起动电动机	内燃机、一般机械传动
平稳运转	液体搅拌机，中小型离心式鼓风机，离心式压缩机，谷物机械，均匀载荷输送机，发电机，均匀载荷不反转的一般机械	1.0	1.1	1.2
中等冲击	半液体搅拌机，三缸以上往复压缩机，大型或不均匀负载输送机，中型起重机和升降机，重载天轴传动，金属切削机床，食品机械，木工机械，印染纺织机械，大型风机，中等脉冲载荷不反转的一般机械	1.2	1.3	1.4
严重冲击	船用螺旋桨，制砖机，单、双缸往复压缩机，挖掘机，往复式、振动式输送机，破碎机，重型起重机械，石油转井机械，锻压机械，线材拉拔机械，冲床，严重冲击、有反转的机械	1.4	1.5	1.7

4. 初定中心距 a_0，确定链节数 L_p

一般取中心距 $a_0 =$（30～50）p，最大取 $a_{0max} = 80p$。

$$L_p = \frac{2a_0}{p} + \frac{z_1 + z_2}{2} + \left(\frac{z_2 - z_1}{2\pi}\right)^2 \frac{p}{a_0}$$

为了避免使用过渡链节，链节数取偶数。

5. 特定条件下单排链条传递的功率 P_0

$$P_0 = \frac{P_d}{K_Z K_L K_P} = \frac{K_A P}{K_Z K_L K_P}$$

式中　P_0——特定条件下单排链条传递的功率（kW）；
K_Z——小链轮齿数系数，见表9-36；
K_L——链长系数，见表9-36；

K_P——多排链排数系数，见表9-37。

表9-36　小链轮齿数系数 K_Z 和链长系数 K_L

失效形式	位于功率曲线顶点左侧时（链板疲劳）	位于功率曲线顶点右侧时（滚子、套筒冲击疲劳）
小链轮齿数系数 K_Z	$\left(\frac{z_1}{19}\right)^{1.08}$	$\left(\frac{z_1}{19}\right)^{1.5}$
链长系数 K_L	$\left(\frac{L_p}{100}\right)^{0.26}$	$\left(\frac{L_p}{100}\right)^{0.5}$

表9-37　多排链排数系数 K_P

排　数	1	2	3	4	5	6
K_P	1	1.7	2.5	3.3	4.0	4.6

6. 链条节距 *p*

节距是链传动中主要的参数，节距越大，承载能力越强，产生的冲击、振动、噪声也越大。在满足前提条件下，尽量选择小节距的单排链；高速、大功率时可选择小节距多排链。当中心距大、传动比小而速度不太大时，可选用大节距单排链。

根据小齿轮转速 n_1 和特定条件下单排链条传递的功率 P_0，由图9-21确定链号，再由表9-30查得链条节距。

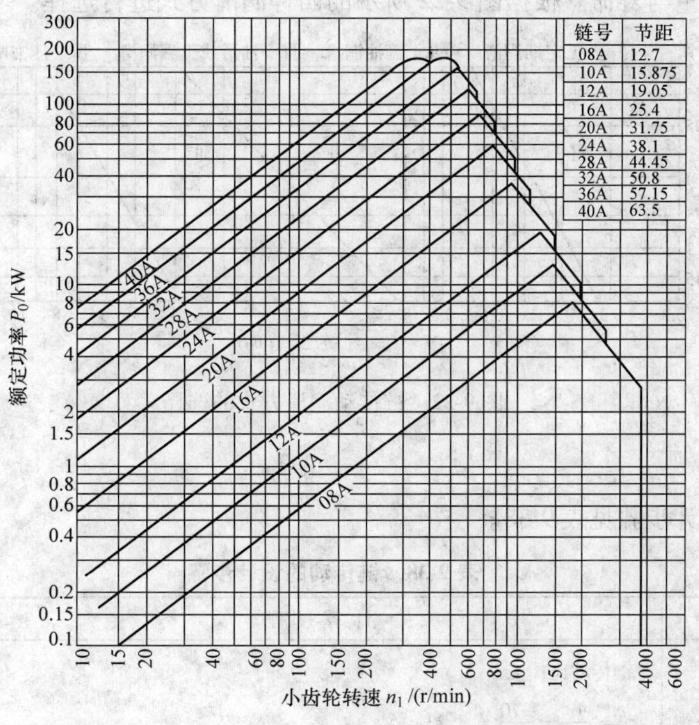

图9-21　A系列滚子链的额定功率曲线图

7. 确定链长和中心距

链长 $L = L_p p/1000$。

链的中心距为

$$a = \frac{p}{4}\left[\left(L_p - \frac{z_1 + z_2}{2}\right) + \sqrt{\left(L_p - \frac{z_1 + z_2}{2}\right)^2 - 8\left(\frac{z_2 - z_1}{2\pi}\right)^2}\right]$$

为便于安装和调节张紧程度，中心距一般应设计成可调节的。

8. 验算链条速度 v

$$v = \frac{n_1 z_1 p}{60 \times 1000}$$

9. 求作用在轴上的力

$$F = \frac{1000P}{v}$$

$$F_Q = (1.15 \sim 1.20)F$$

式中 F_Q——作用在轴上的力（N）；

F——有效圆周力（N）；

P——额定功率（kW）。

10. 选择润滑方式

润滑对于链传动，尤其是高速、重载的链传动非常重要，润滑不良会加剧链条的磨损，影响链传动的质量与寿命。根据图 9-22 所示的四种润滑方式进行选择。

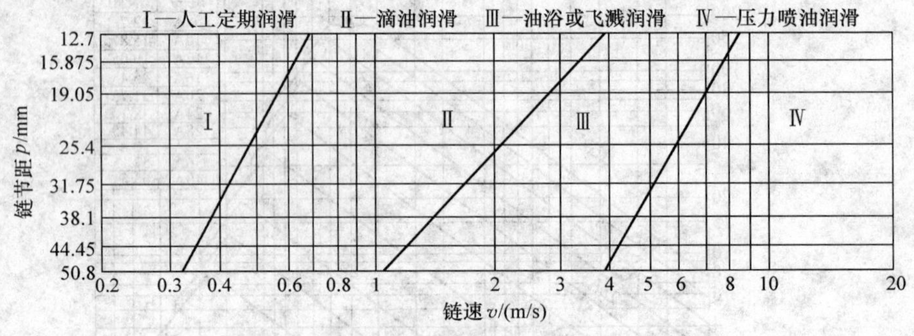

图 9-22 链传动润滑方式的选择

任务实施

链传动的设计步骤见表 9-38。

表 9-38 链传动的设计步骤

设计步骤	计算过程	计算结果
1. 选择链轮齿数 z_1、z_2	链传动比： $i = \frac{n_1}{n_2} = \frac{970}{300} = 3.23$ 设链条速度为 3 ~ 8m/s，由表 9-34 选择小链轮齿数 $z_1 = 25$ 大链轮齿数 $z_2 = iz_1 = 3.23 \times 25 = 81 < 120$，符合要求	$z_1 = 25$ $z_2 = 81$

（续）

设计步骤	计算过程	计算结果
2. 确定计算功率 P_d	已知链传动工作平稳，电动机拖动，由表9-35选 $K_A = 1.3$，计算功率为 $P_d = K_A P = 1.3 \times 7.5\text{kW} = 9.75\text{kW}$	$P_d = 9.75\text{kW}$
3. 初定中心距 a_0，确定链节数 L_p	初定中心距 $a_0 = (30 \sim 50)p$，取 $a_0 = 40p$ $L_p = \frac{2a_0}{p} + \frac{z_1+z_2}{2} + \left(\frac{z_2-z_1}{2\pi}\right)^2 \frac{p}{a_0}$ $= \frac{2\times 40p}{p} + \frac{25+81}{2} + \left(\frac{81-25}{2\times 3.14}\right)^2 \times \frac{p}{40p}$ $= 134.99$ 节 取 $L_p = 136$ 节（取偶数节）	$L_p = 136$ 节
4. 单排链条传递的功率 P_0	首先确定系数 K_Z、K_L、K_P 由表9-36查得小链轮齿数系数 $K_Z = 1.34$ 由图9-36查得 $K_L = 1.09$ 选单排链，由表9-35查得 $K_P = 1.0$ 所需传递的额定功率为 $P_0 = \frac{P_d}{K_Z K_L K_P} = \frac{K_A P}{K_Z K_L K_P}$ $= \frac{9.75}{1.34 \times 1.09 \times 1.0} = 6.7\text{kW}$	$K_Z = 1.34$ $K_L = 1.09$ $K_P = 1.0$ $P_0 = 6.7\text{kW}$
5. 确定链节距 p	由图9-22选择滚子链型号为10A，链节距 $p = 15.875\text{mm}$	滚子链型号为10A，$p = 15.875\text{mm}$
6. 确定链长 L 和中心距 a	链长 $L = L_p \times p/1000 = 136 \times 15.875\text{mm}/1000 = 2.16\text{m}$ 中心距 a 为 $a = \frac{p}{4}\left[\left(L_p - \frac{z_1+z_2}{2}\right) + \sqrt{\left(L_p - \frac{z_1+z_2}{2}\right)^2 - 8\left(\frac{z_2-z_1}{2\pi}\right)^2}\right]$ $= \frac{15.875}{4}\left[\left(136 - \frac{25+81}{2}\right) + \sqrt{\left(136 - \frac{25+81}{2}\right)^2 - 8\left(\frac{81-25}{2\times 3.14}\right)^2}\right]$ $= 643.3\text{mm}$ 因 $a > 550\text{mm}$，所以符合设计要求 中心距的调整量 Δa 一般应大于 $2p$ $\Delta a \geqslant 2p = 2 \times 15.875 = 31.75\text{mm}$ 实际安装中心距 $a' = a - \Delta a = 643.3\text{mm} - 31.75\text{mm} = 611.55\text{mm}$	$L = 2.16\text{m}$ $a' = 611.55\text{mm}$
7. 验算链条速度 v	链速 $v = \frac{n_1 z_1 p}{60 \times 1000} = \frac{970 \times 25 \times 15.875}{60 \times 1000}\text{m/s} = 6.416\text{m/s}$ 在原假设链条速度 3 ~ 8m/s 范围内，合格	$v = 6.416\text{m/s}$
8. 求作用在轴上的力	有效圆周力 $F = 1000P/v = 1000 \times 7.5/6.416 = 1168.9\text{N}$ 工作平稳，作用在轴上的力 $F_Q = (1.15 \sim 1.20)F$ $= 1.2 \times 1168.9\text{N} = 1402.7\text{N}$	$F = 1168.9\text{N}$ $F_Q = 1402.7\text{N}$

（续）

设计步骤	计算过程	计算结果
9. 选择润滑方式	根据链速 $v=6.416\text{m/s}$，链节距 $p=15.875\text{mm}$，按图 9-22 所示润滑方式，选择油浴或飞溅润滑方式	油浴或飞溅润滑方式
10. 设计结果	滚子链型号 10A－1－136　GB/T 1243—2006 链轮齿数 $z_1=25$，$z_2=81$，中心距 $a'=611.55\text{mm}$，压轴力 $F_Q=1402.7\text{N}$ 润滑方式为油浴或飞溅润滑方式	

 扩展知识

1. 链传动的主要失效形式（见表 9-39）

表 9-39　链传动的主要失效形式

失效类型	失效原因
1. 链板疲劳破坏	链在松边拉力和紧边拉力的反复作用下，经过一定的循环次数，链板会发生疲劳破坏。正常润滑条件下，疲劳强度是限定链传动承载能力的主要因素
2. 滚子套筒的冲击疲劳破坏	链传动的啮入冲击首先由滚子和套筒承受，在反复多次的冲击下，经过一定的循环次数，滚子、套筒会发生冲击疲劳破坏 多发生于中、高速闭式链传动中
3. 销轴与套筒的胶合	润滑不当或速度过高时，销轴和套筒的工作表面会发生胶合。胶合限定了链传动的极限转速
4. 链条铰链磨损	铰链磨损后链节变长，容易引起跳齿或脱链。开式传动、环境条件恶劣或润滑密封不良时，极易引起铰链磨损，从而急剧降低链条的使用寿命
5. 链条过载拉断	发生于低速重载或严重过载的传动中

2. 链传动的应用特点

与带传动比较，链传动具有下列特点（见表 9-40）：

表 9-40　链传动的特点

优点	(1)没有弹性滑动和打滑，能保持准确的平均传动比 (2)传递功率大，张紧力小，作用在轴上的压力小 (3)结构紧凑，工作可靠，使用寿命长 (4)能在低速、重载、高温，以及油污、尘土、淋水等恶劣环境中工作 (5)制造和安装精度较低，中心距较大时其传动结构简单 (6)传动效率高，可达 98%
缺点	(1)瞬时转速和瞬时传动比不是常数，传动中会产生动载荷和冲击，不宜用于精密机械上 (2)无过载保护作用 (3)链条的铰链磨损后，节距变大，传动中链条容易脱链
应用	用于工作可靠、两轴相距较远、工作条件恶劣的场合 例如矿山机械、农业机械、石油机械、机床及摩托车、自行车等

练 习 题

试设计某带式输送机上的滚子链传动。已知电动机额定功率 $P=5.5\text{kW}$，主动链轮转速 $n_1=725\text{r/min}$，从动链轮转速 $n_2=225\text{r/min}$，载荷平稳，中心距可以调整。

任务7 实践课题——V带传动的安装与张紧

任务描述

机床第一级为V带传动，更换V带并对V带传动进行张紧。

任务目的

1）学会V带传动的正确安装方法。

2）学会对V带传动进行张紧。

相关知识

1. 拆卸V带

切断机器电源，左手按住大带轮上的V带，右手握住V带往外拉，在拉力作用下，V带沿着转动的方向即可滑出大带轮的轮槽。

具体步骤如下：

1）先拆卸套在带轮最外端第一个轮槽中的V带。

2）用一字螺钉旋具撬起大带轮第二个轮槽内的V带，旋转带轮，即可使V带进入大带轮的第一个轮槽。

3）重复上述步骤，即可将V带逐步拆卸。

2. 安装V带

先将带套在小带轮轮槽中，然后套在大轮上，边转动大轮，边用一字螺钉旋具将带拨入带轮槽中。

具体步骤如下：

1）将V带套入小带轮最外端的第一个轮槽中。

2）将V带套入大带轮轮槽，左手按住大带轮上的V带，右手握住V带往上拉，在拉力作用下，V带沿着转动的方向即可全部进入大带轮的轮槽内，如图9-23a所示。

3）用一字螺钉旋具撬起大带轮（或小带轮）上的V带，旋转带轮，即可使V带进入大带轮（或小带轮）的第二个轮槽内，如图9-23b所示。

4）重复上述步骤，即可将第一根V带逐步拨到两个带轮的最后一个轮槽中。

5）检查V带装入轮槽中的位置是否正确，如图9-24所示。

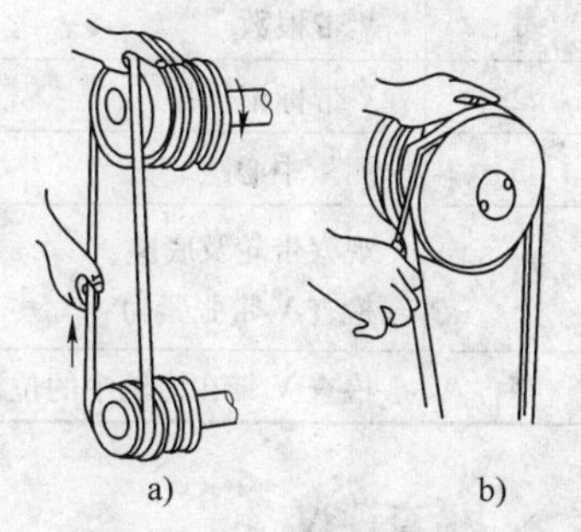

图9-23 V带的安装方法
a）初装入槽 b）移入第二个轮槽

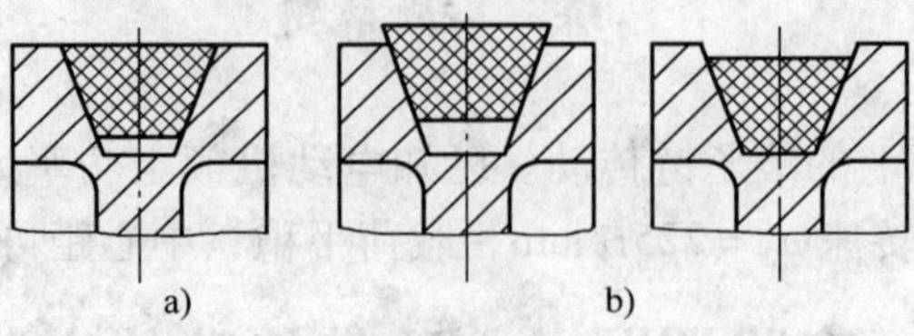

图 9-24　V 带在轮槽中的位置

3. V 带的张紧

采用调整中心距的方法，即调整电动机的上下位置，从而达到增大中心距，将 V 带张紧的目的。

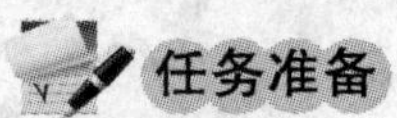

任务准备

V 带传动安装与张紧工具如下（见表 9-41）：

表 9-41　使用的工具

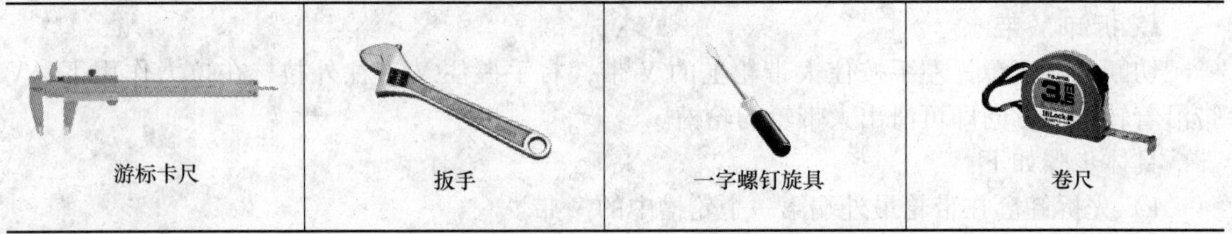

游标卡尺	扳手	一字螺钉旋具	卷尺

任务实施

教师先拆卸、安装示范，再安排学生操作。

学生分组对准备的机床的 V 带进行更换，识别 V 带的类型及标记，掌握 V 带传动机构的传动形式及 V 带的安装方法，填写机床 V 带拆装实测表，见表 9-42。

表 9-42　机床 V 带拆装实测表

序　号	项　　目	实 现 目 标	实 测 结 果
1	V 带根数	V 带根数的作用	
2	V 带标记代号	V 带标记的识读	
3	测量中心距	中心距在传动中的作用	
4	观察带轮及底座 检查 V 带张紧力	V 带传动的张紧	
5	检查 V 带在槽轮中的位置	V 带正确位置的重要性	

检查评议

1）学生分组检查并讨论拆卸及安装过程中的问题。

2）各小组将操作过程中存在的问题及好的经验汇总上报。

3）教师就学生实践操作过程存在的问题及好的经验进行点评。

清理现场

1）清点、归还工量具。
2）整理工作台。
3）搞好实训场地卫生。
4）操作时注意安全。

练 习 题

1. 普通 V 带传动的安装和维护应注意哪些方面？
2. V 带传动中，如果发现有的已失效，为什么要成组更换一组 V 带？

单元10　联　　接

10

任务1　认识键联接

知识目标：

了解平键、花键联接的类型、特点与应用

技能目标：

键联接的功用、类型与应用

任务描述

键用于联接轴和轴上的零件。如图 10-1 所示，分析普通平键联接的正确拆装步骤。

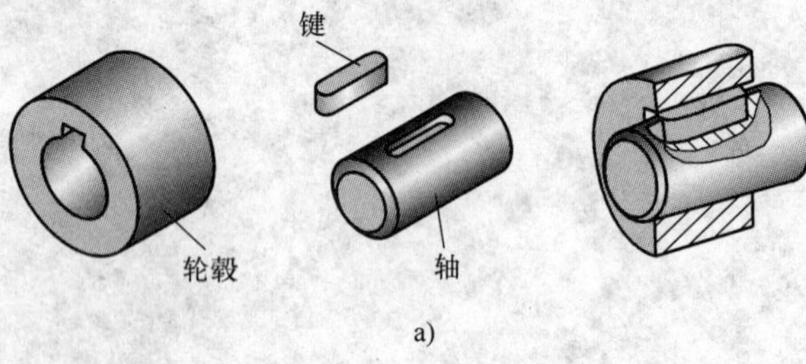

a)

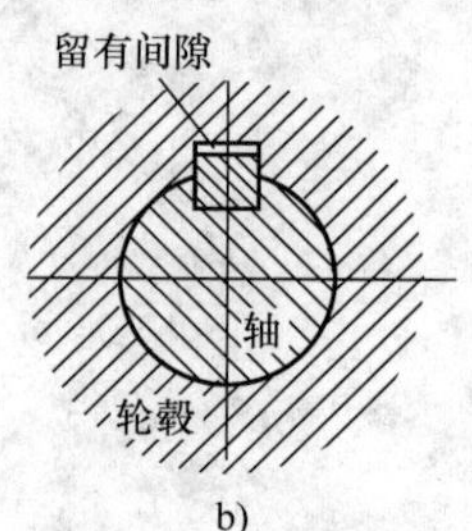

b)

图 10-1　普通平键联接

a）拆装图　b）断面图

任务分析

要掌握键联接的拆装，就必须学习键联接的类型、特点及应用。

相关知识

如图 10-2、图 10-3 所示的两种联接，它们有何区别？

1. 键联接的功用

键联接主要用于轴与轴上零件（如齿轮、带轮）的周向固定并传递转矩，有的还可以实现轴上零件的轴向固定或轴向滑动。

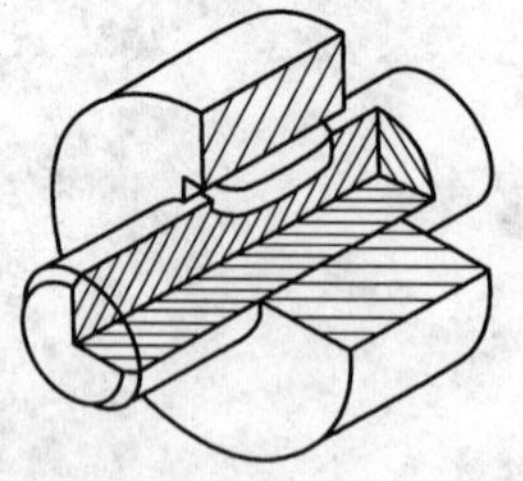

图 10-2　平键联接

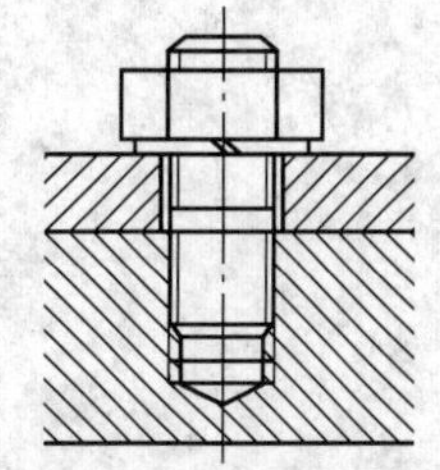
图 10-3 双头螺柱联接

2. 键联接的分类

键是标准件，分为平建、半圆键、楔键和切向键等。在实际应用中根据各类键的结构和应用特点进行选择。

（1）平键联接

1）普通平键联接。普通平键联接用于静联接，即轴与轮毂之间无轴向相对移动。键的两侧面为工作面，靠两侧面传递转矩。普通平键的类型、联接形式及应用特点见表 10-1。

表 10-1 普通平键的类型、联接形式及应用特点

类 型	联接形式	应用特点
R=b/2　h　b　L	工作面　毂　轴	A 型：圆头键 轴上的键槽由面铣刀加工；键放置于与之形状相同的键槽中，因此键的轴向定位好，应用最广泛，但键槽对轴会引起较大的应力集中
h　b　L	工作面　毂　轴	B 型：方头键 轴上的键槽是用盘形铣刀来加工的，避免了圆头平键的缺点，但键在键槽中固定不良，常用螺钉将其紧定在轴上的键槽中，以防松动
R=b/2　h　b　L	工作面　毂　轴	C 型：半圆头键 常用于轴端与毂类零件的联接

2）导向平键联接。如图 10-4 所示为导向平键联接，被联接的毂类零件工作中在轴上作轴向移动，导向平键是一种较长的平键，用于轴上零件轴向移动量不大的场合，如变速器中的滑移齿轮。

导向平键联接的特点如下：

① 用螺钉将键固定在轴上。

② 轮毂与轴之间是间隙配合，当轮毂移动时，键起导向作用，且构成动联接。

③ 为了键的拆卸方便，导向平键的中部设有起键螺孔。

3）滑键联接。如图 10-5 所示为滑键联接，它是将键固定在轮毂上，随轮毂一起沿轴槽移动。

滑键联接的特点如下：

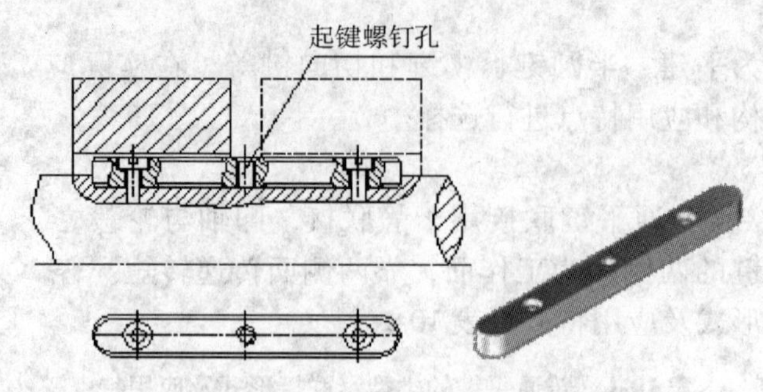

图 10-4　导向平键联接

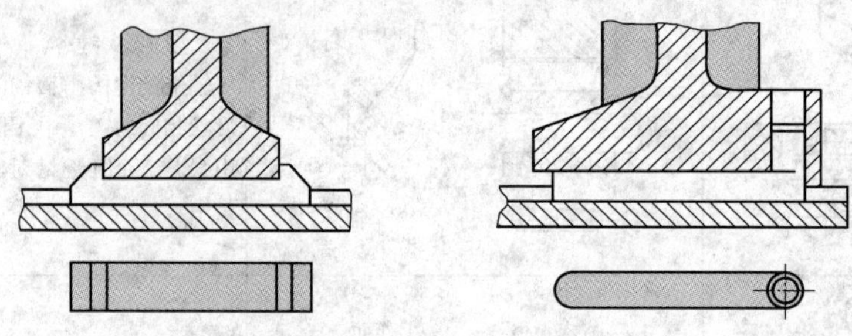

图 10-5　滑键联接

① 当轴上零件滑移距离较大时，因过长的平键制造困难，故不宜采用导向平键联接，而宜采用滑键，且需要在轴上加工长的键槽。

② 滑键固定在轮毂上时，轴上的键槽与键是间隙配合，当轮毂移动时，键随轮毂沿键槽滑动，轮毂带动滑键在轴槽中作轴向移动。

（2）半圆键联接　半圆键联接如图 10-6 所示。轴上键槽用尺寸与半圆键相同的半圆键槽铣刀铣出。半圆键工作时，靠侧面来传递转矩。

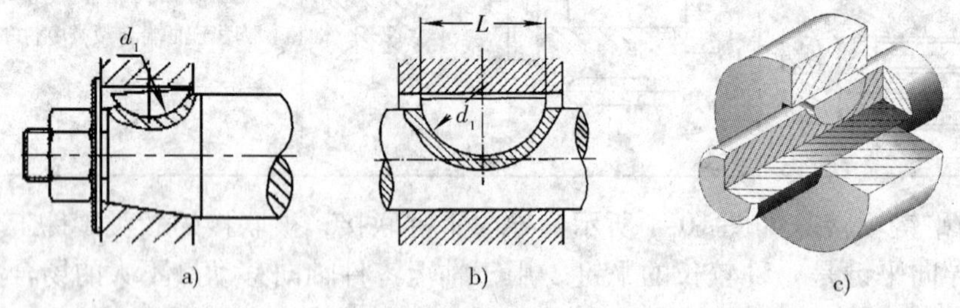

图 10-6　半圆键联接

半圆键联接的特点如下：

1）半圆键呈半圆形，能在轴的键槽内作微量摆动，以适应轮毂底面的斜度，用于静连接。

2）轴上键槽较深，对轴的强度削弱较大，适用于轻载。

3）半圆键联接装配方便，特别适合于锥形轴与轮毂的连接，如图 10-6a 所示。

（3）楔键联接和切向键联接

1）楔键联接。楔键包括普通楔键和钩头楔键，如图 10-7 所示。

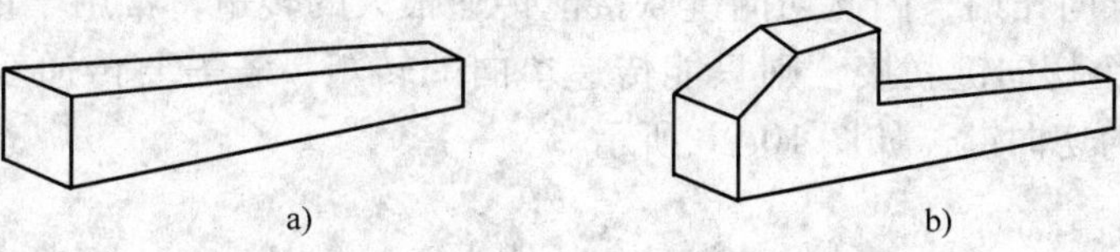

图 10-7　楔键

a）普通楔键　b）钩头楔键

装配时将键打入并楔紧，楔键联接如图 10-8 所示。

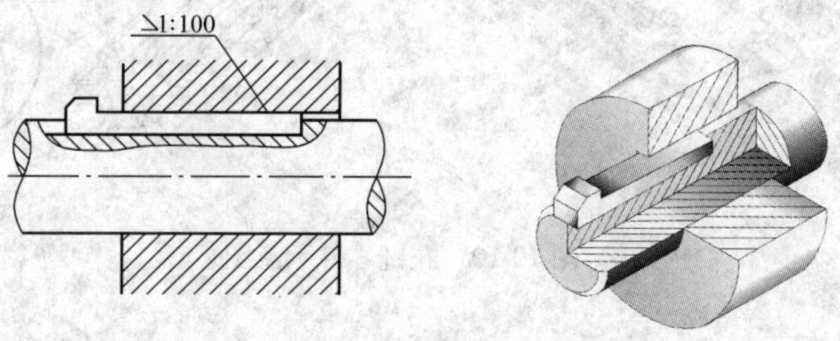

图 10-8　楔键联接

楔键联接的特点如下：

① 楔键联接用于静联接。楔键的上下面是工作面，键的上表面有 1∶100 的斜度，轮毂键槽的底面也有 1∶100 的斜度。装配时，将键打入轴和毂槽内，其工作面上产生很大的预紧力。工作时，主要靠摩擦力传递转矩，并能承受单方向的轴向力。

② 由于楔键打入时，迫使轴和轮毂产生偏心，因此楔键仅适用于定心精度要求不高、载荷平稳和低速的联接。

③ 钩头楔键的钩头是为了便于拆卸，只用于轴端联接。为了安全，如在中间用，键槽应比键长 2 倍，这样才能装入，且要安装安全罩加以防护。

2）切向键联接。如图 10-9 所示为切向键联接，它由一对斜度为 1∶100 的普通楔键组成，装配时，把一对楔键分别从轮毂两端打入并楔紧。

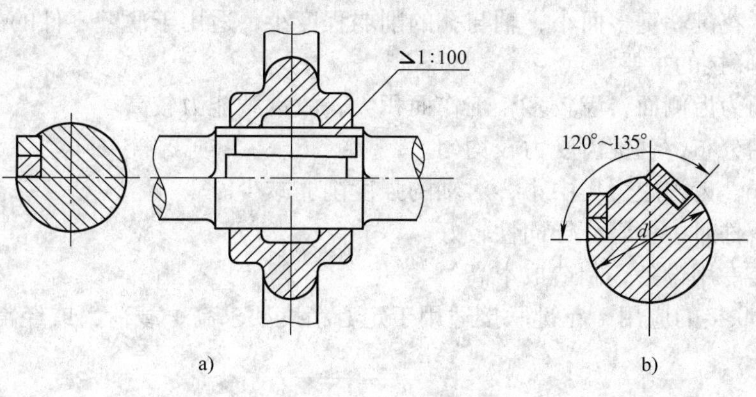

图 10-9　切向键联接

切向键联接的特点如下：

① 键相互平行的两个窄面是工作面，其中之一的工作面通过轴线的平面，使工作面上压力沿轴的切线方向作用，因此切向键联接能传递很大的转矩，常用于重型机械。

② 若采用一个切向键联接，则只能传递单向的转矩；若需要传递双向转矩，应装两个互成120°～135°的切向键，如图10-9b所示。

3. 花键联接

（1）花键联接的类型　如图10-10所示，花键轴和花键孔组成的联接称为花键联接。花键按齿形可分为矩形花键、渐开线花键和三角形花键，如图10-11所示。

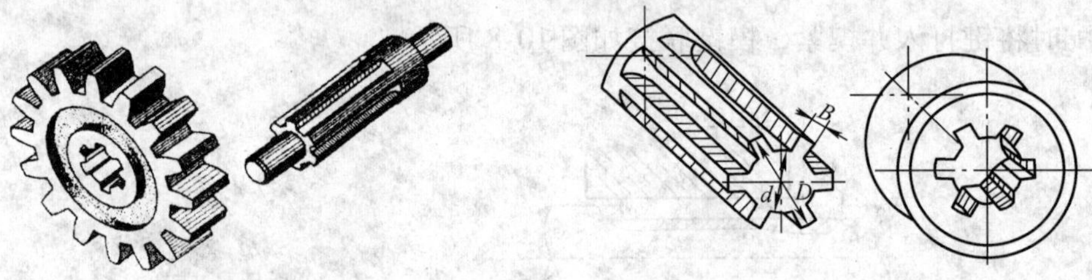

图10-10　花键零件示意图

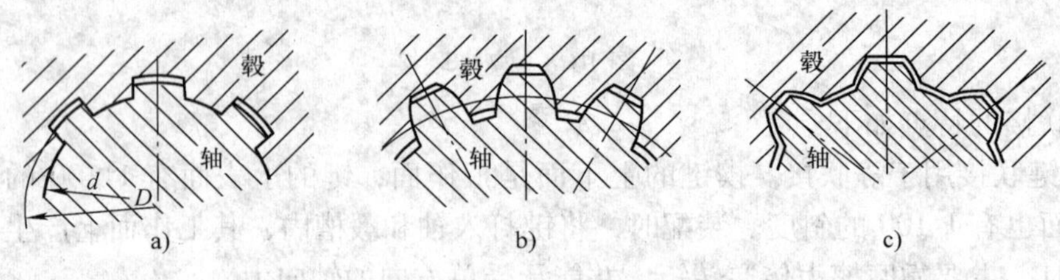

图10-11　花键联接

a）矩形花键　b）渐开线花键　c）三角形花键

1）矩形花键。按新标准为小径定心，定心精度高，定心稳定性好；配合面均要进行研磨，磨削消除热处理后的变形；导向性能好，应用广泛。

2）渐开线花键。可用加工齿轮的方法加工，定心方式为齿形定心，当齿受载时，齿上的径向力能自动定心，有利于各齿均载，工艺性好，优先采用。

3）三角形花键。键多而小，轴与孔的削弱程度小，适用于薄壁零件的静联接。

（2）花键联接的主要特点

1）工作面为齿侧面，齿较多，工作面积大，故承载能力较高。

2）键均匀分布，各键齿受力较均匀。

3）齿槽线、齿根应力集中小，对轴的强度削弱减少。

4）轴上零件对中性好，导向性较好。

5）加工需专用设备，制造成本高。

（3）花键联接的应用　花键联接适用于定心精度要求高、载荷大或经常滑动的联接。

任务实施

如图10-1所示平键的正确拆装步骤见表10-2。

表 10-2 键联接的正确拆装步骤

方式	拆装要求
拆卸	1. 先拧下轴端螺母,用拉出器拉出带轮;为便于拉出,可用手锤轻击丝杠后端,使之振动 2. 在拆卸较笨重的轮子(如柴油机飞轮)时,应预防因轮子突然松脱导致伤人的情况发生 3. 拆键时,可在键两侧垫上铜片,用钢丝钳夹住拉出;有的平键中部有螺孔,可用螺钉拧入螺孔中将键顶出。禁止用起子硬凿硬敲,以防损坏键和键槽
装配	1. 应去除键及键槽配合面的毛刺,表面粗糙度值应控制在 $Ra1.6 \sim 6.3\mu m$ 2. 键两侧应有一定的配合紧度,键的顶面和轮毂之间应留有间隙,键的底面与轴上的键槽应接触良好 3. 将键平正放入键槽,用手锤轻击敲紧,若发现配合过紧应锉修键的侧面,但不允许出现松动,以防切键 4. 若键槽已磨损,应焊修或重开键槽

特别提醒

1）半圆键的轴槽较深，应注意轴槽材料与强度。

2）安装楔键时，注意与轴的垂直度。

3）花键类型不同、加工难易程度不同，成本造价较高。

扩展知识

1）采用圆头或单圆头普通平键时，轴上的键槽是用立铣刀加工出的，如图 10-12a 所示。其中，圆头普通平键应用最广，单圆头普通平键多用于轴的端部。

2）当采用平头普通平键时，轴上的键槽是用盘铣刀加工出来的，如图 10-12b 所示。

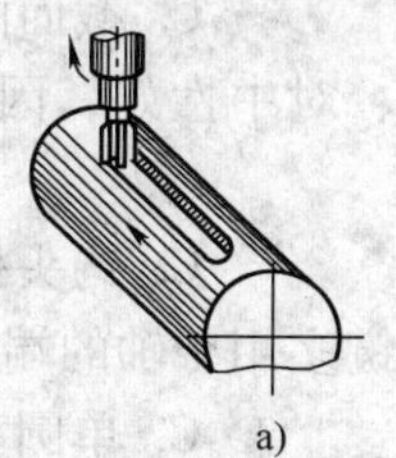

a)

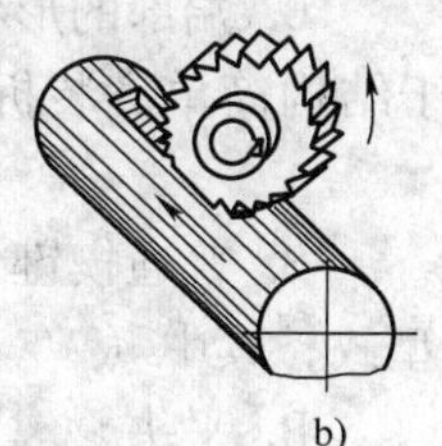

b)

图 10-12 键槽的加工

a）立铣刀加工 b）盘铣刀加工

练 习 题

1. 填空题

（1）键联接主要用来联接________和________，实现周向固定并传递转矩。

（2）键是一种标准件，分为________、________、________和________等。

（3）半圆键联接，由于轴上的键槽较深，故对轴的________削弱较大。

2. 判断题

（1）导向平键是一种较长的平键，用于轴上零件轴向移动量不大的场合。（ ）

（2）由于楔键在装配时被打入轴和轮毂之间的键槽内，所以造成轮毂与轴的偏心与偏斜。（ ）

（3）半圆键呈半圆形，能在轴的键槽内摆动，以适应轮毂底面的斜度，用于动联接。（ ）

（4）花键联接工作面为齿侧面，齿较多，工作面积大，故承载能力较低。（ ）

（5）键联接主要用来联接轴和轴上的传动零件，实现周向固定并传递转矩。（ ）

（6）键是标准零件。（ ）

（7）键联接根据装配时的精确程度不同，可分为松键联接和紧键联接两类。（ ）

（8）松键联接装配时不需打紧，键的上表面与轮毂键槽底面之间留有间隙。（ ）

（9）紧键联接中键的两侧面是工作面。（ ）

（10）紧键联接定心较差。（ ）

（11）根据普通平键截面形状的不同，可分为A型、B型和C型三种。（ ）

（12）A型、B型和C型三种型式普通平键的区别，主要是端部形状不同。（ ）

（13）普通平键联接能够使轴上零件周向固定和轴向固定。（ ）

（14）当采用平头普通平键时，轴上的键槽是用面铣刀加工出的。（ ）

（15）单圆头普通平键多用于轴的端部。（ ）

（16）导向平键联接和滑键联接都适用于轴上零件轴向移动量较大的场合。（ ）

（17）半圆键联接，由于轴上的键槽较深，故对轴的强度削弱较大。（ ）

3. 选择题

（1）普通平键根据（ ）不同，可分为A型、B型和C型三种。

A. 尺寸的大小　B. 端部的形状　C. 截面的形状

（2）（ ）联接由于结构简单、装拆方便、对中性好，因此广泛用于高速精密的传动中。

A. 普通平键　B. 普通楔键　C. 钩头楔键　D. 切向键

（3）普通平键有三种型式，其中（ ）平键多用于轴的端部。

A. 圆头　B. 平头　C. 单圆头

（4）常用的松键联接有（ ）联接两种。

A. 导向平键和钩头楔键　B. 普通平键和普通楔键　C. 滑键和切向键

D. 平键和半圆键　E. 楔键和切向键

（5）楔键联接对轴上零件能作周向固定，且（ ）。

A. 不能承受轴向力　B. 能够承受轴向力　C. 能够承受单方向轴向力

（6）楔键的（ ）有1∶100的斜度。

A. 上表面　B. 下表面　C. 两侧面

（7）普通平键联接是依靠键的（ ）传递转矩的。

A. 上表面　B. 下表面　C. 两侧面

（8）（ ）能自动适应轮毂上键槽的斜度，装拆方便，尤其适用于锥形轴端部的联接。

A. 普通平键　　B. 导向平键　　C. 半圆键
D. 楔键　　E. 切向键

(9) 常用的松键联接有（　　）两种。

A. 普通平键和半圆键　　B. 普通平键和普通楔键　　C. 滑键和切向键
D. 楔键和切向键

(10) 紧键联接和松键联接的主要区别在于：前者安装后，键与键槽间存在（　　）。

A. 压紧力　　B. 轴向力　　C. 摩擦力

(11) 键的长度主要是根据（　　）来选择。

A. 传递扭矩的大小　　B. 传递功率的大小　　C. 轮毂的长度　　D. 轴的直径

4. 简答题

(1) 键联接有什么功用？

(2) 普通平键联接为什么能得到广泛的应用？

(3) 导向平键联接和滑键联接的功用有何异同？

(4) 试述普通平键、导向平键、滑键和半圆键的结构特点及应用场合。

(5) 试述楔键、切向键的结构特点及其应用场合。

任务2　平键联接的设计

知识目标：

1. 了解平键的标记
2. 平键的选用

技能目标：

1. 学会选用平键
2. 学会平键联接的强度计算

任务描述

如图10-13所示为一对直齿圆柱齿轮传动，齿轮与轴的材料都是锻钢，齿轮精度为7级，载荷有轻微冲击，试设计此键联接。已知轴径 $d_1 = 70\text{mm}$，齿轮轮毂宽 $B' = 110\text{mm}$，传递的转矩 $T = 1500\text{N} \cdot \text{m}$。

图10-13　直齿圆柱齿轮传动

任务分析

要设计键联接，首先要掌握平键的选用与标记，以及平键联接的强度计算。

相关知识

1. 平键的选用

(1) 键的类型选用　根据键联接的结构特点、使用要求和工作条件选用键的类型。

(2) 键有尺寸选用　根据轴径从标准中选出键的截面尺寸（键宽 $b \times$ 键高 h），而键的

长度 L 可根据键的类型和轮毂宽确定，对于普通平键和滑键的键长可略短于或等于轮毂长度，对于导向平键应按轮毂的长度和滑动距离确定，并取标准长度，平键和键槽的尺寸见表 10-3。

表 10-3　平键和键槽的尺寸（GB/T 1095—2003）（部分）　　　　（单位：mm）

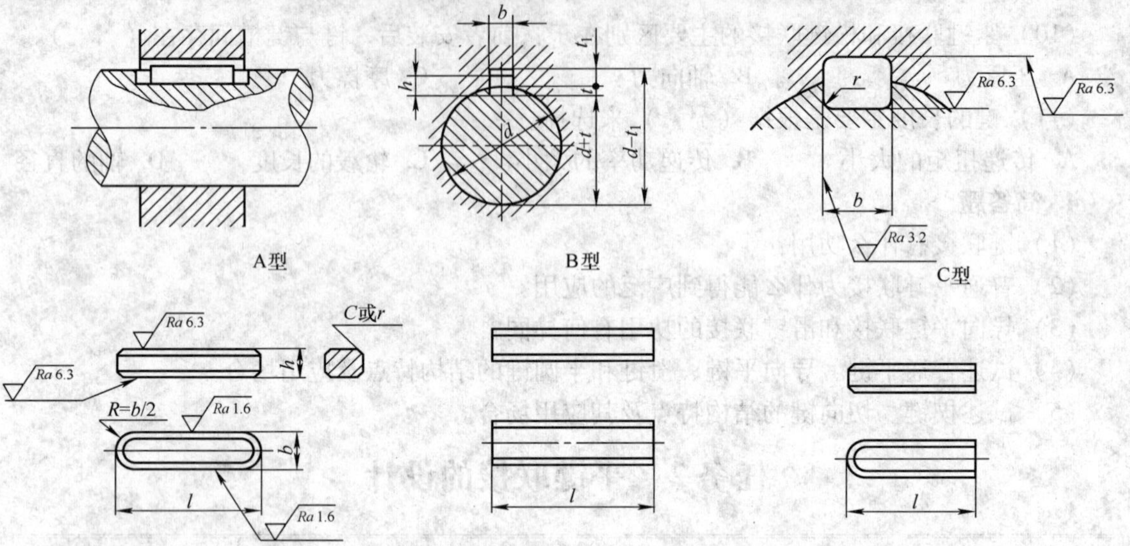

A型　　B型　　C型

轴的公称直径 d	键的公称尺寸 $b\times h$	键槽宽度尺寸 b	轴上键槽深度 t	毂上键槽深度 t_1
6 ~ 8	2 × 2	2	1.2	1
8 ~ 10	3 × 3	3	1.8	1.4
10 ~ 12	4 × 4	4	2.5	1.8
12 ~ 17	5 × 5	5	3.0	2.3
17 ~ 22	6 × 6	6	3.5	2.8
22 ~ 30	8 × 7	8	4.0	3.3
30 ~ 38	10 × 8	10	5.0	3.3
38 ~ 44	12 × 8	12	5.0	3.3

键的长度系列：6，8，10，12，14，16，18，20，22，25，28，32，36，40，45，50，56，63，70，80，90，100，110，125，140，160，180，200，220，250，280

2. 平键的标记

普通平键的标记示例如下：

“GB/T 1096—2003　键 16 × 10 × 100”表示键宽为 16mm，键高为 10mm，键长为 100mm 的普通 A 型平键。

“GB/T 1096—2003　键 B16 × 10 × 100”表示键宽为 16mm，键高为 10mm，键长为 100mm 的普通 B 型平键。

“GB/T 1096—2003　键 C16 × 10 × 100”表示键宽为 16mm，键高为 10mm，键长为 100mm 的普通 C 型平键。

国家标准规定，在普通平键标记中 A 型（圆头）键的键型可省略不标，而 B 型（方头）键和 C 型（半圆头）键的键型必须标出。

3. 平键联接的强度计算

对于构成静联接的普通平键联接，在传递转矩时，键槽和键的两侧面受挤压应力，键还受切应力，如图10-14所示。其主要失效形式是较弱零件的工作面被压溃。通常只按工作面上的挤压应力进行强度校核计算。对于构成动联接的导向平键和滑键联接，主要失效形式是工作面的过度磨损，通常只作耐磨性计算。

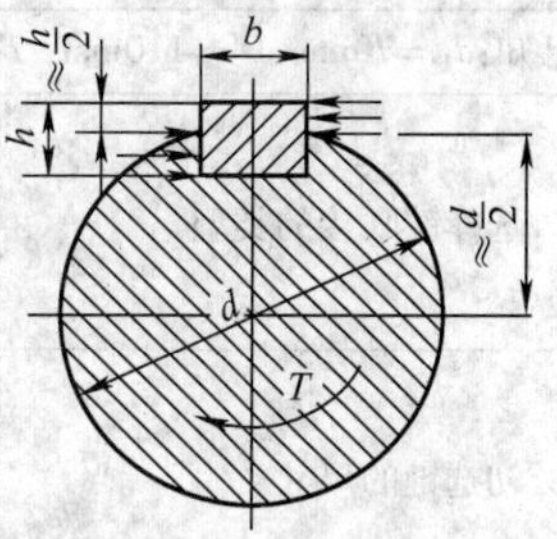

图10-14 平键联接的受力情况

假定载荷在键的工作面上均匀分布，则根据挤压强度的条件性计算，其强度条件为

$$\sigma_p = \frac{2T}{h'ld} \leqslant [\sigma_p]$$

导向平键联接和滑键联接的强度条件为

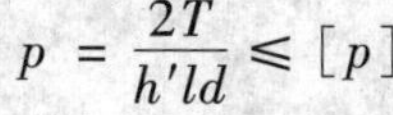
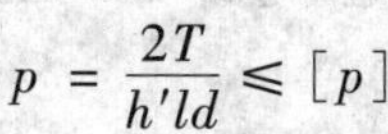

$$p = \frac{2T}{h'ld} \leqslant [p]$$

式中 T——传递的转矩（N·mm）；

h'——键与轮毂键槽的接触高度。$h \approx \frac{h}{2}$，h为键的高度（mm）。

l——键的工作长度（mm），圆头平键 $l = L - b$；平头平键 $l = L$；半圆头平键 $l = L - (b/2)$。L为键的标准长度（mm）；b为键的宽度（mm）。

d——轴的直径（mm）；

$[\sigma_p]$——键、轴、轮毂三者中最弱材料的许用挤压应力（MPa），见表10-4；

$[p]$——键、轴、轮毂三者中最弱材料的许用压强（MPa），见表10-4。

当强度不够时，在允许的情况下可适当增加键的长度，考虑载荷沿键长分布不均，故键长不应超过（1.6～1.8）d。也可采用双键，两键最好沿周向相隔180°布置，考虑载荷在两个键上分配不均，因此在强度校核时，按1.5个键计算。

为保证键联接的工作强度，键的材料要有足够的硬度，一般键的材料选用抗拉强度 σ_p >600MPa的中碳钢，常用45钢。

表10-4 键联接的许用挤压应力 $[\sigma_p]$ 和许用压强 $[p]$ （单位：MPa）

许用挤压应力、许用压强	联接工作方式	键或毂、轴的材料	载荷性质		
			静载荷	轻微冲击	冲击
$[\sigma_p]$	静联接	钢	120～150	100～120	60～90
		铸铁	70～80	50～60	30～45
$[p]$	动联接	钢	50	40	30

注：如与键有相对滑动的被联接件表面经过淬火，则动联接的许用压强 $[p]$ 可提高2～3倍。

任务实施

平键设计步骤见表10-5。

表 10-5　平键设计步骤

设计步骤	计算过程	结　果
已知：$d_1=70\text{mm}, B'=110\text{mm}, T=1500\text{N}\cdot\text{m}$		
1. 选择键联接的类型	一般8级以上精度的齿轮有定心精度要求，选用平键联接。由于齿轮在两支承点中间，故选用圆头（A型）普通平键	A型普通平键
2. 初选键的尺寸	根据 $d_1=70\text{mm}$，由表10-3查得键的截面尺寸 $b\times h=20\text{mm}\times12\text{mm}$，据轮毂长取键长 $L=B'-10=110\text{mm}-10\text{mm}=100\text{mm}, L=100\text{mm}$	$b\times h=20\text{mm}\times12\text{mm}$ $L=100\text{mm}$
3. 校核键的强度	许用挤压应力 $[\sigma_p]=100\sim120\text{MPa}$ 键的工作长度 $l=L-b=(100-20)\text{mm}=80\text{mm}$ 键与轮毂的接触高度 $h'=h/2=12\text{mm}/2=6\text{mm}$ 键挤压应力为 $\sigma_p=2T/(h'ld)$ $=2\times1500\times10^3/(6\times80\times70)$ $=89\text{MPa}<[\sigma_p]=100\sim120\text{MPa}$ 安全	$[\sigma_p]=100\sim120\text{MPa}$ $l=80\text{mm}$ $h'=6\text{mm}$ $\sigma_p=89\text{MPa}$
4. 选择键型号	GB/T 1096—2003　键 20×100	

特别提醒

1）楔形键会产生偏心，所以只用于低速场合。

2）钩头楔键安装在轴头易伤人，应加防护罩。

3）尺寸大的键易松动，应用紧定螺钉固定。

扩展知识

平键联接采用基轴制配合，按键宽与槽宽配合的松紧程度不同，分为较松键联接、一般键联接和较紧键联接三种。平键联接的配合种类、公差带及应用范围见表10-6。

表 10-6　平键联接的配合种类、公差带及应用范围

配合种类	尺寸 b 的公差带			应用范围
较松键联接	键宽	轴槽宽	轮毂槽宽	主要用于导向平键
一般键联接	h9	h9	D10	用于传递载荷不大的场合，在一般机械制造中应用广泛
较紧键联接		N9	JS9	用于传递重载荷、冲击载荷及双向传递转矩的场合
		P9		

练　习　题

1. 平键的剖面尺寸 $b\times h$ 和键的长度 L 是如何确定的？

2. 圆头（A型）、方头（B型）及单圆头（C型）普通平键各有何优缺点？它们分别用在什么场合？

3. 减速器的低速轴与凸缘联轴器及圆柱齿轮之间分别采用键联接。已知轴传递的转矩$T=1000\text{N}\cdot\text{m}$，齿轮的材料为锻钢，凸缘联轴器材料为HT200，工作时有轻微冲击，联接处轴及轮毂尺寸如图10-15所示。试选择键的类型和尺寸，并校核联接的强度。

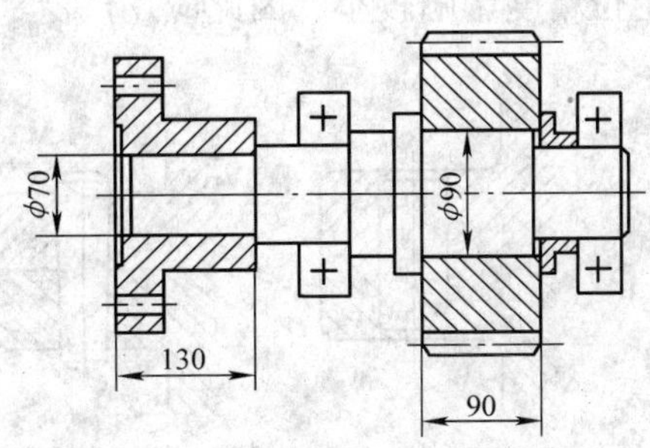

图10-15

4. 轴与轮毂分别采用B型普通平键联接和中系列矩形花键联接。已知轴的直径（花键的大径）$d=102\text{mm}$，轮毂宽度$L=150\text{mm}$，轴和轮毂的材料均为碳钢，许用挤压应力$[\sigma_P]=100\text{MPa}$，试计算两种联接各允许传递的转矩。

任务3　认识销联接

知识目标：

理解销联接的类型、特点、选择和应用

技能目标：

能够根据具体的工作场合选用销联接，并能安装与维护

 **任务描述**

在机器中常用销联接固定零件之间的相对位置或起定位作用。通过对销联接的类型、特点、应用等基本知识的学习，要会判断销联接的类型，并知道其应用范围。

 **任务分析**

要对销进行安装和维护，就必须掌握销联接的类型、特点及应用。

相关知识

1. 销联接的类型

销联接主要用来固定零件之间的相对位置，起定位作用，也可用于轴与轮毂的联接，传递不大的载荷，还可作为安全装置中的过载剪断元件。销主要包括以下三种类型：

（1）定位销　主要用于零件间位置的固定，常用作组合加工和装配时的主要辅助零件，如图10-16b所示。

（2）联接销　主要用于零件间的联接或锁定，可传递不大的载荷，如图10-16a所示。

（3）安全销　主要用于安全保护装置中的过载剪断元件，如图10-16d所示。

2. 销的形状、特点及应用

根据销的形状不同，可以将其分为圆柱销和圆锥销。

（1）圆柱销　圆柱销利用微量过盈固定在销孔中，经过多次装拆后，联接的紧固性及精度降低，故只宜用于不常拆卸处，如图10-16a所示。

（2）圆锥销　圆锥销有1∶50的锥度，装拆比圆柱销方便，多次装拆对联接的紧固性及

定位精度影响较小，因此应用广泛，如图 10-16b 所示。

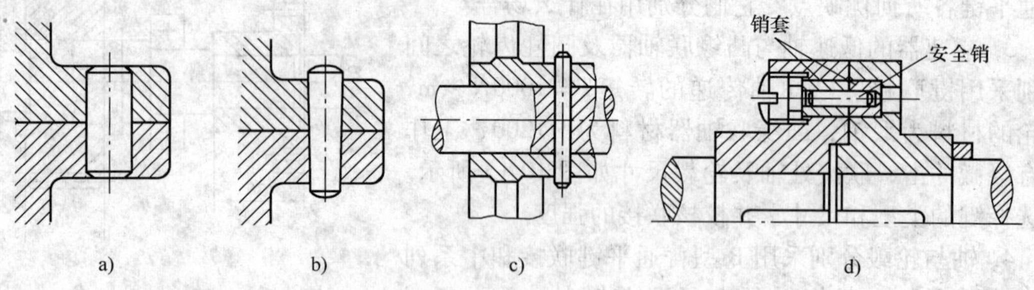

图 10-16　销联接类型

3. 特殊形式的销

特殊形式的销见表 10-7。

表 10-7　特殊形式的销

销的类型	图　例	特点及应用
带螺纹的锥销		（1）大端具有外螺纹的圆锥销，便于装拆，可用于不通孔 （2）小端带外螺纹的圆锥销，可用螺母锁紧，适用于有冲击的场合
带槽的圆柱销		用弹簧钢滚压或模锻而成，也称槽销。销上有三条压制的纵向沟槽，槽销压入销孔后，它的凹槽即产生收缩变形，借助材料的弹性而固定在销孔中。销孔无需铰光，并可多次装拆，适用于承受振动和变载荷的联接
开尾圆锥销		销尾可分开，能防止松脱，多用于振动冲击场合
弹性圆柱销		用弹簧钢带卷制而成，具有弹性，用于冲击振动场合
开口销		是一种防松零件，用于锁紧其他紧固件

4. 销装配时的注意事项

圆柱销利用较小的过盈量固定在销孔中，多次拆卸会降低定位精度和可靠性。圆锥销的定位精度和可靠性较高，并且多次拆卸不会影响定位精度。因此，需要经常装拆的场合不宜采用圆柱销，而应选用圆锥销联接。

销起定位作用时一般不承受载荷，并且使用的数目不得少于两个。一般来说，销作为安全销使用时还应有销套及相应结构。

销的材料常用35钢或45钢，并经热处理达到一定硬度。通常对销孔的精度要求较高，一般需要铰制。

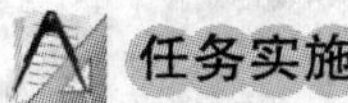

1. 圆柱销

圆柱销是利用微量的过盈装配在铰光的孔中，起定位和联接作用。对销孔的尺寸精度、形状精度和表面粗糙度要求都较高。

在装配前被联接的两孔应同时进行钻、铰，要求孔壁的表面粗糙度值不大于 $Ra1.6\mu m$。装配时，应在销子表面涂上机油，用铜棒将销子轻轻打入。

拆卸时，通孔的圆柱销可以反向敲出，不通孔圆柱销可以将联接件分离后，敲出圆柱销。有内螺纹的圆柱销可以用拔销器拔出。圆柱销不宜多次拆卸，否则会降低定位精度和联接的紧固性。

2. 圆锥销

圆锥销有1∶50的锥度，在受横向力时可以自锁。它是以小端直径和其长度来表示规格的。

装配前，两联接件的销孔也应同时钻、铰。用小端直径的钻头钻孔，用1∶50的锥度铰刀铰孔。采用试装法控制孔径，以圆锥销自由地插入全长的80%～85%为宜。然后用铜棒敲入。销子的大头可以稍微露出，也可以与被联接件平齐。

拆卸时普通圆锥销可以从小端敲出，有螺尾的圆锥销可以用螺母旋出，带内螺纹的圆锥销可以用拔销器取出，如图10-17所示。

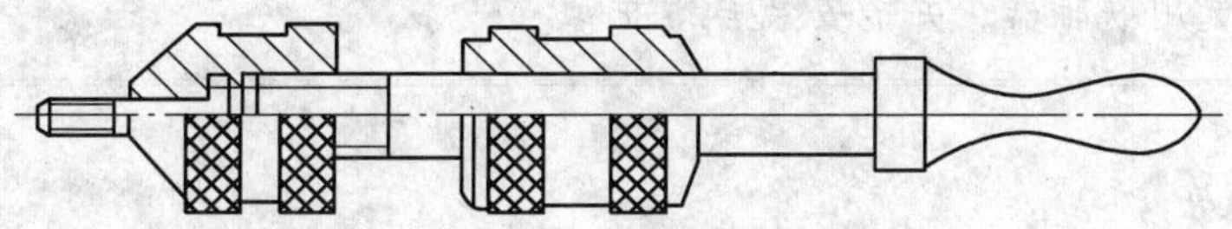

图10-17 拔销器

特别提醒

1）应预防销在冲击振动或变载下松脱。

2）若定位不正确，可检查被联接的构件是否对正。

3）销联接易松动、不可靠，不宜经常拆卸。

练 习 题

1. 判断题

（1）圆柱销和圆锥销都是靠过盈配合固定在销孔中的。 （ ）

（2）圆锥销有 1∶50 的锥度，易于安装，有可靠的自锁性能，且定位精度高。（　　）

（3）圆柱销和圆锥销的销孔一般均需铰制。（　　）

（4）圆柱销是靠微量过盈固定在销孔中的，经常拆装也不会降低定位的精度和联接的可靠性。（　　）

2. 选择题

（1）圆锥销有（　　）的锥度。

A. 1∶10　　B. 1∶50　　C. 1∶100

（2）为了保证被联接件经多次装拆而不影响定位精度，可以选用（　　）。

A. 圆柱销　　B. 圆锥销　　C. 开口销

（3）若使不通孔联接装拆方便，应当选用（　　）。

A. 普通圆柱销　　B. 普通圆锥销　　C. 内螺纹圆锥销　　D. 开口销

（4）圆锥销的（　　）直径为标准值。

A. 大端　　B. 小端　　C. 中部平均

3. 简答题

（1）销联接有什么功用?

（2）试述销联接的主要类型及其应用。

（3）试述圆柱销和圆锥销的工作特点。

任务 4　认识联轴器

知识目标：

了解联轴器的功能、类型、结构、特点与应用及其选择

技能目标：

能够正确选用联轴器，并能安装与维护

任务描述

在机器上联轴器是最常用的联接部件，原动机大都借助于联轴器与工作机相联接，在使用过程中对联轴器如何正确安装?

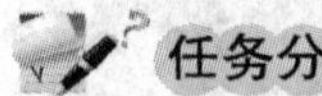

任务分析

掌握联轴器的功能、结构和选用，判断联轴器的类型，并结合实际，能自己动手正确安装、对正联轴器。

相关知识

联轴器用来联接不同机构或部件上的两根轴，传递运动和动力，且在工作过程中始终处于联接状态。用联轴器联接的两轴，只有在机器停止工作后，经过拆卸才能将其分离。

1. 联轴器的功用

如图 10-18 所示的带式输送机，4 是减速器，其作用是将电动机 1 的高速回转变成卷筒 5 的低速回转。减速器的输入轴和输出轴通过联轴器 2 和 3 分别与电动机 1 和卷筒 5 的轴联

接起来，从而组成一台运输机。联轴器的功用是联接两轴，传递运动和转矩。

由于制造和安装的误差，受载时零部件的弹性变形与温差变形，联轴器所联接的两轴线不可避免要产生相对偏移，如图 10-19 所示。两轴相对偏移的出现，将在轴、轴承和联轴器上引起附加载荷，甚至出现剧烈振动。因此，联轴器还应具有一定的补偿两轴偏移的能力，以消除或降低被联两轴相对偏移引起的附加载荷，改善传动性能，延长机器寿命。为了减少机械传动系统的振动、降低冲击尖峰载荷，联轴器还应具有一定的缓冲减振性能。

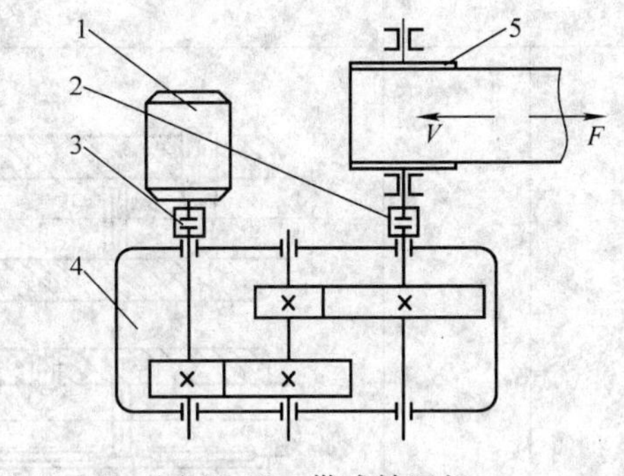

图 10-18 带式输运机

1—电动机 2、3—联轴器 4—减速器 5—卷筒

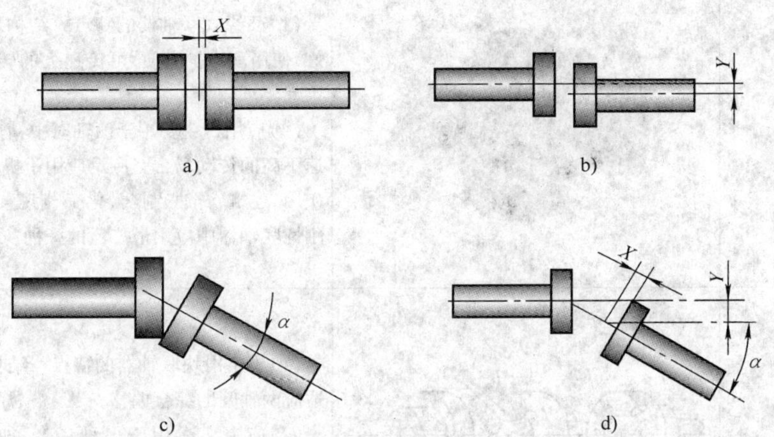

图 10-19 联轴器的可移性

a）轴向位移 X b）径向位移 Y c）角度位移 α d）综合位移 X、Y、α

2. 联轴器的类型、特点与应用

联轴器按缓冲性分为刚性联轴器和挠性联轴器。

（1）刚性联轴器 刚性联轴器由刚性传力元件组成，不具有缓冲性，但可以传递较大的转矩，又分为固定式刚性联轴器和可移式刚性联轴器。

1）固定式刚性联轴器不具有补偿被联两轴轴线相对偏移的能力，也不具有缓冲减振性能。

2）可移式刚性联轴器是利用联轴器中元件间的相对滑动来补偿两轴间的相对偏移，其承载能力较大，但缺乏缓冲吸振的能力。

（2）挠性联轴器 挠性联轴器中有弹性元件，因此具有缓冲减振效果。弹性元件的微小变形可以补偿两轴的相对位移，从而具有可移性。

常用联轴器的类型、特点和应用见表 10-8。

表 10-8　常用联轴器的类型、特点和应用

类　型		结　构	特点与应用
刚性联轴器	固定式刚性联轴器		(1)套筒式联轴器的特点　结构简单紧凑,径向尺寸小,易于制造,但拆装不方便,拆装时轴要作轴向移动,对两轴对中性要求较高 (2)应用　适应于两轴直径较小的冶金机械、重型机械、橡胶机械、石油机械、工程机械、矿山机械、起重运输机械以及造纸、船舶工业中
			(1)凸缘式联轴器的特点　结构简单,工作可靠,刚性好,使用和维护方便,可传递大的转矩,但它对两轴的对中性要求较高 (2)应用　主要用于两轴对中精度良好、载荷平稳、转速不高的传动场合。广泛应用于机床、冶金、橡塑、林业、矿山、建筑、石油、制药、化工、陶瓷、环保等机械行业,是刚性联轴器中应用最广泛的一种
	可移式刚性联轴器	h	(1)十字滑块联轴器的特点　结构简单,制造方便,可适应两轴间的综合偏移 (2)应用　适用于多种场合,如转速计、编码器、机床等
			(1)齿式联轴器的特点　与十字滑块联轴器相比,齿轮联轴器的转速较高,且因为是多齿同时啮合,故工作可靠,承载能力大,但制造成本高 (2)应用　一般多用于起动频繁,经常正反转的重型机械中
			(1)万向联轴器的特点　十字轴万向联轴器结构紧凑,维护方便 (2)应用　在汽车、多头钻床等机器中得到广泛

（续）

<table>
<tr><th colspan="2">类　型</th><th>结　构</th><th>特点与应用</th></tr>
<tr><td rowspan="3">挠性联轴器</td><td>弹性套柱销联轴器</td><td></td><td>(1)特点　与凸缘联轴器相似,弹性套柱销联轴器用带有非金属(如橡胶)弹性套的柱销取代螺栓。弹性套柱销联轴器结构简单,拆装方便,成本较低
(2)应用　靠弹性套的弹性来缓冲减振和补偿两轴偏移,常用来联接载荷较平稳,需正反转或频繁起动,传递中小转矩的高、中速轴,如各种旋转泵等</td></tr>
<tr><td>弹性柱销联轴器</td><td></td><td>(1)特点　弹性元件为尼龙材料的柱销,与弹性套柱销联轴器相比,其传递转矩的能力大,结构更为简单,制造容易,更换方便,而且柱销的耐磨性好
(2)应用　广泛用于速度适中,有正反转或起动频繁,对缓冲要求不高的场合,如造纸、冶金、矿山、起重运输、石油化工等</td></tr>
<tr><td>轮胎联轴器</td><td></td><td>(1)特点　结构简单、工作可靠、具有良好的综合性,位移补偿能力和缓冲吸振能力;径向尺寸较大,当转矩较大时,会因过大的扭转变形而产生附加的轴向载荷
(2)应用　适应于起动频繁,有冲击振动以及潮湿、多尘、相对位移较大的场合,如普通电动机、普通减速机、振动性机械场合、冲击性机械场合等</td></tr>
</table>

3. 联轴器的选用

(1) 联轴器的类型选择　根据机器设备的工作条件和使用要求，首先选择联轴器类型。联轴器的特点见表10-9，可作为选择类型时的参考。

表10-9　联轴器的特点

<table>
<tr><th colspan="2">刚性联轴器</th><th>弹性联轴器</th></tr>
<tr><td colspan="2">(1)结构简单
(2)传递转矩大,寿命长
(3)对冲击载荷敏感</td><td rowspan="3">(1)具有缓冲和吸振性,可频繁起动和正反转
(2)弹性元件比较薄弱,不宜传递大转矩,寿命较短
(3)可以补偿两轴的相对位移</td></tr>
<tr><td>固定式</td><td>可移式</td></tr>
<tr><td>要求安装精度高,轴刚度大</td><td>可不同程度地适应两轴的安装误差</td></tr>
</table>

(2) 联轴器的型号选择　联轴器的类型确定后，应根据轴端直径、转矩大小、转速、空间尺寸等要求确定联轴器型号。具体步骤如下：

1) 计算名义转矩 T。

$$T = 9.55 \times 10^6 \frac{P}{n}$$

式中　P——传递功率（kW）；

n——轴的转速（r/min）；

T——名义转矩（N·m）。

2）计算转矩 T_0。

$$T_0 = KT$$

式中　K——工作情况系数，由表10-10查取；

T_0——计算转矩（N·m）。

表10-10　工作情况系数 K

原动机	工作机		K
	工作情况	典型机械	
电动机	转速变化很小	发电机、小型水泵、小型通风机	1.3
	转速变化较小	运输机、汽轮机	1.5
	转速变化中等	搅拌机、增压机、冲床	1.7
	转矩变化中等、有冲击	织布机、水泥搅拌机、拖拉机	1.9
	转矩变化较大、有较大冲击	挖掘机、起重机、碎石机	2.3
	转矩变化大、有强烈冲击	压延机、活塞泵、重型扎机	3.1

3）根据轴端直径、转速 n、计算转矩 T_0 等参数，查相关手册，选择适当型号。所选型号应满足

$$T_0 \leqslant [T]$$
$$n \leqslant [n]$$

式中　$[T]$——许用最大转矩（N·m）；

$[n]$——许用最高转速（r/min）。

$[T]$ 与 $[n]$ 由《机械设计手册》或相关标准中查出。

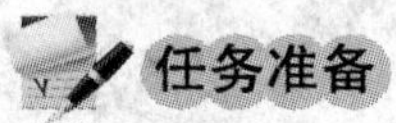

凸缘式联轴器如图10-20所示。准备两个百分表、手锤或螺旋压入工具、力矩扳手一把、润滑油适量。

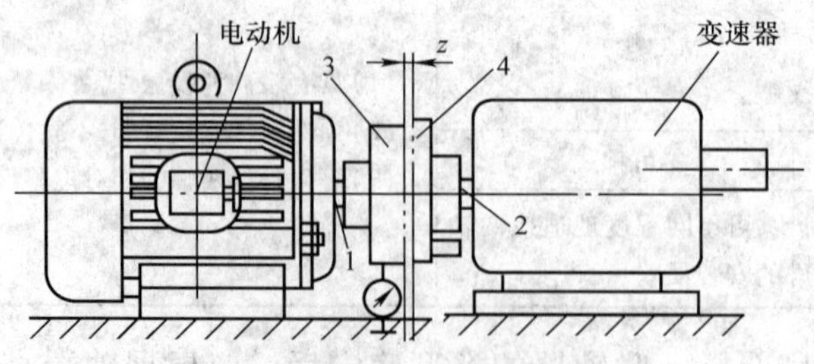

图10-20　凸缘式联轴器

1、2—轴　3、4—凸缘盘

任务实施

联轴器的安装与找正安装步骤如下：

1）根据轮毂与轴的配合形式选择装配方法。因轮毂与轴的配合为 H7/js6，为过渡配合，故采用静力压入法（手锤或螺旋压入工具）进行装配。

2）安装前把零部件清洗干净并擦干。先用装配工具在轴 1、轴 2 上装入平键和凸缘盘 3 和 4，并固定变速器。

3）将百分表固定在凸缘盘 4 上，并使百分表的测头顶在凸缘盘 3 的外圆上，找正凸缘盘 3 和 4 的同轴度。一般是在轮毂的端面和外圆设置两个百分表，使轴转动时，观察轮毂的全跳动（包括端面圆跳动和径向圆跳动）的数值，判定轮毂与轴的垂直度和同轴度的情况。凸缘联轴器同轴度要求为 $\phi0.05 \sim \phi0.10$mm。

4）移动电动机，使凸缘盘 3 的凸台少许插入凸缘盘 4 的凹孔内。

5）然后转动轴 2，测量两个凸缘盘端面间的间隙 z。如果间隙均匀，则移动电动机使两凸缘盘端面靠紧，把电动机固定后，最后用螺栓紧固两凸缘盘。

特别提醒

1）机械转动轴之间的联接选用联轴器。

2）若安装时两轴线出现偏移，造成剧烈振动，应使两轴线对正，降低冲击载荷。

扩展知识

1）联轴器与离合器的安装误差应严格控制，对固定式刚性联轴器更应注意。由于所联接两轴的相对位移在负载后还可能增大，故通常要求安装误差不大于许用补偿量的 1/2。

2）联轴器在工作后应检查两轴对中情况，其相对位移不应大于许用补偿量。应定期检查传力零件是否有损坏，以便及时更换。有润滑要求的，要定期检查润滑情况。

3）对于转速较高的联轴器，要进行动平衡试验。

练　习　题

1. 填空题

（1）联轴器按缓冲性分为________和________。

（2）联轴器和离合器是用来联接两轴，使其一同转动并________的装置。

（3）无弹性元件挠性联轴器，可以补偿被联接两轴之间的________。

2. 判断题

（1）联轴器是用来联接两轴，使其一同转动并传递转矩的装置。（　）

（2）联轴器在联接和传动作用上是相同的。（　）

（3）用联轴器联接的两根轴，可以在机器运转的过程中随时进行分离或接合。（　）

（4）挠性联轴器可以补偿两轴之间的偏移。（　）

（5）因为凸缘联轴器自身的同轴度高，所以对被联接两轴的对中性要求就不高了。（　）

（6）如果套筒联轴器中销的尺寸设计得恰当，过载时销就会被剪断，因此可用作安全

联轴器。 ( )

(7) 因为齿式联轴器是由两个具有外齿轮的半联轴器和两个带有内齿轮的凸缘外壳组成的，所以不具备补偿偏移的能力。 ( )

(8) 十字轴万向联轴器允许被联接两轴间有较大的角偏移。 ( )

(9) 为了使主、从动轴的角速度同步，常将十字轴万向联轴器成对使用，组成双万向联轴器。 ( )

(10) 弹性套柱销联轴器可以缓冲、吸振，故常用于高速、有振动和经常正反转、起动频繁的场合。 ( )

3. 选择题

(1) 对被联接两轴间的偏移具有补偿能力的联轴器是（ ）。

A. 凸缘联轴器　　B. 套筒联轴器

C. 齿式联轴器　　D. 安全联轴器

(2) 对被联接两轴间对中性要求高的联轴器是（ ）。

A. 凸缘联轴器　　B. 滑块联轴器

C. 齿式联轴器　　D. 弹性柱销联轴器

(3) 十字轴万向联轴器之所以要成对使用，是为了解决被联接两轴间（ ）的问题。

A. 径向偏移量大　　C. 轴向偏移量大

C. 角度偏移量大　　D. 角速度不同步

(4)（ ）联轴器工作时应成对使用。

A. 滑块　　B. 齿式　　C. 十字轴万向

4. 简答题

(1) 联轴器的功用是什么？它们之间有什么区别？

(2) 挠性联轴器能补偿两轴间的哪些偏移？

(3) 十字轴万向联轴器为什么经常要成对使用？

任务5　认识离合器、制动器

知识目标：

了解常用离合器、制动器的类型、特点和应用、功能及其选择

技能目标：

正确选用离合器和制动器

任务描述

离合器是机械传动中常用的部件，如图10-21所示是卷扬机传动布置图，减速器与卷筒之间用离合器连接，当卷筒暂停转动时，不用关电动机，操纵离合器就能将动力分离，反之可接合。试分析此离合器的选择与使用。

如图10-22所示为机械压力机的工作原理图，试分析此制动器的选择与使用。

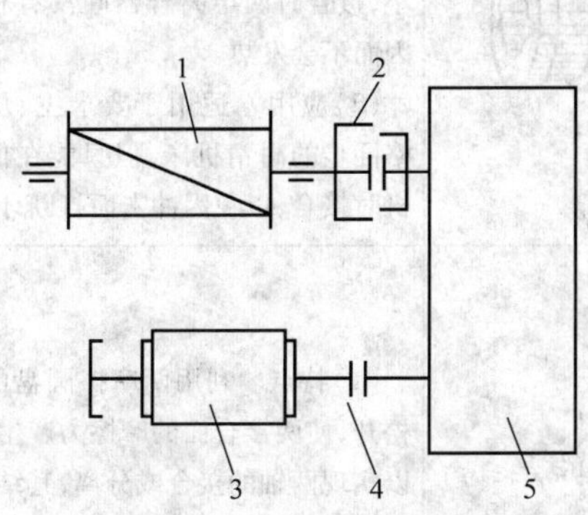

图 10-21　卷扬机传动布置图

1—卷筒　2—离合器　3—电动机　4—联轴器　5—减速器

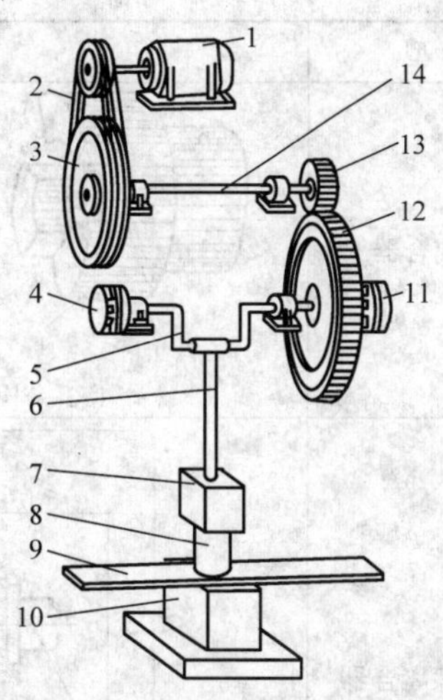

图 10-22　机械压力机

1—电动机　2—V 带　3—大带轮　4—制动器　5—曲柄轴　6—连杆　7—滑块　8—凸模　9—板材　10—凹模　11—离合器　12—大齿轮　13—小齿轮　14—传动轴

任务分析

要分析离合器和制动器，就要掌握常用离合器、制动器的功能、结构、特点及应用。

相关知识

在工作过程中可使两轴随时分离或联接的机构称为离合器。离合器在机器上主要用来联接不同机构或部件上的两根轴，传递运动和动力。

1. 离合器的功用

如图 10-23 所示的汽车离合器，飞轮旋转时，踩下离合器踏板，摩擦盘与压板分离，动力不能通过摩擦盘传给变速器输入轴，动力断开；松开离合器踏板，摩擦盘与压板接合，动力通过摩擦盘传给变速器输入轴。离合作用是联接两部件（或轴）传递回转运动和动力，且可以根据需要随时使两部件（或轴）分离和结合。

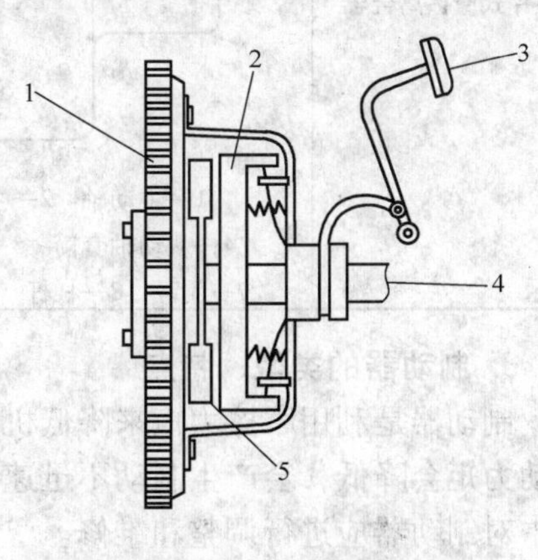

图 10-23　汽车离合器结构

1—飞轮　2—压板　3—离合器踏板　4—变速箱输入轴　5—摩擦盘

2. 离合器的类型、特点和应用

（1）离合器的类型　离合器的类型很多，根据工作原理的不同，离合器有牙嵌式和摩擦式等类型，它们分别利用牙的啮合、接触表面之间的摩擦力等来传递转矩。

（2）常用离合器的特点和应用　常用离合器的特点和应用见表 10-11。

表 10-11　常用离合器的特点和应用

类　型	结　构	特点与应用
牙嵌式离合器	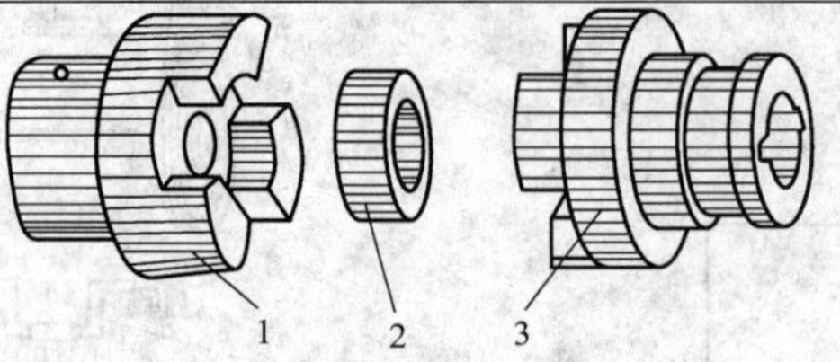 1　2　3 1、3—半离合器　2—对中环	(1)特点　结构简单、紧凑,外廓尺寸小,接合时两半离合器间没有相对滑动因而不会发热 (2)应用　适用于要求主、从动轴严格同步的高精机床,但只能在低速或停机时接合,以免因冲击而打断牙齿
单片式摩擦离合器	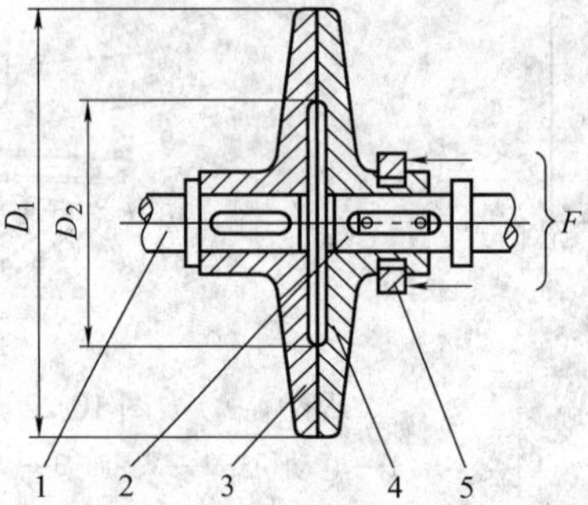 D_1　D_2　F 1　2　3　4　5 1—主动轴　2—从动轴　3、4—摩擦片　5—操纵环	(1)特点　利用两摩擦圆盘的压紧或松开,使两接合面的摩擦力产生或消失,以实现两轴的接合或分离,其结构简单,分离彻底,但径向尺寸较大 (2)应用　适用于传递转矩不大的轻型机械
多片式摩擦离合器	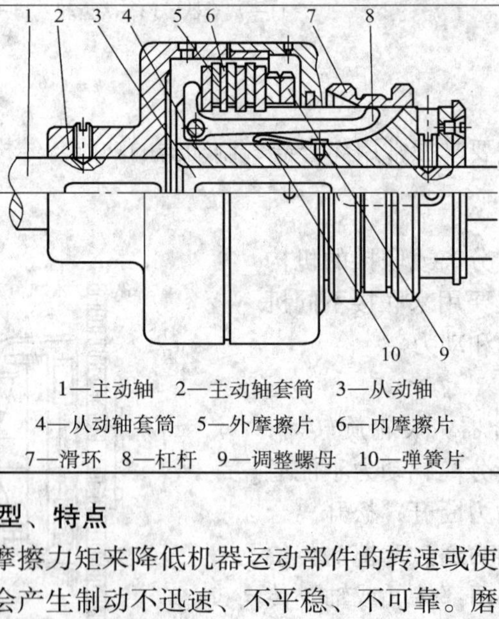 1　2　3　4　5　6　7　8 10　9 1—主动轴　2—主动轴套筒　3—从动轴 4—从动轴套筒　5—外摩擦片　6—内摩擦片 7—滑环　8—杠杆　9—调整螺母　10—弹簧片	(1)特点　多片式摩擦离合器摩擦面增多,传递转矩显著增大,径向尺寸相对减小,结构比较复杂 (2)应用　适用于传递较大转矩的场合

3. 制动器的类型、特点

制动器是利用摩擦力矩来降低机器运动部件的转速或使其停止回转的装置，使用过程中制动力矩会降低，会产生制动不迅速、不平稳、不可靠。磨损加剧，出现摩擦热，在使用过程中对制动器应进行调整和维修。

(1) 制动器的类型　制动器与联轴器、离合器不同，它是利用摩擦力矩来消耗机器运动部件的动能，从而实现制动的。其动作迅速，可靠；其摩擦副耐磨，易散热。

按机构不工作时制动零件所处状态分，有常闭式和常开式两种制动器；前者经常处于紧闸状态，要加外力才能解除制动作用，例如提升机构中的制动器；后者经常处于松闸状态，必须施加外力才能实现制动，例如多数车辆中的制动器。按照控制方式，制动器又可分为自动式和操纵式两类；前者如各类常闭式制动器；后者包括用人力、液压、气动及电磁来操纵的制动器。

制动器通常装在机构中转速较高的轴上，这样所需制动力矩和制动器尺寸可以小一些。

（2）制动器的特点

1）能产生足够的制动力矩。

2）结构简单、紧凑。

3）制动迅速、平稳、可靠。

4）制动器的零件要有足够的强度和刚度，还要有较高的耐磨性和耐热性。

5）调整和维修方便。

按照制动零件的结构特征可分为带式、块式、盘式等形式的制动器。其类型、结构特点及应用见表10-12。

表10-12 常用制动器的类型、结构特点及应用

类 型	结 构	特点及应用
闸带式制动器	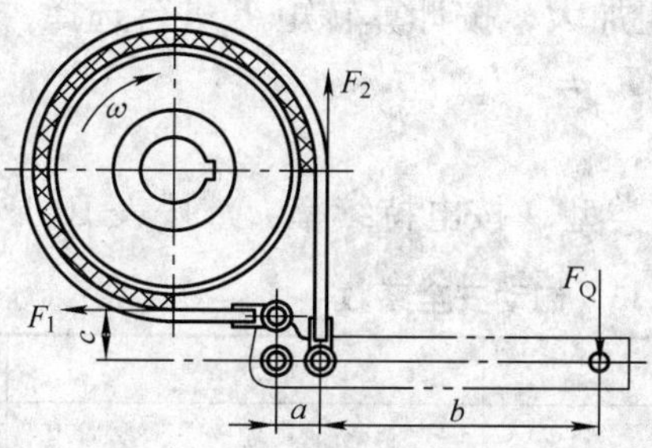	当力 F_Q 作用时，利用杠杆机构收紧闸带而抱住制动轮，靠带与轮间的摩擦力达到制动的目的。其结构简单，径向尺寸小，但制动力不大。为了增加摩擦作用，闸带材料一般为钢带上覆以石棉或夹铁纱帆布
外包块式制动器	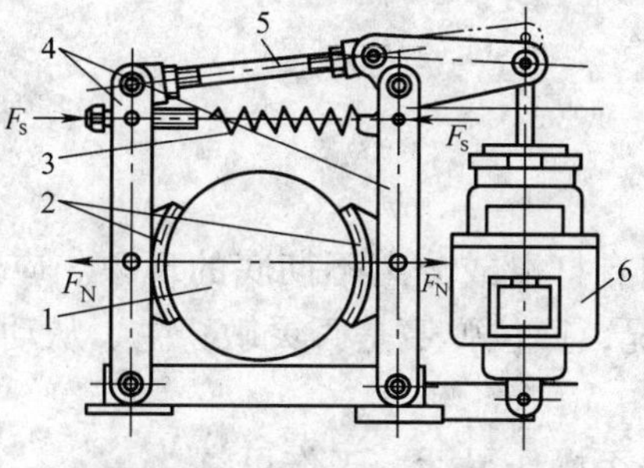 1—制动轮 2—闸瓦块 3—主弹簧 4—制动臂 5—推杆 6—松闸器	主弹簧3通过制动臂4使闸瓦块2压紧在制动轮1上，使制动器经常处于接合（制动）状态。当松闸器6通入电流时，利用电磁作用把顶柱顶起，通过推杆5推动制动臂4，使闸瓦块2与制动器松脱。闸瓦块的材料可采用铸铁，也可在铸铁上覆以皮革或石棉。制动和开启迅速，尺寸小，质量轻，但制动时冲击大。不适用于制动力矩大和需要频繁起动的场合
内涨式制动器	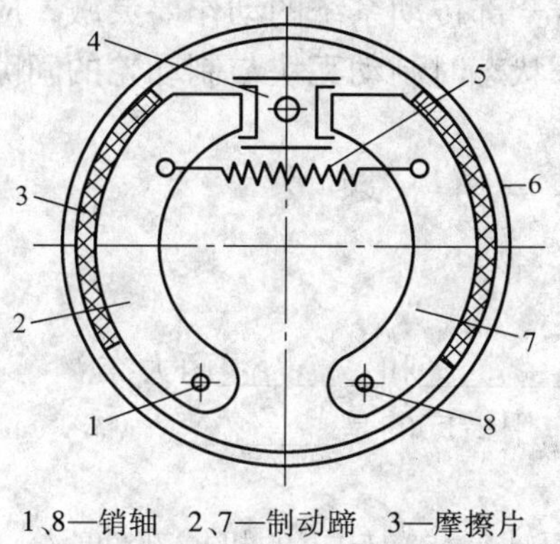 1、8—销轴 2、7—制动蹄 3—摩擦片 4—泵 5—弹簧 6—制动轮	两个制动蹄分别通过两个销轴与机架铰接，制动蹄表面装有摩擦片，制动轮与需制动的轴固定连接。制动时由泵产生推力克服弹簧力使制动蹄压紧制动轮，从而使制动轮（或轴）制动。这种制动器结构紧凑，广泛应用于各种车辆以及结构尺寸受限制的机械中

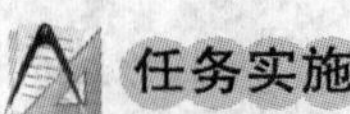

任务实施

1. 离合器的选择

大多数离合器已标准化或规格化，设计时，只需参考有关设计手册对其进行类比设计或选择即可。选择离合器时，有以下几点要求：

1）根据机器的工作特点和使用条件，结合各种离合器的性能特点，确定离合器的类型。

2）类型确定后，可根据被联接的两根轴的直径、计算转矩和转速，从相关设计手册中查出适当的型号。

3）必要时，需要对其薄弱环节进行承载能力的校核。

2. 制动器的选择

制动器已标准化，根据所需要的最大制动转矩 T_{max} 进行选择。用在提升机构上的制动器，为了工作可靠，要把所需的制动转矩加大，按计算转矩 T_c 进行选择，计算转矩为

$$T_c = ST_{max}$$

式中 T_{max}——制动轮所传递的最大转矩；

S——制动安全系数，根据工作类型（按电持续率 jc）按表 10-13 选取。

表 10-13 制动安全系数

工作类型 jc	15%	25%	40%
S	1.75	2	2.5

注：$jc = \dfrac{\text{一个循环内机器的实际工作时间}}{\text{一个循环的总时间}} \times 100\%$

3. 离合器、制动器的使用和维护

（1）离合器的使用和维护

1）多片式摩擦离合器在工作时不应有打滑或分离不彻底的现象。应经常检查作用在摩擦片上的压力是否足够；摩擦片磨损情况，回位弹簧是否灵敏；主、从动片之间的间隙应注意调正。

2）应定期检查离合器的操纵系统是否操作灵活，工作可靠。

（2）制动器的使用和维护　制动器往往是机械设备中重要的安全装置，与安全生产密切相关。应经常检查其工作状况，制动器全部传动系统的动作要灵敏，应按时注油润滑转动环节，合理调整弹簧弹力、合理调整松开状态时制动瓦块与制动轮的间隙。

练　习　题

1. 填空题

（1）离合器的种类很多，常用的有________和________两大类。

（2）常用牙嵌式离合器的牙形中，应用最广的是________。

2. 判断题

（1）离合器和联轴器都是用来联接两轴且传递转矩的机械部件。　　（　　）

（2）用离合器时要经拆卸才能把现两轴分开，用联轴器时则无需拆卸就能使两轴分离

或接合。 ( )

（3）摩擦式离合器在两轴之间的分离或接合，都是在停止转动的条件下进行的。 ( )

（4）离合器和联轴器的主要区别是：离合器靠摩擦传动，联轴器靠啮合传动。 ( )

（5）离合器可补偿两轴的综合位移。 ( )

（6）离合器可在机器运转过程中实现接合和分离。 ( )

（7）离合器常用于两轴需要经常换向的地方。 ( )

（8）牙嵌式离合器的速度有波动，磨损较大，它只适合用于低速场合。 ( )

3. 简答题

（1）离合器的主要功用是什么？

（2）对离合器的基本要求是什么？

（3）与牙嵌离合器相比，多片离合器有哪些优点？

（4）对离合器的基本要求是什么？试述牙嵌离合器的结构特点及应用场合。

（5）试述多片离合器的工作原理。

（6）制动器的功能是什么？

任务6 实践课题——轴上齿轮的拆装

任务描述

如图10-24所示，拆卸和安装轴上齿轮。

任务目的

1）掌握轴的结构。

2）掌握普通平键联接的类型和代号。

3）学会齿轮和普通平键正确拆卸、安装的方法。

图10-24 拆卸和安装轴上齿轮

相关知识

轴上零件（齿轮、联轴器等），一般采用键联接，当轴上零件不在轴的端部时，采用A型普通平键联接。目的是轴上零件与轴联接在一起，传递运动和转矩。

1. 齿轮拆卸

1）拆卸齿轮之前，先擦净油污。

2）拆卸齿轮时，可用一小块木块垫在齿轮的一侧，在键的两侧交替用锤子敲击木块，使齿轮退出，但不要用力过大。

3）松动键后，用钳子取下平键。

2. 齿轮的安装

1）安装前先将轴和待安装的零、部件（齿轮、键）擦洗干净。

2）先在轴上键槽中装入键。

3）安装齿轮时将齿轮键槽与轴上键对正，垫上木块或铜棒，用锤子敲击齿轮的一侧，注意要使齿轮受力均衡。

任务准备

1）安装前先将轴、齿轮和键擦洗干净

2）准备好下列工具（见表10-14）

表10-14　所用工具

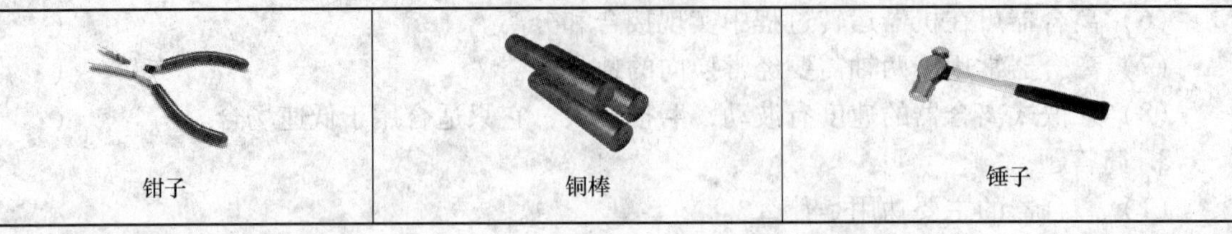

钳子	铜棒	锤子

任务实施

1. 拆卸要求

拆卸齿轮时，不要用力过大，应施力在木块或铜棒上，尽量不直接接触齿轮和轴，以免将轴和齿轮表面划伤。

2. 齿轮及平键安装步骤

1）清洗轴及安装部件。

2）先安装平键。

3）再安装齿轮。

学生分组拆卸和安装齿轮和轴承，教师巡回指导。

检查评议

1）学生分组检查并讨论拆卸及安装过程中的问题。

2）各小组将操作过程中存在的问题及好的经验汇总上报。

3）教师就学生实践操作过程中存在的问题及好的经验进行点评。

清理现场

1）清点、归还工量具。

2）整理工作台。

3）搞好实训场地卫生。

4）操作时注意安全。

练　习　题

1. 当轴上零件在轴的中部时应采用________型的普通平键，在轴的端部时，应采用________型的普通平键。

2. 普通平键有哪三种基本类型？

3. 普通平键的工作表面是哪个面？

任务7　实践课题——联轴器的拆装

任务描述

如图10-25所示为卷扬机凸缘式联轴器，试拆卸和安装联轴器。

图10-25　卷扬机凸缘式联轴器的拆装

任务目的

1）了解凸缘联轴器的结构特点。

2）学会凸缘联轴器的正确安装。

3）学会凸缘联轴器对中的调整。

4）学会正确拆装螺栓组、键联接。

相关知识

常用的刚性联轴器中，应用最广的是凸缘式联轴器。它是把两个带有凸缘的半联轴器用键分别与两轴联接，然后用螺栓把两个半联轴器联接成一体，以传递运动。凸缘式联轴器对所联接的两轴之间的偏斜缺乏补偿作用。

1. 联轴器的对中

在结构上采用在一个半联轴器上制有凸肩与另一半联轴器上制有的凹槽互相配合实现对中；也可采用共同与一个剖分环相配合而实现对中。凸缘与凹槽配合的联轴器在拆卸时，轴必须作轴向移动后，方可作径向位移，而剖分环配合的则无此缺点。

2. 螺栓的预紧

成组螺栓的预紧时，应分二次或三次各进行预紧，以便使螺栓受力均匀。

任务准备

拆装联轴器的工具如下（见表10-15）：

表10-15　所用工具

圆锥销	活扳手	锤子	梅花呆板手

任务实施

1. 联轴器的拆卸

1）两半联轴器的联接，采用均布螺栓组联接，因此首先松开联接螺母，拧松螺母时不要逐个完全拧松，应分几次拧松，卸下螺母。

2）抽出螺栓时，如螺栓配合较紧，可用直径小于孔径的锥销反向敲击，且用力不要过大，以免损坏螺纹。

3）退出螺栓后，轴向移开联轴器，使两半联轴器的凹槽与凸肩脱离配合。

4）松开电动机的地脚螺栓，并移动电动机，进而卸下两半联轴器。

2. 安装联轴器

1）先清理联轴器的配合表面和接触表面，去除污物和毛刺。

2）先装工作机上的半联轴器，且使轴上的键槽朝上，以便于安装，再用同样的方式安装另一半联轴器。

3）找正并实施联接。找正就是使两半联轴器上的凹槽与凸肩配合，然后插入螺栓，并按成组螺栓的装配方法装配螺栓和螺母，使其达到规定的预紧。

4）调整电动机位置并紧固电动机的地脚螺栓，安装结束。

检查评议

1）学生分组检查并讨论联轴器拆卸及安装过程中的问题，检查安装是否到位，接触面是否紧密贴合。

2）各小组将操作过程中存在的问题及好的经验汇总上报。

3）教师就学生实践操作过程存在的问题及好的经验进行点评。

清理现场

1）清点、归还工量具。

2）整理工作台。

3）搞好实训场地卫生。

4）操作时注意安全。

练 习 题

1. 刚性凸缘联轴器多用于什么场合？
2. 刚性联轴器的对中有哪两种方法？安装时应注意哪些问题？

单元11　螺纹联接与螺旋传动

11

任务1　认识螺纹联接

知识目标：

1. 了解螺纹的类型
2. 了解螺纹的重要参数
3. 掌握螺纹的代号与标注

技能目标：

1. 学会根据螺纹形状进行分类
2. 学会根据螺纹代号来选择螺纹联接件

任务描述

解释如图 11-1 所示螺纹的标注。

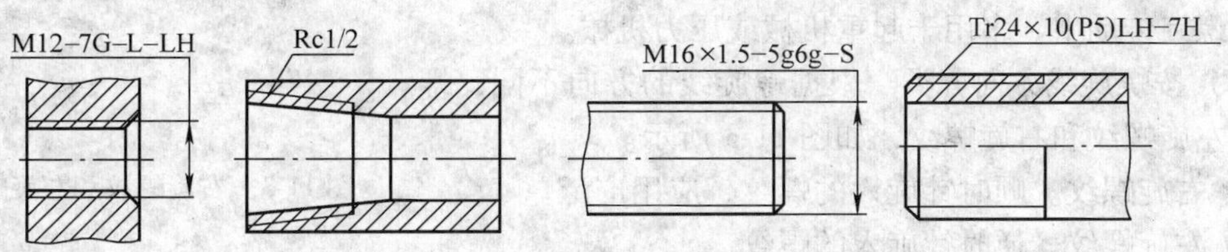

图 11-1　螺纹标记图样

任务分析

要识别螺纹标注，就必须掌握螺纹的分类、螺纹的参数及螺纹的代号和标注等相关知识。

相关知识

1. 螺纹分类及应用

（1）按螺纹牙型分类　螺纹牙型是指通过轴线断面上的螺纹轮廓形状。根据牙型不同，螺纹可分为三角形螺纹、矩形螺纹、梯形螺纹和锯齿形螺纹等，如图 11-2 所示。

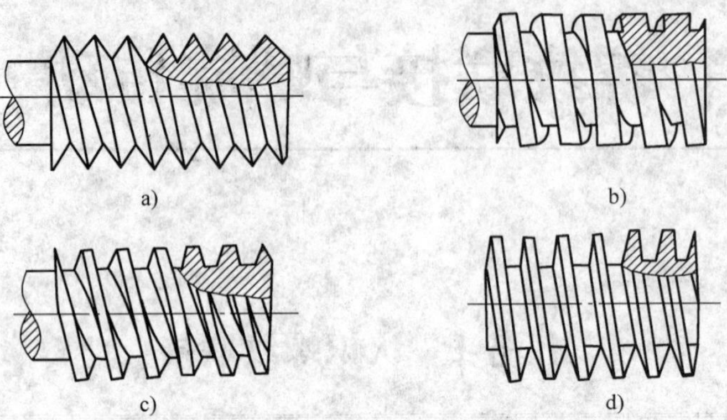

图 11-2　螺纹按牙型分类
a）三角形螺纹　b）矩形螺纹　c）梯形螺纹　d）锯齿形螺纹

1）三角形螺纹（普通螺纹）。牙型为三角形，普通螺纹一般分为粗牙螺纹和细牙螺纹两种，广泛用于各种紧固连接。粗牙螺纹应用最广，细牙螺纹适用于薄壁零件等的连接和微调机械的调整。

2）矩形螺纹。牙型为矩形，传动效率高，用于螺旋传动。但牙根强度低，精加工困难，矩形螺纹未标准化，现在已经逐渐被梯形螺纹代替。

3）梯形螺纹。牙型为梯形，牙根强度较高，易于加工。广泛用于机床设备的螺旋传动中。

4）锯齿形螺纹。牙型为锯齿形，牙根强度较高，用于单向螺旋传动中。多用于起重机械或压力机械。

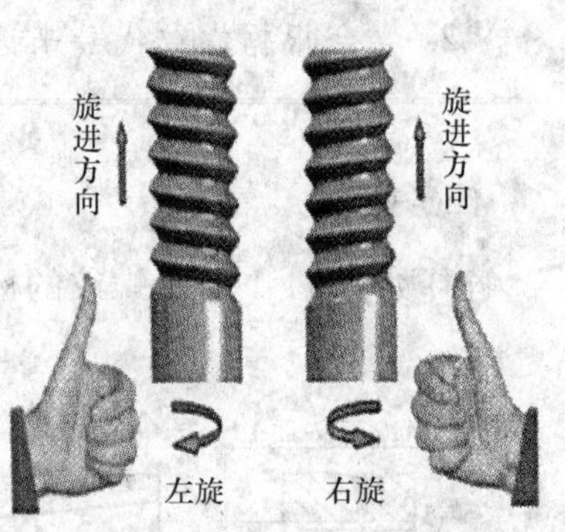

图 11-3　右旋螺纹和左旋螺纹

（2）按螺旋线方向分类　根据螺旋线的方向不同，螺纹分为左旋螺纹和右旋螺纹，如图 11-3 所示。

1）右旋螺纹。顺时针旋入的螺纹，应用广泛。

2）左旋螺纹。逆时针旋入的螺纹。

（3）按螺旋线的线数分类　根据螺旋线数，分为单线螺纹、双线螺纹和多线螺纹，如图 11-4 所示。

1）单线螺纹。沿一条螺旋线所形成的螺纹，多用于螺纹联接。

2）多线（双线）螺纹。沿两条或两条以上在轴向等距分布的螺旋线所形成的螺纹，多用于螺旋传动。

（4）按螺旋线形成的表面分类　根据螺旋线形成的表面，分为内螺纹和外螺纹，如图 11-5 所示。

2. 普通螺纹的主要参数

下面以普通螺纹为例说明螺纹的主要参数，具体见表 11-1。

a)

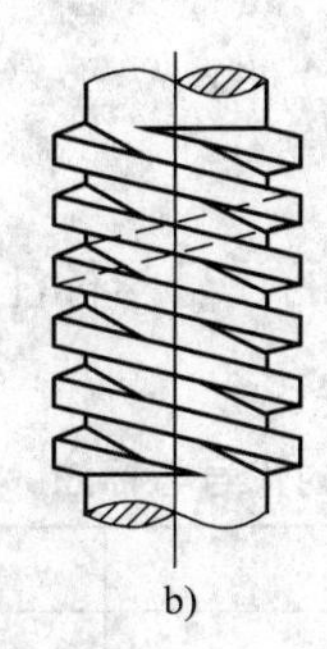
b)

图 11-4 单线螺纹和多线螺纹

a）单线螺纹 b）多线（双线）螺纹

a）

b）

图 11-5 内螺纹和外螺纹

a）内螺纹 b）外螺纹

表 11-1 普通螺纹的主要参数

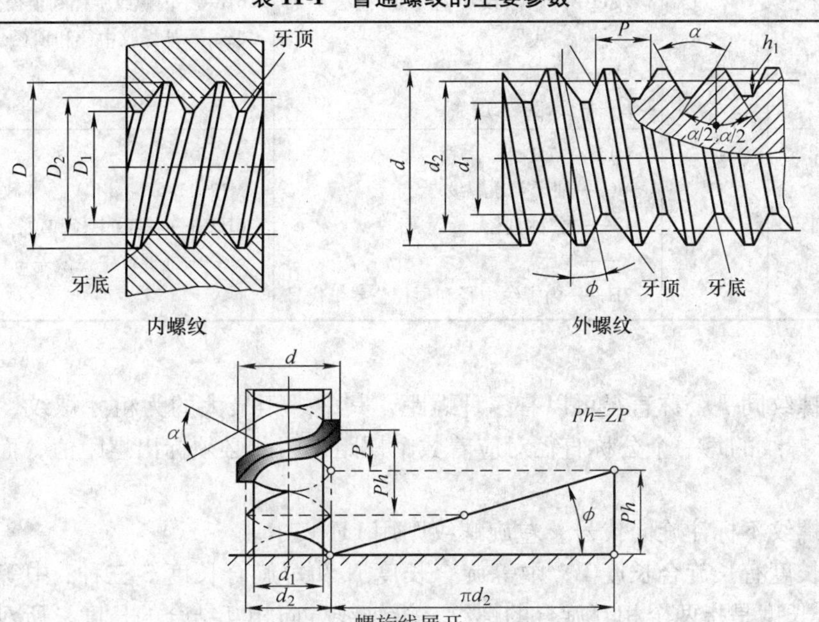

主要参数	代号		定义
	内螺纹	外螺纹	
螺纹大径（公称直径）	D	d	与外螺纹牙顶或内螺纹牙底相切的假想圆柱面的直径。一般定为螺纹的公称直径
螺纹中径	D_2	d_2	是指一个假想圆柱面的直径，该圆柱的素线通过牙型上沟槽和凸起宽度相等的地方
螺纹小径	D_1	d_1	与外螺纹牙底或内螺纹牙顶相切的假想圆柱面的直径
螺纹升角	ϕ		在中径圆柱上，螺旋线的切线与垂直于螺纹轴线的平面之间的夹角为螺纹升角
牙型角	α		在螺纹牙型上，相邻两牙侧间的夹角为牙型角，普通螺纹的牙型角 $\alpha=60°$，牙型半角是牙型角的一半，用 $\alpha/2$ 表示
牙型高度	h_1		在螺纹牙型上，牙顶到牙底在垂直于螺纹轴线方向上的距离为牙型高度
螺距	P		相邻两牙在中径线上对应两点间的轴向距离为螺距
导程	Ph		同一条螺旋线上的相邻两牙在中径线上对应两点间的轴向距离为导程

导程 Ph 、螺距 P 和线数 Z 的关系为

$$Ph = ZP$$

3. 螺纹的代号与标注

普通螺纹的代号与标注见表11-2。梯形螺纹的代号与标注见表11-3。管螺纹的代号与标注见表11-4。

表11-2 普通螺纹的代号与标注

螺纹类别		特征代号	螺纹标注示例	内、外螺纹配合标注示例
普通螺纹	粗牙	M	M12-7g6g-L-LH M——粗牙普通螺纹 12——公称直径 7g6g——外螺纹中径和顶径公差带代号 LH——左旋 L——长旋合长度	M12-6H/6g-LH 6H——内螺纹中径和顶径公差带代号 6g——外螺纹中径和顶径公差带代号
	细牙		M12×1-7H M——细牙普通螺纹 12——公称直径 1——螺距 7H——内螺纹中径和顶径公差带代号	M12×1-6H/6g-LH 6H——内螺纹中径和顶径公差带代号 6g——外螺纹中径公差带代号

说明：

1）普通螺纹同一公称直径可以有多种螺距，其中螺距最大的为粗牙螺纹，其余的为细牙螺纹。细牙螺纹的每一个公称直径对应着数个螺距，因此必须标出螺距值，而粗牙螺纹不标螺距值。

2）右旋螺纹不标注旋向代号，左旋螺纹则用LH表示。

3）旋合长度有长旋合长度L，中等旋合长度N和短旋合长度S三种，中等旋合长度N不标注。旋合长度是指两个相互旋合的螺纹，沿轴线方向相互结合的长度，所对应的具体数值可根据公称直径和螺距在有关标准中查到。

4（公差带代号中，前者为中径公差带代号，后者为顶径公差带代号，两者一致时，则只标注一个公差带代号。内螺纹用大写字母，外螺纹用小写字母。

5）内、外螺纹配合的公差带代号中，前者为内螺纹公差带代号，后者为外螺纹公差带代号，中间用“/”分开。

表11-3 梯形螺纹的代号与标注

螺纹类别	特征代号	螺纹标注示例	内、外螺纹配合标注示例
梯形螺纹	Tr	Tr24×10(P5)LH-7H Tr——梯形螺纹 24——公称直径 10——导程 P5——螺距 LH——左旋 7H——中径公差带代号	Tr24×5LH-7H/7e 7H——内螺纹中径公差带代号 7e——外螺纹中径公差带代号

说明：

1）单线螺纹只标注螺距，多线螺纹同时标注螺距和导程。

2）右旋螺纹不标注旋向代号，左旋螺纹则用 LH 表示。

旋合长度有长旋合长度 L 和中等旋合长度 N 两种，中等旋合长度 N 不标注。旋合长度的具体数值可根据公称直径和螺距在有关标准中查到。

3）公差带代号中，螺纹只标注中径公差带代号。内螺纹用大写字母，外螺纹用小写字母。

4）内、外螺纹配合的公差带代号中，前者为内螺纹公差带代号，后者为外螺纹公差带代号，中间用“/”分开。

表 11-4　管螺纹的代号与标注

螺纹类别		特征代号	螺纹标注示例	内、外螺纹配合标注示例
管螺纹	55°非密封管螺纹	G	G1A-LH G——非螺纹密封管螺纹 1——尺寸代号 A——外螺纹公差等级代号 LH——左旋	G1A-LH
	55°密封管螺纹	Rc	Rc2LH Rc——圆锥内螺纹 2——尺寸代号 LH——左旋	Rp2/R2-LH Rc2R2
		Rp	Rp2 Rp——圆柱内螺纹 2——尺寸代号	
		R	R2LH R——圆锥外螺纹 2——尺寸代号 LH——左旋	

说明：

1）管螺纹尺寸代号不再称作公称直径，也不是螺纹本身的任何直径尺寸，只是一个无单位的代号。

2）管螺纹为寸制细牙螺纹，其公称直径近似为管子的内孔直径，以英寸（in）为单位。管螺纹的内孔直径可根据尺寸代号在有关标准中查到。

3）右旋螺纹不标注旋向代号，左旋螺纹则用 LH 表示。

4）非螺纹密封管螺纹的外螺纹的公差等级有 AB 两级，A 级精度较高；内螺纹的公差等级只有一个，故无公差等级代号。

5）内、外螺纹配合在一起时，内外螺纹的标注用“/”分开，前者为内螺纹的标注，后者为外螺纹的标注。

4. 螺纹联接件（见表 11-5）

表 11-5 螺纹联接件

类 型	图 例	特 点
螺栓	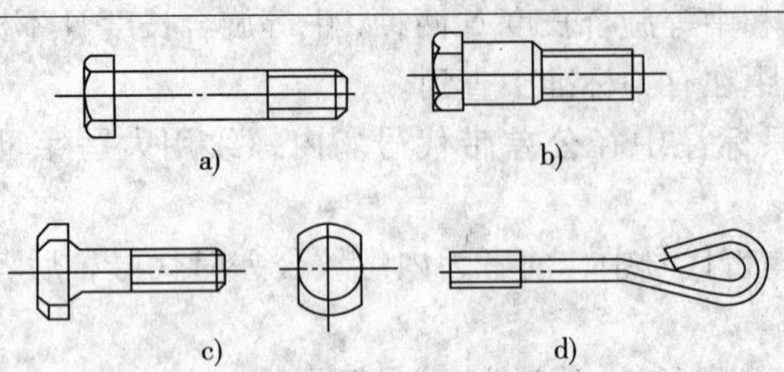 a)六角头螺栓 b)铰制孔用六角头螺栓 c)T 形槽螺栓 d)地脚螺栓	六角头螺栓最常用，分粗牙和细牙两种，杆部有部分螺纹和全螺纹两种。铰制孔用六角头螺栓的栓杆直径 d_s 大于公称直径 d
双头螺栓	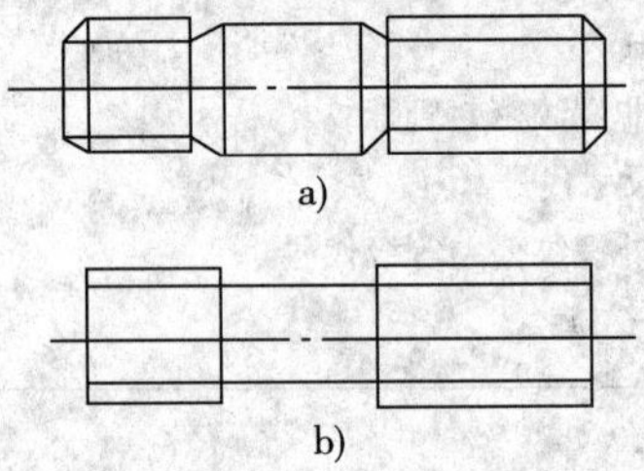 a)A 型 b)B 型	双头螺栓的两端螺纹有等长及不等长两种：A 型带退刀槽，末端倒角，B 型制成腰杆，末端碾制
螺母	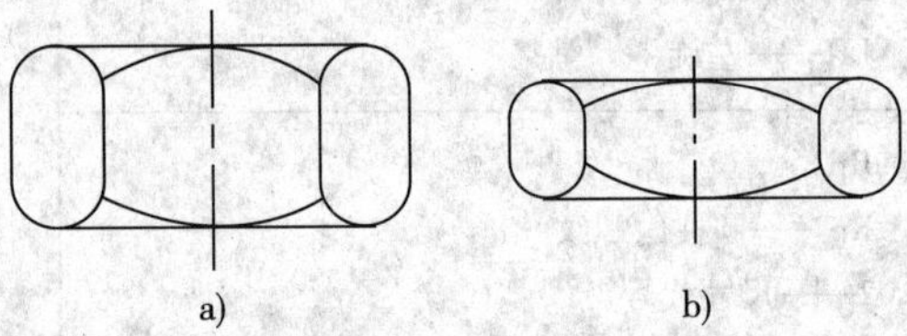 a)六角螺母 b)六角薄螺母	六角螺母最常用，高 $m\approx0.8d$；六角薄螺母 $m\approx(0.35\sim0.6)d$，用于铰制孔用螺栓或空间受限制的情况。此外，还有方形、蝶形、环形、槽形、盖形螺母以及圆螺母、锁紧螺母等品种
垫圈	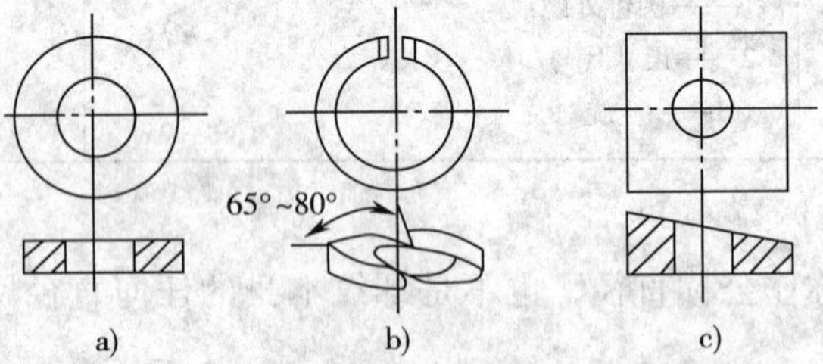 65°~80° a)平垫圈 b)弹簧垫圈 c)斜垫圈	垫圈可保护被连接件的表面不被划伤；弹簧垫圈有 65°~80°的左旋开口，用于摩擦防松。此外还有斜垫圈、止动垫圈等品种
螺钉	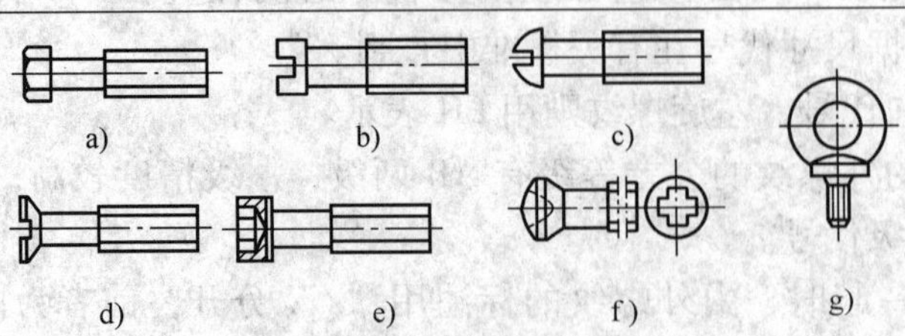 a)六角头 b)圆柱头 c)半圆头 d)沉头 e)内六角孔 f)十字槽 g)吊环螺钉	螺钉头部有六角头、圆柱头、半圆头、沉头等形状；旋具槽有一字槽，便于自动装配的十字槽、能承受较大转矩的内六角孔等形式。机器上常设吊环螺钉。螺栓也可以当螺钉使用

（续）

类　型	图　例	特　点
紧定螺钉	a)　b)　c)　d) a）一字槽　b）平端　c）圆柱端　d）锥端	头部为一字槽的紧定螺钉最常用。尾部有多种形状，平端用于高硬度表面或经常拆卸处；圆柱端压入空心轴上的凹坑以紧定零件位置；锥端用于低硬度表面或不常拆卸处

任务实施

螺纹类型及代号标记见表11-6。

表11-6　螺纹类型及代号标记

步　骤	图　例	注解内容
1	M12-7G-L-LH	M12-7G-L-LH M——粗牙普通螺纹 12——公称直径 LH——左旋 7G——内螺纹中径和顶径公差带代号 L——长旋合长度
2	M16×1.5-5g6g	M16×1.5-5g6g M——细牙普通螺纹 16——公称直径 1.5——螺距 5g——外螺纹中径公差带代号 6g——外螺纹顶径公差带代号 右旋
3	Tr24×10(P5)LH-7e	Tr24×10（P5）LH-7e Tr——梯形螺纹 24——公称直径 10——导程 P5——螺距 LH——左旋 7e——外螺纹中径公差带代号
4	Rc1/2	Rc1/2 Rc——圆锥内螺纹 1/2——尺寸代号 右旋

特别提醒

1）右螺旋不标注，左螺纹则应标注。

2）内螺纹用大写字母，外螺纹用小写字母。

3）由于螺纹密封管螺纹与非螺纹密封管螺纹的公差不同，所以不能组成配合。

练　习　题

1. 选择题

（1）广泛应用于紧固联接的螺纹是（　　），而传动螺纹常用（　　）。

A. 三角形螺纹　　B. 矩形螺纹　　C. 梯形螺纹

（2）普通螺纹指（　　）。

A. 三角形螺纹　　B. 梯形螺纹　　C. 矩形螺纹

（3）普通螺纹的公称直径是指螺纹的（　　）。

A. 大经　　B. 中径　　C. 小径

（4）用螺纹密封管螺纹的外螺纹，其特征代号是（　　）。

A. R　　B. RC　　C. RP

（5）梯形螺纹广泛用于螺旋（　　）中。

A. 传动　　B. 连接　　C. 微调机构

（6）同一公称直径的普通螺纹可以有多种螺距，其中（　　）螺距的为粗牙螺纹。

A. 最小　　B. 中间　　C. 最大

（7）双线螺纹的导程等于螺距的（　　）倍。

A. 2　　B. 1　　C. 0.5

（8）用（　　）进行连接，不用填料即能保证连接的紧密性。

A. 非螺纹密封管螺纹　　B. 螺纹密封管螺纹

C. 非螺纹密封管螺纹和螺纹密封管螺纹

2. 判断题

（1）按螺旋线形成所在的表面，螺纹分为内螺纹和外螺纹。（　　）

（2）顺时针方向旋入的螺纹为右旋螺纹。（　　）

（3）普通螺纹的公称直径是指螺纹大径的基本尺寸。（　　）

（4）相互旋合的内外螺纹，其旋向相同，公称直径相同。（　　）

（5）所有的管螺纹连接都是依靠其螺纹本身来进行密封的。（　　）

（6）连接螺纹大多采用多线三角形螺纹。（　　）

（7）螺纹导程是指相邻两牙在中径线上对应两点间的轴向距离。（　　）

（8）锯齿形螺纹广泛用于单向螺旋传动中。（　　）

（9）普通螺纹同一公称直径只能有一种螺距。（　　）

3. 解释下列螺纹标记的含义

（1）M14 × 1-7H

（2）G2A-LH

（3）Tr24×14（P7）LH-7e

任务2　螺栓强度计算

知识目标：

1. 了解螺纹预紧及防松装置的原理与结构
2. 进行螺栓强度计算

技能目标：

1. 学会根据已知条件设计螺栓
2. 学会螺栓强度计算

任务描述

如图11-6所示，气缸盖与气缸体的凸缘厚度均为 $b=30\text{mm}$，采用普通螺栓联接。已知气体的压强 $p=1.5\text{MPa}$，气缸内径 $D=250\text{mm}$，螺栓分布圆直径 $D_0=350\text{mm}$，采用测力矩扳手装配。试确定螺栓的数量和直径。

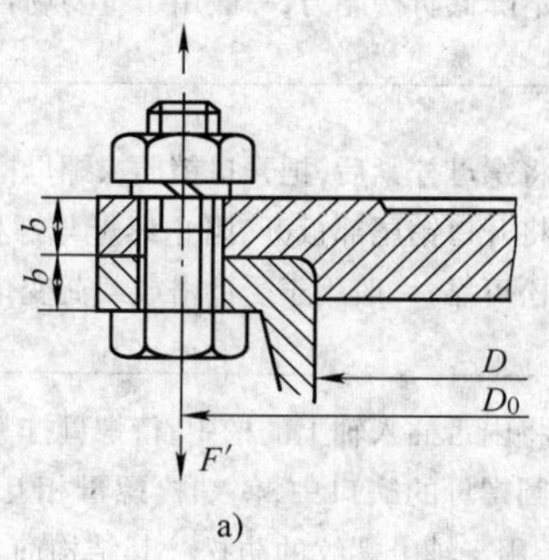

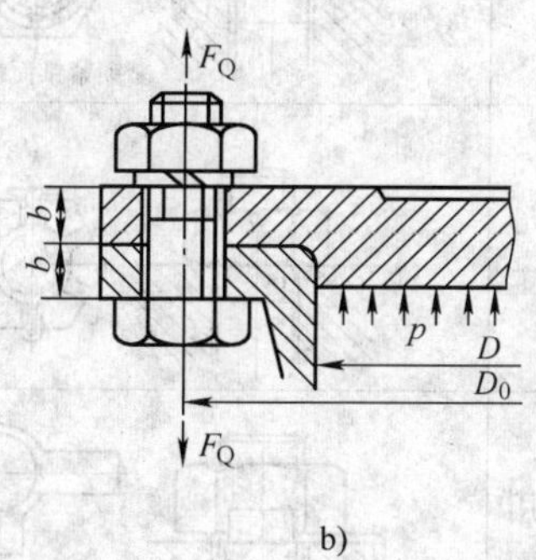

图11-6　气缸中的法兰联接

a）工作载荷作用前面　b）工作载荷作用后

任务分析

气缸中的法兰联接是受轴向工作载荷的紧螺栓联接。工作载荷作用前，螺栓只受预紧力 F' 作用，接合面受压力 F' 作用，见图11-6a；工作时，在轴向工作载荷 F 作用下，接合面有分离趋势，该处压力由 F' 减为 F''，称为残余预紧力，F'' 同时也作用于螺栓，因此，螺栓所受总拉力 F_Q 应为轴向工作载荷 F 与残余预紧力 F'' 之和，如图11-6b所示，即 $F_Q=F+F''$。

相关知识

1. 螺纹的预紧

为了增强联接的可靠性、紧密性和紧固性，螺纹联接在承受载荷前，需要拧紧，使螺纹联接受到一定的预紧力作用。对于一般联接，可以凭操作者经验来控制预紧力的大小。对于重要联接要借助测力矩扳手或定力矩扳手来控制预紧力。

2. 螺纹联接的防松（见表11-7）

表11-7 螺纹联接的防松

防松方法		图例	特点及应用
摩擦防松	对顶螺母	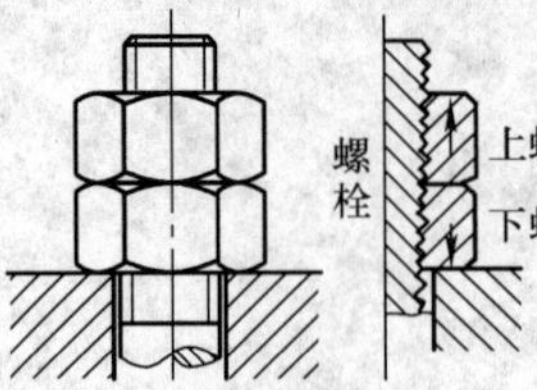 螺栓 上螺母 下螺母	两螺母对顶拧紧后，使旋合螺纹间始终受到附加的压力和摩擦力的作用。工作载荷有变动时，该摩擦力仍然存在。其结构简单，适用于平稳、低速和重载的固定装置上的联接
	弹簧垫圈	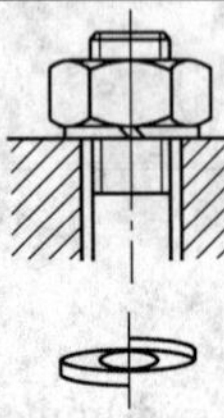	拧紧螺母，弹簧垫圈被压平后，其弹力使螺纹副在轴向张紧，而且垫圈斜口方向也对螺母起防松作用。其结构简单，使用方便，但垫圈弹力不均，因而防松也不十分可靠，一般多用于不太重要的联接
	自锁螺母	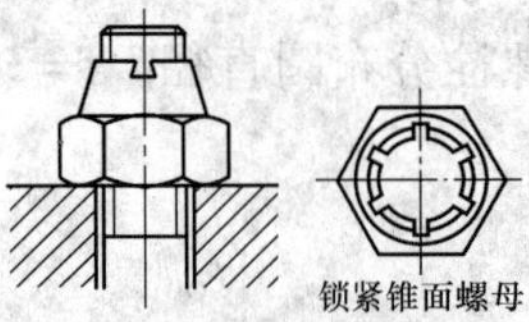 锁紧锥面螺母	在螺母上端开缝后径向收口，拧紧张开，靠螺母弹性锁紧，达到防松目的。其结构简单、防松可靠，可多次装拆而不降低防松能力，一般用于重要场合
机械防松	开槽螺母与开口销	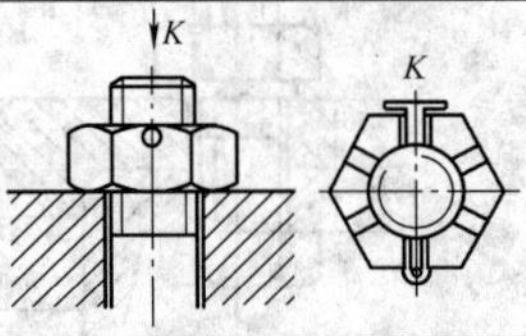 K K	将螺母拧紧后，把开口销插入螺母槽与螺栓尾部孔内，并将开口销尾部扳开，阻止螺母与螺栓的相对转动。其防松可靠，一般用于受冲击或载荷变化较大的联接
	圆螺母用止动垫圈	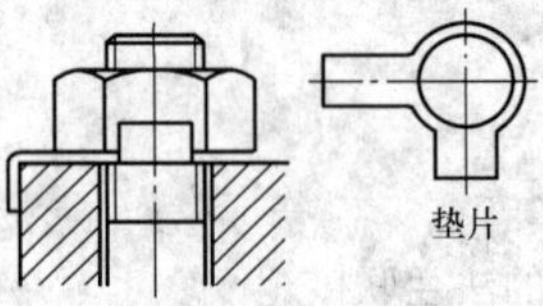 垫片	将内舌插入轴上的槽中，待螺母拧紧后，外舌之一弯起到圆螺母的缺口中，使螺栓螺母相互约束，起到防松作用，用于轴上螺纹的防松。其结构简单，使用方便，防松可靠，应用较广
	头部带孔螺钉与串联钢丝	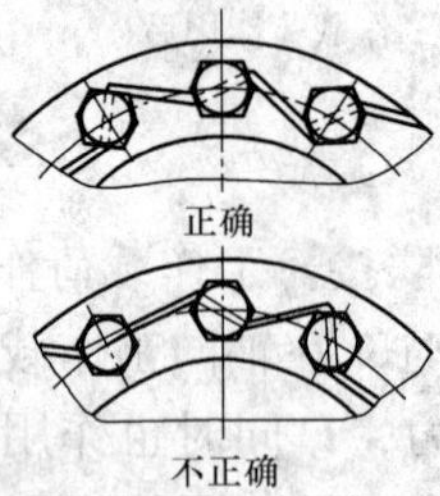 正确 不正确	将钢丝插入各螺钉头部的孔内，使其相互制约，达到防松目的。一般用于螺钉组的联接，其联接可靠，但装拆不便
其他方法防松	粘合剂	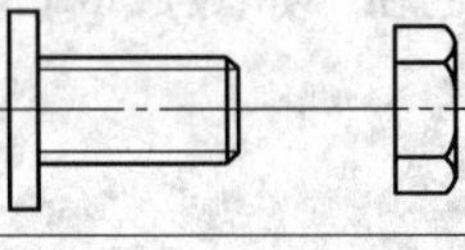	用粘合剂涂于螺纹旋合表面，拧紧螺母粘合剂能自行固化，防松效果良好，但不便拆卸
	冲点	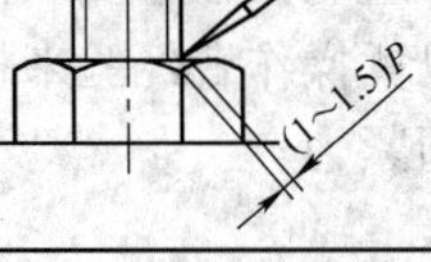 (1~1.5)P	在螺纹件旋合好后，用冲头在旋合缝处或在端面冲点防松。这种防松方法效果很好，但此时螺纹联接成了不可拆联接

3. 螺栓联接的强度计算

螺栓联接的强度计算，主要是确定螺栓的直径或校核螺栓危险截面的强度。至于标准螺纹联接件的其他尺寸，按照等强度原则及使用经验由标准规定，不必计算。

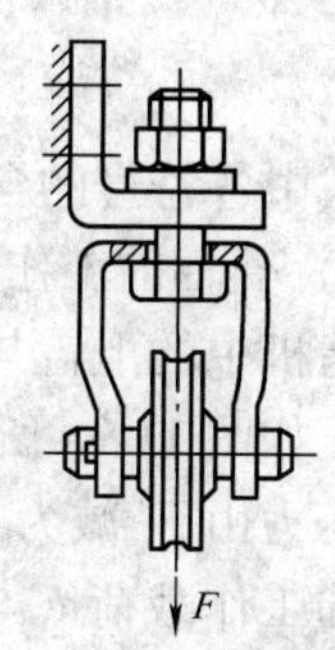

图 11-7　松螺栓联接实例

螺栓联接失效形式有螺杆的拉断、塑性变形、剪断、联接的松脱以及螺纹的磨损和滑牙。螺栓轴向静载荷作用时，应以抗拉强度为计算准则；对铰制孔螺栓联接，应以剪切和挤压强度为设计准则；为了防止松脱可采用防松装置，为避免磨损可提高螺纹材料的性能等级。

（1）松螺栓联接的强度计算　松螺栓联接工作时只承受轴向工作载荷 F，如图 11-7 所示。其失效形式一般为螺栓杆螺纹部分的塑性变形或断裂，因此对松螺栓联接要进行拉伸强度计算。强度校核与设计计算公式分别为

$$\sigma = \frac{F}{\pi d_1^2/4} \leqslant [\sigma]$$

螺栓的设计计算公式为

$$d_1 \geqslant \sqrt{\frac{4F}{\pi[\sigma]}}$$

式中　F——轴向工作载荷（N）；

d_1——螺栓小径（mm）；

$[\sigma]$——螺栓材料许用拉应力（MPa），见表 11-10。

（2）紧螺栓联接的强度计算　紧螺栓联接即在工作前受预紧力 F'作用的联接，按所受工作载荷的方向分为以下两种情况：

1）受横向工作载荷的紧螺栓联接，如图 11-8 所示。在横向工作载荷 F_s的作用下，被联接件的接合面间有相对滑移趋势，为防止滑移，由预紧力 F'所产生的摩擦力应大于或等于横向工作载荷 F_s，即 $F'fm \geqslant F_s$。

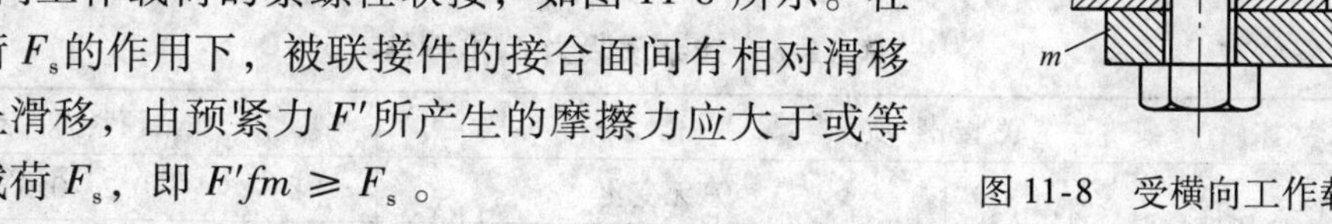

图 11-8　受横向工作载荷的紧螺栓联接

引入可靠性系数 C，整理得

$$F' = \frac{CF_s}{fm}$$

式中　F'——螺栓所受轴向预紧力（N）；

C——可靠性系数，取 $C=1.1\sim1.3$；

F_s——螺栓联接所受横向工作载荷（N）；

f——接合面间的摩擦系数，对于干燥的钢铁表面，取 $f=0.1\sim0.16$；

m——接合面的数目。

螺栓除受预紧力 F' 引起的拉应力 σ 外，还受螺旋副中摩擦力矩 T 引起的切应力 τ 作用。对于 M10 ~ M68 的普通钢制螺栓，$\tau \approx 0.5\sigma$，根据第四强度理论，可知相当应力 $\sigma_e \approx \sqrt{\sigma^2+3\tau^2} = \sqrt{\sigma^2+3(0.5\sigma)^2} = 1.3\sigma$。所以，螺栓的强度校核公式为

$$\sigma_e = \frac{1.3F'}{\pi d_1^2/4} \leqslant [\sigma]$$

螺栓的设计计算公式为

$$d_1 \geqslant \sqrt{\frac{5.2F'}{\pi[\sigma]}}$$

式中各符号的含义同前。

2）受轴向工作载荷的紧螺栓联接。常见于对紧密性要求较高的压力容器中，如粘胶自动筛滤机中的上盖与机体之间。工作载荷作用前，螺栓只受预紧力 F' 作用，接合面受压力作用，如图 11-9a 所示：工作载荷作用后，在轴向工作载荷 F 作用下，接合面有分离趋势，该处压力由 F' 减为 F''，F'' 称为残余预紧力，F'' 同时也作用于螺栓。因此，所受总拉力 F_Q 应为轴向工作载荷 F 与残余预紧力 F''之和，如图 11-9b 所示，即

$$F_Q = F + F''$$

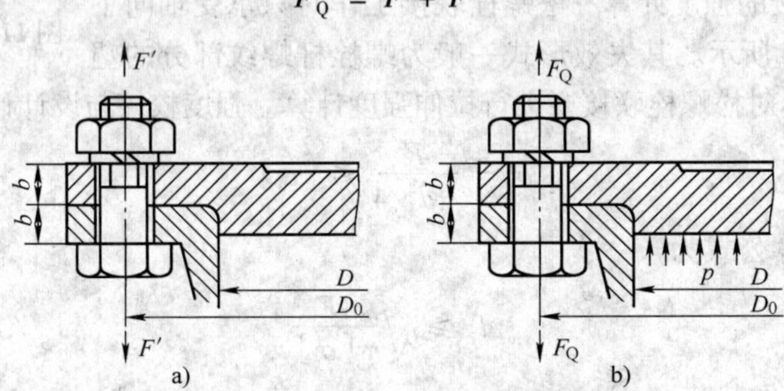

图 11-9　受横向工作载荷的紧螺栓联接

a）工作载荷作用前　b）工作载荷作用后

为保证联接的紧固性与紧密性，残余预紧力 F'' 应大于零，推荐值见表 11-8。在工作载荷 F 作用后，残余预紧力应为 $F' = F + F''$。

表 11-8　残余预紧力 F''推荐值

联接性质		残余预紧力 F''推荐值
紧固联接	F 无变化	$(0.2 \sim 0.6)F$
	F 有变化	$(0.6 \sim 1.0)F$
紧密联接		$(1.5 \sim 1.8)F$
地脚螺栓联接		$\geqslant F$

螺栓的强度校核公式为

$$\sigma_e = \frac{1.3F_Q}{\pi d_1^2/4} \leqslant [\sigma]$$

螺栓的设计计算公式为

$$d_1 \geqslant \sqrt{\frac{5.2F_Q}{\pi[\sigma]}}$$

压力容器中的螺栓联接，除满足强度要求外，还要有适当的螺栓间距 t_0，t_0 影响联接的紧密性，通常 $3d \leqslant t_0 \leqslant 7d$。

（3）铰制孔用螺栓联接的强度计算　铰制孔用螺栓联接主要承受横向载荷，如图 11-10

所示。铰制孔用螺栓联接的失效形式，一般为螺栓杆被剪断，螺栓杆或孔壁被压溃。因此，铰制孔用螺栓联接须进行剪切强度和挤压强度计算。螺栓杆的剪切强度条件为

$$\tau = \frac{4F_s}{\pi d_s^2} \leqslant [\tau]$$

螺栓杆与孔壁的挤压强度条件为

$$\sigma_p = \frac{F_s}{d_s h_{min}} \leqslant [\sigma_p]$$

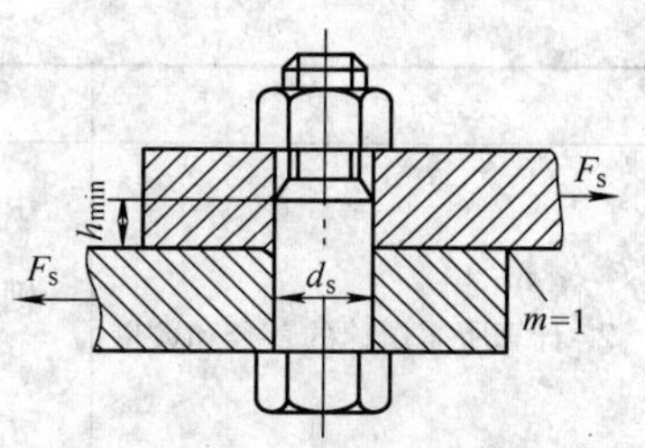

图 11-10 铰制孔用螺栓联接

式中 F_s——单个铰制孔用螺栓所受的横向载荷（N）；

d_s——铰制孔用螺栓剪切面直径（mm）；

h_{min}——螺栓杆与孔壁挤压面的最小高度（mm）；

$[\tau]$——螺栓许用剪切应力（MPa），查表 11-9；

$[\sigma_p]$——螺栓或被连接件的许用拉应力（MPa），查表 11-9。

表 11-9 铰制孔用螺栓的许用应力

类型	许用应力	相关因素			安全因数
普通螺栓联接	许用拉应力 $[\sigma_p]=\frac{\sigma_s}{[S]}$	松联接			$[S]=1.2\sim1.7$
		紧联接	控制预紧力	测力矩或定力矩扳手	$[S]=1.6\sim2$
				测量螺栓伸长量	$[S]=1.3\sim1.5$
			不控制预紧力	碳素钢	$[S]=\frac{2000}{900-(70000-F_Q)^2\times10^{-7}}$
				合金钢	$[S]=\frac{2750}{900-(70000-F_Q)^2\times10^{-7}}$
	许用拉应力	紧联接	螺栓材料	钢	$[S_s]=2.5$
	许用挤压应力 $[\sigma_{jy}]=\frac{\sigma_{lim}}{[S_p]}$		螺栓或孔壁材料	钢 $\sigma_{lim}=\sigma_s$	$[S_p]=1\sim1.25$（孔壁 σ_s 可查手册）
				铸钢 $\sigma_{lim}=\sigma_b$	$[S_p]=1.25$（σ_b 可查手册）

任务实施

气缸中法兰联接的计算过程见表 11-10。

表 11-10 气缸中法兰联接的计算过程

步骤	过程	计算结果
1. 计算螺栓所受的总拉力	每个螺栓所受工作载荷为 $F=\frac{p\pi D^2}{4z}=\frac{1.5\times3.14\times250^2}{4z}\text{N}=\left(\frac{73594}{z}\right)\text{N}$ 由表 11-8，查得 $F''=(1.5\sim1.8)F$，取 $F''=1.6F$ 由式 $F_Q=F+F''$ 可得每个螺栓所受的总拉力为 $F_Q=F+F''=F+1.6F=\left(\frac{2.6\times73594}{z}\right)\text{N}$ $=\left(\frac{191344}{z}\right)\text{N}$	$F_Q=\left(\frac{191344}{z}\right)\text{N}$

（续）

步　骤	过　程	计算结果
2. 计算所需螺栓的直径和数量	由表 11－9，查得 $[S]=2$ 则 $[\sigma]=\frac{\sigma_s}{[S_s]}=\frac{480}{2}\text{MPa}=240\text{MPa}$ $d_1 \geqslant \sqrt{\frac{5.2F_Q}{\pi[\sigma]}}=\sqrt{\frac{5.2\times191344}{3.14\times240z}}=\frac{36.33}{\sqrt{z}}$	$d_1 \geqslant \frac{36.33}{\sqrt{z}}$
3. 确定螺栓规格及数量	初选 $z=8$，求得 $d_1=12.85\text{mm}$，查 GB/T 196—2003，选取 M16 的螺栓。校验螺栓分布间距 $t_{0\max}=7d=112\text{mm}$，$t_{0\min}=3d=48\text{mm}$，$t_0=\pi D_0/z=\pi\times350/8=137\text{mm}>t_{0\max}$。为了保证联接的紧密性，螺栓数 z 取为 12，$t_0=92\text{mm}$，能满足间距要求，且强度更好。所以选用 12 个 M16 螺栓	选用 12 个 M16 螺栓

特别提醒

1）直径小的螺栓在拧紧时容易过载而被拉断，所以宜选用大于 M12 的螺栓，对于不控制拧紧力矩的螺栓连接，在计算时应该取较大的安全系数。

2）压力容器中的螺栓联接，除满足式中的强度计算外，还要有适当的螺栓间距 t_0，t_0 太大会影响联接的紧密性，通常，$3d \leqslant t_0 \leqslant 7d_0$。

练　习　题

1. 螺纹联接为什么要防松？
2. 螺纹联接常用的防松措施有哪些？

任务 3　普通螺旋传动的计算

知识目标：

1. 了解普通螺旋传动的应用形式
2. 判断普通螺旋传动直线移动方向
3. 计算普通螺旋传动直线移动距离

技能目标：

根据已知条件计算普通螺旋传动直线移动方向和距离

任务描述

如图 11-11 所示，普通螺旋传动中，已知左旋双线螺杆的螺距为 8mm，若螺杆按图示方向回转两周，螺母移动了多少距离？方向如何？

任务分析

普通螺旋传动是由螺杆和螺母组成的简单螺旋副实现的传动。普通螺旋传动中，螺杆（螺母）相对于螺母（螺杆）每回转一周，螺杆（螺母）就移动一个导程的距离。因此，螺杆（螺母）移动距离 L 等于回转周数 N 与导程 Ph 的乘积。

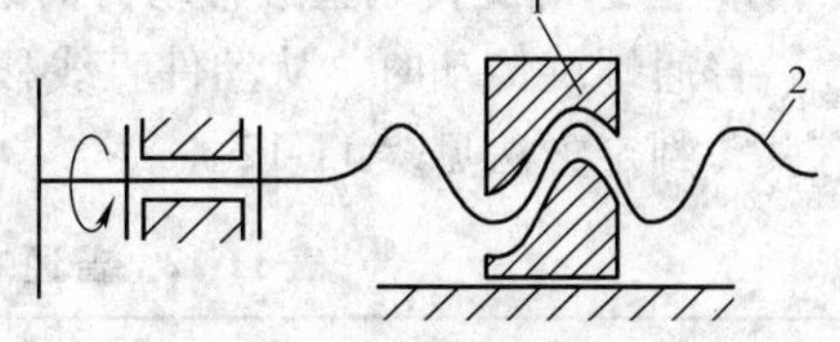

图 11-11　普通螺旋传动
1—螺母　2—左旋螺杆

相关知识

1. 普通螺旋传动的应用形式（见表 11-11）

表 11-11　普通螺旋传动的应用形式

应用形式	应用实例	工作过程
螺母固定不动，螺杆回转并作直线运动	活动钳口　固定钳口　螺杆　螺母 台虎钳	当螺杆按图示方向相对螺母作回转运动时，螺杆连同活动钳口向右作直线运动，与固定钳口实现对工件的夹紧；当螺杆反向回转时，活动钳口随螺杆左移，松开工件
螺杆固定不动，螺母回转并作直线运动	托盘　螺母　手柄　螺杆 螺纹千斤顶	螺杆连接于底座上固定不动，转动手柄使螺母回转，并作上升或下降的直线移动，从而举起或放下托盘
螺杆回转，螺母作直线运动	车刀架　螺杆　螺母　手柄 车床横刀架	转动手柄时，与手柄接在一起的螺杆（丝杠）便使螺母带动车刀架作横向往复运动，从而在切削工件时实现进刀和退刀
螺母回转，螺杆作直线运动	观察镜　螺杆　螺母　机架 观察镜螺旋调整装置	螺杆和螺母为左旋螺纹。当螺母按图示方向回转时，螺杆带动观察镜向上移动；螺母反向回转时，螺杆连同观察镜向下移动，从而实现对观察镜的上下调整

2. 普通螺旋传动直线移动方向的判定

普通螺旋传动时，从动件直线移动的方向不仅与螺纹的回转方向有关，还与螺纹的旋向有关，判定方法见表 11-12。

表 11-12　普通螺旋传动螺杆（螺母）移动方向的判定

应用形式	应用实例	移动方向的判定
螺母（螺杆）不动，螺杆（螺母）回转并移动	活动钳口 固定钳口 螺杆 螺母 台虎钳	右旋螺纹用右手，左旋螺纹用左手。手握空拳，四指指向与螺杆（螺母）回转方向相同，大拇指竖直，则大拇指指向即为主动件螺杆（螺母）的移动方向
螺杆（螺母）回转，螺母（螺杆）移动	床鞍 丝杠 开合螺母 车床床鞍的螺旋传动	右旋螺纹用右手，左旋螺纹用左手。手握空拳，四指指向与主动件螺杆（螺母）回转方向相同，大拇指竖直，则大拇指指向的相反方向即为从动件螺母（螺杆）的移动方向

3. 普通螺旋传动直线移动距离的计算

普通螺旋传动中，螺杆（螺母）相对于螺母（螺杆）每回转一周，螺杆（螺母）就移动一个导程的距离。因此，螺杆（螺母）移动距离 L 等于回转周数 N 与导程 Ph 的乘积。

$$L = NPh$$

式中　L——螺杆（螺母）移动距离（mm）；

N——回转周数（r/min）；

Ph——螺纹导程（mm）。

任务实施

台虎钳移动距离见表 11-13。

表 11-13　台虎钳移动距离

步　骤	计算过程	结　果
1. 计算出普通螺旋传动螺母移动距离	利用公式 $L = NPh$ $L = NPh = NPZ = 2 \times 8 \times 2\text{mm} = 32\text{mm}$	$L = 32\text{mm}$
2. 判断螺母移动方向	螺杆回转，螺母移动。左旋螺纹用左手确定方向，四指指向与螺杆回转方向相同，大拇指指向的相反方向为螺母的移动方向，判断螺母移动方向为向右	螺母移动方向向右

特别提醒

1）在螺旋副中，螺杆与螺母是具有确定相对运动的两个构件，属于低副；螺纹副不是运动副，组成螺纹副的螺杆（如螺钉、螺栓等）和螺母只是两个零件，它们与其他被连接的零件组成一个钢性构件。

2）普通螺旋传动直线移动方向的判断，应先分析螺旋传动的应用形式，再根据旋向确定左右手，进行判定。

练 习 题

1. 选择题

（1）一螺杆转动螺母移动的螺旋传动装置，螺杆为双线螺纹，导程为12mm，当螺杆转两周后，螺母位移量为（　　）mm。

A. 12　　B. 24　　C. 48

（2）普通螺旋传动中，从动杆直线移动方向与（　　）有关。

A. 螺纹的回转方向　　B. 螺纹的旋向　　C. 螺纹的回转方向和螺纹的旋向

（3）车床床鞍的移动采用了（　　）的传动形式。

A. 螺母固定不动，螺杆回转并作直线运动

B. 螺杆固定不动，螺母回转并作直线运动

C. 螺杆回转，螺母移动

（4）观察镜的螺旋调整装置采用的是（　　）的传动形式

A. 螺母固定不动，螺杆回转并作直线运动

B. 螺母回转，螺杆作直线运动

C. 螺杆回转，螺母移动

2. 应用题

一普通螺旋传动机构，双线螺杆驱动螺母作直线运动，螺距为6mm，求：

（1）螺杆转两周时，螺母的移动距离为多少？

（2）螺杆转速为25r/min时，螺母的移动速度为多少？

任务4 差动螺旋传动的计算

知识目标：

1. 了解差动螺旋传动的原理
2. 差动螺旋传动活动螺母移动距离的计算及方向的确定
3. 了解滚珠螺旋传动的应用特点

技能目标：

根据已知条件计算差动螺旋传动活动螺母的移动距离及确定方向

任务描述

如图 11-12 所示是应用在微调镗刀上的差动螺旋传动实例。螺杆 1 在Ⅰ和Ⅱ两处均为右旋螺纹，刀套 3 固定在镗杆 2 上，镗刀 4 在刀套中不能回转，只能移动，当螺杆回转时，可使镗刀微量移动，从而保证加工的准确性。那么微调时如何计算？

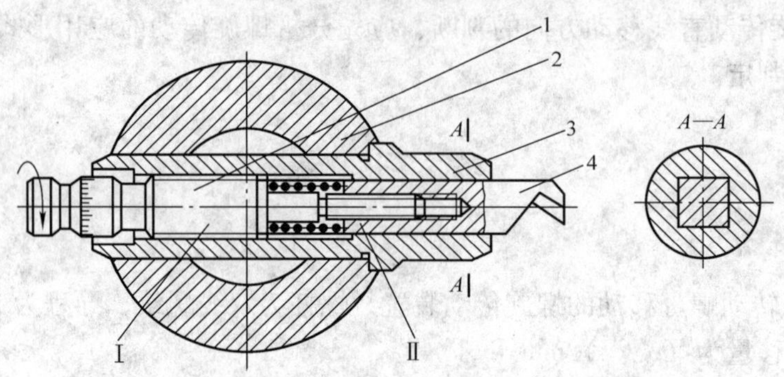

图 11-12　差动螺旋传动的微调镗刀

1—螺杆　2—镗杆　3—刀套　4—镗刀

任务分析

什么是螺旋传动，什么是差动螺旋传动呢？它们在结构组成上有什么特点，又是如何传递力和运动形式的呢？本任务来学习螺旋传动的传动原理和相关计算。

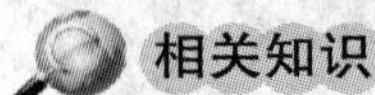

相关知识

1. 差动螺旋传动原理

由两个螺旋副组成的使活动的螺母与螺杆产生差动（即不一致）的螺旋传动称为差动螺旋传动，如图 11-13 所示。

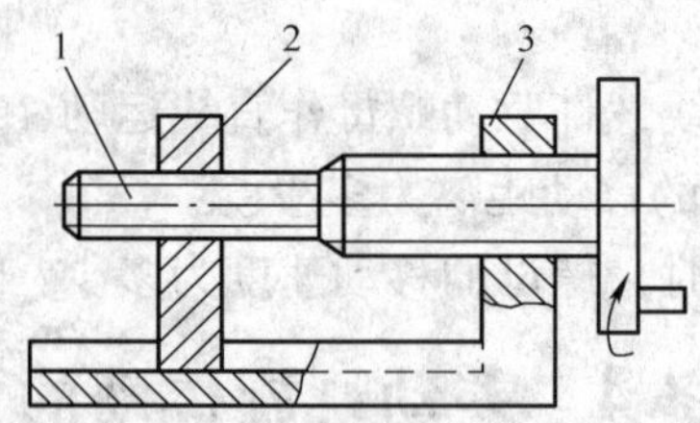

图 11-13　差动螺旋传动原理

1—螺杆　2—活动螺母　3—固定螺母（机架）

设固定螺母和活动螺母的旋向同为右旋，当按如图 11-13 所示方向回转螺杆时，螺杆相对固定螺母向左移动，而活动螺母相对螺杆向右移动，这样活动螺母相对机架实现差动移动，螺杆每转一转，活动螺母实际移动距离为两段螺纹导程之差。如要固定螺母的螺纹旋向仍为右旋，活动螺母的螺纹旋向为左旋，则如图 11-13 所示回转螺杆时，螺杆相对固定螺母左移，活动螺母相对螺杆也左移，螺杆每转一周，活动螺母实际移动距离为两段螺纹的导程之和。

2. 差动螺旋传动活动螺母移动距离的计算及方向的确定

差动螺旋传动活动螺母移动距离的计算及方向的确定见表11-14。

表11-14 差动螺旋传动活动螺母移动距离的计算及方向的确定

差动螺旋传动的形式	活动螺母移动距离的计算	活动螺母移动方向的确定	应用实例
差动螺旋传动： 螺杆上两螺纹（固定螺母与活动螺母）的旋向相同	$L=N(Ph_1-Ph_2)$ 式中 L——活动螺母移动距离（mm）； N——回转周数（r） Ph_1——固定螺母导程（mm）； Ph_2——活动螺母导程（mm）	1. 当计算结果为正值时，活动螺母实际移动方向与螺杆移动方向相同 2. 当计算结果为负值时，活动螺母实际移动方向与螺杆移动方向相反 3. 螺杆移动方向按普通螺旋传动螺杆移动方向确定	1 2 3 E E 4 E—E 微调镗刀 1—螺杆 2—镗杆 3—刀套 4—镗刀 差动螺旋传动中，活动螺母可以产生极小的位移，因此可以方便地实现微量调节
复式螺旋传动： 螺杆上两螺纹（固定螺母与活动螺母）的旋向相反	$L=N(Ph_1+Ph_2)$ 式中 L——活动螺母移动距离（mm） N——回转周数（r） Ph_1——固定螺母导程（mm） Ph_2——活动螺母导程（mm）	1. 活动螺母实际移动方向与螺杆移动方向相同 2. 螺杆移动方向按普通螺旋传动螺杆移动方向确定	右旋 左旋 A B 连接车辆用复式螺旋传动 复式螺旋传动中，活动螺母可以产生很大的位移，因此可以用于需快速移动或调整两构件相对位置的装置中。连接车辆用复式螺旋传动，可以使车钩A和B快速地靠近或分开

3. 差动螺旋传动的应用

差动螺旋传动可以方便地实现微量调节，主要用于测微器、计算机、分度机等精密机床、仪器和工具中。

任务实施

微调镗刀微调距离计算步骤见表11-15。

表 11-15 微调镗刀微调距离计算步骤

步骤	内容	结果
1. 计算镗刀移动的距离	设固定螺母（刀套）的导程 $Ph_1=1.5$mm，活动螺母（镗刀）的导程 $Ph_2=1.25$mm，则由公式 $L=N(Ph_1-Ph_2)$ 得螺杆回转 1 转时镗刀移动的距离为 $L=N(Ph_1-Ph_2)=1\times(1.5-1.25)\text{mm}=+0.25\text{mm}$（右移）	$L=+0.25$mm （右移）
2. 镗刀的实际位移	如果螺杆圆周按 100 等份刻线，螺杆转过 1 格，镗刀的实际位移为 $L=0.25\text{mm}/100=0.0025\text{mm}$	$L=0.0025$mm

特别提醒

1）利用公式 $L=N(Ph_1-Ph_2)$ 计算时，若两螺纹旋向相反，公式中用“+”号；若两螺纹旋向相同，公式中用“-”号。

2）判定差动螺旋传动活动螺母移动方向时，首先判定活动螺母和固定螺母的旋向，如果旋向相同，再利用 $L=N(Ph_1-Ph_2)$ 计算，确定差值是正还是负，如果差值为正，确定方向与螺杆方向相同；如果差值为负，确定方向与螺杆方向相反。如果旋向相反，则跟螺杆方向一致。

知识拓展

在普通螺旋传动中，由于螺杆与螺母牙侧表面之间的相对运动摩擦是滑动摩擦，因此，传动阻力大，摩擦损失严重，效率低。为了改善螺旋传动的功能，经常采用滚珠螺旋传动技术，用滚动摩擦来代替滑动摩擦。

滚珠螺旋传动主要由滚珠、螺杆、螺母及滚珠循环装置组成，如图 11-14 所示。当螺杆或螺母转动时，滚动体在螺杆与螺母间的螺纹滚道内滚动，使螺杆和螺母间为滚动摩擦，从而提高传动效率和传动精度。

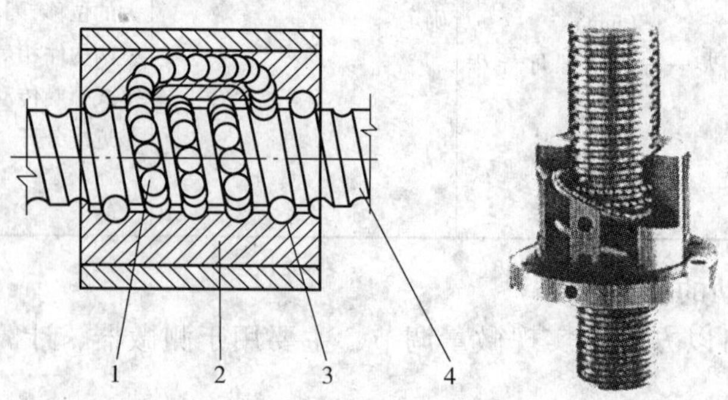

图 11-14 滚珠螺旋传动

1—滚珠循环装置 2—螺母 3—滚珠 4—螺杆

滚珠螺旋传动具有滚动摩擦阻力小、摩擦损失小、传动效率高，传动时运动稳定、动作灵敏等优点。但其结构复杂，外形尺寸较大，制造技术要求高，因此成本也较高。目前主要应用于精密传动的数控机床（滚珠丝杠传动），以及自动控制装置、升降机构、精密测量仪器、车辆转向机构等对传动精度要求较高的场合。

练 习 题

1. 选择题

（1）（　　）多用于车辆转向机构及对传动精度要求较高的场合。

A. 滚珠螺旋传动　　B. 差动螺旋传动　　C. 普通螺旋传动

（2）车床床鞍的移动采用了（　　）的传动形式。

A. 螺母固定不动，螺杆回转并作直线运动

B. 螺杆固定不动，螺母回转并作直线运动

C. 螺杆回转，螺母移动

2. 判断题

（1）滚珠螺旋传动把滑动摩擦变成了滚动摩擦，具有传动效率高、传动精度高、工作寿命长，适用于传动精度要求较高的场合。（　　）

（2）差动螺旋传动可以产生极小的位移，能方便地实现微量调节。（　　）

（3）螺旋传动常将主动件的匀速直线运动转变为从动件的匀速回转运动。（　　）

（4）在普通螺旋传动中，从动件的直线移动方向不仅与主动件转向有关，还与螺纹的旋向有关。（　　）

3. 如图11-15所示为差动螺旋传动，螺旋副a Ph_a = 2mm，左旋；螺旋副b Ph_b = 2.5mm，左旋。求：

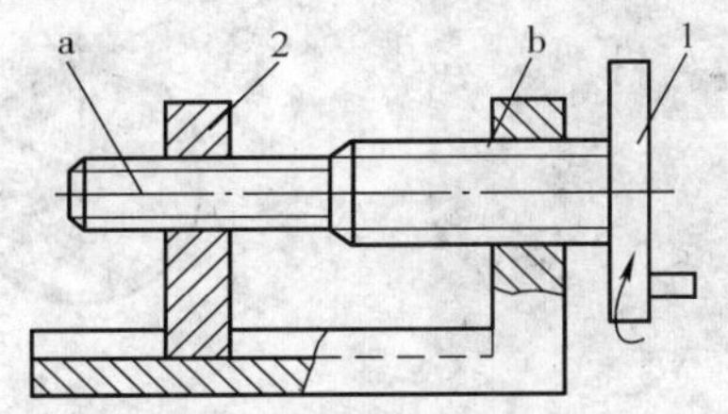

图11-15 差动螺旋传动

1—螺杆 2—活动螺母

（1）当螺杆按图示转向转动0.5周时，活动螺母2相对导轨移动了多少距离？其方向如何？

（2）若螺旋副b改为右旋，当螺杆按图示转向转动0.5周时，活动螺母相对导轨移动了多少距离？方向如何？

单元12　轴

12

任务1　认　识　轴

知识目标：

1. 了解轴的类型和特点
2. 了解轴所用的材料

技能目标：

学会各种轴材料的选用

任务描述

如图 12-1 所示为各种机械设备中的轴，试分析各轴的类型。

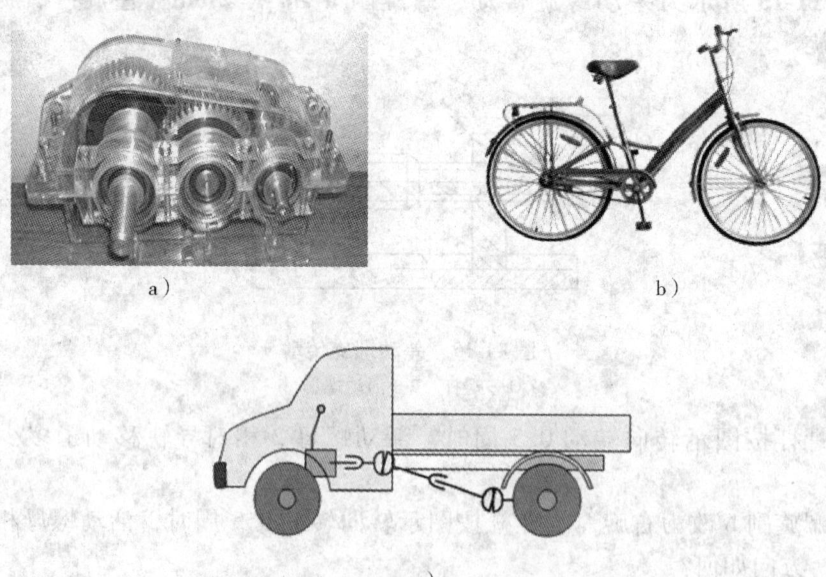

图 12-1　机械设备中的轴

a）减速器中的输出轴　b）自行车中的前轴　c）汽车中的传动轴

任务分析

要对机械设备中的轴进行分析，就必须了解各种轴的类型、轴的材料选用。

相关知识

轴是机器中最基本、最重要的零件之一。它的主要功用是支承回转零件（如齿轮、带轮等)、传递运动和动力。

对轴的一般要求是要有足够的强度、合理的结构和良好的工艺性。

1. 根据轴的形状分类（见表12-1）

表 12-1 根据轴的形状分类

类 型	示 意 图
直轴	 光轴 　　阶梯轴
曲轴	
挠性轴	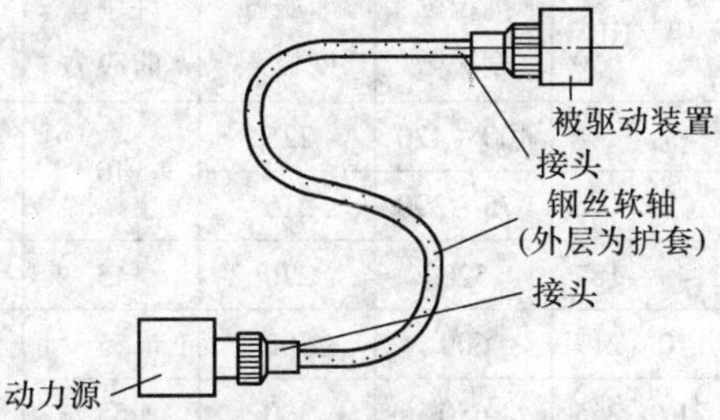 被驱动装置 接头 钢丝软轴 (外层为护套) 接头 动力源

2. 根据轴的承载情况分类（表12-2）

表 12-2 根据轴的承载情况分类

类 型		举 例	应用特点
心轴	转动心轴	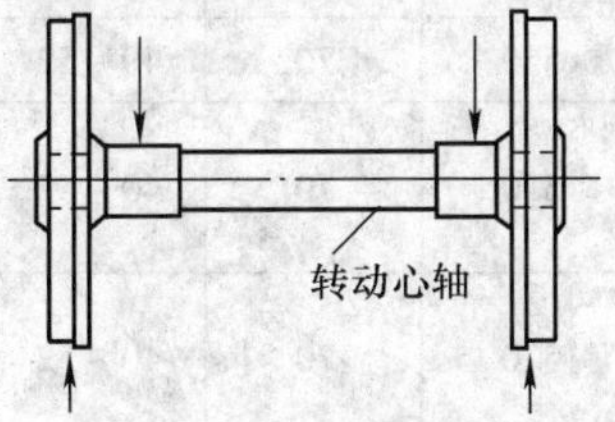 转动心轴	工作时只承受弯矩,起支承作用
	固定心轴	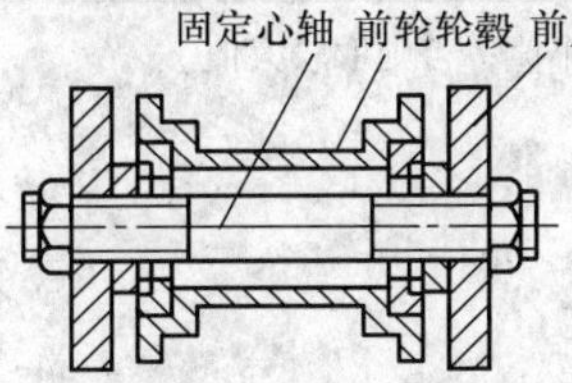 固定心轴 前轮轮毂 前叉	

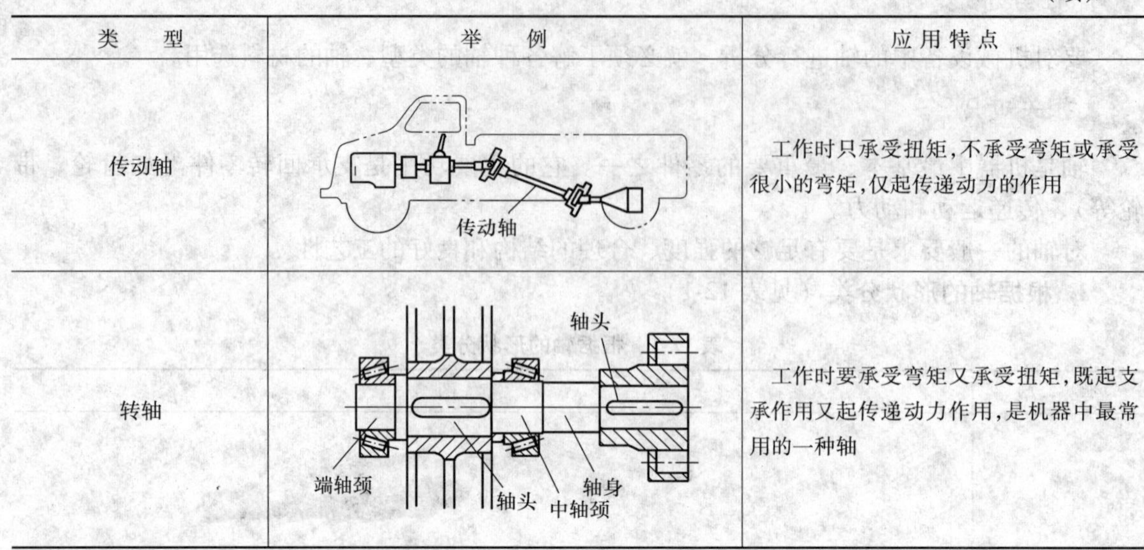

（续）

类　型	举　例	应用特点
传动轴	传动轴	工作时只承受扭矩，不承受弯矩或承受很小的弯矩，仅起传递动力的作用
转轴	轴头 端轴颈 轴头 中轴颈 轴身	工作时要承受弯矩又承受扭矩，既起支承作用又起传递动力作用，是机器中最常用的一种轴

3. 轴的材料

轴的常用材料及其主要力学性能见表 12-3。

表 12-3　轴的常用材料及其主要力学性能

材料及热处理	毛坯直径	硬度/HBW	抗拉强度极限	屈服强度极限	许用弯曲应力	许用剪切应力	常数 A	应用说明
Q235	≤100		400～420	225	40	12～20	160～135	用于不重要及受载荷不大的轴
	>100～250		375～390	215				
35 正火	≤300	143～187	520	270	45	20～30	135～118	用于一般轴
45 正火	≤100	170～217	600	300	55	30～40	118～107	用于较重的轴，应用最广泛
45 调质	≤200	217～255	650	360	55			
40Cr 调质	≤200	241～286	750	550	60	40～52	107～98	用于载荷较大，而无很大冲击的重要的轴
40MnB 调质	≤200	241～286	750	500	70	40～52	107～98	性能接近于 40Cr，用于重要的轴
35CrMo 调质	≤100	207～269	750	550	70	40～52	107～98	用于重载荷的轴
35SiMn 调质	≤100	229～286	800	520	70	40～52	107～98	可代替 40Cr，用于中、小型轴
42SiMn 调质	≤100	229～286	800	520	70	40～52	107～98	与 35SiMn 相同，但专供表面淬火用

注：1. 轴上所受弯矩较小或只受转矩时，A 取较小值；否则取较大值。

2. 用 Q235、35SiMn 时，取较大的 A 值。

任务实施

轴的类型分析见表 12-4。

表 12-4　轴的类型分析

序　　号	图　　例	分　　析
1. 汽车上的轴		工作时只承受扭矩,不承受弯矩或承受很小的弯矩,仅起传递动力作用,是传动轴
2. 自行车的前轴		工作时只承受弯矩,起支承作用,是心轴
3. 减速器的输出轴		工作时要承受弯矩又承受扭矩,既起支承作用又起传递动力作用,是转轴

特别提醒

1）选择轴的材料时，不能只根据应用说明来选择，要进行力学性能计算等多方面考虑。

2）心轴分为固定心轴和移动心轴。

练　习　题

1. 选择题

（1）自行车前轴是（　　）。

A. 固定心轴　　B. 转动心轴　　C. 转轴

（2）在机床设备中，最常见的轴是（　　）。

A. 传动轴　　B. 转轴　　C. 曲轴

（3）车床的主轴是（　　）。

A. 传动轴　　B. 心轴　　C. 转轴

（4）传动齿轮轴是（　　）。

A. 转轴　　B. 心轴　　C. 传动轴

（5）既支承回转零件，又传递动力的轴称为（　　）。

A. 心轴　　B. 转轴　　C. 传动轴

2. 判断题

（1）按轴的外部形状不同，可分为心轴、传动轴和转轴三种。　　（　　）

（2）根据心轴是否转动，可分为固定心轴和转动心轴两种。（　　）

（3）心轴在工作时只承受弯曲载荷作用。（　　）

（4）传动轴在工作时只传递转矩而不承受或仅承受很小弯曲载荷的作用。（　　）

（5）转轴在工作时既承受弯曲载荷又传递转矩，但轴的本身并不转动。（　　）

3. 填空题

（1）轴的主要功用是：支承________传递________和________。

（2）轴一般应具有足够的________、合理的________和良好的________。

（3）根据轴承载情况的不同，可将直轴分为________、________和________三类。

（4）轴是机器中________、________零件之一。

（5）自行车前轴工作时只承受________，起________作用。

任务2　设计轴的结构

知识目标：

1. 了解轴的周向固定方式
2. 了解轴的轴向固定方式
3. 了解轴的常见工艺结构

技能目标：

1. 分析轴的结构
2. 设计轴的结构

任务描述

如图12-2所示为一齿轮减速器中的转轴，试分析转轴的结构。

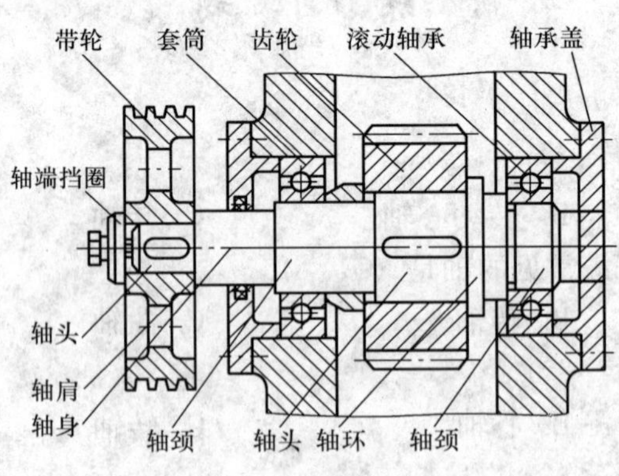

图12-2　转轴的结构

任务分析

如图12-2所示为一齿轮减速器中的转轴。轴上各段按其作用不同可分别称为轴头、轴颈和轴身。

在考虑轴的结构时，应满足以下三个方面的要求：

1）轴上零件要有可靠的周向固定和轴向固定。

2）轴应便于加工和尽量避免或减小应力集中。

3）便于轴上零件的安装与拆卸。

相关知识

1. 轴上零件的轴向固定

轴上零件的轴向固定方法及应用见表12-5。

表12-5　轴上零件的轴向固定方法及应用

类　型	图　例	结构特点及应用
圆螺母	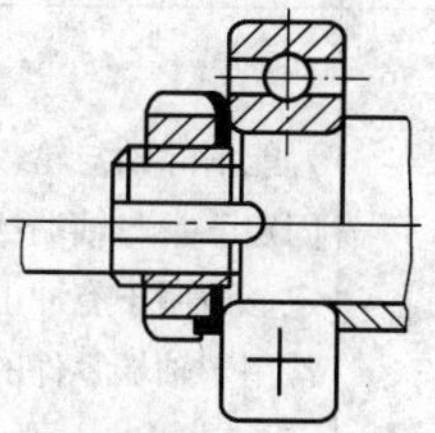	固定可靠，装拆方便，可承受较大的轴向力，能调整轴上零件之间的间歇，为防止松脱，必须加止动垫圈或使用双螺母。由于在轴上切割了螺纹，使轴的强度降低，常用于轴上零件距离较大处及轴端零件的固定
轴肩与轴环	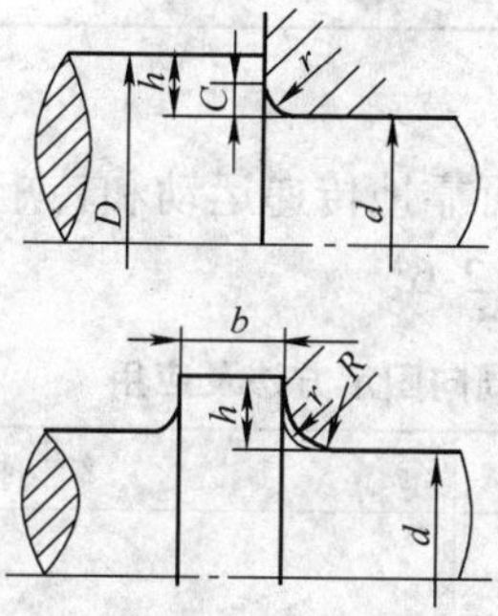	应使轴肩、轴环的过渡圆角半径 r 小于轴上零件孔端的圆角半径 R 或倒角 C（即 $r<R$ 或 $r<C$），这样才能使轴上零件的端面紧靠定位面，结构简单，定位可靠，能承受较大的轴向力，广泛应用于各种轴上零件的定位
套筒	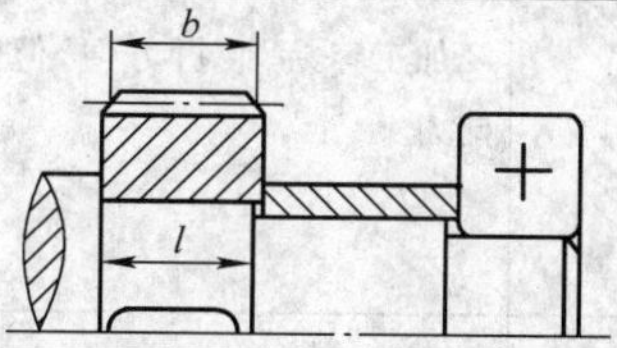	结构简单，定位可靠，常用于轴上零件间距离较短的场合，当轴的转速很高时不宜采用
轴端挡圈	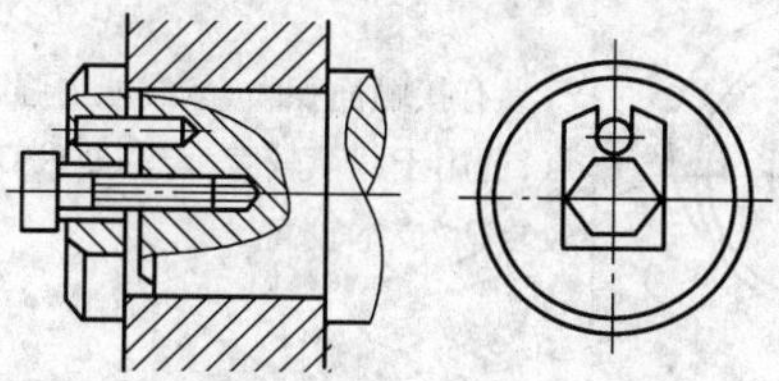	工作可靠，结构简单，可承受剧烈振动和冲击载荷。使用时，应采取止动垫片、防转螺钉等防松措施。应用广泛，适用于固定轴端零件
弹性挡圈	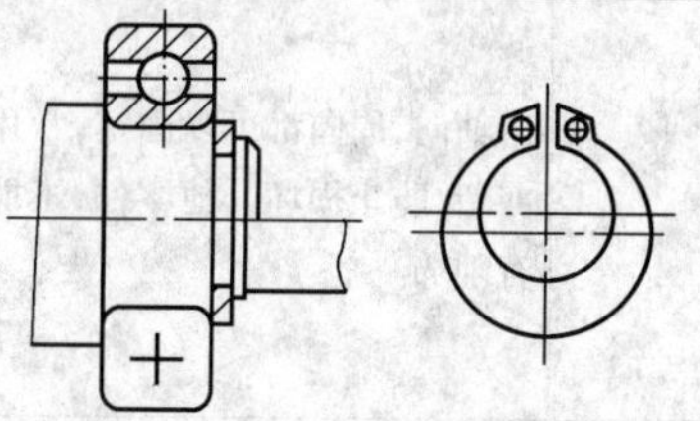	结构简单紧凑，装拆方便，只能承受很小的轴向力。需要在轴上切槽，这将引起应力集中，常用于滚动轴承的固定

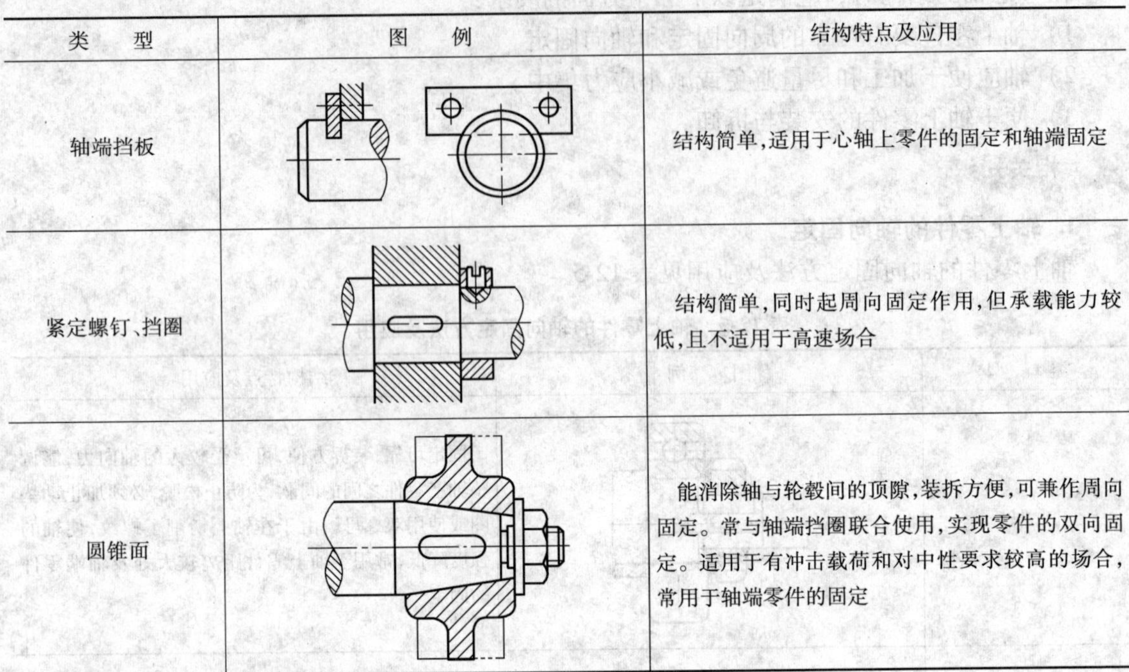

（续）

类　型	图　例	结构特点及应用
轴端挡板		结构简单，适用于心轴上零件的固定和轴端固定
紧定螺钉、挡圈		结构简单，同时起周向固定作用，但承载能力较低，且不适用于高速场合
圆锥面		能消除轴与轮毂间的顶隙，装拆方便，可兼作周向固定。常与轴端挡圈联合使用，实现零件的双向固定。适用于有冲击载荷和对中性要求较高的场合，常用于轴端零件的固定

2. 轴上零件的周向固定

轴上零件周向固定的目的是为了保证轴能可靠地传递运动和转矩，防止轴上零件与轴产生相对转动。常用的周向固定方法及应用见表 12-6。

表 12-6　轴上零件的周向固定方法及应用

类　型	固定方法及简图	结构特点及应用
平键联接		加工容易、装拆方便，但轴向不能固定，不能承受轴向力
花键联接	d D	具有接触面积大、承载能力强、对中性和导向性好等特点，适用于载荷较大，定心要求高的静动联接。加工工艺较复杂，成本较高
销钉联接		轴向、周向都可以固定，常用作安全装置，过载时可被剪断，防止损坏其他零件，不能承受较大载荷，对轴强度有削弱

（续）

类　型	固定方法及简图	结构特点及应用
紧定螺钉		紧定螺钉端部拧入轴上凹坑实现固定。结构简单，不能承受较大载荷，只适用于辅助连接
过盈配合	α　H7/r6	同时有周向和轴向固定作用，对中精度高，选择不同的配合有不同的连接强度。不适用于重载和经常装拆的场合

3. 轴上常见的工艺结构

轴的结构工艺性是指轴的结构形式应便于加工，便于轴上零件的装配和使用维修，并且能提高生产率，降低成本。一般来说，轴的结构越简单，工艺性就越好。所以，在满足使用要求的前提下，轴的结构形式应尽量简化。

1）轴的结构和形状应便于加工、装配和维修。

2）阶梯轴的直径应该是中间大、两端小，以便于轴上零件的装拆（如图 12-3 所示）。

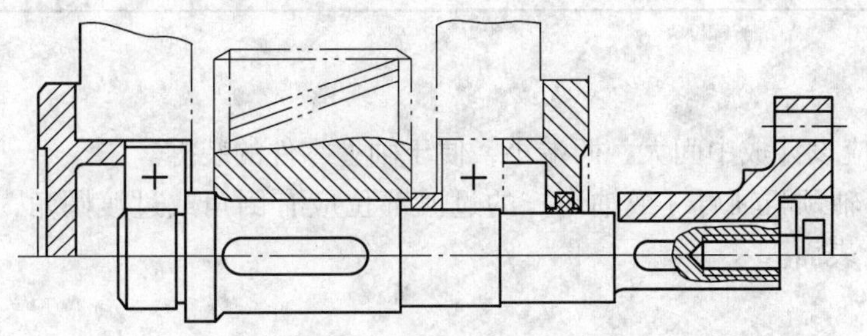

图 12-3　轴上常见的工艺结构

3）轴端、轴颈与轴肩（或轴环）的过渡部位应有倒角或过渡圆角，便于轴上零件的装配，避免划伤配合表面，减小应力集中。应尽可能使倒角（或圆角半径）一致，以便于加工。

4）当轴上需要切制螺纹或进行磨削时，应有螺纹退刀槽（如图 12-4 所示），或砂轮越程槽（如图 12-5 所示）。

5）当轴上有两个以上键槽时，槽宽应尽可能相同，并布置在同一母线上，以利于加工（如图 12-3 所示）。

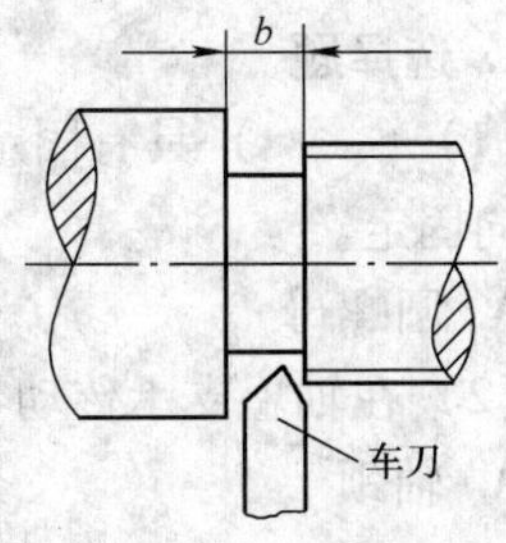

图 12-4　螺纹退刀槽

任务实施

如图 12-2 所示轴上各部分结构的分析见表 12-7。

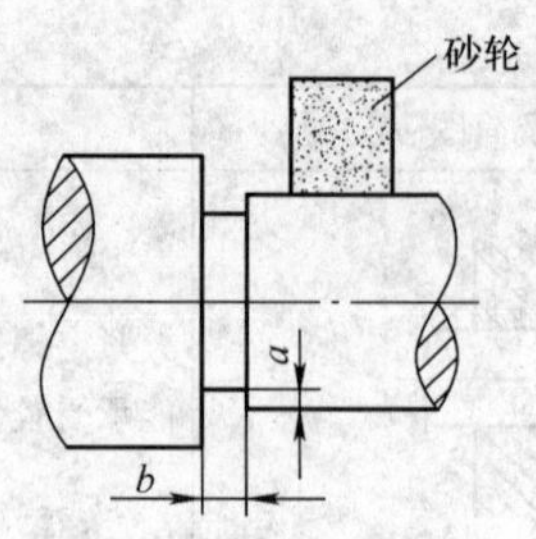

图 12-5　砂轮越程槽

表 12-7　轴上各部分结构的分析

步　骤	分　析
1. 转轴上零件名称	轴端挡圈、带轮、套筒、齿轮、滚动轴承、轴承盖
2. 转轴上周向固定的方法	平键联接、过盈配合
3. 转轴上轴向固定的方法	轴肩与轴环、轴端挡圈、套筒、轴承盖
4. 转轴上的工艺结构	（1）轴的直径是中间大、两端小，以便于轴上零件的装拆 （2）轴端、轴颈与轴肩（或轴环）的过渡部位有倒角或过渡圆角，便于轴上零件的装配，避免划伤配合表面，减小应力集中 （3）轴上有砂轮越程槽 （4）轴上有两个以上键槽时，槽宽相同，并布置在同一素线上，以利于加工

特别提醒

1）阶梯轴应设计成中间大、两端小，便于轴上零件的装拆。

2）轴端、轴颈与轴肩（或轴环）的过渡部位应有倒角或过渡圆角，否则轴上零件的装配会划伤配合表面。

练　习　题

1. 选择题

（1）（　　）具有固定可靠、装拆方便等特点，常用于轴上零件距离较大处及轴端零件的轴向固定。

A. 圆螺母　　B. 圆锥面　　C. 轴肩与轴环

（2）在轴上支承传动零件的部分称为（　　）。

A. 轴颈　　B. 轴头　　C. 轴身

（3）（　　）具有机构简单、定位可靠、能承受较大的轴向力的特点，广泛应用于各种轴上零件的轴向固定。

A. 紧定螺钉　　B. 轴肩与轴环　　C. 紧定螺钉与挡圈

（4）（　　）常用于轴上零件间距离较小的场合，但当轴的转速要求很高时不宜采用。

A. 轴肩与轴环　　B. 轴端挡板　　C. 套筒

(5) 接触面积大、承载能力强、对中性和导向性都好的周向固定是（ ）。

A. 紧定螺钉　　B. 花键联接　　C. 平键联接

(6) 加工容易、装拆方便、应用最广泛的周向固定是（ ）。

A. 平键联接　　B. 过盈配合　　C. 花键联接

(7) 对轴上零件起周向固定作用的是（ ）。

A. 轴肩与轴环　　B. 平键联接　　C. 套筒和圆螺母

(8) 为了便于加工，在车削螺纹的轴段上应有（ ），在需要磨削的轴段上应留出（ ）。

A. 砂轮越程槽　　B. 键槽　　C. 螺纹退刀槽

(9) 轴上零件最常用的轴向固定方法是（ ）。

A. 套筒　　B. 轴肩与轴环　　C. 平键联接

2. 判断题

(1) 阶梯轴上安装传动零件的轴段称为轴颈。（ ）

(2) 轴肩或轴环能对轴上零件起准确定位作用。（ ）

(3) 阶梯轴上各截面变化处都应当有越程槽。（ ）

(4) 轴上零件的轴向固定是为了防止在轴向力作用下零件沿轴线移动。（ ）

(5) 阶梯轴具有便于轴上零件安装和拆卸的优点。（ ）

3. 填空题

(1) 轴上零件的轴向定位与固定的方法主要有________、________和________等。

(2) 轴的工艺结构应满足三个方面的要求：轴上零件应有可靠的________；轴便于________和尽量避免或减小________；轴上零件便于________。

(3) 轴上零件轴向固定的目的是为了保证零件在轴上有________，防止零件作________并能承受________。

(4) 轴上零件周向固定的目的是为了保证轴能可靠地传递________，防止轴上零件与轴产生________。

(5) 轴上零件的周向定位与固定的方法主要有________、________、________和________等。

(6) 在采用圆螺母作轴向固定时，轴上必须切制出________。

(7) 轴常设计成阶梯性，其主要目的是便于轴上零件的________和________。

任务3 轴的强度计算

知识目标：

1. 了解三种类型轴的强度条件
2. 了解三种类型轴的强度计算

技能目标：

1. 学会轴的强度计算
2. 能够正确查阅设计的相关资料

任务描述

如图 12-6 所示为实心轴与空心轴通过牙嵌离合器联接传递转矩，已知轴的转速 $n=120\text{r/min}$，传递的功率 $P=10\text{kW}$，材料的许用切应力 $[\tau]=40\text{MPa}$，空心轴内径为 d_1，外径为 D。空心轴内外径之比 $\alpha=\dfrac{d_1}{D}=0.6$，设计实心轴的直径 d 和空心轴的外径 D。

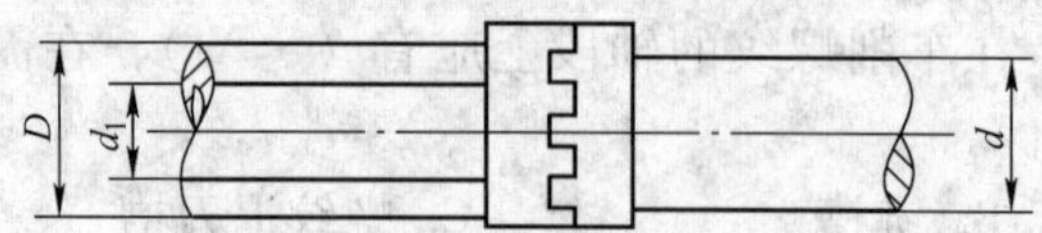

图 12-6　实心轴与空心轴通过牙嵌离合器连接

任务分析

如图 12-6 所示为实心轴与空心轴通过牙嵌离合器连接传递转矩，在实际工作时，两轴都承受扭矩，通过离合器连接起传递动力的作用，它是机器中最常见的一种轴。要估算其直径，必须先进行受力分析和强度计算。

相关知识

1. 扭转时横截面上的扭矩和扭矩图

（1）外力偶矩的计算　轴的两端受到一对大小相等、转向相反、作用面与轴线垂直的力偶作用时，横截面绕轴线产生相对转动，使轴产生扭转变形，如图 12-7 所示。

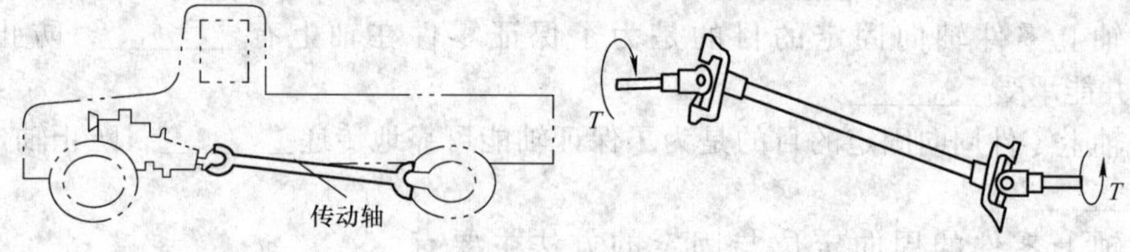

图 12-7　汽车传动轴

在工程实际中，通常无法直接知道外力偶矩的大小，而是给出轴所传递的功率 P 和轴的转速 n，利用下式计算

$$M = 9.55\times10^6\frac{P}{n}$$

式中　M——作用于轴上的外力偶矩（N·m）；

P——轴传递的功率（kW）；

n——轴的转速（r/min）。

（2）传动轴横截面上的内力——扭矩　如图 12-8a 所示，轴在外力偶矩的作用下，横截面上会产生抵抗变形和破坏的内力。可用截面法求出内力。现用假想平面 m—m 将轴截开，取左段为研究对象，如图 12-8b 所示。

由平衡关系可知，横截面上的内力合成为内力偶矩，这个内力偶矩称为扭矩，用 T 表

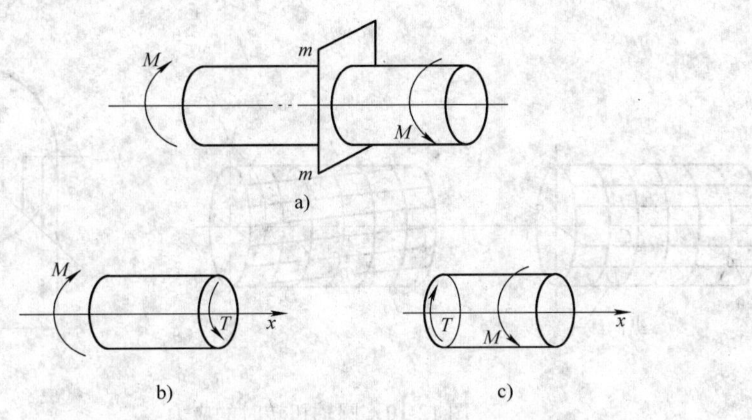

图 12-8　扭转时横截面上的扭矩和扭矩图

示。平衡条件为

$$\sum M = 0$$

$$T - M = 0$$

所以
$$T = M$$

也可取右段为研究对象（如图 12-8c 所示）来求 T。为了使取左段或右段所求得的扭矩在符号上一致，采用右手螺旋法则来规定扭矩的正负。如图 12-9 所示，以右手四指弯曲方向表示扭矩的转向，则大拇指指向离开截面时扭矩为正，反之为负。

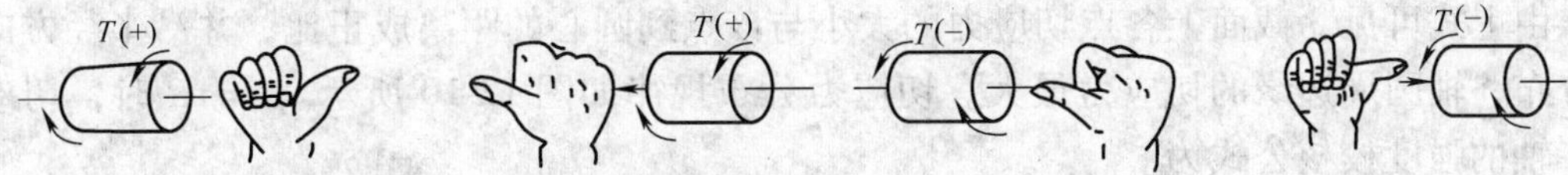

图 12-9　扭矩正负的判定

当轴上作用多个外力偶矩时，任一截面上的扭矩等于该截面左段（或右段）所有外力偶矩的代数和。

（3）扭矩图　工程上，为了形象地表示各截面扭矩的大小和正负，以便分析危险截面，常需画出各截面扭矩随截面位置变化的分析图，称为扭矩图。其画法为：以平行于轴线的横坐标 x 表示各截面位置，垂直于轴线的纵坐标表示相应截面上的扭矩 T，正扭矩画在 x 轴上方，负扭矩画在 x 轴下方。

2. 扭转时横截面上的应力

为了研究应力，先看一下扭转实验的现象。如图 12-10 所示的圆轴，在其表面画出圆周线和纵向线。在 M 的作用下，轴产生变形，可以观察到：

1）纵向线仍近似地为直线，只是都倾斜了同一角度。

2）圆周线均绕轴线转过一角度，但圆周线的形状、大小及圆周线之间的距离均无变化。

由此可见，圆轴扭转时没有发生纵向变形，所以横截面上没有正应力。由于相邻截面相对地转过一个角度，即各横截面之间发生了绕轴线的相对错动，因而横截面上有切应力，且

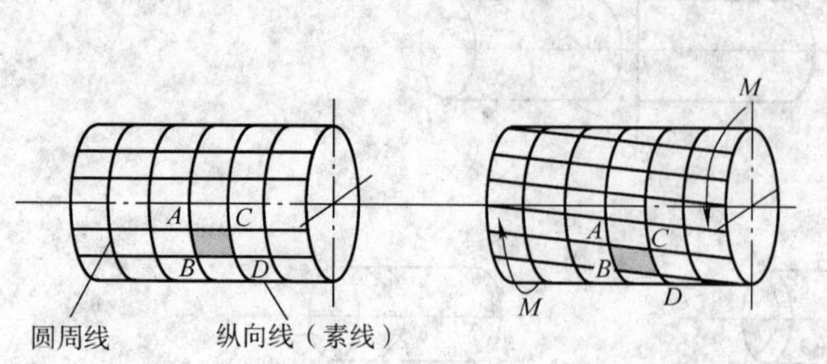

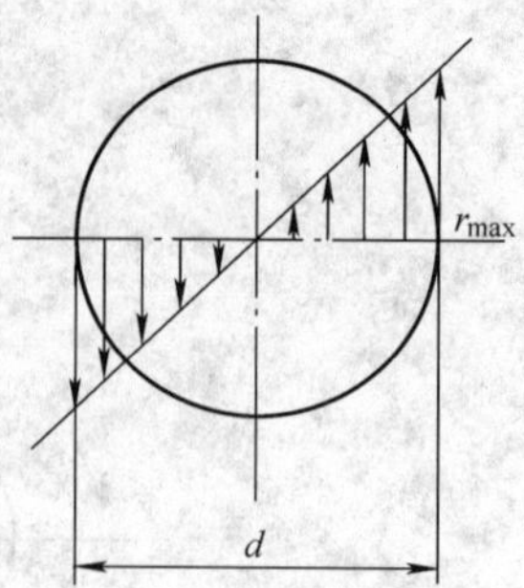

图 12-10　圆轴扭转时的应力

与半径垂直。

切应力计算公式可由几何关系、力学知识等导出。

圆轴扭转时横截面上任意点处的切应力计算公式为

$$\tau_p = \frac{T\rho}{I_p}$$

式中　τ_p——横截面上任意点的切应力（MP）；

T——横截面上的扭矩（N·m）；

ρ——截面任意点到圆心的距离（mm）；

I_p——截面的极惯性矩（mm^4），与截面的形状和尺寸有关。

由上式可见，截面上各点切应力的大小与该点到圆心的距离成正比，并沿半径方向呈线性分布，轴圆周边缘的切应力最大。切应力分布规律如图 12-10 所示。$\rho = R$ 时，切应力最大，轴的强度校核公式为

$$\tau = \tau_{max} = \frac{TR}{I_p}$$

令 $W_p = \frac{I_p}{R}$，则有 $\tau_{max} = \frac{T}{W_p}$。

式中　W_p——圆轴的抗扭截面系数（mm^3）。

抗扭截面系数的大小，与截面的形状和尺寸有关。工程上常用的实心圆轴与空心轴的极惯性矩与抗扭截面系数计算如下：

（1）实心圆轴

$$I_p = \frac{\pi}{32}d^4 \approx 0.1d^4$$

$$W_p = \frac{\pi}{16}d^3 \approx 0.2d^3$$

式中　d——轴径（mm）。

（2）空心圆轴

$$I_p = \frac{\pi}{32}D_1^4(1-\alpha^4) \approx 0.1D_1^4(1-\alpha^4)$$

$$W_p = \frac{\pi}{16}D_1^3(1-\alpha^4) \approx 0.2D_1^3(1-\alpha^4)$$

式中　D_1——空心圆轴的外径；

α——$\alpha = \frac{d_1}{D_1}$（d_1为内径）。

3. 传动轴扭转时的强度计算

圆轴扭转时，为了保证轴能正常工作，应限制轴上危险截面的最大切应力不超过材料的许用切应力，即

$$\tau_{max} = \frac{T}{W_p} = \frac{9.55\times10^6}{0.2d^3}\frac{P}{n} \leqslant [\tau]$$

式中　τ_{max}——危险截面的最大切应力（MPa）；

$[\tau]$——材料的许用切应力（MPa），见表 10-2；

T——轴所承受的转矩（N·mm）；

W_p——轴危险截面的抗扭截面模量（mm^3）

P——轴的传递功率（kW）；

n——轴的转速（r/min）；

d——轴危险截面的直径（mm）。

轴的设计计算公式为

$$d \geqslant \sqrt[3]{\frac{9.55\times10^6 P}{0.2[\tau]n}} = A\sqrt[3]{\frac{P}{n}}$$

式中　A——由轴的材料和承载情况确定的常数，见表 12-9。

若在计算面处有键槽，则应将直径加大 5%（单键）或 10%（双键），以补偿键槽对轴强度削弱的影响。

轴的标准直径见表 12-8。

表 12-8　轴的标准直径　　（单位：mm）

10	12	14	16	18	20	22	24	25	26	28	30	32	34	36
38	40	42	45	48	50	53	56	60	63	67	71	75	80	85

4. 转轴的直径估算

对承受弯曲和扭转复合作用的转轴，由于轴上零件的位置和两轴承间的距离尚未确定，所以对轴所承受弯矩无法进行计算。因此常用扭矩法作轴径的估算。由式（12－8）可知，轴扭转时的强度条件为 $\tau = \frac{T}{W_p} \leqslant [\tau]$，其中扭矩 $T = 9.55\times10^6\frac{P}{n}$，抗扭截面系数 $W_p \approx 0.2d^3$，则轴直径的设计式为

$$d \geqslant \sqrt[3]{\frac{9.55\times10^6 P}{0.2[\tau]\cdot n}} = C\cdot\sqrt[3]{\frac{P}{n}}$$

式中　P——轴所传递的功率（kW）；

n——轴的转速（r/min）；

C——由轴的材料和许用切应力所确定的因数，可由表 12-9 确定。

表 12-9　常用材料值和 C 值

轴的材料	Q235、20	35	45	40Cr、35SiMn
$[\tau]$/MPa	12～20	20～30	30～40	40～52
C	100～135	135～118	118～107	107～98

注：当作用在轴上的弯矩比传递的转矩小或只传递转矩时，C 取较小值，否则取大值。

当轴上开有键槽时，会削弱轴的强度。因此，轴的直径应适当增大。一般情况下，轴上同一截面开有一个键槽时，轴径增大 3%；开有两个键槽时增大 7%。

5. 校核转轴的强度

轴的最小轴径确定后，可依次确定其他各段轴径，轴上零件位置得以确定，轴各截面的弯矩即可算出。这时可按弯扭组合作用校核轴的强度。弯扭组合强度条件为

$$\sigma_e = \frac{\sqrt{M^2 + T^2}}{W_z} \leqslant [\sigma_b]$$

由于一般转轴的弯矩 M 为对称循环变应力，而 T 的循环特性与 M 不同。考虑两者不同循环特性的影响，对上式中的扭矩乘以折算系数，即得危险截面处强度校核式。

$$\sigma_e = \frac{M_e}{W_z} = \frac{\sqrt{M^2 + (\alpha T)^2}}{0.1d^3} \leqslant [\sigma_b]$$

由上式可得轴危险截面处直径 d 的计算公式为

$$d \geqslant \sqrt[3]{\frac{M_e}{0.1[\sigma_b]}}$$

式中　M_e——当量弯矩（MPa）；

α——折算系数，取 $\alpha = 0.6$；

$[\sigma_b]$——许用弯曲应力，可查表 12-3 或查阅《机械设计手册》。

 **任务实施**

轴的强度计算见表 12-10。

表 12-10　轴的强度计算

步　骤	内　容	结　果
1. 计算外力偶矩及扭矩	$M = 9550\frac{p}{n} = 9500 \times \frac{10}{120}\text{N}\cdot\text{m}$ $= 795.8\text{N}\cdot\text{m}$	$M = 795.8\text{N}\cdot\text{m}$
2. 设计轴的直径	$\tau_{max} = \frac{T}{W_P} \leqslant [\tau]$ $W_P = \frac{\pi}{16}d^3 \approx 0.2d^3 \geqslant \frac{T}{\tau}$	
(1)实心轴	$d \geqslant \sqrt[3]{\frac{T}{0.2[\tau]}} = \sqrt[3]{\frac{795.8 \times 10^3}{0.2 \times 40}}\text{mm}$ $= 46.3\text{mm}$	$d \geqslant 46.3\text{mm}$

（续）

步　骤	内　容	结　果
(2)空心轴	$D \geqslant \sqrt[3]{\frac{T}{0.2(1-\alpha^4)[\tau]}} = \sqrt[3]{\frac{795.8\times10^3}{0.2(1-0.6^4)\times40}}\text{mm} = 48.5\text{mm}$	$D \geqslant 48.5\text{mm}$
(3)轴径值	根据轴的标准直径取值	$d = 47\text{mm}, D = 49\text{mm}$

特别提醒

1）通常是按强度条件确定最小的轴径，并根据轴的结构要求确定其他各段的轴径，然后再进行强度验算。

2）按抗扭强度估算转轴轴径时，求出的直径是轴的最小直径。

练　习　题

1. 选择题

（1）与轴配合的轴段是（　　）。

A. 轴头　　B. 轴颈　　C. 轴身

（2）哪种轴只承受弯矩而不承受扭矩？（　　）。

A. 心轴　　B. 传动轴　　C. 转轴

（3）对轴进行强度校核时，应选定危险截面，通常危险截面为（　　）。

A. 受集中载荷最大的截面

B. 截面积最小的截面

C. 截面积小、应力集中的截面

（4）适当增加轴肩或轴环处圆角半径的目的在于（　　）。

A. 降低应力集中，提高轴的疲劳强度

B. 便于轴的加工

C. 便于实现轴向定位

（5）按抗扭强度估算转轴轴径时，求出的直径指哪段轴径？（　）

A. 装轴承处的直径　　B. 轴的最小直径　　C. 轴上危险截面处的直径

（6）某转轴在高温、高速和重载条件下工作，宜选有何种材料？（　）

A. 45 钢正火　　B. 45 钢调质　　C. 35SiMn

2. 判断题

（1）一般机械中的轴多采用阶梯轴，以便于零件的装拆、定位。（　　）

（2）自行车的前、后轮轴都是心轴。（　　）

（3）轴设计中应考虑的主要问题是振动稳定性和磨损问题。（　　）

（4）同一轴上各键槽、退刀槽、圆角半径、倒角、中心孔等重复出现时，尺寸应尽量相同。（　　）

（5）轴的各段长度取决于轴上零件的轴向尺寸。为防止零件的窜动，一般轴头长度应稍大于轮毂的长度。（　　）

（6）为了使滚动轴承内圈轴向定位可靠，轴肩高度应大于轴承内圈高度。（　　）

单元13 轴 承

13

任务1 认识滑动轴承

知识目标：

1. 滑动轴承的类型、结构、特点
2. 滑动轴承的材料及润滑

技能目标：

正确选用滑动轴承

 **任务描述**

试分析滑动轴承的润滑方式。

 **任务分析**

首先要掌握滑动轴承的类型、结构、特点，轴瓦的结构、轴承的材料，才能正确选用润滑方法和润滑装置。

 **相关知识**

1. 滑动轴承的类型

轴承是机器中主要用来支撑轴的部件，用以保证轴的旋转精度，并减少轴与支承物间的摩擦和磨损。

滑动轴承的运动是以轴颈与轴瓦的相对滑动摩擦为主要特征的。

滑动轴承按照轴承承载方向的不同可分为：主要承受径向载荷 F_r 的径向滑动轴承，如图 13-1a 所示；主要承受轴向载荷 F_a 的推力滑动轴承，如图 13-1b 所示。

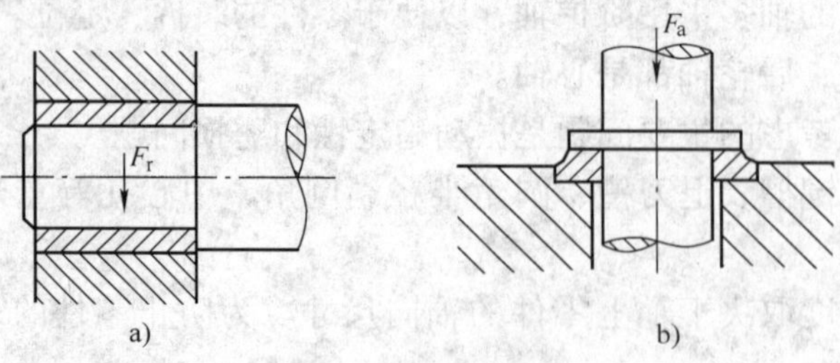

图 13-1 滑动轴承

滑动轴承主要由轴承座、轴瓦或轴套组成。常用径向滑动轴承的结构有整体式和剖分式两种。常用滑动轴承的结构特点见表 13-1

表 13-1 常用滑动轴承的结构特点

类型		图例	特点
径向滑动轴承	整体式	轴承座	结构简单、价格低廉,但轴的装拆不方便,磨损后轴承的径向间隙无法调整。适用于轻载、低速或间歇工作的场合
	剖分式	双头螺柱 上轴瓦 轴承盖 下轴瓦 轴承座	装拆方便,磨损后轴承的顶隙可以调整,应用较广
止推滑动轴承		2 3 4 5 1	靠轴的端面或轴肩、轴环的端面向推力支承面传递轴向载荷 1—轴承座 2—衬套 3—轴套 4—止推垫圈 5—销钉

2. 滑动轴承的特点和应用

滑动轴承的特点和应用见表 13-2。

表 13-2 滑动轴承的特点和应用

优点	1)结构简单,制造、加工、拆装方便 2)具有良好的耐冲击性和良好的吸振性能,运转平稳,旋转精度高 3)寿命长
缺点	1)维护复杂,对润滑条件要求较高 2)边界润滑轴承,摩擦损耗较大
应用	1)大型汽轮机、发电机、压缩机、轧钢机及高速磨床上多采用滑动轴承 2)在低速而带有冲击载荷的机器中,如水泥搅拌器、滚筒清砂机、破碎机等,冲压机械、农业机械中也多采用滑动轴承

3. 轴瓦的结构

常用的轴瓦有整体式和对开式两种结构。

整体式轴承采用整体式轴瓦，其结构如图 13-2 所示，分为不带挡边（如图 13-2a 所示）和带挡边（如图 13-2b 所示）两种结构。

对开式轴承的轴瓦（对开式轴瓦）由上下两部分组成，如图 13-3 所示。为使轴瓦既有一定的强度，又有良好的减磨性，常在轴瓦内表面浇铸一层减磨性好的材料（如轴承合金），称为轴承衬。轴承衬应可靠地贴合在轴瓦表面上，为此可以采用如图 13-4 所示的结合形式（图中涂黑层表示轴承衬）。

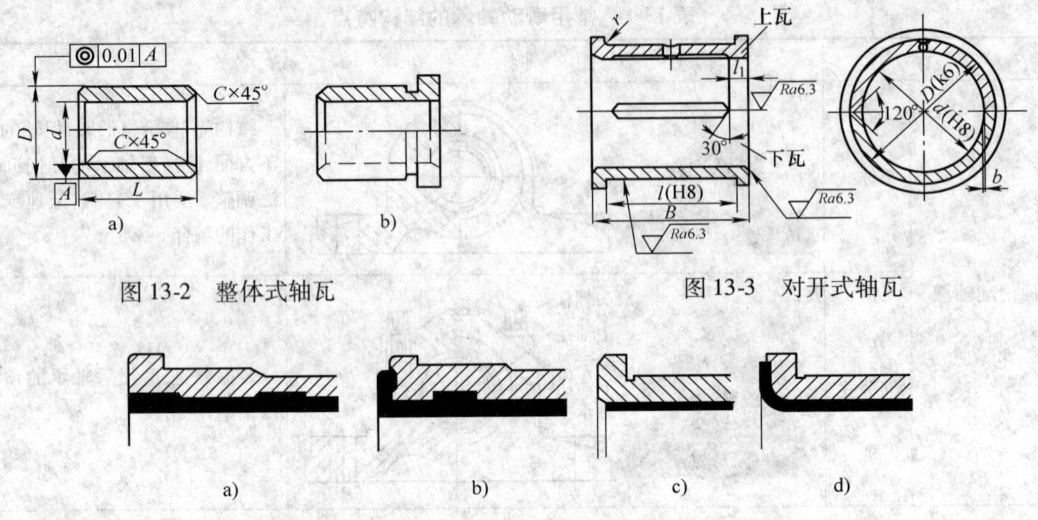

图 13-2　整体式轴瓦

图 13-3　对开式轴瓦

图 13-4　轴瓦与轴承衬的结合形式

为了将润滑油引入轴承，并布满于工作表面，常在其上开有供油孔和油沟。供油孔和油沟应开在轴瓦的非承载区，否则会降低油膜的承载能力。轴向油沟也不应在轴瓦全长上开通，以免润滑油自油沟端部大量泄漏。常见的油沟形式如图 13-5 所示。

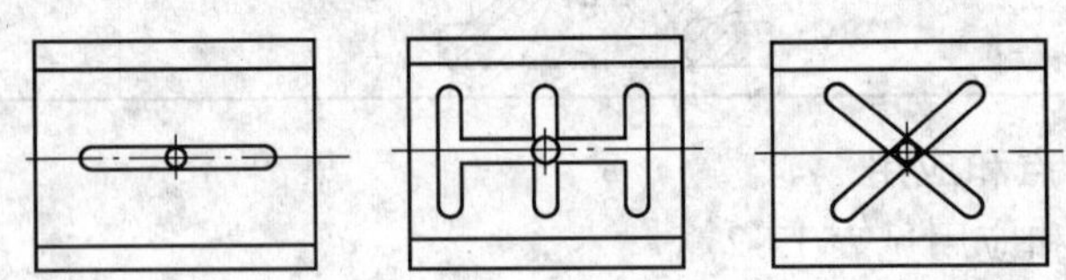

图 13-5　油沟形式

4. 轴承的材料

常用的轴承材料可以分为三大类：金属材料，如轴承合金、铜合金、铝基合金，铸铁等；多孔质金属材料；非金属材料，如工程塑料、碳-石墨等。

（1）轴承合金（通称巴氏合金或白合金）　轴承合金是锡、铅、锑、铜的合金，它以锡或铅作为基体，其内含有锑锡（Sb-Sn）或铜锡（Cu-Sn）的硬晶粒。硬晶粒起抗磨作用，软基体则增加材料的塑性。轴承合金的弹性模量和弹性极限都很低，在所有轴承材料中，它的嵌入性及摩擦顺应性最好，很容易和轴颈磨合，也不易与轴颈发生胶合。但轴承合金的强度很低，不能单独制作轴瓦，只能粘附在青铜、钢或铸铁轴瓦上作轴承衬。

轴承合金适用于重载、中高速场合，价格较贵。

（2）铜合金　铜合金具有较高的强度，较好的减磨性和耐磨性。青铜的减磨性和耐磨性比黄铜好，故青铜是最常用的材料。青铜有锡青铜、铅青铜和铝青铜等几种。

1）锡青铜的减摩性和耐磨性最好，应用广泛，适用于重载及中速轴承。

2）铅青铜抗胶合能力强，适用于高速、重载轴承。

3）铝青铜的强度及硬度较高，抗胶合能力较差，适用于低速重载轴承。

（3）铝基轴承合金　铝基轴承合金在许多国家获得了广泛的应用。它有相当好的耐蚀性和较高的疲劳强度，摩擦性也较好。

铝基轴承合金可以制成单金属零件（如轴套、轴承等），也可以制成双金属零件，双金属轴瓦以铝基轴承合金为轴承衬，以钢作衬背。

（4）灰铸铁和耐磨铸铁　普通灰铸铁或加有镍、铬钛等合金成分的耐磨灰铸铁，或者是球墨铸铁，都可以用作轴承材料。这类材料中的片状或球状石墨在材料表面上覆盖后，可以形成一层起润滑作用的石墨层，故具有一定的减摩性和耐磨性。

铸铁性脆、磨合性能差，故只适用于轻载低速和不受冲击载荷的场合。

（5）多孔质金属材料　这是经压制、烧结而成的轴承材料，不同于金属粉末。这种材料是多孔结构的，孔隙约占体积的10%～35%。使用前先把轴瓦在加热的油中浸渍数小时，使孔隙中充满润滑油，因而通常把这种材料制成的轴承称为含油轴承，它具有自润滑性。

工作时，由于轴颈转动的抽吸作用及轴承发热时油的膨胀作用，油便进入摩擦表面间起润滑作用；不工作时，因毛细管作用，油便被吸回到轴承内部，故在相当长的时间内，即使不加油仍能很好地工作。如果定期给以供油，则使用效果更好。

由于其韧性较小，故宜用于平稳无冲击载荷及中低速情况。

（6）非金属材料　非金属材料中应用最广的是各种塑料，如酚醛树脂、尼龙、聚四氟乙烯等。聚合物的特性是：与许多化学物质不起反应，抗腐蚀性好。

碳—石墨是电机电刷的常用材料，也是不良环境中的轴承材料。碳—石墨轴承具有自润滑性，它的自润性和减摩性取决于吸附的水蒸气量。

橡胶主要用于以水作润滑剂或环境脏污之处。橡胶轴承内壁上带有纵向沟槽，便于润滑剂的流通、加强冷却效果并冲走脏物。

木材具有多孔质结构，可用填充剂来改善其性能。填充聚合物能提高木材的尺寸稳定性和减少吸湿量，并能提高强度。采用木材（以溶于润滑油的聚乙烯作填充剂）制成的轴承，可在灰尘极多的条件下工作，例如用作建筑、农业中使用的带式输送机支撑滚子的滑动轴承。

任务实施

了解滑动轴承的润滑剂及润滑方式。

1. 润滑剂

润滑剂分为润滑油、润滑脂和固体润滑剂三类。

（1）润滑油　润滑油是滑动轴承中应用最广的润滑剂，目前使用的润滑油多为矿物油。润滑油最重要的物理性能是粘度，它也是选择润滑油的主要依据。粘度标志着液体流动的内摩擦性能。粘度越大，内摩擦阻力越大，液体的流动性越差。粘度的大小可用动力粘度或运动粘度来表示，其单位为m^2/s，mm^2/s，即cst（厘斯）。

工业上多用运动粘度标定润滑油的粘度。根据国家标准，润滑油产品油牌号一般按40℃时的运动粘度平均值来划分，可查阅相关手册。

（2）润滑脂　润滑脂是在润滑油中添加稠化剂（如钙、钠、铝、锂等金属）后形成的胶状润滑剂。因为它稠度大，不宜流失，所以承载能力较大，但它的物理、化学性质不如润滑油稳定，摩擦功耗也大，故不宜在温度变化大或高速条件下使用。

目前使用最多的是钙基润滑脂，它有耐水性，常用于60℃以下的各种机械设备中的轴承润滑。钠基润滑脂可用于 115～145℃以下，但抗水性较差。锂基润滑脂性能优良，抗水性好，在 -20～150℃范围内广泛使用，可以代替钙基、钠基润滑脂。

（3）固体润滑剂　常用的固体润滑剂有石墨和二硫化钼。在滑动轴承中主要是以粉剂加入润滑油或润滑脂中，用于提高其润滑性能，减少摩擦损失，提高轴承使用寿命。尤其高温、重载下工作的轴承，采用添加二硫化钼的润滑剂，能获得良好的润滑效果。

2. 润滑方法和润滑装置

常用滑动轴承的润滑方法及装置见表 13-3。

表 13-3　常用滑动轴承的润滑方法与装置

润滑方式		图例	说明
间歇润滑	针阀式油杯	手柄 调节螺母 弹簧 针阀 杯体	用于油润滑 将手柄提至垂直位置，针阀上升，油孔打开供油；手柄放置于水平位置，针阀降回原位，停止供油。旋动调节螺母可调节注油量的大小
	旋套式油杯	杯体 杯 旋套	用于油润滑 转动旋套，使旋套孔与杯体注油孔对正时可用油壶或油枪注油。不注油时，旋套壁遮挡杯体注油孔，起密封作用
	压配式油杯	钢球 弹簧 杯体	用于油润滑或脂润滑 将钢球压下可注油。不注油时，钢球在弹簧的作用下，使杯体注油孔封闭
	旋盖式油杯	杯盖 杯体	用于脂润滑 杯盖与杯体采用螺纹连接，旋合时在杯体和杯盖中都装满润滑脂，定期旋转杯盖，可将润滑脂挤入轴承内
连续润滑	芯捻式油杯	盖 杯体 接头 油捻	用于油润滑 杯体中储存润滑油，靠油捻的毛细作用实现连续润滑。这种润滑方式注油量较小，适用于轻载及轴颈转速不高的场合
	油环润滑		用于油润滑 油环套在轴颈上并垂入油池，轴旋转时，靠摩擦力带动油环转动，将润滑油带到轴颈处进行润滑。这种润滑方式结构简单，但由于靠摩擦力带动油环甩油，故需轴的转速适当方能充足供油
	压力润滑	轴泵 油泵 油箱	用于油润滑 利用油泵将压力润滑油送入轴承进行润滑。这种润滑方式工作可靠，但结构复杂，对轴承的密封要求高，且费用较高。适用于大型、重载、高速、精密和自动化机械设备

特别提醒

1）应根据工作情况选用滑动轴承。

2）应根据工作温度选用滑动轴承的润滑油和滑动轴承的润滑方式。

练 习 题

1. 判断题

（1）推力滑动轴承主要承受径向载荷。（ ）

（2）剖分式径向滑动轴承磨损后，可以调整轴承的间隙。（ ）

（3）滑动轴承工作时的噪声小，工作平稳。（ ）

2. 选择题

（1）整体式滑动轴承（ ）。

A. 结构简单，制造成本低　　B. 装拆方便

C. 磨损后可调整间隙　　D. 比剖分式应用广泛

（2）用于重要、高速、重载机械中的滑动轴承的润滑方法，宜采用（ ）。

A. 芯捻式油杯　　B. 油环润滑

C. 针阀式油杯　　D. 压力润滑

（3）滑动轴承（ ）。

A. 承载能力小，抗冲击能力强　　B. 运转平稳可靠，径向尺寸大

C. 不能在恶劣的条件下工作　　D. 适用于低速、重载的场合

3. 填空题

（1）根据受载荷方向的不同，滑动轴承有________滑动轴承和________滑动轴承两种形式。

（2）常用径向滑动轴承的结构形式有________和________两种。

（3）常用的轴瓦有________和________两种形式。

（4）常用的轴承材料有________、________和________三种。

（5）润滑剂分________、________和________三种。

（6）滑动轴承常用的连续供油润滑方法有________、________和________三种。

任务2 认识滚动轴承

知识目标：

1. 滚动轴承的类型、特点
2. 滚动轴承的代号

技能目标：

正确识读滚动轴承的代号

任务描述

识读滚动轴承代号 6206、32315E、7312C 及 51410/P6 的含义。

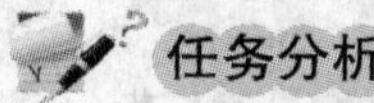
任务分析

认识滚动轴承代号的含义，就必须掌握滚动轴承的结构、类型、特点，滚动轴承代号的组成。

相关知识

1. 滚动轴承的结构、类型及特点

滚动轴承依靠主要元件间的滚动接触来支撑转动零件，即摩擦性质为滚动摩擦。

（1）滚动轴承的结构　滚动轴承严格来说是一个组合标准件，其基本结构如图 13-6 所示。它主要由内圈 1、外圈 2、滚动体 3 和保持架 4 四个部分所组成。通常其内圈用来与轴颈配合装配，与轴一起转动，外圈的外径用来与轴承座或机架座孔相配合装配，固定不动。有时也有轴承内圈与轴固定不动、外圈转动的场合。内、外圈上设置有滚道，当内、外圈相对转动时，滚动体即在内外圈的滚道中滚动。

滚动体是滚动轴承中必不可少的元件，常见的滚动体种类如图 13-7 所示，主要有球、圆柱滚子、滚针、圆锥球面滚子、非对称球面滚子等。

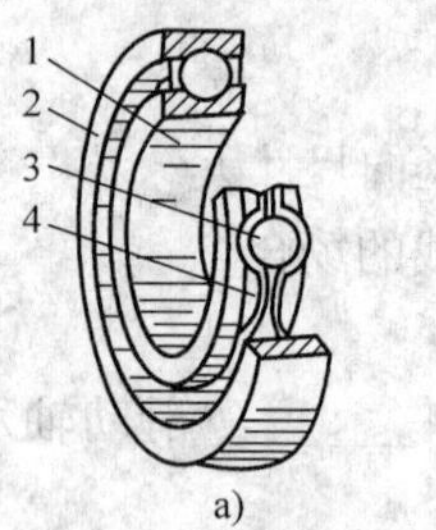

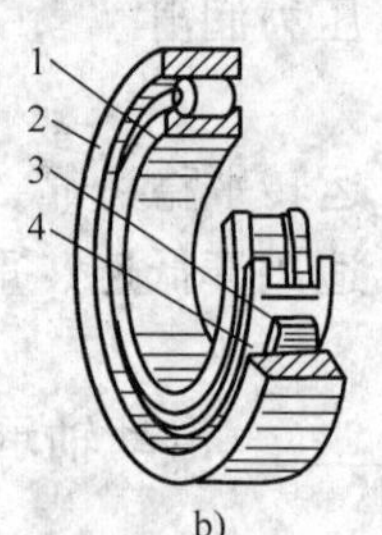

图 13-6　滚动轴承结构

a）球轴承　b）滚子轴承

1—内圈　2—外圈　3—滚动体　4—保持架

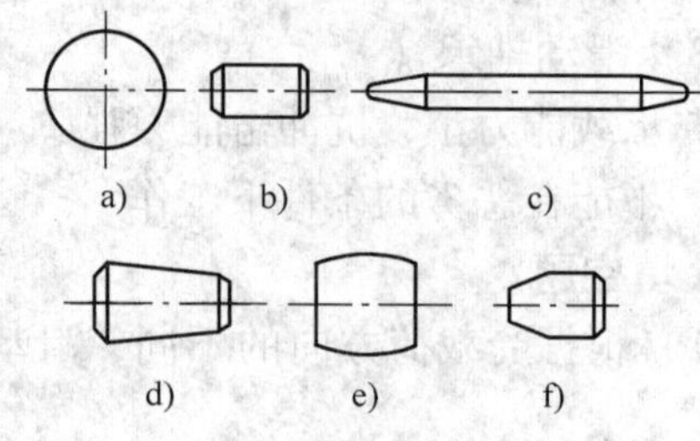

图 13-7　滚动体种类

（2）滚动轴承的类型　滚动轴承的分类主要依据承受的载荷方向（或公称接触角）和滚动体的种类。所以滚动轴承的一个重要参数就是公称接触角。滚动体和套圈接触处的法线与轴承径向平面（垂直于轴承轴线的平面）之间的夹角 α 称为公称接触角。α 越大，则轴承承受轴向载荷的能力就越大。

为满足各种不同的工况条件要求，滚动轴承有多种不同的类型。常用滚动轴承的类型和特性见表 13-4。

表 13-4　常用滚动轴承的类型和特性

名　称	结 构 图	简图承载方向	类型代号	基 本 特 性
调心球轴承			1	主要承受径向载荷，同时可承受少量的双向轴向载荷。外圈内滚道为球面，能自动调心，允许角偏差小于2°～3°，适用于弯曲刚度小的轴

（续）

名　称	结 构 图	简图承载方向	类型代号	基 本 特 性
调心滚子轴承		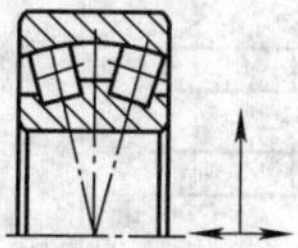	2	主要用于承受径向载荷，同时能承受少量的双向轴向载荷。其承载能力比调心球轴承大，具有自动调心性能，允许角偏差小于 1°～2.5°，适用于重载和冲击载荷的场合
推力调心滚子轴承		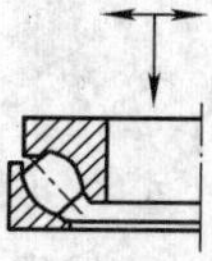	2	能承受很大的轴向载荷和不大的径向载荷，允许角偏差小于 2°～3°，适用于重载和要求调心性能好的场合
圆锥滚子轴承		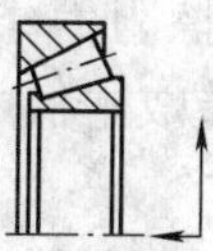	3	能同时承受较大径向载荷和单向轴向载荷。内、外圈可分离，通常成对使用，对称布置安装
双列深沟球轴承		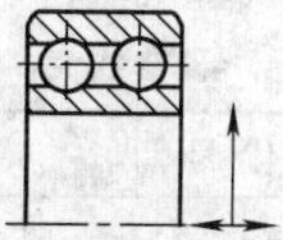	4	主要承受径向载荷，也能承受一定的双向轴向载荷。它比深沟球轴承的承载能力大
推力球轴承　单向			5(5100)	只能承受单向轴向载荷，适用于轴向载荷大而转速不高的场合
推力球轴承　双向			5(5200)	可承受双向轴向载荷，用于轴向载荷大、转速不高的场合
深沟球轴承		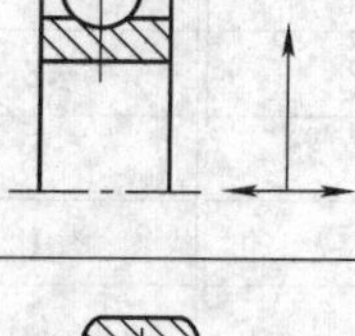	6	主要承受径向载荷，也可同时承受少量双向轴向载荷。其摩擦阻力小，极限转速高，结构简单，价格便宜，应用最广泛
角接触球轴承		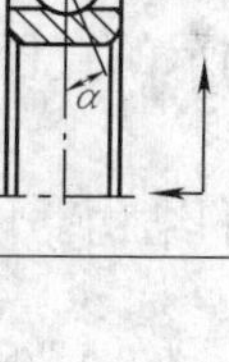	7	能同时承受径向载荷和轴向载荷，公称接触角 α 有 15°、25°、40°三种。接触角越大，承受轴向载荷的能力越大，适用于转速较高、同时承受径向和轴向载荷的场合

（续）

名　称	结 构 图	简图承载方向	类型代号	基 本 特 性
推力圆柱滚子轴承			8	能承受很大的单向轴向载荷。承载能力比推力球轴承大得多，不允许有角偏差
圆柱滚子轴承			N	外圈无挡边，只能承受纯径向载荷。与球轴承相比，承受载荷的能力较大，尤其是承受冲击载荷，但极限转速较低

（3）滚动轴承的特点　滚动轴承具有摩擦阻力小、容易起动、效率高、轴向尺寸小等优点，而且由于是大量标准化生产，具有制造成本低的优点，因而在各种机械中得到了广泛的使用。

2. 滚动轴承的代号

滚动轴承的代号由三个部分代号组成：前置代号、基本代号和后置代号，见表13-5。

表13-5　轴承代号

前置代号	基本代号					后置代号
	五	四	三	二	一	
轴承分部件代号	类型代号	尺寸系列代号		内径代号		轴承在结构、形状、尺寸、公差及技术要求等方面的补充代号
		宽（高）度系列代号	直径系列代号			

（1）基本代号　基本代号是表示轴承主要特征的基础部分，也是我们应着重掌握的内容，包括轴承类型代号、尺寸系列代号和内径代号。

1）轴承类型代号。轴承类型代号用数字或字母表示，见表13-6。

表13-6　轴承类型代号

类型代号	轴承类型	类型代号	轴承类型
0	双列角接触球轴承	6	深沟球轴承
1	调心球轴承	7	角接触球轴承
2	调心滚子轴承和推力滚子轴承	8	推力圆柱滚子轴承
3	圆锥滚子轴承	N	圆柱滚子轴承
4	双列深沟球轴承	U	外球面球轴承
5	推力球轴承	QJ	四点接触球轴承

2）尺寸系列代号。尺寸系列代号是由轴承的直径系列代号和宽（高）度系列代号组合而成，用两位数字表示。

宽度系列是指径向轴承或向心推力轴承的结构、内径和直径都相同，而宽度为一系列不同尺寸，依8、0、1、…、6次序递增（推力轴承的高度依7、9、1、2顺序递增）。当宽度系列为0系列时，对多数轴承来说在代号中可以不予标出（但对调心轴承需要标出）。用基本代号右起第四位数字表示。

直径系列表示同一类型、相同内径的轴承在外径和宽度上的变化系列，用基本代号右起第三位数字表示（滚动体尺寸随之增大）。即按7、8、9、0、1、…、5的顺序外径尺寸增大，如图13-8所示。

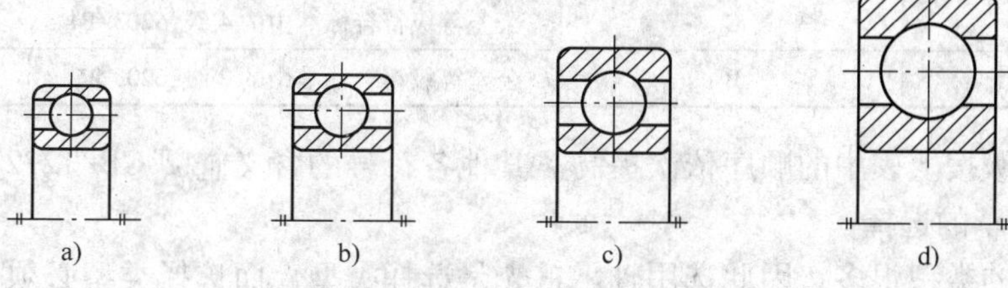

图13-8 直径系列代号示意图

a）直径系列代号1 b）直径系列代号2 c）直径系列代号3 d）直径系列代号4

3）内径代号。内径代号是用两位数字表示轴承的内径。内径 $d=10\sim480\text{mm}$ 的轴承内径代号见表13-7，其他有关尺寸的轴承内径需查阅有关手册和标准。

表13-7 轴承内径代号

内径代号	00	01	02	03	04~96
轴承内径/mm	10	12	15	17	代号数×5

（2）前置代号、后置代号 前置代号、后置代号是轴承在结构形状、尺寸、公差、技术要求等有改变时，在基本代号左右添加的补充代号。

前置代号用字母表示，用以说明成套轴承部件的特点，一般轴承无需作此说明，则前置代号可以省略。

后置代号用字母和字母—数字的组合来表示，按不同的情况可以紧接在基本代号之后或者用“—”、“/”符号隔开。

常见的轴承内部结构代号及公差等级代号见表13-8、表13-9。

表13-8 内部结构代号

代号	含义及示例
C	角接触球轴承 公称接触角 $\alpha=15°$ 7210C 调心滚子轴承 C型 23122C
AC	角接触球轴承 公称接触角 $\alpha=25°$ 7210AC
B	角接触球轴承 公称接触角 $\alpha=45°$ 7210B 圆锥滚子轴承 接触角加大 32310B
E	加强型（即内部结构设计改进，增大轴承承载能力）N207E

表 13-9　轴承公差等级代号

代号		含义和示例
新标准 GB/T272—1993	原标准 GB272—1988	
/P0	G	公差等级符合标准规定的 0 级，代号中省略不标，6203
/P6	E	公差等级符合标准中的 6 级，6203/P6
/P6X	EX	公差等级符合标准中的 6X 级，6203/P6X
P5	D	公差等级符合标准中的 5 级，6203/P5
P4	C	公差等级符合标准中的 4 级，6203/P4
P2	B	公差等级符合标准中的 2 级，6203/P2

其公差等级按上表中的顺序依次提高。其他各符号的含义查阅 GB/T272—1993。

3. 滚动轴承的选择

滚动轴承的类型很多，因此选用轴承首先是选择类型，而选择类型必须依据各类轴承的特性，同时在选用轴承时还要考虑下面几个方面的因素：

（1）轴承所受的载荷（大小、方向和性质）　受纯径向载荷时应选用向心轴承，受纯轴向载荷应选用推力轴承，对于同时承受径向载荷和轴向载荷的轴承，应根据两者（a/r）的比值来确定：当 a 相对于 r 较小时，可选用深沟球轴承或接触角不大的角接触球轴承及圆锥滚子轴承；当 a 与 r 相比较大时，可选用接触角较大的角接触球轴承；当 a 比 r 大很多时，则应考虑采用向心轴承和推力轴承的组合结构，以分别承受径向载荷和轴向载荷。

（2）轴承的转速　在一般转速下，转速的高低对类型选择没有什么影响，只有当转速较高时，才会有比较显著的影响。

（3）调心性能的要求　对于因支点跨距大而使轴刚性较差或因轴承座孔的同轴度低等原因而使轴挠曲时，为了适应轴的变形，应选用允许内外圈有较大相对偏斜的调心轴承。

在使用调心轴承的轴上，一般不宜使用其他类型的轴承，以免受其影响而失去了调心作用。

滚子轴承对轴线的偏斜最敏感，调心性能差。在轴的刚度和轴承座的支撑刚度较低的情况下，应尽可能避免使用。

（4）拆装方便等其他因素　选择轴承类型时，还应考虑到轴承装拆的方便性、安装空间尺寸的限制以及经济性问题。例如，在轴承的径向尺寸受到限制的时候，就应选择同一类型、相同内径轴承中外径较小的轴承，或考虑选用滚针轴承。

在轴承座没有剖分面而必须沿轴向安装和拆卸时，应优先选择内、外圈可分离的轴承。

球轴承比滚子轴承便宜，在能满足需要的情况下应优先选用球轴承。同型号不同公差等级的轴承价格相差很大，故对高精度轴承应慎重选用。

4. 滚动轴承的润滑

保证良好的润滑是维护保养轴承的主要手段。润滑可以降低摩擦阻力，减轻磨损。同时，还具有降低接触应力、缓冲吸振及防腐蚀等作用。

常用滚动轴承的润滑剂为润滑脂和润滑油两种。

5. 滚动轴承的密封

轴承密封装置是为了防止灰尘、水等其他杂质进入轴承，并防止润滑剂流出而设置的。

常见的密封装置如图 13-9、图 13-10 所示，有接触式和非接触式密封两类。

（1）接触式密封　在轴承盖内放置软材料（毛毡、橡胶圈或皮碗等），与转动轴直接接触而起密封作用。这种密封多用于转速不高的情况，同时要求与密封接触的轴表面硬度大于40HRC，表面粗糙度值小于 *Ra*0.8μm。接触式密封有毡圈密封和皮碗密封两种。

1）毡圈密封，如图 13-9a 所示。在轴承盖上开出梯形槽，将矩形剖面的细毛毡放置在梯形槽中与轴接触。这种密封结构简单，但摩擦较严重，主要用于轴径圆周速度小于 4～5m/s 的油脂润滑结构。

2）皮碗密封，如图 13-9b 所示。在轴承盖中放置一个密封皮碗，它是用耐油橡胶等材料制成的，并装在一个钢外壳之中（有的没有钢壳）的整体部件，皮碗与轴紧密接触而起密封作用。为增强封油效果，用一个螺旋弹簧压在皮碗的唇部。唇的方向朝向密封部位，主要目的是防止漏油；唇朝外，主要目的是防尘。当采用两个皮碗相背防止时，既可以防尘又可以起密封作用。

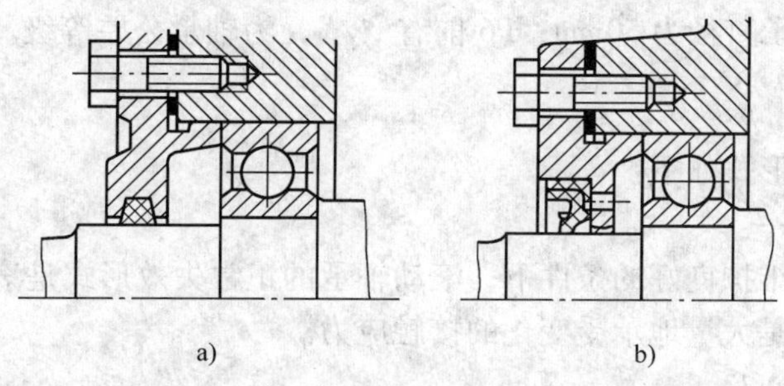

图 13-9　接触式密封

这种结构安装方便，使用可靠，一般适用于轴径圆周速度小于 6～7m/s 的场合。

（2）非接触式密封　非接触式密封不与轴直接接触，多用于速度较高的场合。

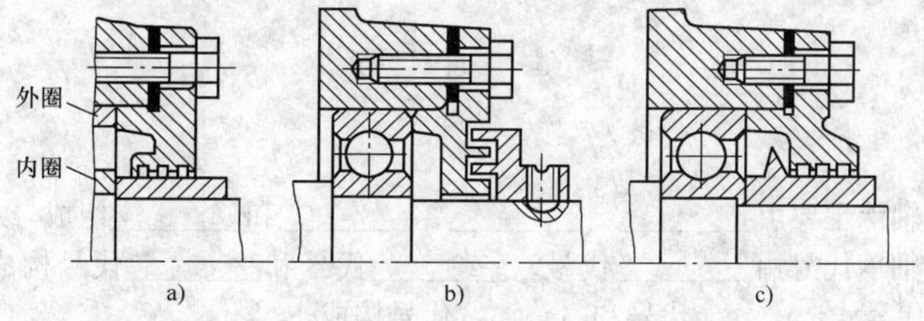

图 13-10　非接触式密封

1）油沟式密封（也称为隙缝密封），如图 13-10a 所示。在轴与轴承盖的通孔壁之间留有 0.1～0.3 mm 的间隙，在轴承盖上车出沟槽，并在槽内填满油脂，以起密封作用。这种形式结构简单，轴径圆周速度小于 5～6m/s，适用于润滑脂润滑。

2）迷宫式密封，如图 13-10b 所示。将旋转的和固定的密封零件间的间隙制成迷宫（曲路）形式，缝隙间填满润滑脂以加强密封效果。这种方式对润滑脂和润滑油都很有效，环境比较脏时采用这种形式，轴径圆周速度可达 30m/s。

3）油环与油沟组合密封，如图 13-10c 所示。在油沟密封区内的轴上安装一个甩油环，当向外流失的润滑油落在甩油环上时，由于离心力的作用而甩落，然后通过导油槽流会油箱，这种组合密封形式在高速时密封效果好。

任务实施

滚动轴承的代号含义如下：

6206：（从左至右）6 为深沟球轴承；2 尺寸系列代号，直径系列为 2，宽度系列为 0（省略）；06 表示轴承内径为 30mm；公差等级为 0 级。

32315E：（从左至右）3 为圆锥滚子轴承；23 为尺寸系列代号，直径系列为 3、宽度系列为 2；15 表示轴承内径为 75mm；E 加强型；公差等级为 0 级。

7312C：（从左至右）7 为角接触球轴承；3 为尺寸系列代号，直径系列为 3、宽度系列为 0（省略）；12 表示轴承内径为 60mm；C 公称接触角 $\alpha=15°$；公差等级为 0 级。

51410/P6：（从左至右）5 为双向推力轴承；14 为尺寸系列代号，直径系列为 4、宽度系列为 1；10 表示轴承直径为 50mm；P6 前有“/”，为轴承公差等级。

扩展知识

滚动轴承的失效形式如下：

1. 疲劳点蚀

在安装、润滑、维护良好的条件下，滚动轴承的正常失效形式是滚动体或内、外圈滚道上的点蚀破坏，原因是大量地承受变化的接触应力。

2. 塑性变形

在特殊情况下也会发生其他形式的破坏，例如：压凹、烧伤、磨损、断裂等。

3. 其他

包括锈蚀、电腐蚀、不正常的升温。其原因是轴承内有湿气或酸液，有电流连续或间断通过，润滑剂太多，内部游隙不当等。

练　习　题

1. 填空题

（1）滚动轴承主要由________、________、________和________组成。

（2）滚动轴承代号由________代号、________代号和________代号构成。其中基本代号由________代号、________代号和________代号构成。

（3）滚动轴承的润滑剂有________和________两种。常用的密封装置有________和________两类。

2. 简答题

（1）在选择滚动轴承时，要考虑哪几个方面的因素？

（2）滚动轴承润滑和密封的目的是什么？

3. 说明下列滚动轴承基本代号的含义

（1）N210

（2）51213

（3）30312

任务3 滚动轴承寿命计算及组合设计

知识目标：

1. 滚动轴承寿命计算
2. 组合设计方法

技能目标：

根据给定的条件合理选择轴承型号

 **任务描述**

已知某减速器轴上的轴承型号为6312，径向载荷 $F_r = 2000N$，轴向载荷 $F_a = 880N$。求轴承的当量载荷 P。

 **任务分析**

合理选择轴承型号，就必须了解轴承的工作条件、工作环境、转速大小、预期寿命等。

 **相关知识**

1. 滚动轴承的寿命计算

（1）滚动轴承的基本额定寿命和基本额定动载荷　轴承的寿命是滚动轴承在点蚀破坏前所经历的转数（以 10^6r 为单位）或小时数。

基本额定寿命是指一组在相同条件下运转的近于相同的轴承，按有10%的轴承发生点蚀破坏，而其余90%的轴承未发生点蚀破坏前的转数 L_{10}（以 10^6r 为单位）或工作小时数 L_h。也就是说，以轴承的基本额定寿命为计算依据时，轴承的失效率为10%，而可靠度为90%。

滚动轴承的基本额定寿命与所受工作载荷大小有关，载荷越大，产生的接触应力越大，从而发生点蚀破坏前所能经受的应力变化次数也就越少，折合成轴承能够旋转的次数也就越少，轴承的寿命也就越短。为了在计算时有一个基准，就引入了基本额定动载荷的概念，用符号 C 表示。

基本额定动载荷是指轴承的基本额定寿命恰好为 10^6r 时，轴承所能承受的载荷值。对于向心及向心推力轴承指的是径向力，对于推力轴承指的是轴向力。

基本额定动载荷代表了不同型号轴承的承载特性，在使用时可以直接查取。

（2）当量动载荷　滚动轴承的基本额定动载荷 C 是在一定条件下确定的，实际情况下轴承受载情况也往往与试验不一致，必须把实际载荷换算为与上述条件等效的载荷，才能和 C 进行比较。这个经换算而得到的载荷是一个假定的载荷，就称为当量动载荷 P。

1）对于只能承受轴向力 F_a 的推力轴承，$P = F_a$。

2）对于只能承受径向力 F_r 的向心轴承，$P = F_r$。

3）对于可以同时承受 F_a 和 F_r 的轴承，例如深沟球轴承、调心轴承和向心推力轴承，当量动载荷 P 应与实际作用的复合外载有同样的效果，即

$$P = xF_r + yF_a$$

式中　x——径向载荷系数，见表 13-10；

y——轴向载荷系数，见表 13-10；

F_a——轴承所受轴向载荷（N）；

F_r——轴承所受径向载荷（N）。

表 13-10　径向载荷系数 x 和轴向载荷系数 y

轴承类型		F_a/C_{or}	e	$F_a/F_r>e$		$F_a/F_r\leqslant e$	
				x	y	x	y
深沟球轴承		0.014	0.19		2.30		
		0.028	0.22		1.99		
		0.056	0.26		1.71		
		0.084	0.28		1.55		
		0.11	0.30	0.56	1.45	1	0
		0.17	0.34		1.31		
		0.28	0.38		1.15		
		0.42	0.42		1.04		
		0.56	0.44		1.00		
角接触球轴承	7000($\alpha=15°$)	0.015	0.38		1.47		
		0.029	0.40		1.40		
		0.058	0.43		1.30		
		0.087	0.46		1.23		
		0.12	0.47	0.44	1.19	1	0
		0.17	0.50		1.12		
		0.29	0.55		1.02		
		0.44	0.56		1.00		
		0.58	0.56		1.00		
	7000AC($\alpha=25°$)	—					
	7000B($\alpha=40°$)	—					
圆锥滚子轴承		—	$1.5\tan\alpha$	0.4	$0.4\cot\alpha$	1	0

表 13-10 中 e 为判断系数，其数值由 F_a/C_{or}的比值（可用插入法）而定，C_{or}是轴承径向额定静载荷，其值可查阅机械设计手册。

利用 $P=xF_r+yF_a$所求得的当量动载荷只是理论值，实际上由于机器的惯性、零件的不精确性及其他因素的影响，必须给予修正，引入载荷系数 f_p

$$P=f_p(xF_r+yF_a)$$

式中　f_p——载荷系数，见表 13-11。

表 13-11　载荷系数 f_p

载荷性质	载荷系数 f_p	应用举例
无冲击或轻微冲击	1.0～1.2	电动机、汽轮机、通风机、水泵等
中等冲击或中等惯性力	1.2～1.8	车辆、动力机械、起重机、造纸机、冶金机械、卷扬机、水力机械、机床等
强大冲击	1.8～3.0	破碎机、轧钢机、石油钻机、振动筛等

（3）寿命计算公式　滚动轴承的基本额定寿命 L 与承受的载荷 P 有关，如图 13-11 所示为轴承的疲劳曲线，它反映载荷 P 与寿命 L 的关系，用方程表示为 $P^{\varepsilon}L=$ 常数。

已知轴承基本寿命 $L=1\times10^{6}$r 时，寿命计算公式为

$$L=\left(\frac{C}{P}\right)^{\varepsilon}\times10^{6}\mathrm{r}$$

图 13-11　滚动轴承的 P-L 曲线

式中　C——基本额定动载荷（N）；

P——当量动载荷（N）；

ε——寿命指数，对于球轴承 $\varepsilon=3$；对于滚子轴承 $\varepsilon=10/3$。

为了工程上的使用方便性，多用小时数表示寿命，若转速为 n，寿命 L_{h} 为

$$L_{\mathrm{h}}=\frac{10^{6}}{60n}\left(\frac{C}{P}\right)^{\varepsilon}$$

实际工作中，影响轴承寿命的因素很多，考虑到温度与载荷性质的影响，寿命公式为

$$L_{\mathrm{h}}=\frac{10^{6}}{60n}\left(\frac{f_{\mathrm{t}}C}{f_{\mathrm{p}}P}\right)^{\varepsilon}$$

式中　f_{t}——温度系数，见表 13-12。

表 13-12　温度系数 f_{t}

轴承工作温度/℃	100	125	150	175	200	225	250	300
温度系数 f_{t}	1	0.95	0.9	0.85	0.8	0.75	0.7	0.6

2. 向心推力轴承轴向载荷的计算

向心推力轴承在承受径向载荷时，要派生出轴向力，工作时，通常都是成对安装使用，如图 13-12 所示。如图 13-12a 所示为背对背安装，称为反装。如图 13-12b 所示为面对面安装，称为正装。

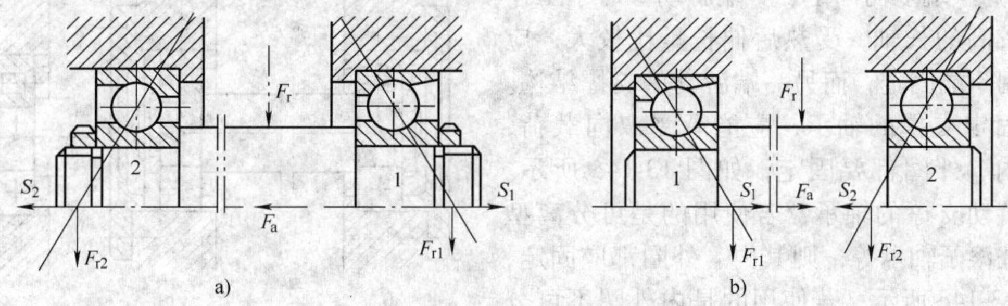

图 13-12　向心推力轴承安装形式

由上图可以看出，两个轴承的径向载荷 F_{r1}、F_{r2} 可以由径向力平衡条件求出。相应的派生轴向力可以由表 13-13 所列的计算公式求出。

表 13-13　内部轴向力 S

轴 承 类 型	角接触球轴承			圆锥滚子轴承
	7000C（$\alpha=15°$）	7000AC（$\alpha=25°$）	7000B（$\alpha=40°$）	
内部轴向 S	$\approx0.4F_{\mathrm{r}}$	$\approx0.6F_{\mathrm{r}}$	F_{r}	$S=F_{\mathrm{r}}/2y$

当在轴上作用有外载轴向力 F_a 时，如果把派生轴向力的方向与 F_a 的方向相一致的轴承记作 2，另一端的轴承记作 1，则当 $F_a + S_2 = S_1$ 时，达到轴向平衡。

若不满足上述关系时，就会出现下列两种情况：

1）当 $F_a + S_2 > S_1$ 时，因为轴承的位置已经确定，轴不可能窜动，所以在轴承 1 的内部由外圈通过滚动体对轴施加一个轴向平衡反力。轴承 1 实际承受的轴向载荷为 $F_{a1} = F_a + S_2$；轴承 2 实际承受的轴向载荷为 $F_{a2} = S_2$。

2）当 $F_a + S_2 < S_1$ 时，则：$F_{a1} = S_1$，$F_{a2} = S_1 - F_a$。

若 F_a 的方向与图 13-12 所示的方向相反，只需将派生轴向力与 F_a 同向的轴承标为 2，上述两式仍可应用。

3. 滚动轴承的组合设计

为了保证轴承的正常工作，除了合理地选择轴承的类型和尺寸外，还必须合理解决轴承安装、配合、紧固、调整等问题。

（1）支撑结构形式　机器中轴的位置是靠轴承来定位的。当轴工作时，既要防止轴向传动，又要考虑轴承工作受热膨胀时的影响（不致受热膨胀而卡死），轴承必须有适当的轴向固定措施。常用的轴向固定措施有两种：

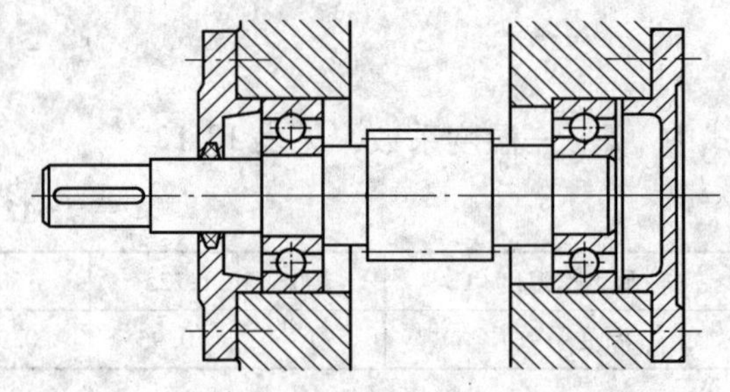

图 13-13　两端单向固定

1）两端单向固定。普通温度下工作的短轴（跨距 $L < 400$mm），支点常采用两端单向固定方式，每个轴承分别承受一个方向的轴向力，如图 13-13 所示。为允许轴工作时有少量热膨胀，轴承安装时应留有 0.25 ~ 0.4mm 的轴向间隙，间隙量可用垫片或调节螺钉调节。

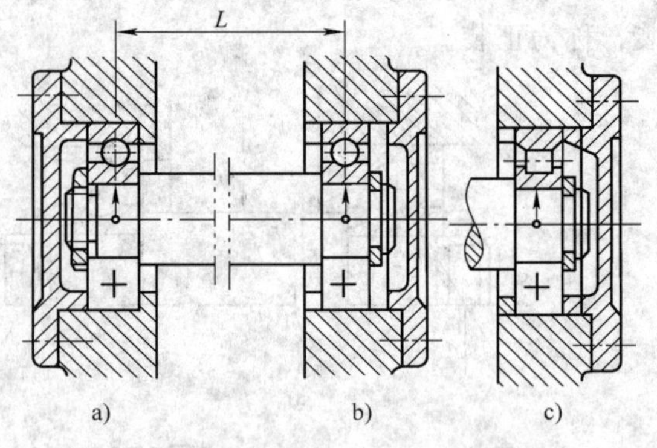

图 13-14　一端双向固定、一端游动
a）固定支承　b）、c）游动支承

2）一端双向固定、一端游动。对于工作温度较高的长轴，受热后伸长量比较大，应该采用一端固定，而另一端游动的支撑结构。作为固定支撑的轴承，应能承受双向载荷，故此内、外圈都要固定，如图 13-14a 所示。作为游动支撑的轴承，若使用的是可分离型的圆柱滚子轴承等，则其内、外圈都应固定，如图 13-14c 所示；若使用的是内外圈不可分离的轴承，则固定其内圈，其外圈在轴承座孔中应可以游动，如图 13-14b 所示。

3）两端游动。两个支承均无轴向约束，叫做双端游动支承，多用于人字齿轮传动的高速轴，如图 13-15 所示。

（2）滚动轴承的调整

1）轴承间隙的调整。轴承在装配时，一般要留有适当间隙，以便轴承正常运转。常用的调整方法有以下几种。

① 调整垫片。靠加减轴承盖与机座之间的垫片厚度来调整轴承间隙，如图 13-16 所示。

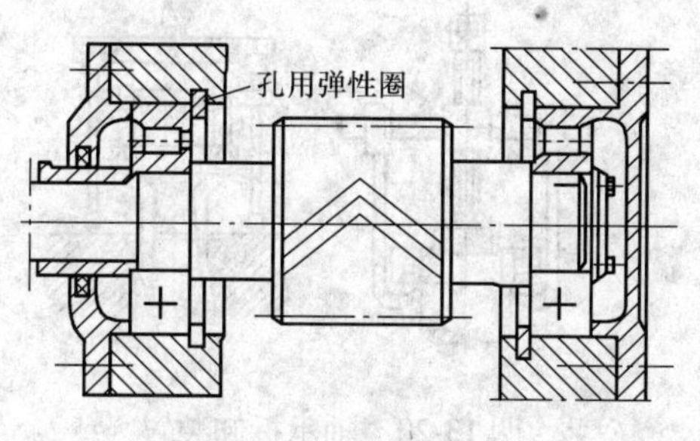

图 13-15　两端游动

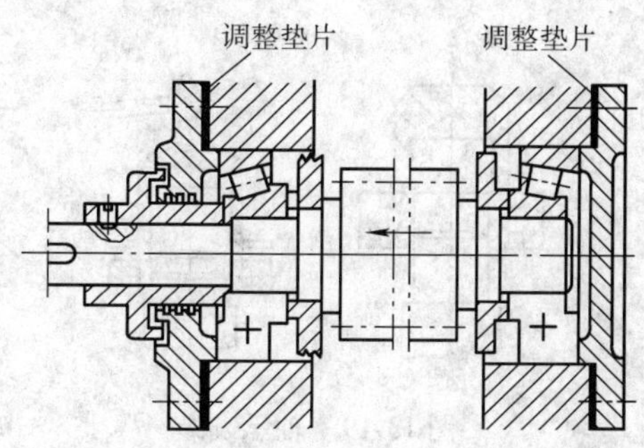

图 13-16　调整垫片

② 调节螺钉。用螺钉 1 通过轴承外圈压盖 3 移动外圈的位置来进行调整，如图 13-17 所示。调整后，用螺母 2 锁紧防松。

2）滚动轴承的预紧。滚动轴承预紧的目的是提高轴承的旋转精度和刚度。对某些可调整游隙的轴承，常在安装时施加一定的轴向预紧力，以消除轴承内部的原始游隙，并使套圈和滚动体接触处产生微小弹性变形，这种方法称为轴承的预紧。预紧时可在一对轴承内圈或外圈之间加金属垫片（如图 13-18a 所示），或磨窄套圈（如图 13-18b 所示）。

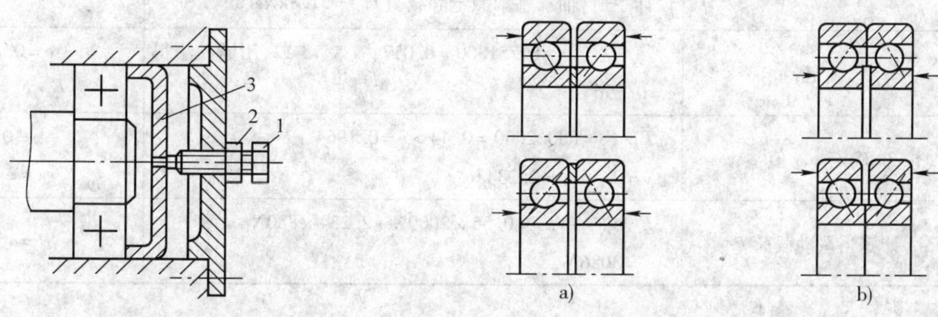

图 13-17　调节螺钉

1—螺钉　2—螺母　3—压盖

图 13-18　预紧方法

（3）滚动轴承的配合　滚动轴承是标准件，轴承内孔与轴径的配合采用基孔制，就是以轴承内孔确定轴的直径；轴承外圈与轴承座孔的配合采用基轴制，就是用轴承的外圈直径确定座孔的大小。

在具体选取时，要根据轴承的类型和尺寸、载荷的大小和方向以及载荷的性质来确定。工作载荷不变时，转动圈（一般为内圈）要紧。转速越高、载荷越大、振动越大、工作温度变化越大，配合应该越紧。常用的配合有 n6、m6、k6、js6；固定套圈（通常为外圈）、游动套圈或经常拆卸的轴承应该选择较松的配合。常用的配合有 J7、J6、H7、G7。

（4）滚动轴承的装拆　轴承内圈与轴颈的配合通常较紧，可以采用压力机在内圈上施加压力将轴承压套在轴颈上。有时为了便于安装，尤其是大尺寸轴承，可用热油（不超过 80～90℃）加热轴承，或用干冰冷却轴颈。中小型轴承可以使用软锤直接敲入或用另一段管子压住内圈敲入，如图 13-19 所示。

在拆卸时要考虑便于使用拆卸工具，以免在拆装的过程中损坏轴承和其他零件。如图 13-20 所示。

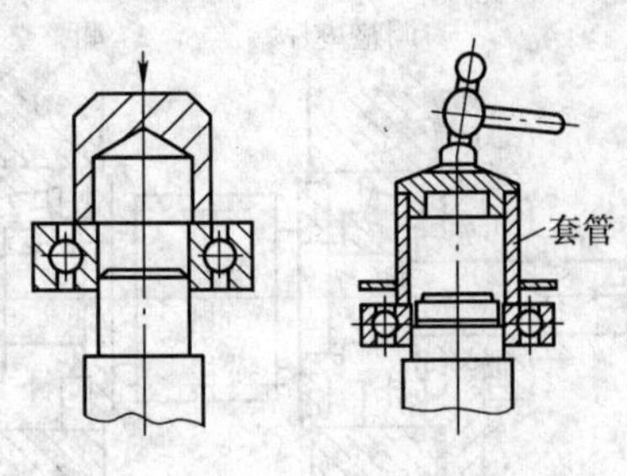

图 13-19　轴承安装

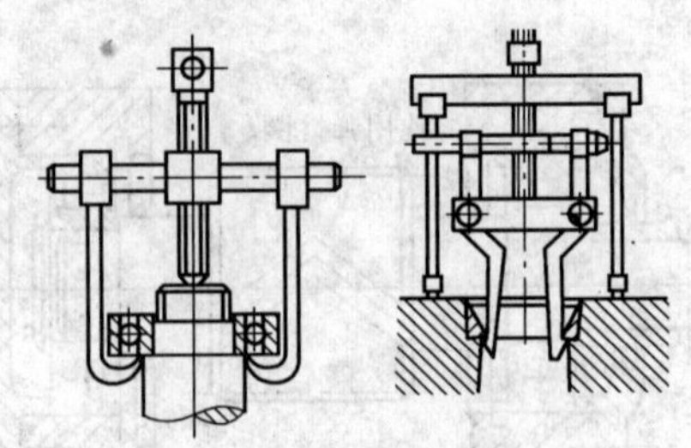

图 13-20　轴承拆卸装置

任务实施

滚动轴承的计算步骤见表 13-14。

表 13-14　滚动轴承的计算步骤

计算步骤	计算过程	计算结果
已知某减速器轴上的轴承型号为 6312，径向载荷 $F_r = 2000N$，轴向载荷 $F_a = 880N$。求轴承的当量动载荷 P		
1. 查表求 C_{or}	该轴承为深沟球轴承，普通级，内径 $d = 60mm$，查机械设计手册，轴承基本额定静载荷 $C_{or} = 51.8kN$	$C_{or} = 51.8kN$
2. 确定 e	$F_a/C_{or} = 880/51800 = 0.017$，查表 13-12，用插入法得 $e = 0.1964$	$e = 0.1964$ $F_a/F_r = 0.44$
3. 确定 x、y 值	$F_a/F_r = 880/2000 = 0.44 > e = 0.1964$ $x = 0.56$，$y = 2.234$	$x = 0.56$ $y = 2.234$
4. 计算当量动载荷 P	$P = xF_r + yF_a = 0.56 \times 2000N + 2.234 \times 880N = 3086N$	$P = 3086N$

扩展知识

在实际工作时，有许多轴承并非都是工作在正常状态，例如许多轴承就工作在低速重载工况下，甚至有些基本就不旋转。针对这种情况，其破坏的形式主要是滚动体接触表面上接触应力过大而产生永久的凹坑，也就是材料发生了永久变形。这时，我们就需要按照轴承静强度来选择轴承尺寸。

通常情况下，当轴承的滚动体与滚道接触中心处引起的接触应力不超过一定值时，对多数轴承而言尚不会影响其正常工作。因此，把轴承产生上述接触应力的静载荷称作基本额定静载荷，用 C_{or}表示。具体可以查阅手册或产品样本。

练　习　题

有一对型号为 6310 的深沟球轴承，所受当量动载荷 $P = 2200N$，轴承转速 $n = 970r/min$，中等冲击，常温下工作，求轴承的工作寿命。

任务4 实践课题——滚动轴承的拆装

任务描述

轴上滚动轴承的拆卸与安装，如图 13-21 所示。

任务目的

1）掌握轴的结构图。

2）掌握常用滚动轴承的类型和代号。

3）学会常用滚动轴承的正确拆卸和安装方法。

相关知识

滚动轴承是用来支承轴的，灰尘对轴承都是有害的，在更换损坏的轴承时，建议使用汽油对其进行清洗。

图 13-21 滚动轴承的拆卸与安装

1. 滚动轴承的拆卸

拆卸轴承时应使用专用工具。为便于拆卸，设计时轴肩高度不能大于内圈高度。

1）拆卸轴承之前，先擦净油污。

2）用顶拔器抵住轴承内圈，将轴承慢慢拉出，注意不要刮伤配合表面，正确的拆卸方法如图 13-22 所示。

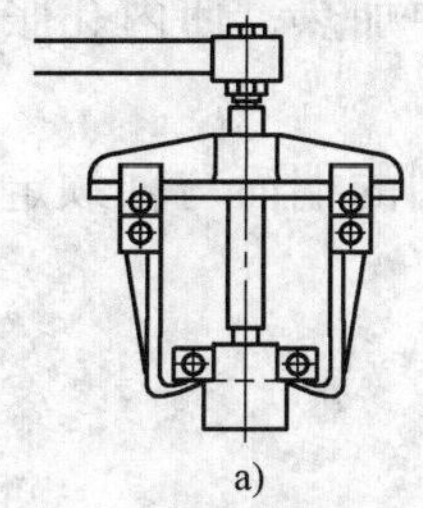

a)

b)

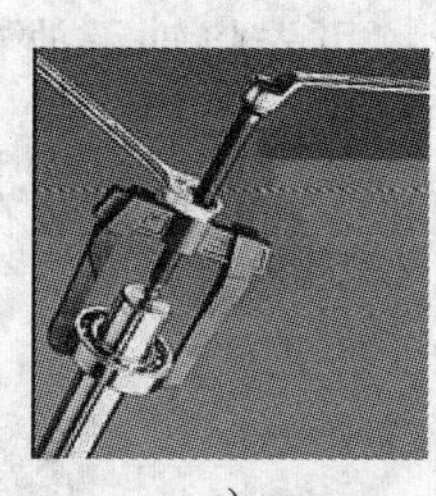

c)

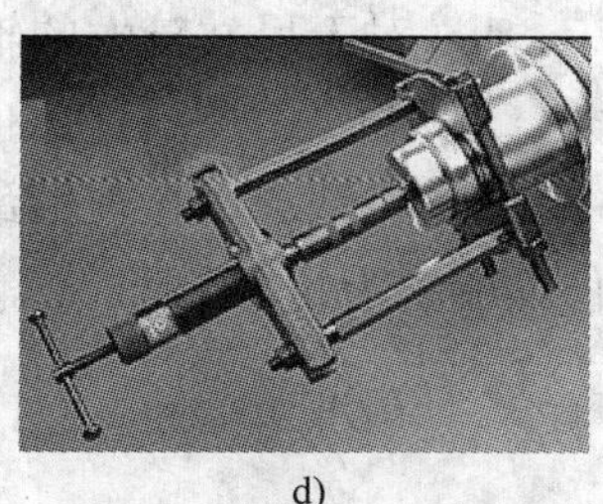

d)

图 13-22 滚动轴承的拆卸方法

2. 滚动轴承的安装

滚动轴承安装之前，先对与之配合的轴、端盖、壳体孔进行严格的检验，不合要求的要进行修复或更换。

（1）利用铜棒和手锤安装　这是安装中小型轴承的一种简便办法。当轴承内圈为紧配合，外圈为较松配合时，将铜棒紧贴轴承内圈端面，用手锤直接敲击铜棒，通过铜棒传力，将轴承徐徐装到轴上。轴承内圈较大时，可用铜棒沿轴承内圈端面周围均匀用力敲击，切忌只敲打一边，也不能用力过猛，要对称敲打，轻轻敲打慢慢装上，以免装斜击裂轴承。

当轴承外圈为紧配合，内圈为较松配合时，可采用与上述相反的方法，用手锤敲击紧贴轴承外圈端面的铜棒，把轴承压入轴承座中，最后装到轴上，此法不易损伤机件。

（2）利用套筒安装　此法与利用铜棒安装轴承的道理相同。它是将套筒直接压在轴承端面上，用手锤敲击时力能均匀地分布在安装的轴承整个套圈端面上，并能与压力机配合使用，安装省力省时，质量可靠，如图 13-23 所示。

安装所用的套筒应为软金属制造（铜或低碳钢管均可）。当轴承安装在轴上时，套筒内

a)

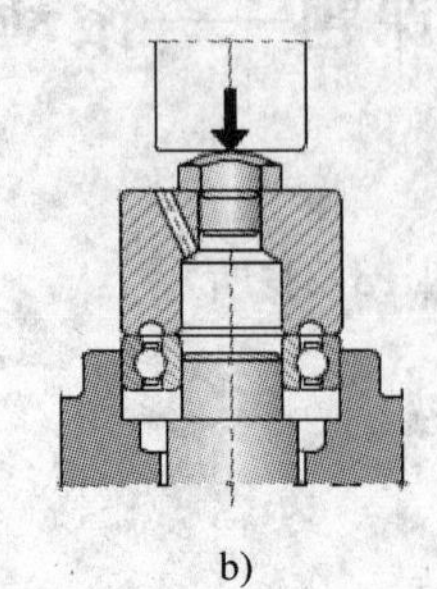

b)

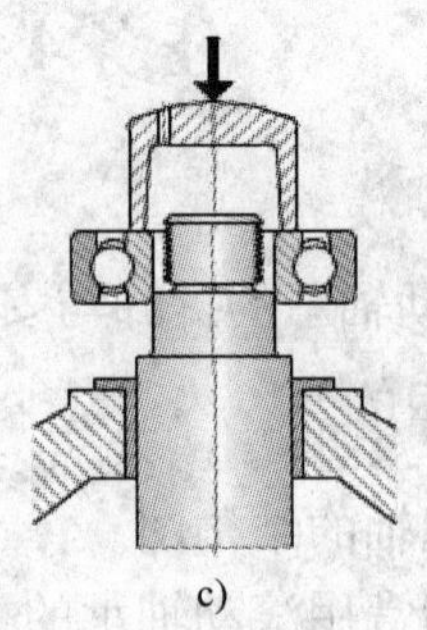

c)

图 13-23　利用套筒安装

a）锤击套筒　b）在内外圈上同时施力　c）装内圈于轴上

径应略大于轴颈 1～4mm，外径略小于轴承内圈挡边直径，或以套筒厚度为准，其厚度应制成等于轴承内圈厚度的 2/3～4/5，且套筒两端应平整并与筒身垂直。当轴承安装在座孔内时，套筒外径应略小于轴承外径。

利用套筒安装轴承时，如机件不大，可置于台虎钳上安装。钳口垫以铜片或铝片，以防轴被夹伤。如机件尺寸较大，应放在木架上安装。先将轴承装到轴上，再安装套筒，用手锤均匀敲击套筒慢慢装合。当套筒端盖为平顶时，手锤应沿其圆周依次均匀敲击套。

注意事项：

1）对于尺寸较大的轴承，可先将轴承放在温度为 80～100℃的热油中加热，使内孔胀大，然后用压力机装在轴颈上。

2）将轴承内孔与轴颈对准，将内圈压装在轴颈上。注意要使轴承内圈的端面与轴颈定位面贴合为止。

任务准备

1）安装前先将轴和轴承擦洗干净。

2）准备好下列工具（见表 13-15）。

表 13-15　所用工具

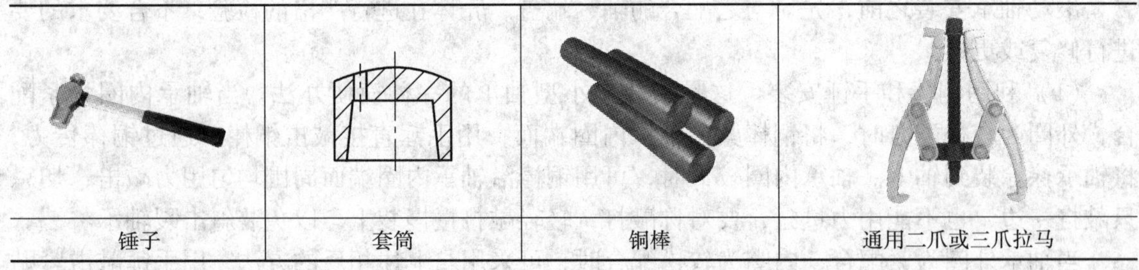

锤子	套筒	铜棒	通用二爪或三爪拉马

任务实施

1. 安装要求

1）轴承端面与轴肩定位面贴合，轴承转动灵活自如。

2）轴承端面安装到位，轴承转动灵活自如。

2. 学生分组拆卸和安装滚动轴承的步骤

1）清洗轴承和连接部件。

2）检查相关部件尺寸和精度情况汇报。

3）拆卸和安装。

4）安装好后的检查。

5）供给润滑剂。

检查评议

1）学生分组检查并讨论拆卸及安装过程中的问题。

2）各小组将操作过程中存在的问题及好的经验汇总上报。

3）教师对拆卸及安装过程中存在的问题及好的经验进行点评。

清理现场

1）清点、归还工量具。

2）整理工作台。

3）搞好实训场地卫生。

4）操作时注意安全。

练 习 题

1. 滚动轴承内孔与轴颈的配合属于________制的配合，外圈与机座孔的配合属于________制的配合。

2. 安装滚动轴承的方法主要有________。

任务5 实践课题——减速器的拆装

任务描述

拆装如图13-24所示的减速器。

任务目的

图13-24 减速器的拆装

1）了解减速器的总体结构及其各种零件的结构与用途。

2）了解传动系统的基本结构，通过轴上零件的拆装，熟悉轴的结构。

3）了解传动系统中各种轴承部件的组合设计的特点及其调整方法。

4）了解减速器拆装的顺序及零部件装配时的调整方法、需润滑的零件的润滑方法。

相关知识

蜗杆减速器具有高减速比、低噪声、低振动、自锁等特点。拆装减速器时，应搞清组装顺序，否则会影响装配质量，垫片的多少涉及配合间隙，应以装配后转动灵活自如而定；压盖要旋紧适度，不宜过紧。

1. 蜗杆减速器的拆卸

1）拆除输出轴两端的端盖。

2）拆除减速器上盖螺钉，打开上盖，观察蜗轮减速器的内部结构。

3）将蜗轮轴部件拆下，并逐级卸下蜗轮轴上的轴承。

4）拆除蜗杆两端的端盖螺钉，并抽出蜗杆。

5）逐级拆除蜗杆部件上的轴承，注意轴承的方向。

6）清理零件，进行擦拭、清理、上油。

2. 蜗杆减速器的装配

1）装配蜗杆轴部件。

2）将蜗杆轴部件装入减速器箱体，并安装端盖。

3）装配蜗轮轴部件，逐级装配轴承挡圈及轴承。

4）将蜗轮轴部件装入减速器箱体内，调整齿侧间隙。

5）装配减速器上盖并装配蜗轮轴的端盖。

6）调试减速器运行状况。

任务准备

1）安装前先将轴、齿轮和键擦洗干净。

2）准备好下列工具（见表 13-16）

表 13-16　所用工具

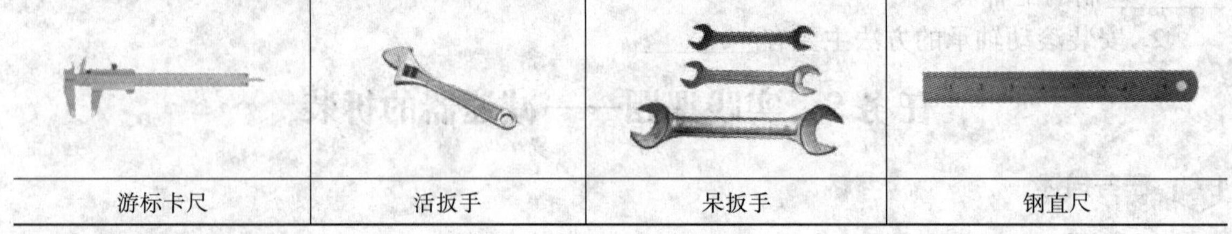			
游标卡尺	活扳手	呆扳手	钢直尺

任务实施

学生分组拆卸和安装蜗杆减速器，教师巡回指导，强调安全操作。

注意事项：

1）拆装时要认真细致地观察，积极思考，保持现场的安静与整洁。

2）拆装时要爱护工具和零件，轻拿轻放，拆装时用力要适当，以防止损坏零件。

3）拆下的零件要妥善地按一定顺序放好，以免丢失、损坏，以便于装配。

检查评议

1）学生分组检查减速器组装后是否转动自如、灵活，压盖、滚动体与轴承内外圈之间的间隙是否合适，并讨论拆卸及安装过程中的问题。

2）各小组将操作过程中存在的问题及好的经验汇总上报。

3）教师就学生实践操作过程存在的问题及好的经验进行点评。

清理现场

1）清点、归还工量具。

2）整理工作台。

3）搞好实训场地卫生。

4）操作时注意安全，互相配合。

练 习 题

1. 轴上零件在轴上的定位方式及其与轴的配合方式有哪些？
2. 油沟的种类有哪些及作用有何不同？
3. 轴承端盖的形式与结构有哪些？与轴承的润滑方式有何关系？
4. 密封方式有哪些？
5. 试分析螺栓联接、通气器、定位销、起盖螺钉、油标、放油螺塞的作用。

参考文献

[1] 孙宝钧．机械设计基础［M］．北京：机械工业出版社，2003.
[2] 丁步温，张丽．机械设计基础［M］．北京：中国劳动社会保障出版社，2009.
[3] 隋明阳．机械设计基础［M］．北京：机械工业出版社，2002.
[4] 陈立德．机械设计基础［M］．北京：高等教育出版社，2000.
[5] 谭放鸣．机械设计基础［M］．北京：化学工业出版社，2005.
[6] 李培根．机械基础（高级）［M］．北京：机械工业出版社，2009.
[7] 姜波．机械基础［M］．北京：中国劳动社会保障出版社，2005.
[8] 何元庚．机械原理与机械零件［M］．北京：高等教育出版社，1998.
[9] 吴志清，李培根．机械基础技能鉴定考核试题库［M］．北京：机械工业出版社，2009.
[10] 彭胜德．工程力学［M］．北京：中国劳动社会保障出版社，2007.
[11] 霍振生．汽车机械基础［M］．北京：机械工业出版社，2005.
[12] 么居标．工程力学［M］．北京：机械工业出版社，2008.
[13] 姚祥勇．机械基础［M］．天津：天津科学技术出版社，2009.
[14] 孙大俊．机械基础［M］．北京：中国劳动社会保障出版社，2007.
[15] 韩玉成．机械设计基础［M］．北京：电子工业出版社，2004.
[16] 柴鹏飞．机械设计基础［M］．北京：机械工业出版社，2006.
[17] 杨可桢．机械设计基础［M］．北京：高等教育出版社，2010.
[18] 陈长生．机械基础［M］．北京：机械工业出版社，2010.
[19] 陈海明．汽车机械常识［M］．上海：复旦大学出版社，2007.
[20] 刘有星，刘新江．机械基础［M］．北京：人民交通出版社，2010.
[21] 王世刚，等．机械设计基础［M］．北京：国防工业出版社，2008.
[22] 王显彬．机械设计基础［M］．北京：人民交通出版社，2009.
[23] 陈东．机械设计［M］．北京：电子工业出版社，2010.
[24] 韩翠英．汽车机械基础［M］．北京：化学工业出版社，2010.

教师服务信息表

尊敬的老师：

您好！感谢您多年来对机械工业出版社的支持与厚爱！为了进一步提高我社教材的出版质量，更好地为职业教育的发展服务，欢迎您对我社的教材多提宝贵意见和建议。另外，如果您在教学中选用了《机械设计基础（任务驱动模式）》（王增荣主编）一书，我们将为您免费提供与本书配套的电子课件。

一、基本信息

姓名：__________ 性别：__________ 职称：__________ 职务：__________

学校：______________________________ 系部：__________

地址：______________________________ 邮编：__________

任教课程：__________ 电话：__________（O） 手机：__________

电子邮件：__________ qq：__________ msn：__________

二、您对本书的意见及建议

（欢迎您指出本书的疏误之处）

三、您近期的著书计划

请与我们联系：

100037　机械工业出版社·技能教育分社　马晋（收）

Tel：010-88379079

Fax：010-68329397

E-mail：major86@163.com